国家出版基金项目
NATIONAL PUBLICATION FOUNDATION

"十三五"国家重点出版物出版规划项目

中 国 生 物 物 种 名 录

第二卷 动物

脊椎动物(IV)

两栖纲 Amphibia

江建平 谢 锋 李 成 王 斌 编著

科学出版社
北京

内 容 简 介

本书是综合国内外相关研究成果厘定而成。本书共收录截至 2018 年年底的中国有分布的本土两栖动物 475 种，隶属于 3 目 14 科 88 属，另外还记录了外来物种 6 种，隶属于 1 目 3 科 3 属。每一物种包含中文名、拉丁学名、异名、中文别名、分布及其他文献等信息。

本书可供从事野生动物多样性研究与保护的专业科技人员和各类管理人员，以及对中国两栖动物感兴趣的爱好者参阅。

图书在版编目（CIP）数据

中国生物物种名录. 第二卷，动物. 脊椎动物. IV，两栖纲/江建平等编著.
—北京：科学出版社，2020.3
"十三五"国家重点出版物出版规划项目　国家出版基金项目
ISBN 978-7-03-063279-1

Ⅰ. ①中… Ⅱ. ①江… Ⅲ. ①生物–物种–中国–名录 ②两栖动物–物种–中国–名录 Ⅳ. ①Q152.2-62 ②Q959.5-62

中国版本图书馆 CIP 数据核字（2019）第 248824 号

责任编辑：马　俊　王　静　付　聪　侯彩霞 / 责任校对：严　娜
责任印制：赵　博 / 封面设计：刘新新

科学出版社 出版
北京东黄城根北街 16 号
邮政编码：100717
http://www.sciencep.com
北京厚诚则铭印刷科技有限公司印刷
科学出版社发行　各地新华书店经销
*
2020 年 3 月第 一 版　　开本：889 × 1194 1/16
2021 年 1 月第二次印刷　　印张：9 1/4
字数：322 000
定价：98.00 元
（如有印装质量问题，我社负责调换）

Species Catalogue of China

Volume 2 Animals

VERTEBRATES (IV)

Amphibia

Authors: Jianping Jiang   Feng Xie   Cheng Li   Bin Wang

Science Press

Beijing

《中国生物物种名录》编委会

主　任（主　编）　陈宜瑜

副主任（副主编）　洪德元　刘瑞玉　马克平　魏江春　郑光美

委　员（编　委）

卜文俊	南开大学	陈宜瑜	国家自然科学基金委员会
洪德元	中国科学院植物研究所	纪力强	中国科学院动物研究所
李　玉	吉林农业大学	李枢强	中国科学院动物研究所
李振宇	中国科学院植物研究所	刘瑞玉	中国科学院海洋研究所
马克平	中国科学院植物研究所	彭　华	中国科学院昆明植物研究所
覃海宁	中国科学院植物研究所	邵广昭	台湾"中央研究院"生物多样性研究中心
王跃招	中国科学院成都生物研究所	魏江春	中国科学院微生物研究所
夏念和	中国科学院华南植物园	杨　定	中国农业大学
杨奇森	中国科学院动物研究所	姚一建	中国科学院微生物研究所
张宪春	中国科学院植物研究所	张志翔	北京林业大学
郑光美	北京师范大学	郑儒永	中国科学院微生物研究所
周红章	中国科学院动物研究所	朱相云	中国科学院植物研究所
庄文颖	中国科学院微生物研究所		

工　作　组

组　长　马克平

副组长　纪力强　覃海宁　姚一建

成　员　韩　艳　纪力强　林聪田　刘忆南　马克平　覃海宁　王利松　魏铁铮
　　　　　薛纳新　杨　柳　姚一建

总　序

生物多样性保护研究、管理和监测等许多工作都需要翔实的物种名录作为基础。建立可靠的生物物种名录也是生物多样性信息学建设的首要工作。通过物种唯一的有效学名可查询关联到国内外相关数据库中该物种的所有资料，这一点在网络时代尤为重要，也是整合生物多样性信息最容易实现的一种方式。此外，"物种数目"也是一个国家生物多样性丰富程度的重要统计指标。然而，像中国这样生物种类非常丰富的国家，各生物类群研究基础不同，物种信息散见于不同的志书或不同时期的刊物中，加之分类系统及物种学名也在不断被修订。因此建立实时更新、资料翔实，且经过专家审订的全国性生物物种名录，对我国生物多样性保护具有重要的意义。

生物多样性信息学的发展推动了生物物种名录编研工作。比较有代表性的项目，如全球鱼类数据库（FishBase）、国际豆科数据库（ILDIS）、全球生物物种名录（CoL）、全球植物名录（TPL）和全球生物名称（GNA）等项目；最有影响的全球生物多样性信息网络（GBIF）也专门设立子项目处理生物物种名称（ECAT）。生物物种名录的核心是明确某个区域或某个类群的物种数量，处理分类学名称，厘清生物分类学上有效发表的拉丁学名的性质，即接受名还是异名及其演变过程；好的生物物种名录是生物分类学研究进展的重要标志，是各种志书编研必需的基础性工作。

自 2007 年以来，中国科学院生物多样性委员会组织国内外 100 多位分类学专家编辑中国生物物种名录；并于 2008 年 4 月正式发布《中国生物物种名录》光盘版和网络版（http://www.sp2000.org.cn/），此后，每年更新一次；2012 年版名录已于同年 9 月面世，包括 70 596 个物种（含种下等级）。该名录自发布受到广泛使用和好评，成为环境保护部物种普查和农业部作物野生近缘种普查的核心名录库，并为环境保护部中国年度环境公报物种数量的数据源，我国还是全球首个按年度连续发布全国生物物种名录的国家。

电子版名录发布以后，有大量的读者来信索取光盘或从网站上下载名录数据，取得了良好的社会效果。有很多读者和编者建议出版《中国生物物种名录》印刷版，以方便读者、扩大名录的影响。为此，在 2011 年 3 月 31 日中国科学院生物多样性委员会换届大会上正式征求委员的意见，与会者建议尽快编辑出版《中国生物物种名录》印刷版。该项工作得到原中国科学院生命科学与生物技术局的大力支持，设立专门项目，支持《中国生物物种名录》的编研，项目于 2013 年正式启动。

组织编研出版《中国生物物种名录》（印刷版）主要基于以下几点考虑。①及时反映和推动中国生物分类学工作。"三志"是本项工作的重要基础。从目前情况看，植物方面的基础相对较好，2004 年 10 月《中国植物志》80 卷 126 册全部正式出版，*Flora of China* 的编研也已完成；动物方面的基础相对薄弱，《中国动物志》虽已出版 130 余卷，但仍有很多类群没有出版；《中国孢子植物志》已出版 80 余卷，很多类群仍有待编研，且微生物名录数字化基础比较薄弱，在 2012 年版中国生物物种名录光盘版中仅收录 900 多种，而植物有 35 000 多种，动物有 24 000 多种。需要及时总结分类学研究成果，把新种和新的修订，包括分类系统修订的信息及时整合到生物物种名录中，以克服志书编写出版周期长的不足，让各个方面的读者和用户及时了解和使用新的分类学成果。②生物物种名称的审订和处理是志书编写的基础性工作，名录的编研出版可以推动生物志书的编研；相关学科如生物地理学、保护生物学、生态学等的研究工作需要及时更新的生物物种名录。③政府部门和社会团体等在生物多样性保护和可持续利用的实践中，希望及时得到中国物种多样性的统计信息。④全球生物物种名录等国际项目需要中国生物物种名录等区域性名录信息不断更新完善，因此，我们的工作也可以在一定程度上推动全球生物多样性编目与保护工作的进展。

编研出版《中国生物物种名录》（印刷版）是一项艰巨的任务，尽管不追求短期内涉及所有类群，也是难度很大的。衷心感谢各位参编人员的严谨奉献，感谢几位副主编和工作组的把关和协调，特别感谢不幸过世的副主编刘瑞玉院士的积极支持。感谢国家出版基金和科学出版社的资助和支持，保证了本系列丛书的顺利出版。在此，对所有为《中国生物物种名录》编研出版付出艰辛努力的同仁表示诚挚的谢意。

虽然我们在《中国生物物种名录》网络版和光盘版的基础上，组织有关专家重新审订和编写名录的印刷版。但限于资料和编研队伍等多方面因素，肯定会有诸多不尽如人意之处，恳请各位同行和专家批评指正，以便不断更新完善。

陈宜瑜

2013 年 1 月 30 日于北京

动物卷前言

  《中国生物物种名录》（印刷版）动物卷是在该名录电子版的基础上，经编委会讨论协商，选择出部分关注度高、分类数据较完整、近年名录内容更新较多的动物类群，组织分类学专家再次进行审核修订，形成的中国动物名录的系列专著。它涵盖了在中国分布的脊椎动物全部类群、无脊椎动物的部分类群。目前计划出版 14 册，包括兽类（1 册）、鸟类（1 册）、爬行类（1 册）、两栖类（1 册）、鱼类（1 册）、无脊椎动物蜘蛛纲蜘蛛目（1 册）和部分昆虫（7 册）名录，以及脊椎动物总名录（1 册）。

  动物卷各类群均列出了中文名、学名、异名、原始文献和国内分布，部分类群列出了国外分布和模式信息，还有部分类群将重要参考文献以其他文献的方式列出。在国内分布中，省级行政区按以下顺序排序：黑龙江、吉林、辽宁、内蒙古、河北、天津、北京、山西、山东、河南、陕西、宁夏、甘肃、青海、新疆、安徽、江苏、上海、浙江、江西、湖南、湖北、四川、重庆、贵州、云南、西藏、福建、台湾、广东、广西、海南、香港、澳门。为了便于国外读者阅读，将省级行政区英文缩写括注在中文名之后，缩写说明见前言后附表格。为规范和统一出版物中对系列书各分册的引用，我们还给出了引用方式的建议，见缩写词表格后的图书引用建议。

  为了帮助各分册作者编辑名录内容，动物卷工作组建立了一个网络化的物种信息采集系统，先期将电子版的各分册内容导入，并为各作者开设了工作账号和工作空间。作者可以随时在网络平台上补充、修改和审定名录数据。在完成一个分册的名录内容后，按照名录印刷版的格式要求导出名录，形成完整规范的书稿。此平台极大地方便了作者的编撰工作，提高了印刷版名录的编辑效率。

  据初步统计，共有 62 名动物分类学家参与了动物卷各分册的编写工作。编写分类学名录是一项烦琐、细致的工作，需要对研究的类群有充分了解，掌握本学科国内外的研究历史和最新动态。核对一个名称，查找一篇文献，都可能花费很多的时间精力。正是他们一丝不苟、精益求精的工作态度，不求名利的奉献精神，才使这套基础性、公益性的高质量成果得以面世。我们借此机会感谢各位专家学者默默无闻的贡献，向他们表示诚挚的敬意。

  我们还要感谢丛书主编陈宜瑜，副主编洪德元、刘瑞玉、马克平、魏江春、郑光美给予动物卷编写工作的指导和支持，特别感谢马克平副主编大量具体细致的指导和帮助；感谢科学出版社编辑认真细致的编辑和联络工作。

  随着分类学研究的进展，物种名录的内容也在不断更新。电子版名录在每年更新，印刷版名录也将在未来适当的时候再版。最新版的名录内容可以从物种 2000 中国节点的网站（http://www.sp2000.org.cn/）上获得。

《中国生物物种名录》动物卷工作组

2016 年 6 月

中国各省（自治区、直辖市和特区）名称和英文缩写

Abbreviations of provinces, autonomous regions and special administrative regions in China

Abb.	Regions	Abb.	Regions	Abb.	Regions	Abb.	Regions	Abb.	Regions	Abb.	Regions
AH	Anhui	GX	Guangxi	HK	Hong Kong	LN	Liaoning	SD	Shandong	XJ	Xinjiang
BJ	Beijing	GZ	Guizhou	HL	Heilongjiang	MC	Macau	SH	Shanghai	XZ	Xizang
CQ	Chongqing	HB	Hubei	HN	Hunan	NM	Inner Mongolia	SN	Shaanxi	YN	Yunnan
FJ	Fujian	HEB	Hebei	JL	Jilin	NX	Ningxia	SX	Shanxi	ZJ	Zhejiang
GD	Guangdong	HEN	Henan	JS	Jiangsu	QH	Qinghai	TJ	Tianjin		
GS	Gansu	HI	Hainan	JX	Jiangxi	SC	Sichuan	TW	Taiwan		

图书引用建议

中文出版物引用：江建平, 谢锋, 李成, 王斌. 2019. 中国生物物种名录·第二卷动物·脊椎动物（Ⅳ）/两栖纲. 北京：科学出版社：引用内容所在页码

Suggested Citation: Jiang J P, Xie F, Li C, Wang B. 2019. Species Catalogue of China. Vol. 2. Animals, Vertebrates (Ⅳ), Amphibia. Beijing: Science Press: Page number for cited contents

前　言

我国地域辽阔、景观多样，复杂而多样的生境孕育了丰富的生物多样性，并蕴藏了丰富的特有物种。生物物种名录是一个自然地理区域或行政单元的生物区系本底性的基础资料。经过我国三代两栖动物分类学者的艰苦工作，有关我国两栖动物家底的认知更趋全面、系统。费梁等于 2009 年完成《中国动物志　两栖纲》上、中、下三卷（费梁等，2006，2009a，2009b）的编撰，并分别于 2010 年和 2012 年完成其姐妹著作《中国两栖动物彩色图鉴》（费梁等，2010）和《中国两栖动物及其分布彩色图鉴》（费梁等，2012）的编撰。这些基础性工作为我国两栖动物学及相关学科的发展奠定了重要基础。

随着国家经济的发展，政府在基础研究方面的投入不断增加，研究队伍不断壮大。我于 1995 年第一次参加中国动物学会两栖爬行动物学分会学术研讨会，当时会议规模大约 60 人。此后，参会人数不断增加，到 2012 年参会人数已经超过 200 人，2017 年超过 300 人，从事两栖动物多样性研究的青年学者明显增加。中国两栖动物多样性的调查研究在不断加强，尤其是分类研究的步伐在不断加快，新的物种不断被发现。据统计，新中国成立后，中国学者发表两栖动物新物种的数目在不断增多，1949 年前有 12 种，1950～1959 年有 14 种，1960～1969 年有 27 种，1970～1979 年有 32 种，1980～1989 年有 38 种，1990～1999 年有 39 种，2000～2009 年有 70 种，2010～2018 年有 99 种。因此，编制国家尺度的两栖动物物种名录并建立及时更新制度实属必需。

根据马克平于 2015 年的总结，编写并及时更新《中国生物物种名录　第二卷　动物　脊椎动物（Ⅳ）两栖纲》有下列几个方面的意义。①及时反映和推动中国两栖动物分类学工作。总结国内外学者的分类学研究成果，把新种和新的分类系统修订的信息及时整合到物种名录中，以克服志书编写出版周期长的不足，让各方面的读者和用户能及时了解与使用新的分类学成果。与国际接轨，促进学术交流。②两栖动物物种名称的审订和处理是修订《中国动物志　两栖纲》的基础性工作，也将为相关学科（如生物地理学、保护生物学、生态学等）的研究工作提供及时更新的两栖动物物种名录。③为政府部门和社会团体等在生物多样性保护及可持续利用的实践提供两栖动物多样性的统计信息。④为全球生物物种名录等国际项目提供不断更新完善的中国两栖动物物种名录信息，从而推动全球两栖动物多样性编目与保护工作。

受环境保护部和中国科学院委托，我们组织全国两栖动物学研究者共同于 2014 年完成中国两栖动物红色名录，其作为《中国生物多样性红色名录——脊椎动物卷》中的一部分于 2015 年 5 月由环境保护部和中国科学院联合发布公告（2015 年　第 32 号）。受中国科学院生物多样性委员会委托，我们在中国两栖动物红色名录的基础上，增补新发表物种的信息（截至 2018 年年底，之后发表的新物种及属、科等新阶元将在下一次修订中增补），按照《中国生物物种名录》编制要求，编写了《中国生物物种名录　第二卷　动物　脊椎动物（Ⅳ）　两栖纲》，共记录本土物种 475 种，隶属于 3 目 14 科 88 属，另外还记录了外来物种 6 种，隶属于 1 目 3 科 3 属。每一物种包含中文名、拉丁学名、异名、中文别名、分布及其他文献等信息。对于模式标本产地位于国内的，尽量采用对应现在的中文名和汉语拼音，以便核查；对尚无或不确定有对应当今的中文名或拼音的则采用原始文献的用法。希望本名录及相关信息能够为相关研究人员、政府部门及相关社团组织等在推进两栖动物学及相关学科的发展、开展资源管理和保护等方面提供相应的支撑。

本名录中模式标本保藏地缩写及全称对照

缩写	英文全称	中文名称
AMNH	American Museum of Natural History, New York, USA	美国自然历史博物馆
ANSP	Academy of Natural Sciences, Philadelphia, Pennsylvania, USA	美国费城自然科学院
BL	Biological Laboratory of the Science Society of China	中国科学社生物实验室
BM (= BMNH)	British Museum of Natural History (now named as the Natural History Museum), London, UK	英国自然历史博物馆
CIB	Chengdu Institute of Biology, Chinese Academy of Sciences, Chengdu, China	中国科学院成都生物研究所
CMNH (= CNHM)	Chongqing Museum of Natural History, Chongqing, China	重庆市自然历史博物馆
EHT	Collection of E. H. Taylor-Hobart M. Smith (Now stored in FMNH and UIMNH), USA	E. H. Taylor 采集的标本
FMNH	Field Museum of Natural History, Chicago, USA	美国菲尔德自然历史博物馆
FNU	Fujian Normal University, Fuzhou, China	福建师范大学
FU	Fudan University, Shanghai, China	复旦大学
FUE	Fukuoka University of Education, Munata, Fukuoka, Japan	日本福冈教育大学
GXNM	Guangxi Normal University, Guilin, China	广西师范大学
HNNU	Henan Normal University, Xinxiang, China	河南师范大学
HTC	Hangzhou Teachers College (now named as Hangzhou Normal University), Hangzhou, China	杭州师范大学
HU	Hangzhou University, Hangzhou, China	杭州大学
HUNU	Hunan Normal University, Changsha, China	湖南师范大学
IMRR (= ZSIC, ZSI)	Indian Museum (Now named as Zoological Survey of India, Kolkata (Calcutta), India)	印度博物馆
KIZ	Kunming Institute of Zoology, Chinese Academy of Sciences, Kunming, China	中国科学院昆明动物研究所
LIU	Liaoning University, Shenyang, China	辽宁大学
LTHC	Liupanshui Teachers Higher College (now named as Liupanshui Normal University), Liupanshui, China	六盘水师范学院
MCZ	Museum of Comparative Zoology, Harvard University, Cambridge, USA	美国哈佛大学比较动物学博物馆
MMNH	Metropolitan Museum of Natural History, Academia Sinica, China	中央研究院自然历史大都会博物馆
MNHNP	Museum National d'Histoire Naturelle, Paris, France	法国巴黎国立自然历史博物馆
MNS	Museum of Natural Science, Taichung, China	台中自然科学博物馆
MNSNG (= MSNG)	Museo Civico di Storia Naturale di Genova "Giacomo Doria", Via Brigata Liguria 9, 16121 Genova, Italy	意大利热那亚自然博物馆
MVZ	University of California, Museum of Vertebrate Zoology, Berkeley, USA	美国加利福尼亚大学伯克利分校脊椎动物博物馆
NHMG	Naturhistorisches Museum, Stockholm, Götehorg, Sweden	瑞典自然历史博物馆
NHMW	Naturhistorisches Museum Wien, Austria	奥地利维也纳自然历史博物馆
NPIB (= NWPIB)	Northwest Institute of Plateau Biology, Chinese Academy of Sciences, Xining, China	中国科学院西北高原生物研究所
NRM	Naturhistoriska Rijkmuseet, Stockholm, Sweden	瑞典国家自然历史博物馆
NTC (= SNC)	Nanchong Teacher College (= Sichuan Normal College, now named as China West Normal University), Nanchong, China	西华师范大学
NWUB (= NWU)	Northwest University, Xi'an, China	西北大学
RMNH	Rijksmuseum van Natuurlijke Historie, Leiden, Netherlands	荷兰国立自然历史博物馆

续表

缩写	英文全称	中文名称
ROM	Royal Ontario Museum, Toronto, Canada	加拿大皇家安大略博物馆
SCUM	Natural Museum, Sichuan University, Chengdu, China	四川大学自然博物馆
SMF	Forschungsinstitut und Natur-Museum Senckenberg, Germany	德国森肯堡自然博物馆
SNU	Shaanxi Normal University, Xi'an, China	陕西师范大学
SYNU	Sun Yat-sen University, Guangzhou, China	中山大学
TIU	University of Tokyo (formerly Tokyo Imperial University), Tokyo, Japan	日本东京大学
TNUB	Taiwan Normal University, Taipei, China	台湾师范大学
TUM (= TUMA)	Taiwan University, Taipei, China	台湾大学
UIMNH	Museum of Natural History, University of Illinois, Urbana, Illinois, USA	美国伊利诺伊大学自然历史博物馆
USNM	National Museum of Natural History, Washington, USA	美国国家自然历史博物馆
YU	Yunnan University, Kunming, China	云南大学
ZIK	Zoological Institute, Ukrainian Academy of Science, Kiev, Ukraine	乌克兰科学院动物研究所
ZIR (ZIL, ZISP)	Zoological Institute, Russian Academy of Sciences, St. Petersburg, Russia	俄罗斯科学院动物研究所
ZMB	Zoologiches Museum of Berlin, Germany	德国柏林动物博物馆
ZMC	Zunyi Medical College (now named as Zunyi Medical University), Zunyi, China	遵义医科大学
ZMH	Zoologisches Museum für Hamburg, Germany	德国汉堡动物学博物馆
ZMM (= ZMMU)	Zoological Museum, Moscow State University, Moscow, Russia	俄罗斯莫斯科国立大学动物博物馆
ZMNH	Zhejiang Museum of Natural History, Hangzhou, China	浙江自然博物院（原浙江自然博物馆）

　　本名录在编写过程中，得到了全国同行的大力协助，有（按姓名拼音排序）：车静、陈苍松、陈晓虹、崔建国、戴建华、费梁、耿宝荣、龚大杰、龚世平、郭鹏、胡军华、黄松、计翔、李家堂、李丕鹏、梁刚、廖春林、刘惠宁、刘炯宇、吕顺清、莫运明、饶定齐、沈猷慧、时磊、史海涛、田应州、汪继超、王斌、王杰、王秀玲、王燕、王英勇、魏刚、吴华、吴孝兵、肖向红、熊荣川、杨道德、叶昌媛、曾晓茂、张保卫、赵文阁、郑渝池、周文豪，以及国际同行 Kanto Nishikawa。在信息库的录入和整理中得到了付磊、林聪田、傅金钟、纪力强的大力帮助。该项工作得到了中国科学院重点部署项目"《中国生物物种名录》的编研"（KSZD-EW-TZ-007）和 A 类战略性先导科技专项（XDA19050201）的资助。在稿件审阅和完善中，杜卫国、郭鹏、纪力强、李丕鹏、李义明、刘翠娟、饶定齐提出了建设性的意见和建议。饶定齐作为责任审稿人，为文稿的最终定稿做了大量核实工作。此外，本名录参阅和采用了《中国动物志　两栖纲》等有关文献，以及专业网站 Amphibian Species of the World 6.0, an Online Reference（http://research.amnh.org/vz/herpetology/amphibia/index.php）、中国两栖类（http://www.amphibiachina.org/）的有关信息。谨此致以衷心感谢。

　　由于作者水平有限，本名录中不足之处在所难免，敬请读者批评指正。

江建平

2019 年 3 月 18 日

目　　录

第一部分 本土物种 Native species

一、无尾目 Anura Fischer von Waldheim, 1813

（一）铃蟾科 Bombinatoridae Gray, 1825

Bombinatorina Gray, 1825, Ann. Philos., London, Ser. 2, 10: 214. **Type genus:** *Bombinator* Merrem, 1820, by monotypy.

Bombinatoridae: Gray, 1831, Zool. Misc., London, Part I: 38.

Bombininae Fejérváry, 1921, Arch. Naturgesch., Abt. A, 87: 25. **Type genus:** *Bombina* Oken, 1816.

Bombinatoridae: Ford *et* Cannatella, 1993, Herpetol. Monogr., 7: 94-117.

1. 铃蟾属 *Bombina* Oken, 1816

Bombina Oken, 1816, Lehrb, Naturg. Zool., 3 (2): 207. **Type species:** *Rana bombina* Linnaeus, 1761.

（1）强婚刺铃蟾 *Bombina fortinuptialis* Hu *et* Wu, 1978

Bombina fortinuptialis Hu *et* Wu, 1978, *In*: Liu, Hu, Tian *et* Wu, 1978, Mater. Herpetol. Res., Chengdu, 4: 18. **Holotype:** (CIB) 601750, ♂, by original designation. **Type locality:** China [Guangxi: Mt. Yao （瑶山）, Yangliuchong]; alt. 1350 m.

中文别名（**Common name**）：无

分布（**Distribution**）：广西（GX）；国外：无

其他文献（**Reference**）：田婉淑和胡淑琴, 1985; 胡淑琴等, 1977; 田婉淑和江耀明, 1986; 费梁等, 1990, 2005, 2009a, 2010, 2012; 叶昌媛等, 1993; Zhao and Adler, 1993; 费梁, 1999; 张玉霞和温业棠, 2000; Yu *et al.*, 2007; Jiang *et al.*, 2014; 莫运明等, 2014; Fei and Ye, 2016; 江建平等, 2016

（2）利川铃蟾 *Bombina lichuanensis* Ye *et* Fei, 1994

Bombina lichuanensis Ye *et* Fei, 1994, Acta Herpetol. Sinica, Chengdu, 3: 22-25. **Holotype:** (CIB) 74 I 0747, ♂, SVL 60.5 mm, by original designation. **Type locality:** China [Hubei: Lichuan （利川）, Beiyang]; alt. 1830 m.

中文别名（**Common name**）：无

分布（**Distribution**）：湖北（HB）、四川（SC）；国外：无

其他文献（**Reference**）：费梁, 1999; 费梁等, 2005, 2009a, 2010, 2012; Yu *et al.*, 2007; Jiang *et al.*, 2014; Fei and Ye, 2016; 江建平等, 2016

（3）大蹼铃蟾 *Bombina maxima* (Boulenger, 1905)

Bombinator maximus Boulenger, 1905, Ann. Mag. Nat. Hist., London, (15): 188-189. **Syntypes:** (BMNH) 1947.2.25.66-68 (formerly 1905.1.30.69-71). **Type locality:** China [Yunnan: Dongchuan （东川）]; alt. 6000 ft[①].

Bombina maxima - Stejneger, 1905, Science, 22: 502.

中文别名（**Common name**）：无

分布（**Distribution**）：四川（SC）、贵州（GZ）、云南（YN）；国外：无

其他文献（**Reference**）：Liu, 1950; 刘承钊和胡淑琴, 1961; 胡淑琴等, 1977; 田婉淑和胡淑琴, 1985; 田婉淑和江耀明, 1986; 费梁等, 1990, 2005, 2009a, 2010, 2012; 叶昌媛等, 1993; Zhao and Adler, 1993; 费梁, 1999; Yu *et al.*, 2007; 杨大同和饶定齐, 2008; Jiang *et al.*, 2014; Fei and Ye, 2016; 江建平等, 2016

（4）微蹼铃蟾 *Bombina microdeladigitora* Liu, Hu *et* Yang, 1960

Bombina microdeladigitora Liu, Hu *et* Yang, 1960, Acta Zool. Sinica, Beijing, 12 (2): 157, 171. **Holotype:** (CIB) 583158, ♂, SVL 77.0 mm, by original designation. **Type locality:** China [Yunnan: Jingdong （景东）, Huang-cao-ling]; alt. 2240 m.

中文别名（**Common name**）：无

分布（**Distribution**）：云南（YN）；国外：越南

其他文献（**Reference**）：刘承钊和胡淑琴, 1961; 胡淑琴等, 1977; 田婉淑和胡淑琴, 1985; 田婉淑和江耀明, 1986; 费梁等, 1990, 2005, 2009a, 2010, 2012; 叶昌媛等, 1993; Zhao and Adler, 1993; 费梁, 1999; Yu *et al.*, 2007; 杨大同和饶定齐, 2008; Jiang *et al.*, 2014; Fei and Ye, 2016; 江建平等, 2016

（5）东方铃蟾 *Bombina orientalis* (Boulenger, 1890)

Bombinator orientalis Boulenger, 1890, Ann. Mag. Nat. Hist., London, Ser. 6, 5: 143. **Syntypes:** (ZISP) 1970-71 (Xizang, plateau of Kham), 2633 and 2637-38 (Xizang, Kham, Jeni-tan, Riv. Dsa-tshu); (ZISP) 2638.2 designated lectotype by Borkin *et* Matsui, 1987 "1986", *In*: Anajeva *et* Borkin,

---
① 1 ft=0.3048 m。

1987, Sistematika i ekologiia amfibii i reptilii: 44-48. **Type locality:** China [Shandong: Yantai (烟台)].

Bombina orientalis Stejneger, 1907, Bull. U. S. Natl. Mus., Washington, 58: 51.

中文别名（Common name）： 无

分布（Distribution）： 黑龙江（HL）、吉林（JL）、辽宁（LN）、内蒙古（NM）、河北（HEB）、北京（BJ）、山东（SD）、河南（HEN）、江苏（JS）；国外：俄罗斯、朝鲜、日本

其他文献（Reference）： 刘承钊和胡淑琴，1961；胡淑琴等，1977；田婉淑和胡淑琴，1985；田婉淑和江耀明，1986；费梁等，1990, 2005, 2009a, 2010, 2012；Zhao and Adler，1993；叶昌媛等，1993；赵尔宓等，2000；费梁，1999；Yu et al., 2007；赵文阁等，2008；Jiang et al., 2014；江建平等，2016；Fei and Ye, 2016

（二）蟾蜍科 Bufonidae Gray, 1825

Bufonina Gray, 1825, Ann. Philos., London, Ser. 2, 10: 214. **Type genus:** *Bufo* Laurenti, 1768.

Bufonoidea - Fitzinger, 1826, Neue Class. Rept.: 37 (explicit family).

Bufonidae - Bell, 1839, Hist. Brit. Rept.: 105.

2. 蟾蜍属 *Bufo* Garsault, 1764

Bufo Garsault, 1764, Fig. Plantes *et* Animaux: pl. 672. **Type species:** *Bufo viridis* Laurenti, 1768.

（6）盘谷蟾蜍 *Bufo bankorensis* Barbour, 1908

Bufo bankorensis Barbour, 1908, Bull. Mus. Comp. Zool. Harvard Coll., Cambridge, 51 (12): 323. **Syntype:** (MCZ) 2432 (2 specimens, ♂ and ♀). **Type locality:** China [Taiwan: Bankoro (中部)].

Bufo bufo bankorensis - Liu, 1936, Field Mus. Hist. Publ. Zool., 22: 127.

Bufo japonicus bankorensis - Nishioka, Sumida, Ueda *et* Wu, 1990, Sci. Rep. Lab. Amph. Biol. Hiroshima Univ., 10: 53.

Bufo (Bufo) bankorensis - Dubois *et* Bour, 2010, Zootaxa, 2447: 24.

中文别名（Common name）： 无

分布（Distribution）： 台湾（TW）；国外：无

其他文献（Reference）： 费梁等，1990, 2005, 2009a, 2010, 2012；Zhao and Adler，1993；叶昌媛等，1993；费梁，1999；吕光洋等，1999；Liu et al., 2000；向高世等，2009；Jiang et al., 2014；江建平等，2016；Fei and Ye, 2016

（7）大蟾蜍 *Bufo bufo* (Linnaeus, 1758)

Rana bufo Linnaeus, 1758, Syst. Nat., Ed. 10, 1: 210. **Syntypes:** Not stated or known to exist, athough including specimens figured or described by Gesner, 1554, Hist. Animal. Liber 1-2 or Gesner, 1586, Hist. Animal. Liber 2:

77 (his *Rubeta* or *Phrynum*); Jonstonus, 1657, Hist. Nat. Quadrup.: 131, pl. 75; Bradley, 1721, Philosoph. Account Works Nat.: 21, f. 2; Rajo, 1693, Synops. Method. Animal. Quadrup. Serp. Gen.: 252 (toad); see Andersson, 1900, Bih. K. Svenska Vetensk. Akad. Handl., 26: 20, for discussion of Linnaean type specimens. **Type locality:** Europe (nemorosis ruderatis umbrosis, imprimis Ucraniae).

Bufo bufo bufo Poche, 1912, Verh. Zool. Bot. Ges. Wien, 61: 406.

Bufo bufo - Firstly recorded in China by Shi, Zhou *et* Yuan, 2005, Acta Zootaxon. Sinica, Beijing, 30 (2): 444-445.

中文别名（Common name）： 无

分布（Distribution）： 新疆（XJ）；国外：欧洲、西亚

其他文献（Reference）： 无

（8）中华蟾蜍 *Bufo gargarizans* Cantor, 1842

Bufo gargarizans Cantor, 1842, Ann. Mag. Nat. Hist., London, Ser. 1, 9: 483. **Type(s):** Not stated; BMNH. **Type locality:** China [Zhejiang: Zhoushan (舟山), Chusan Island].

Bufo vulgaris var. *asiatica* Steindachner, 1867, Reise Österreichischen Fregatte Novara, Zool., Amph.: 39. **Types:** Presumably NHMW but not mentioned in recent type lists. **Type locality:** China [Shanghai (上海)].

Bufo sachalinensis Stejneger, 1907, Bull. U. S. Natl. Mus., Washington, 58: 65.

Bufo andrewsi Schmidt, 1925, Amer. Mus. Novit., New York, 175: 1. **Holotype:** (AMNH) 5769, ♂, by original designation. **Type locality:** China [Yunnan: Lijiang (丽江)]; alt. 8500 ft.

Bufo minshanicus Stejneger, 1926, J. Washington Acad. Sci., 16: 446. **Holotype:** (USNM) 68567, ♀, SVL 75.0 mm, by original designation. **Type locality:** China [Gansu: Choni, on Tao River (洮河)].

中文别名（Common name）： 无

分布（Distribution）： 黑龙江（HL）、吉林（JL）、辽宁（LN）、内蒙古（NM）、河北（HEB）、天津（TJ）、北京（BJ）、山西（SX）、山东（SD）、河南（HEN）、陕西（SN）、宁夏（NX）、甘肃（GS）、青海（QH）、安徽（AH）、江苏（JS）、上海（SH）、浙江（ZJ）、江西（JX）、湖南（HN）、湖北（HB）、四川（SC）、重庆（CQ）、贵州（GZ）、云南（YN）、福建（FJ）、广东（GD）、广西（GX）；国外：俄罗斯、朝鲜

其他文献（Reference）： Liu, 1950；刘承钊和胡淑琴，1961；胡淑琴等，1977；田婉淑和江耀明，1986；费梁等，1990, 2005, 2009a, 2010, 2012；Zhao and Adler，1993；叶昌媛等，1993；樊龙锁等，1998；费梁，1999；Liu et al., 2000；赵文阁等，2008；Jiang et al., 2014；江建平等，2016；Fei and Ye, 2016

（9）史氏蟾蜍 *Bufo stejnegeri* Schmidt, 1931

Bufo stejnegeri Schmidt, 1931, Copeia, 1931 (3): 93-94.

Holotype: (FMNH) 11417 (Marx, 1958: 429), ♀, SVL 55.0 mm, by original designation. **Type locality:** Korea [Songdo (松都，开城的旧称)].

Bufo cycloparotidos Zhao *et* Huang, 1982, Acta Herpetol. Sinica, Chengdu, 1 (1): 2-3. **Holotype:** (CIB) 79A0058, ♀, SVL 55.6 mm, by original designation. Synonymy by Zhao, 1983, Acta Herpetol. Sinica, Chengdu, 2 (3): 72. **Type locality:** China [Liaoning: Dandong (丹东), Five-Dragon-Back]; alt. 350 m.

Bufo stejnegeri - Newly recorded in China [Liaoning (辽宁)] by Zhao, 1983, Acta Herpetol. Sinica, Chengdu, 2 (3): 72.

中文别名（**Common name**）：圆腺蟾蜍

分布（**Distribution**）：辽宁（LN）；国外：朝鲜、韩国

其他文献（**Reference**）：刘承钊和胡淑琴，1961；田婉淑和江耀明，1986；费梁等，1990，2005，2009a，2010，2012；Zhao and Adler，1993；叶昌媛等，1993；费梁，1999；Jiang *et al.*，2014；江建平等，2016；Fei and Ye，2016

（10）西藏蟾蜍 *Bufo tibetanus* Zarevsky, 1925

Bufo tibetanus Zarevsky, 1925, Ann. Mus. Zool. Acad. Sci., Leningrad, 26: 74. **Syntypes:** (ZISP) 1970-71 (Xizang, plateau of Kham), 2633 and 2637-38 (Xizang, Kham, Jeni-tan, Riv. Dsa-tshu); (ZISP) 2638.2 designated lectotype by Borkin *et* Matsui, 1987 "1986", *In*: Anajeva *et* Borkin, 1987, Sistematika i ekologiia amfibii i reptilii: 44-48. **Type locality:** China [Sichuan: Kangding County (康定)].

中文别名（**Common name**）：无

分布（**Distribution**）：青海（QH）、四川（SC）、云南（YN）、西藏（XZ）；国外：无

其他文献（**Reference**）：Liu, 1950；刘承钊和胡淑琴，1961；胡淑琴等，1977；田婉淑和江耀明，1986；Borkin and Matsui，1987；费梁等，1990，2005，2009a，2010，2012；Zhao and Adler，1993；叶昌媛等，1993；费梁，1999；杨大同和饶定齐，2008；Zhan and Fu，2011；Jiang *et al.*，2014；江建平等，2016；Fei and Ye，2016

（11）圆疣蟾蜍 *Bufo tuberculatus* Zarevsky, 1925

Bufo tuberculatus Zarevsky, 1925, Ann. Mus. Zool. Acad. Sci., Leningrad, 26: 75. **Syntypes:** (ZIL) 1969, 1972, ♀. **Type locality:** China [Sichuan: Batang (巴塘)].

中文别名（**Common name**）：无

分布（**Distribution**）：四川（SC）、云南（YN）、西藏（XZ）；国外：无

其他文献（**Reference**）：Pope and Boring, 1940；Liu, 1950；胡淑琴，1987；费梁等，1990，2005，2009a，2010，2012；叶昌媛等，1993；费梁，1999；李丕鹏等，2010；Jiang *et al.*，2014；江建平等，2016；Fei and Ye，2016

3. 漠蟾蜍属 *Bufotes* Rafinesque, 1815

Bufotes Rafinesque, 1815, Analyse Nat.: 78. Substitute name for "*Bufo* Daud." (= *Bufo* Laurenti, 1768).

（12）塔里木漠蟾蜍 *Bufotes pewzowi* (Bedriaga, 1898)

Bufo viridis var. *pewzowi* Bedriaga, 1898, Wissensch. Result. Przewalski Cent. Asien Reisen, St. Petersburg, Zool., 3 (1): 56. **Syntypes:** (ZISP) 1488, 1602, 1809, 1818, and clearly including animal figured on pl. 1, fig. 2, of the original publication; (ZISP) 1818 designated lectotype by Stöck, Günther *et* Böhme, 2001, Zool. Abh. Staatl. Mus. Tierkd. Dresden, 51: 279 (see their fig. 10A of the lectotype). **Type locality:** China [Xinjiang: Ruoqiang (若羌), Kunlun Mountains (昆仑山), Junggar Basin (准噶尔盆地), and ristricted to Pishan (皮山县) by designation. Stöck, Günther *et* Böhme, 2001, Zool. Abh. Staatl. Mus. Tierkd. Dresden, 51: 279, noted that this simultaneously published name has priority over *Bufo viridis* var. *strauchi* Bedriaga, 1898, and *Bufo viridis* var. *grumgrzimailoi* Bedriaga, 1898, under the first revisor action of Fei, Ye, Huang *et* Chen, 1999, Zool. Res., Kunming, 20 (4): 295.

Bufo danatensis pewzowi Fei, Ye, Huang *et* Chen, 1999, Zool. Res., Kunming, 20 (4): 295.

Pseudepidalea pewzowi Frost, Grant, Faivovich, Bain, Haas, Haddad, de Sá, Channing, Wilkinson, Donnellan, Raxworthy, Campbell, Blotto, Moler, Drewcs, Nussbaum, Lynch, Green *et* Wheeler, 2006, Bull. Amer. Mus. Nat. Hist., New York, 297: 365.

Bufo (*Bufotes*) *pewzowi* Dubois *et* Bour, 2010, Zootaxa, 2447: 25.

Bufotes pewzowi Frost, 2013, Amph. Spec. World, Lawrence, Vers. 5.6. Required change because of non-monophyly of *Bufo*.

中文别名（**Common name**）：塔里木蟾蜍

分布（**Distribution**）：新疆（XJ）；国外：蒙古国、俄罗斯、土库曼斯坦、塔吉克斯坦、哈萨克斯坦、乌兹别克斯坦、吉尔吉斯斯坦

其他文献（**Reference**）：费梁等，2005，2009a，2010，2012；Jiang *et al.*，2014；江建平等，2016；Fei and Ye，2016

（13）帕米尔漠蟾蜍 *Bufotes taxkorensis* (Fei, Ye *et* Huang, 1999)

Bufo danatensis taxkorensis Fei, Ye *et* Huang, 1999, *In*: Fei, Ye, Huang *et* Chen, 1999, Zool. Res., Kunming, 20 (4): 297. **Holotype:** (CIB) 74SI0177, by original designation. **Type locality:** China [Xinjiang: Taxkorgan (塔什库尔干)]; 37°40′N, 75°12′E; alt. 3120 m.

Bufo pewzowi taxkorensis - Stöck, Günther *et* Böhme, 2001, Zool. Abh. Staatl. Mus. Tierkd. Dresden, 51: 291; Stöck, Steinlein, Lamatsch, Schartl *et* Schmid, 2005, Genetica, 124: 255.

Bufo taxkorensis - Fei, Ye, Huang, Jiang *et* Xie, 2005, An Illustrated Key to Chinese Amphibians, Chengdu: 93: 257-258.

Pseudepidalea taxkorensis - Frost, Grant, Faivovich, Bain, Haas, Haddad, de Sá, Channing, Wilkinson, Donnellan, Raxworthy, Campbell, Blotto, Moler, Drewes, Nussbaum, Lynch, Green *et* Wheeler, 2006, Bull. Amer. Mus. Nat. Hist., New York, 297: 365.

Bufo (*Bufotes*) *pewzowi* - Dubois *et* Bour, 2010, Zootaxa, 2447: 25. See comment under *Bufotes* record.

Bufotes pewzowi - Frost, 2013, Amph. Spec. World, Lawrence, Vers. 5.6. Required change because of non-monophyly of *Bufo*.

中文别名（Common name）：帕米尔蟾蜍

分布（Distribution）：新疆（XJ）；国外：无

其他文献（Reference）：费梁等, 2005, 2009a, 2010, 2012; Jiang *et al.*, 2014; 江建平等, 2016; Fei and Ye, 2016

（14）札达漠蟾蜍 *Bufotes zamdaensis* (Fei, Ye *et* Huang, 1999)

Bufo zamdaensis Fei, Ye *et* Huang, 1999, *In*: Fei, Ye, Huang *et* Chen, 1999, Zool. Res., Kunming, 20 (4): 296. **Holotype:** (CIB) 760085, by original designation. **Type locality:** China [Xizang: Zamda (札达)]; 31°3′N, 79°9′E; alt. 2900 m.

Pseudepidalea zamdaensis - Frost, Grant, Faivovich, Bain, Haas, Haddad, de Sá, Channing, Wilkinson, Donnellan, Raxworthy, Campbell, Blotto, Moler, Drewes, Nussbaum, Lynch, Green *et* Wheeler, 2006, Bull. Amer. Mus. Nat. Hist., New York, 297: 365.

Bufo (*Bufotes*) *zamdaensis* - Dubois *et* Bour, 2010, Zootaxa, 2447: 25. See comment under *Bufotes* record.

Bufotes zamdaensis - Frost, 2013, Amph. Spec. World, Lawrence, Vers. 5.6. Required change because of non-monophyly of *Bufo*.

中文别名（Common name）：札达蟾蜍

分布（Distribution）：西藏（XZ）；国外：无

其他文献（Reference）：费梁等, 2005, 2009a, 2010, 2012; Jiang *et al.*, 2014; 江建平等, 2016; Fei and Ye, 2016

4. 头棱蟾蜍属 *Duttaphrynus* Frost, Grant, Faivovich, Bain, Haas, Haddad, de Sá, Channing, Wilkinson, Donnellan, Raxworthy, Campbell, Blotto, Moler, Drewes, Nussbaum, Lynch, Green *et* Wheeler, 2006

Duttaphrynus Frost, Grant, Faivovich, Bain, Haas, Haddad, de Sá, Channing, Wilkinson, Donnellan, Raxworthy, Campbell, Blotto, Moler, Drewes, Nussbaum, Lynch, Green *et* Wheeler, 2006, Bull. Amer. Mus. Nat. Hist., New York, 297: 219. **Type species:** *Bufo melanostictus* Schneider, 1799, by original designation.

（15）隆枕头棱蟾蜍 *Duttaphrynus cyphosus* (Ye, 1977)

Bufo cyphosus Ye, 1977, *In*: Sichuan Institute of Biology Herpetology Department (Fei, Hu, Ye *et* Wu), 1977, Acta Zool. Sinica, Beijing, 23 (1): 55. **Holotype:** (CIB) 73 Ⅰ 0559, ♀, SVL 91.0 mm, by original designation. **Type locality:** China [Xizang: Zayü (察隅)]; alt. 1540 m.

Bufo himalayanus - Yang, 1991, The Amphibia-Fauna of Yunnan, Beijing: 100-102 [Gongshan (贡山), Yunnan, China].

Duttaphrynus cyphosus - Frost, Grant, Faivovich, Bain, Haas, Haddad, de Sá, Channing, Wilkinson, Donnellan, Raxworthy, Campbell, Blotto, Moler, Drewes, Nussbaum, Lynch, Green *et* Wheeler, 2006, Bull. Amer. Mus. Nat. Hist., New York, 297: 364.

中文别名（Common name）：隆枕蟾蜍

分布（Distribution）：云南（YN）、西藏（XZ）；国外：无

其他文献（Reference）：胡淑琴, 1987; 费梁等, 1990, 2005, 2009a, 2010, 2012; 叶昌媛等, 1993; Zhao and Adler, 1993; 赵尔宓和杨大同, 1997; 费梁, 1999; 李丕鹏等, 2010; Jiang *et al.*, 2014; 江建平等, 2016; Fei and Ye, 2016

（16） 喜山头棱蟾蜍 *Duttaphrynus himalayanus* (Günther, 1864)

Bufo melanostictus var. *himalayanus* Günther, 1864, Rept. Brit. India, London: 422. **Syntypes:** (BMNH) 1853.8.12.31, 1858.6.24.1 (Frost, 1985: 48). **Type locality:** Mt. Himalayas in India (Sikkim) and Nepal. **Lectotype:** (BMNH) 1858.6.24.1, ♂, SVL 102.7 mm. **Lectotype locality:** Nepal, designated by Dubois *et* Ohler (1999: 149).

Bufo himalayanus: Boulenger, 1882, Catal. Batrach. Salient. Ecaud. Coll. Brit. Mus., London, Ed. 2: 305-306.

Bufo himalayanus - Firstly recorded in China [Xizang (西藏)] by Sichuan Institute of Biology Herpetology Department (Fei, Hu, Ye *et* Wu), 1977, Acta Zool. Sinica, Beijing, 23 (1): 56.

Duttaphrynus himalayanus: Frost, Grant, Faivovich, Bain, Haas, Haddad, de Sá, Channing, Wilkinson, Donnellan, Raxworthy, Campbell, Blotto, Moler, Drewes, Nussbaum, Lynch, Green *et* Wheeler, 2006, Bull. Amer. Mus. Nat. Hist., New York, 297: 365.

中文别名（Common name）：喜山蟾蜍

分布（Distribution）：西藏（XZ）；国外：印度、不丹、尼泊尔、巴基斯坦

其他文献（Reference）：胡淑琴, 1987; 费梁等, 1990, 2005, 2009a, 2010, 2012; 叶昌媛等, 1993; Zhao and Adler, 1993; 赵尔宓和杨大同, 1997; 费梁, 1999; 李丕鹏等, 2010; Jiang *et al.*, 2014; 江建平等, 2016; Fei and Ye, 2016

（17） 黑眶头棱蟾蜍 *Duttaphrynus melanostictus* (Schneider, 1799)

Bufo melanostictus Schneider, 1799, Hist. Amph. Nat.: 216.

Type(s): Museum Blochianum (= ZMB); (ZMB) 3462-63 are syntypes according to Peters, 1863, Monatsber. Preuss. Akad. Wiss., Berlin, 1863: 80. (ZMB) 3462 designated lectotype by Dubois *et* Ohler, 1999, J. South Asian Nat. Hist., 4: 139 (who redescribed this type). **Type locality:** India (orientali).

Bufo melanostictus - Newly recorded in China [Canton (广东) and Hong Kong (香港)] by Boulenger, 1882, Catal. Batrach. Salient. Ecaud. Coll. Brit. Mus., London, Ed. 2: 306.

Duttaphrynus melanostictus Frost, Grant, Faivovich, Bain, Haas, Haddad, de Sá, Channing, Wilkinson, Donnellan, Raxworthy, Campbell, Blotto, Moler, Drewes, Nussbaum, Lynch, Green *et* Wheeler, 2006, Bull. Amer. Mus. Nat. Hist., New York, 297: 365.

中文别名（**Common name**）：黑眶蟾蜍

分布（**Distribution**）：宁夏（NX）、浙江（ZJ）、江西（JX）、湖南（HN）、四川（SC）、贵州（GZ）、云南（YN）、福建（FJ）、台湾（TW）、广东（GD）、广西（GX）、海南（HI）、香港（HK）、澳门（MC）；国外：印度、斯里兰卡、巴基斯坦、尼泊尔、菲律宾、中南半岛、马来半岛、大巽他群岛

其他文献（**Reference**）：胡淑琴，1987；费梁等，1990，2005，2009a，2010，2012；叶昌媛等，1993；Zhao and Adler, 1993；赵尔宓和杨大同，1997；费梁，1999；李丕鹏等，2010；史海涛等，2011；Jiang *et al.*, 2014；江建平等，2016；Fei and Ye, 2016

（18）司徒头棱蟾蜍 *Duttaphrynus stuarti* (Smith, 1929)

Bufo stuarti Smith, 1929, Rec. Indian Mus., Calcutta, 31: 77. **Holotype:** (ZSIC) 19958 according to I. Das *in* Dubois *et* Ohler, 1999, J. South Asian Nat. Hist., 4: 159. **Type locality:** Myanmar (Putao plain, N. E. Burma, near the Tibetan frontier).

"*Bufo*" *stuarti* Frost, Grant, Faivovich, Bain, Haas, Haddad, de Sá, Channing, Wilkinson, Donnellan, Raxworthy, Campbell, Blotto, Moler, Drewes, Nussbaum, Lynch, Green *et* Wheeler, 2006, Bull. Amer. Mus. Nat. Hist., New York, 297: 363. Excluded from *Bufo* and unassigned to genus.

Duttaphrynus stuarti - Van Bocxlaer, Biju, Loader *et* Bossuyt, 2009, BMC Evol. Biol., 9 (e131): 4.

Bufo stuarti - Newly recorded in China [Yunnan (云南)] by Yang *et* Rao, 2008, Amphibia and Reptilia of Yunnan: 48.

中文别名（**Common name**）：司徒蟾蜍

分布（**Distribution**）：云南（YN）；国外：印度、不丹、缅甸

其他文献（**Reference**）：Jiang *et al.*, 2014；江建平等，2016

5. 小蟾属 *Parapelophryne* Fei, Ye *et* Jiang, 2003

Parapelophryne Fei, Ye *et* Jiang, 2003, Acta Zootaxon. Sinica,

Beijing, 28 (4): 764. **Type species:** *Nectophryne scalptus* Liu *et* Hu, 1973, by original designation.

（19）鳞皮小蟾 *Parapelophryne scalpta* (Liu *et* Hu, 1973)

Nectophryne scalptus Liu *et* Hu, 1973, *In*: Liu, Hu, Fei *et* Huang, 1973, Acta Zool. Sinica, Beijing, 19 (4): 389-390. **Holotype:** (CIB) 64III0604, ♂, SVL 20.4 mm, by original designation. **Type locality:** China [Hainan: Mt. Five-finger (五指山), Xinmin Xiang]; alt. 750 m.

Pelophryne scalptus: Ye *et* Fei, 1978, Mater. Herpetol. Res., Chengdu, 4: 32-35.

Parapelophryne scalpta: Fei, Ye *et* Jiang, 2003, Acta Zootaxon. Sinica, Beijing, 28 (4): 762.

中文别名（**Common name**）：无

分布（**Distribution**）：海南（HI）；国外：无

其他文献（**Reference**）：费梁等，2005，2009a，2010，2012；史海涛等，2011；Jiang *et al.*, 2014；江建平等，2016；Fei and Ye, 2016

6. 琼蟾蜍属 *Qiongbufo* Fei, Ye *et* Jiang, 2012

Qiongbufo Fei, Ye *et* Jiang, 2012, Colored Atlas of Chinese Amphibians and Their Distributions: 261, 596. **Type species:** *Bufo ledongensis* Fei, Ye *et* Huang, 2009.

（20）乐东琼蟾蜍 *Qiongbufo ledongensis* (Fei, Ye *et* Huang, 2009)

Bufo ledongensis Fei, Ye *et* Huang, 2009, *In*: Fei, Hu, Ye *et* Huang, 2009, Fauna Sinica, Amphibia, Vol. 2: 503. **Holotype:** (CIB) 90417, by original designation. **Type locality:** China [Hainan: Ledong (乐东), Jianfeng Ling]; alt. 760 m.

Ingerophrynus ledongensis Frost, 2010, Amph. Spec. World, Lawrence, Vers. 5.4: Change based on statement of association with "*Bufo*" *galeatus* in original publication.

Qiongbufo ledongensis Fei, Ye *et* Jiang, 2012, Colored Atlas of Chinese Amphibians and Their Distributions: 261, 596.

中文别名（**Common name**）：乐东蟾蜍

分布（**Distribution**）：广东（GD）、海南（HI）；国外：无

其他文献（**Reference**）：费梁等，2010，2012；史海涛等，2011；Jiang *et al.*, 2014；江建平等，2016；Fei and Ye, 2016

7. 花蟾蜍属 *Strauchbufo* Fei, Ye *et* Jiang, 2012

Strauchbufo Fei, Ye *et* Jiang, 2012, Colored Atlas of Chinese Amphibians and Their Distributions: 262, 597. **Type species:** *Bufo raddei* Strauch, 1876.

（21）花背蟾蜍 *Strauchbufo raddei* (Strauch, 1876)

Bufo raddei Strauch, 1876, *In*: Przewalsky, 1876, Mongol. i Strana Tangutov, St. Petersburg, 2 (3): 53. **Syntypes:** (ZISP)

(8 specimens) according to the original; including (ZISP) 921-925, (MCZ) 1958 (on exchange from ZISP according to Barbour et Loveridge, 1929, Bull. Mus. Comp. Zool. Harvard Coll., Cambridge, 69: 232). Kuzmin et Maslova, 2003, Adv. Amph. Res. Former Soviet Union, 8: 158, designated (ZISP) 921 as the lectotype. **Type locality:** China [Inner Mongolia: Ordos (鄂尔多斯) and Alashan (阿拉善)].

Strauchbufo raddei - Fei, Ye et Jiang, 2012, Colored Atlas of Chinese Amphibians and Their Distributions: 262, 597.

中文别名（Common name）：无

分布（Distribution）：黑龙江（HL）、吉林（JL）、辽宁（LN）、内蒙古（NM）、河北（HEB）、北京（BJ）、山西（SX）、山东（SD）、河南（HEN）、陕西（SN）、宁夏（NX）、甘肃（GS）、青海（QH）、新疆（XJ）、安徽（AH）、江苏（JS）；国外：蒙古国、俄罗斯、朝鲜

其他文献（Reference）：樊龙锁等，1998；费梁等，2005，2009a，2010；赵文阁等，2008；Borkin and Litvinchuk，2013；Jiang et al., 2014；江建平等，2016；Fei and Ye, 2016

8. 溪蟾属 *Torrentophryne* Yang, 1996

Torrentophryne Yang, 1996, In: Yang, Liu et Rao, 1996, Zool. Res., Kunming, 17 (4): 353. **Type species:** *Torrentophryne aspinia* Yang et Rao, 1996.

Phrynoidis Fei, Ye, Huang, Jiang et Xie, 2005, An Illustrated Key to Chinese Amphibians, Chengdu: 94-95.

（22）哀牢溪蟾 *Torrentophryne ailaoanus* (Kou, 1984)

Bufo ailaoanus Kou, 1984, Acta Herpetol. Sinica, Chengdu, 3 (4): 40-44. **Holotype:** (YU) A828025, ♀, SVL 53.5 mm, by original designation. **Type locality:** China [Yunnan: Shuangbai (双柏), Ejia]; alt. 2600 m.

Torrentophryne ailaoanus - Yang, 2008, In: Yang et Rao, 2008, Amphibia and Reptilia of Yunnan: 53. Gender disagreement.

中文别名（Common name）：哀牢蟾蜍

分布（Distribution）：云南（YN）；国外：无

其他文献（Reference）：费梁，1999；费梁等，2005，2009a，2010，2012；Jiang et al., 2014；江建平等，2016；Fei and Ye, 2016

（23）无棘溪蟾 *Torrentophryne aspinia* Yang et Rao, 1996

Torrentophryne aspinia Yang et Rao, 1996, In: Yang, Liu et Rao, 1996, Zool. Res., Kunming, 17 (4): 353-359. **Holotype:** (KIZ) 91005, ♂, by original designation. **Type locality:** China [Yunnan: Yangbi (漾濞), Qingko of Taiping].

中文别名（Common name）：无

分布（Distribution）：云南（YN）；国外：无

其他文献（Reference）：费梁，1999；费梁等，2005，2009a，2010，2012；Jiang et al., 2014；江建平等，2016；Fei and Ye, 2016

（24）缅甸溪蟾 *Torrentophryne burmanus* (Andersson, 1939)

Bufo burmanus Andersson, 1939, Ark. Zool., Stockholm, 30A (23): 6. **Syntypes:** (NHMG) (5 specimens). **Lectotype:** (NRM) 1862.1, ♂, SVL 64.7 mm, designated by Dubois and Ohler (1999: 164). **Type locality:** Burma (Kambaiti, near the border of China).

Bufo burmanus - Firstly recorded in China by Yang, Su et Li, 1978, Amph. Rept. Mt. Gaoligong, Sci. Rep. Yunnan Inst. Zool., 8: 13 [recorded in Lushui (泸水), Yunnan, China]; Yang, 1991, The Amphibia-Fauna of Yunnan, Beijing: 96 [recorded in Lushui (泸水), Yunnan, China].

Torrentophryne tuberospinia Yang et Liu, 1996, In: Yang, Liu et Rao, 1996, Zool. Res., Kunming, 17 (4): 356. **Holotype:** (KIZ) 820645, ♂, SVL 61.0 mm (examined by Xie, 2001). **Type locality:** China [Yunnan: Tengchong (腾冲), Dahaoping]; alt. 1900 m.

Phrynoidis burmanus - Fei, Ye, Huang, Jiang et Xie, 2005, An Illustrated Key to Chinese Amphibians, Chengdu: 95.

中文别名（Common name）：疣棘溪蟾

分布（Distribution）：云南（YN）；国外：缅甸

其他文献（Reference）：费梁，1999；费梁等，2005，2009a，2010，2012；杨大同和饶定齐，2008；Jiang et al., 2014；江建平等，2016；Fei and Ye, 2016

（25）隐耳溪蟾 *Torrentophryne cryptotympanicus* (Liu et Hu, 1962)

Bufo cryptotympanicus Liu et Hu, 1962, Acta Zool. Sinica, Beijing, 14 (Suppl.): 87-88, 107. **Holotype:** (CIB) 603507, ♀, SVL 67.0 mm, by original designation. **Type locality:** China [Guangxi: Longsheng (龙胜), San-men of Huaping]; alt. 870 m.

Torrentophryne cryptotympanicus Fei, Ye et Jiang, 2012, Colored Atlas of Chinese Amphibians and Their Distributions, Chengdu: 272.

中文别名（Common name）：隐耳蟾蜍

分布（Distribution）：云南（YN）、广东（GD）、广西（GX）；国外：越南

其他文献（Reference）：费梁，1999；费梁等，2005，2009a，2010；杨大同和饶定齐，2008；Jiang et al., 2014；江建平等，2016；Fei and Ye, 2016

（26）绿春溪蟾 *Torrentophryne luchunnica* Yang et Rao, 2008

Torrentophryne luchunnica Yang et Rao, 2008, Amphibia and Reptilia of Yunnan: 57. **Holotype:** (KIZ) 78Ⅰ015, ♀, SVL 69.0 mm, by original designation. **Type locality:** China [Yunnan: Lüchun (绿春)]; alt. 1650 m.

中文别名（Common name）：无

分布（Distribution）：云南（YN）；国外：无

其他文献（Reference）：费梁等，2010，2012；Jiang *et al*., 2014；江建平等，2016；Fei and Ye, 2016

（27）孟连溪蟾 *Torrentophryne mengliana* Yang, 2008

Torrentophryne mengliana Yang, 2008, *In*: Yang *et* Rao, 2008, Amphibia and Reptilia of Yunnan: 58. **Holotype:** (KIZ) 75Ⅰ214, ♀, SVL 80.0 mm, by original designation. **Type locality:** China [Yunnan: Menglian (孟连)]; alt. 1620 m.

中文别名（**Common name**）：无

分布（Distribution）：云南（YN）；国外：无

其他文献（Reference）：费梁等，2010，2012；Jiang *et al*., 2014；江建平等，2016；Fei and Ye, 2016

（三）亚洲角蛙科 Ceratobatrachidae Boulenger, 1884

Ceratobatrachidae Boulenger, 1884, Proc. Zool. Soc. London, 1884: 212. **Type genus:** *Ceratobatrachus* Boulenger, 1884.

Ceratobatrachinae - Gadow, 1901, Amphibia and Reptiles: 139, 237; Dubois, Ohler *et* Biju, 2001, Alytes, Paris, 19: 55; Dubois, 2005, Alytes, Paris, 23: 16; Scott, 2005, Cladistics, 21: 525.

Cornuferinae Noble, 1931, Biol. Amph., New York: 521. **Type genus:** *Cornufer* Tschudi, 1838. See nomenclatural note under the *Cornufer* Tschudi record.

Platymantinae Savage, 1973, *In*: Vial, 1973, Evol. Biol. Anurans: 354. **Type genus:** *Platymantis* Günther, 1859.

Ceratobatrachini - Dubois, 1981, Monit. Zool. Ital. (N. S.), Suppl., 15: 231.

Liuraninae Fei, Ye *et* Jiang, 2010, Herpetol. Sinica, Nanjing, 12: 19. **Type genus:** *Liurana* Dubois, 1986.

Liuranini - Fei, Ye *et* Jiang, 2010, Herpetol. Sinica, Nanjing, 12: 19.

Ceratobatrachidae - Newly recorded in China by Yan, Jiang, Wang, Jin, Suwannapoom, Li, Vindum, Brown *et* Che, 2016, Zool. Res., Kunming, 37 (1): 7-14. Transfer Liuraninae from Dicroglossidae to Ceratobatrachidae.

9. 舌突蛙属 *Liurana* Dubois, 1986

Ingerana Dubois, 1987 "1986", Alytes, Paris, 5 (1-2): 64. **Type species:** *Rana tenasserimensis* Sclater, 1892, by original designation.

Ingerana (*Liurana*) Dubois, 1986, Alytes, Paris, 5 (1-2): 65-66. **Type species:** *Cornufer xizangensis* Hu, 1977, by original designation.

Liurana Fei, Ye *et* Huang, 1997, Cultum Herpetol. Sinica, Guiyang, (6-7): 75-80.

（28）高山舌突蛙 *Liurana alpina* Huang *et* Ye, 1997

Platymantis xizangensis - Hu, 1987, Amphibia-Reptilia Xizang: 81-82 (Mêdog of Xizang, China; alt. 3100 m).

Liurana alpinus Huang *et* Ye, 1997, Cultum Herpetol. Sinica, Guiyang, (6-7): 112-114. **Holotype:** (CMNH) 770611, ♂, SVL 20.2 mm. **Type locality:** China [Xizang: Mêdog (墨脱), Dayandong]; alt. 3100 m.

Ingerana alpine - Frost, Grant, Faivovich, Bain, Haas, Haddad, de Sá, Channing, Wilkinson, Donnellan, Raxworthy, Campbell, Blotto, Moler, Drewes, Nussbaum, Lynch, Green *et* Wheeler, 2006, Bull. Amer. Mus. Nat. Hist., New York, 297: 366; Frost, 2018, Amph. Spec. World, Lawrence, Vers. 6.0.

中文别名（**Common name**）：高山小跳蛙

分布（Distribution）：西藏（XZ）；国外：无

其他文献（Reference）：费梁等，2005，2009b，2010，2012；李丕鹏等，2010；Jiang *et al*., 2014；江建平等，2016

（29）墨脱舌突蛙 *Liurana medogensis* Fei, Ye *et* Huang, 1997

Liurana medogensis Fei, Ye *et* Huang, 1997, Cultum Herpetol. Sinica, Guiyang, (6-7): 77. **Holotype:** (CIB) 73Ⅱ0080, ♂, SVL 17.5 mm. The holotype first reported as paratype of *Cornufer xizangensis* by Hu in Sichuan Biol. Res. Inst., 1977a: 58. **Type locality:** China [Xizang: Mêdog (墨脱)]; alt. 1500 m.

Ingerana medogensis - Frost *et al*., 2006, Bull. Amer. Mus. Nat. Hist., New York, 297: 366; Frost, 2018, Amph. Spec. World, Lawrence, Vers. 6.0.

中文别名（**Common name**）：墨脱小跳蛙

分布（Distribution）：西藏（XZ）；国外：无

其他文献（Reference）：费梁等，2005，2009b，2010，2012；李丕鹏等，2010；Jiang *et al*., 2014；江建平等，2016

（30）西藏舌突蛙 *Liurana xizangensis* (Hu, 1977)

Cornufer xizangensis Hu, 1977, *In*: Sichuan Institute of Biology Herpetology Department (Fei, Hu, Ye *et* Wu), 1977, Acta Zool. Sinica, Beijing, 23 (1): 58-59, 63. **Holotype:** (CIB) 73Ⅰ0492, ♂, SVL 21.3 mm (examined by Fei *et* Ye, 1997). **Type locality:** China [Xizang: Bomi (波密), Yi'ong]; alt. 2300 m.

Ingerana (*Liurana*) *xizangensis* - Dubois, 1986, Alytes, Paris, 5 (1-2): 65.

Platymantis xizangensis - Fei, Ye *et* Huang, 1990, Key to Chinese Amphibia, Chongqing: 161.

Micrixalus xizangensis - Zhao *et* Adler, 1993, Herpetology of China: 136.

Liurana xizangensis - Fei, Ye *et* Huang, 1997, Cultum Herpetol. Sinica, Guiyang, (6-7): 77.

Ingerana xizangensis - Frost, 2018, Amph. Spec. World, Lawrence, Vers. 6.0.

中文别名（**Common name**）：西藏小跳蛙

分布（Distribution）：西藏（XZ）；国外：无

其他文献（**Reference**）：田婉淑和江耀明，1986；叶昌媛等，

1993；费梁，1999；费梁等，2005，2009b，2010，2012；李丕鹏等，2010；Jiang et al.，2014；江建平等，2016

（四）叉舌蛙科 Dicroglossidae Anderson, 1871

Dicroglossidae Anderson, 1871, J. Asiat. Soc. Bengal, Calcutta, 40 (2): 38. **Type genus:** *Euphlyctis* Fitzinger, 1843 (*Dicroglossus* Günther, 1860).

10. 隆肛蛙属 *Feirana* Dubois, 1992

Quadrana Fei, Ye *et* Huang, 1990, Key to Chinese Amphibia, Chongqing: 154. **Type species:** *Rana quadranus* Liu, Hu *et* Yang, 1960, by original designation.
Feirana Dubois, 1992, Bull. Mens. Soc. Linn., Lyon, 61 (10): 318. Replacement name for *Quadrana* Fei, Ye *et* Huang, 1990.

（31）康县隆肛蛙 *Feirana kangxianensis* Yang, Wang, Hu *et* Jiang, 2011

Feirana kangxianensis Yang, Wang, Hu *et* Jiang, 2011, Asian Herpetol. Res., Ser. 2, 2: 80. **Holotype:** (CIB) 2010091137, by original designation. **Type locality:** China [Gansu: Kangxian (康县), Douba Town]; 33°14.434′N, 105°24.048′E; alt. 1600 m.
Nanorana kangxianensis - Frost, 2011, Amph. Spec. World, Lawrence, Vers. 5.5.
中文别名（Common name）： 无
分布（Distribution）： 甘肃（GS）；国外：无
其他文献（Reference）： 刘承钊和胡淑琴，1961；胡淑琴等，1977；田婉淑和江耀明，1986；叶昌媛等，1993；Zhao and Adler，1993；费梁，1999；费梁等，2009b，2010，2012；姚崇勇和龚大洁，2012；Jiang et al.，2014；江建平等，2016

（32）隆肛蛙 *Feirana quadranus* (Liu, Hu *et* Yang, 1960)

Rana quadranus Liu, Hu *et* Yang, 1960, Acta Zool. Sinica, Beijing, 12 (2): 286, 292. **Holotype:** (CIB) 571357, by original designation. **Type locality:** China [Chongqing: Wushan (巫山), Kwan-yang]; alt. 1463 m.
Rana (Paa) quadranus - Dubois, 1987 "1986", Alytes, Paris, 5 (1-2): 47.
Paa (Quadrana) quadrana - Fei, Ye *et* Huang, 1990, Key to Chinese Amphibia, Chongqing: 154.
Chaparana (Feirana) quadranus - Dubois, 1992, Bull. Mens. Soc. Linn., Lyon, 61 (10): 318.
Nanorana quadranus - Chen, Murphy, Lathrop, Ngo, Orlov, Ho *et* Somorjai, 2005, Herpetol. J., 15: 239; Frost, Grant, Faivovich, Bain, Haas, Haddad, de Sá, Channing, Wilkinson, Donnellan, Raxworthy, Campbell, Blotto, Moler, Drewes, Nussbaum, Lynch, Green *et* Wheeler, 2006, Bull. Amer.

Mus. Nat. Hist., New York, 297: 367.
Feirana quadrana: Fei, Ye, Huang, Jiang *et* Xie, 2005, An Illustrated Key to Chinese Amphibians, Chengdu: 143.
Gynandropaa (Feirana) quadranus - Ohler *et* Dubois, 2006, Zoosystema, 28: 781.
Feirana quadranus - Wang, Jiang, Chen, Xie *et* Zheng, 2007, Acta Zootaxon. Sinica, Beijing, 32 (3): 629-636.
中文别名（Common name）： 无
分布（Distribution）： 陕西（SN）、甘肃（GS）、湖南（HN）、湖北（HB）、四川（SC）、重庆（CQ）；国外：无
其他文献（Reference）： 刘承钊和胡淑琴，1961；胡淑琴等，1977；田婉淑和江耀明，1986；叶昌媛等，1993；Zhao and Adler，1993；费梁，1999；费梁等，2009b，2010，2012；姚崇勇和龚大洁，2012；Jiang et al.，2014；江建平等，2016

（33）太行隆肛蛙 *Feirana taihangnica* (Chen *et* Jiang, 2002)

Rana quadranus - Wu *et* Qu, 1984, J. Xinxiang Normal College, 1984 (1): 89-93.
Paa (Feirana) taihangnicus Chen *et* Jiang, 2002, Herpetol. Sinica, Nanjing, 9: 231. **Holotype:** (HENNU) 020701005, by original designation. **Type locality:** China [Henan: Jiyuan (济源)]; alt. 812 m.
Feirana taihangnicus - Fei, Ye, Huang, Jiang *et* Xie, 2005, An Illustrated Key to Chinese Amphibians, Chengdu: 144.
Paa (Feirana) taihangnica - Dubois, Crombie *et* Glaw, 2005, Alytes, Paris, 23: 42. Gender correction.
Nanorana taihangnica - Chen, Murphy, Lathrop, Ngo, Orlov, Ho *et* Somorjai, 2005, Herpetol. J., 15: 239, by implication.
Chaparana (Paa) taihangnica - Ohler *et* Dubois, 2006, Zoosystema, 28: 781.
Feirana taihangnica - Wang, Jiang, Xie, Chen, Dubois, Liang *et* Wagner, 2009, Zool. Sci., Tokyo, 26: 506; Fei, Ye *et* Jiang, 2010, Herpetol. Sinica, Nanjing, 12: 26.
中文别名（Common name）： 无
分布（Distribution）： 山西（SX）、河南（HEN）、陕西（SN）、甘肃（GS）；国外：无
其他文献（Reference）： 刘承钊和胡淑琴，1961；胡淑琴等，1977；田婉淑和江耀明，1986；叶昌媛等，1993；费梁，1999；费梁等，2009b，2010，2012；Jiang et al.，2014；江建平等，2016

11. 陆蛙属 *Fejervarya* Bolkay, 1915

Fejervarya Bolkay, 1915, Anat. Anz., 48: 181. **Type species:** *Rana limnocharis* Gravenhorst, 1829.

（34）海陆蛙 *Fejervarya cancrivora* (Gravenhorst, 1829)
Rana cancrivora Gravenhorst, 1829, Delic. Mus. Zool. Vratislav., 1: 41. **Type(s):** Not stated although presumably originally in Breslau Museum (now MNHHWU?); Dubois

et Ohler, 2000, Alytes, Paris, 18: 30, noted that the types were lost and designated (FMNH) 256688 as neotype. **Type locality:** Indonesia [Java（爪哇）]. **Neotype locality:** Indonesia (West Java: Cianjur); 6°49′S, 107°08′E.

Euphlyctis cancrivora - Fei, Ye *et* Huang, 1990, Key to Chinese Amphibia, Chongqing: 144.

Fejervarya cancrivora - Fei, 1999, Atlas of Amphibians of China, Zhengzhou: 182.

中文别名（**Common name**）：海蛙

分布（**Distribution**）：台湾（TW）、广西（GX）、海南（HI）、澳门（MC）；国外：东南亚及南亚沿海国家

其他文献（**Reference**）：陈兼善和于名振，1969；胡淑琴等，1977；田婉淑和江耀明，1986；叶昌媛等，1993；费梁，1999；费梁等，2005，2009b，2010，2012；Jiang *et al.*，2014；江建平等，2016

（35）川村陆蛙 *Fejervarya kawamurai* Djong, Matsui, Kuramoto, Nishioka *et* Sumida, 2011

Fejervarya kawamurai Djong, Matsui, Kuramoto, Nishioka *et* Sumida, 2011, Zool. Sci., Tokyo, 28: 923. **Holotype:** IABHU-F2184, by original designation. **Type locality:** Japan (Honshu: Hiroshima Prefecture); 34°23′N, 132°42′E; alt. 200 m.

中文别名（**Common name**）：泽蛙

分布（**Distribution**）：河北（HEB）、天津（TJ）、山东（SD）、河南（HEN）、陕西（SN）、甘肃（GS）、安徽（AH）、江苏（JS）、浙江（ZJ）、江西（JX）、湖南（HN）、湖北（HB）、四川（SC）、重庆（CQ）、福建（FJ）；国外：日本

其他文献（**Reference**）：叶昌媛等，1993；费梁，1999；费梁等，2005，2009b，2010，2012；江建平等，2016

（36）泽陆蛙 *Fejervarya multistriata* (Hallowell, 1860)

Rana multistriata Hallowell, 1861 "1860", Proc. Acad. Nat. Sci. Philad., 12: 505. **Syntypes:** 2 specimens, presumably in ANSP or USNM, considered lost by Dubois *et* Ohler, 2000, Alytes, Paris, 18: 43, who designated (ZMB) 3255 (the holotype of *Rana gracilis* Wiegmann) as neotype. **Type locality:** China [Hong Kong（香港）]. **Neotype locality:** China [Hong Kong: Lantau Island（南丫岛）]. Considered a nomen dubium by Boulenger, 1882, Catal. Batrach. Salient. Ecaud. Coll. Brit. Mus., London, Ed. 2: 7; this corrected by the neotype designation.

Fejervarya multistriata - Dubois *et* Ohler, 2000, Alytes, Paris, 18: 35.

Fejervarya multistriata - Fei, Ye, Jiang *et* Xie, 2002, Herpetol. Sinica, Nanjing, 9: 93.

中文别名（**Common name**）：泽蛙

分布（**Distribution**）：贵州（GZ）、云南（YN）、福建（FJ）、台湾（TW）、广东（GD）、广西（GX）、海南（HI）、香港（HK）、澳门（MC）；国外：泰国、老挝、越南

其他文献（**Reference**）：刘承钊和胡淑琴，1961；胡淑琴等，1977；田婉淑和江耀明，1986；费梁等，1990，2005，2009b，2010，2012；叶昌媛等，1993；费梁，1999；Jiang *et al.*，2014；江建平等，2016

（37）先岛陆蛙 *Fejervarya sakishimensis* Matsui, Toda *et* Ota, 2008

Fejervarya sakishimensis Matsui, Toda *et* Ota, 2008 "2007", Curr. Herpetol., Kyoto, 26: 67. **Holotype:** (KUHE) 39865, by original designation. **Type locality:** Ryukyu Islands: Omoto in Ishigaki-shi, Okinawa Prefecture (Ishigakijima Island of the Yaeyama Group); 24°22′N, 124°11′E; alt. 60 m.

中文别名（**Common name**）：泽蛙

分布（**Distribution**）：台湾（TW）；国外：琉球群岛

其他文献（**Reference**）：叶昌媛等，1993；费梁，1999；费梁等，2005，2009b，2010，2012；江建平等，2016

12. 双团棘蛙属 *Gynandropaa* Dubois, 1992

Gynandropaa Dubois, 1992, Bull. Mens. Soc. Linn., Lyon, 61 (10): 319. **Type species:** *Rana yunnanensis* Anderson, 1878, by original designation. Proposed as a subgenus of *Paa*. Synonymy with *Nanorana* by implication of Frost, Grant, Faivovich, Bain, Haas, Haddad, de Sá, Channing, Wilkinson, Donnellan, Raxworthy, Campbell, Blotto, Moler, Drewes, Nussbaum, Lynch, Green *et* Wheeler, 2006, Bull. Amer. Mus. Nat. Hist., New York, 297: 318.

Gynandropaa - Fei, Ye *et* Jiang, 2010, Herpetol. Sinica, Nanjing, 12: 1-43.

（38）东川棘蛙 *Gynandropaa phrynoides* (Boulenger, 1917)

Rana phrynoides Boulenger, 1917, Ann. Mag. Nat. Hist., London, Ser. 8, 20: 413. **Syntypes:** (BMNH) 1947.2.3.76-82; (BMNH) 1947.2.3.76 designated lectotype by Dubois, 1987 "1986", Alytes, Paris, 5 (1-2): 45. **Type locality:** China [Yunnan: Dongchuan（东川）], corrected by Dubois, 1987 "1986", Alytes, Paris, 5 (1-2): 45; Huang, Hu, Wang, Song, Zhou *et* Jiang, 2016, Integr. Zool., 11: 134-156.

Rana (Paa) phrynoides - Dubois, 1975, Bull. Mus. Natl. Hist. Nat., Paris, Ser. 3, Zool., 324: 1097.

Gynandropaa phrynoices - Huang, Hu, Wang, Song, Zhou *et* Jiang, 2016, Integr. Zool., 11: 144.

中文别名（**Common name**）：双团棘雄蛙

分布（**Distribution**）：贵州（GZ）、云南（YN）；国外：无

其他文献（**Reference**）：刘承钊和胡淑琴，1961；费梁等，2009a；江建平等，2016

（39）四川棘蛙 *Gynandropaa sichuanensis* Dubois, 1986

Rana (Paa) sichuanensis Dubois, 1987 "1986", Alytes, Paris,

5 (1-2): 47. **Holotype:** (NHMW) 3419.2, by original designation. **Type locality:** China [Sichuan: Xichang (西昌)]; 27°58′N, 102°13′E.

Rana muta Su *et* Li, 1986, Acta Herpetol. Sinica, Chengdu (N. S.), 5 (2): 152-154. **Holotype:** (KIZ) 79006, by original designation. **Type locality:** China [Yunnan: Ninglang (宁蒗)]; alt. 2650 m. Preoccupied by *Rana muta* Laurenti, 1768.

Rana (*Paa*) *liui* Dubois, 1987 "1986", Alytes, Paris, 5 (1-2): 150. Replacement name for Rana muta Su *et* Li, 1986.

Paa (*Paa*) *muta* - Fei, Ye *et* Huang, 1990, Key to Chinese Amphibia, Chongqing: 158.

Paa (*Gynandropaa*) *liui* - Dubois, 1992, Bull. Mens. Soc. Linn., Lyon, 61 (10): 319.

Gynandropaa liui - Fei, Ye *et* Jiang, 2010, Herpetol. Sinica, Nanjing, 12: 25.

Paa (*Gynandropaa*) *sichuanensis* - Dubois, 1992, Bull. Mens. Soc. Linn., Lyon, 61 (10): 319.

Nanorana sichuanensis - Chen, Murphy, Lathrop, Ngo, Orlov, Ho *et* Somorjai, 2005, Herpetol. J., 15: 239, by implication.

Gynandropaa (*Gynandropaa*) *sichuanensis* - Ohler *et* Dubois, 2006, Zoosystema, 28: 781. Undiscussed elevation.

Gynandropaa sichuanensis - Fei, Ye *et* Jiang, 2010, Herpetol. Sinica, Nanjing, 12: 25.

Gynandropaa sichuanensis - Huang, Hu, Wang, Song, Zhou *et* Jiang, 2016, Integr. Zool., 11: 144-145.

中文别名（**Common name**）：刘氏棘蛙、无声囊棘蛙

分布（**Distribution**）：四川（SC）、贵州（GZ）、云南（YN）；国外：无

其他文献（**Reference**）：刘承钊和胡淑琴，1961；胡淑琴等，1977；叶昌媛等，1993；Zhao and Adler, 1993；费梁，1999；费梁等，2005, 2009b, 2010, 2012；Jiang *et al.*, 2014；江建平等，2016

（40）云南棘蛙 *Gynandropaa yunnanensis* (Anderson, 1878)

Rana yunnanensis Anderson, 1879 "1878", Anat. Zool. Res.: Zool. Result. Exped. West Yunnan, London, 1: 839. **Syntypes:** BMNH (2 specimens) (now long lost); (BMNH) 1947.2.3.76 (lectotype of *Rana phrynoides* Boulenger, 1917) designated neotype by Dubois, 1987 "1986", Alytes, Paris, 5 (1-2): 45. **Type locality:** China [Yunnan: Tengchong (腾冲)]; alt. 5000 ft.

Rana (*Paa*) *yunnanensis* - Dubois, 1975, Bull. Mus. Natl. Hist. Nat., Paris, Ser. 3, Zool., 324: 1098.

Paa (*Paa*) *yunnanensis* - Fei, Ye *et* Huang, 1990, Key to Chinese Amphibia, Chongqing: 158.

Nanorana yunnanensis - Chen, Murphy, Lathrop, Ngo, Orlov, Ho *et* Somorjai, 2005, Herpetol. J., 15: 239, by implication; Frost, Grant, Faivovich, Bain, Haas, Haddad, de Sá, Channing, Wilkinson, Donnellan, Raxworthy, Campbell, Blotto, Moler, Drewes, Nussbaum, Lynch, Green *et* Wheeler,

2006, Bull. Amer. Mus. Nat. Hist., New York, 297: 367.

Gynandropaa (*Gynandropaa*) *yunnanensis* - Ohler *et* Dubois, 2006, Zoosystema, 28: 781.

Paa yunnanensis - Fei, Hu, Ye *et* Huang, 2009, Fauna Sinica, Amphibia, Vol. 3: 1424-1428.

Paa bourreti - First recorded in Yunnan of China by Huang, Zhou, Wang, Liu *et* Jiang, 2009, Acta Zootaxon. Sinica, Beijing, 34 (2): 385-390.

Nanorana (*Chaparana*) *yunnanensis* - Che, Zhou, Hu, Yan, Papenfuss, Wake *et* Zhang, 2010, Proc. Natl. Acad. Sci. USA: 13 765-13 770.

Gynandropaa yunnanensis - Fei, Ye *et* Jiang, 2010, Herpetol. Sinica, Nanjing, 12: 25.

Gynandropaa yunnanensis - Huang, Hu, Wang, Song, Zhou *et* Jiang, 2016, Integr. Zool., 11: 134-150. **Neotype** (hereby designated): (CIBYN) 09060612, adult male. **Neotype locality:** China [Yunnan: Longchuan (陇川), Husa]; 24°47′N, 97°89′E; alt. 1600 m; by Bin Wang on 6 June, 2009.

中文别名（**Common name**）：双团棘胸蛙

分布（**Distribution**）：云南（YN）、广西（GX）；国外：缅甸、越南、老挝

其他文献（**Reference**）：刘承钊和胡淑琴，1961；胡淑琴等，1977；叶昌媛等，1993；费梁，1999；费梁等，2005, 2010, 2012；Jiang *et al.*, 2014；莫运明等，2014；江建平等，2016

13. 虎纹蛙属 *Hoplobatrachus* Peters, 1863

Hoplobatrachus Peters, 1863, Monatsber. Preuss. Akad. Wiss., Berlin, 1863: 449. **Type species:** *Hoplobatrachus ceylanicus* Peters, 1863 (= *Rana tigerina* Daudin, 1802), by monotypy.

Tigrina Fei, Ye *et* Huang, 1990, Key to Chinese Amphibia, Chongqing: 144. **Type species:** *Rana tigerina* Daudin, 1803, by original designation. Preoccupied by *Tigrina* Grevé, 1894.

（41）虎纹蛙 *Hoplobatrachus chinensis* (Osbeck, 1765)

Rana chinensis Osbeck, 1765, Reise Ostindien China: 244. **Type:** now lost. **Neotype:** (CIB) 980505, ♂, SVL 92.3 mm, by present designation of Fei *et* Ye, 2009b. **Type locality:** China [Guangdong: near Guangzhou (广州)].

Rana rugulosa - Wiegmann, 1834, *In*: Meyen, 1834, Reise in die Erde K. Preuss. Seehandl., 3 (Zool.): 508. Subsequently published by Wiegmann, 1834, Nova Acta Phys. Med. Acad. Caesar Leopold Carol., Halle, 17: 258. **Holotype:** (ZMB) 3721, according to Peters, 1863, Monatsber. Preuss. Akad. Wiss., Berlin, 1863: 78. **Type locality:** China [Hong Kong (香港): Kap Shui Mun, Lantau Island (南丫岛)].

Rana tigerina rugulosa - Fang *et* Chang, 1931, Contrib. Biol. Lab. Sci. Soc., China, Nanking, Zool. Ser., 7: 65-114.

Limnonectes (*Hoplobatrachus*) *rugulosus* - Dubois, 1986, Alytes, Paris, 5 (1-2): 60.

Tigrina rugulosa - Fei, Ye *et* Huang, 1990, Key to Chinese Amphibia, Chongqing: 144-145.

Hoplobatrachus rugolosus - Dubois, 1992, Bull. Mens. Soc. Linn., Lyon, 61 (10): 315.

Hoplobatrachus chinensis - Kosuch, Vences, Dubois, Ohler *et* Böhme, 2001, Mol. Phylogenet. Evol., 21 (3): 405.

中文别名（**Common name**）：田鸡、虎皮蛙

分布（**Distribution**）：河南（HEN）、陕西（SN）、安徽（AH）、江苏（JS）、上海（SH）、浙江（ZJ）、江西（JX）、湖南（HN）、湖北（HB）、四川（SC）、贵州（GZ）、云南（YN）、福建（FJ）、台湾（TW）、广东（GD）、广西（GX）、海南（HI）、香港（HK）、澳门（MC）；国外：缅甸、泰国、越南、柬埔寨、老挝

其他文献（**Reference**）：刘承钊和胡淑琴，1961；胡淑琴等，1977；叶昌媛等，1993；Zhao and Adler, 1993；费梁，1999；费梁等，2005, 2009b, 2010, 2012；Jiang *et al.*, 2014；江建平等，2016

14. 大头蛙属 *Limnonectes* Fitzinger, 1843

Limnonectes Fitzinger, 1843, Syst. Rept.: 31. **Type species:** *Rana kuhlii* Tschudi, 1838, by original designation.

（42）版纳大头蛙 *Limnonectes bannaensis* Fei, Ye, Xie *et* Jiang, 2007

Rana kuhlii - Anderson, 1878, Anat. Zool. Res.: Zool. Result. Exped. West Yunnan, London, 1: 838 [Hotha (户撒), Yunnan (云南), China].

Limnonectes kuhlii - Fei, Ye *et* Huang, 1990, Key to Chinese Amphibia, Chongqing: 151-153 (Yunnan and Guangxi, China).

Limnonectes bannaensis Fei, Ye, Xie *et* Jiang, 2007, Zool. Res., Kunming, 28 (5): 546. **Holotype:** (CIB) 570798, by original designation. **Type locality:** China [Yunnan: Mengla (勐腊)].

中文别名（**Common name**）：大头蛙

分布（**Distribution**）：云南（YN）、广东（GD）、广西（GX）；国外：越南、老挝

其他文献（**Reference**）：刘承钊和胡淑琴，1961；胡淑琴等，1977；费梁等，1990, 2005, 2009b, 2010, 2012；叶昌媛等，1993；Zhao and Adler, 1993；费梁，1999；张玉霞和温业棠，2000；Jiang *et al.*, 2014；莫运明等，2014；江建平等，2016

（43）脆皮大头蛙 *Limnonectes fragilis* (Liu *et* Hu, 1973)

Rana fragilis Liu *et* Hu, 1973, *In*: Liu, Hu, Fei *et* Huang, 1973, Acta Zool. Sinica, Beijing, 19 (4): 390. **Holotype:** (CIB) 64III3963, by original designation. **Type locality:** China [Hainan: Baisha (白沙), Jingko Ling]; alt. 780 m.

Limnonectes (*Limnonectes*) *fragilis* - Dubois, 1987 "1986", Alytes, Paris, 5 (1-2): 63.

Limnonectes fragilis - Fei, Ye *et* Huang, 1990, Key to Chinese Amphibia, Chongqing: 153.

Rana fragilis - Zhao *et* Adler, 1993, Herpetology of China: 142.

中文别名（**Common name**）：脆皮蛙

分布（**Distribution**）：海南（HI）；国外：无

其他文献（**Reference**）：胡淑琴等，1977；叶昌媛等，1993；费梁，1999；宋晓军等，2002；费梁等，2005, 2009b, 2010, 2012；史海涛等，2011；Jiang *et al.*, 2014；江建平等，2016

（44）福建大头蛙 *Limnonectes fujianensis* Fei *et* Ye, 1994

Rana kuhlii - Günther, 1859 "1858", Cat. Batr. Sal. Coll. Brit. Mus., London: 8 [Ningpo (宁波), Zhejiang, China].

Rana kuhlii - Boulenger, 1920, Rec. Indian Mus., Calcutta, 20: 62-66 [Guadun (挂墩), Fujian (福建) and Taiwan (台湾), China].

Limnonectes fujianensis Fei *et* Ye, 1994, *In*: Ye et Fei, 1994, Acta Zootaxon. Sinica, Beijing, 19 (4): 494-499. **Holotype:** (CIB) 64 I 1438, ♂, SVL 59.6 mm, by original designation. **Type locality:** China [Fujian: Wuyishan City (武夷山市), Longdu]; alt. 600 m.

中文别名（**Common name**）：大头蛙、古氏赤蛙

分布（**Distribution**）：安徽（AH）、江苏（JS）、浙江（ZJ）、江西（JX）、湖南（HN）、福建（FJ）、台湾（TW）、广东（GD）、香港（HK）；国外：无

其他文献（**Reference**）：刘承钊和胡淑琴，1961；胡淑琴等，1977；叶昌媛等，1993；费梁，1999；费梁等，2005, 2009b, 2010, 2012；向高世等，2009；Jiang *et al.*, 2014；江建平等，2016

（45）陇川大头蛙 *Limnonectes longchuanensis* Suwannapoom, Yuan, Chen, Sullivan *et* McLeod, 2016

Limnonectes longchuanensis Suwannapoom, Yuan, Chen, Sullivan *et* McLeod, 2016, *In*: Suwannapoom, Yuan, Chen, Hou, Zhao, Wang, Nguyen, Murphy, Sullivan, McLeod *et* Che, 2016, Zootaxa, 4093: 191. **Holotype:** (KIZ) 048424, by original designation. **Type locality:** China [Yunnan: Longchuan (陇川)]; 24°27′32.40″N, 97°45′10.80″E; alt. 1255 m.

中文别名（**Common name**）：无

分布（**Distribution**）：云南（YN）；国外：缅甸

其他文献（**Reference**）：无

15. 花棘蛙属 *Maculopaa* Fei, Ye *et* Jiang, 2010

Maculopaa Fei, Ye *et* Jiang, 2010, Herpetol. Sinica, Nanjing, 12: 24. **Type species:** *Rana maculosa* Liu, Hu *et* Yang, 1960.

（46）察隅棘蛙 *Maculopaa chayuensis* (Ye, 1977)

Rana maculosa chayuensis Ye, 1977, *In*: Sichuan Institute of

Biology Herpetology Department (Fei, Hu, Ye *et* Wu), 1977, Acta Zool. Sinica, Beijing, 23 (1): 58, 62. **Holotype:** (CIB) 73 Ⅰ 9524, by original designation. **Type locality:** China [Xizang: Zayü (察隅)]; alt. 1540 m.

Paa (Paa) chayuensis - Fei, Ye *et* Huang, 1990, Key to Chinese Amphibia, Chongqing: 157.

Nanorana chayuensis - Chen, Murphy, Lathrop, Ngo, Orlov, Ho *et* Somorjai, 2005, Herpetol. J., 15: 239, by implication.

Maculopaa chayuensis - Fei, Ye *et* Jiang, 2010, Herpetol. Sinica, Nanjing, 12: 26.

中文别名（**Common name**）：无

分布（**Distribution**）：云南（YN）、西藏（XZ）；国外：缅甸

其他文献（**Reference**）：胡淑琴，1987；叶昌媛等，1993；Zhao and Adler, 1993；费梁，1999；费梁等，2005, 2009b, 2010, 2012；李丕鹏等，2010；Jiang *et al.*, 2014；江建平等，2016

（47）错那棘蛙 *Maculopaa conaensis* (Fei *et* Huang, 1981)

Rana conaensis Fei *et* Huang, 1981, *In*: Huang *et* Fei, 1981, Acta Zootaxon. Sinica, Beijing, 6 (2): 212. **Holotype:** (NWIPB) 770532, by original designation. **Type locality:** China [Xizang: Cona (错那), Mama Town]; alt. 2900 m.

Rana (Paa) conaensis - Dubois, 1987 "1986", Alytes, Paris, 5 (1-2): 43.

Paa (Paa) conaensis - Fei, Ye *et* Huang, 1990, Key to Chinese Amphibia, Chongqing: 157.

Nanorana conaensis - Chen, Murphy, Lathrop, Ngo, Orlov, Ho *et* Somorjai, 2005, Herpetol. J., 15: 239, by implication.

Maculopaa conaensis - Fei, Ye *et* Jiang, 2010, Herpetol. Sinica, Nanjing, 12: 26.

中文别名（**Common name**）：无

分布（**Distribution**）：西藏（XZ）；国外：不丹

其他文献（**Reference**）：胡淑琴，1987；叶昌媛等，1993；Zhao and Adler, 1993；费梁，1999；费梁等，2005, 2009b, 2010, 2012；李丕鹏等，2010；Jiang *et al.*, 2014；江建平等，2016

（48）花棘蛙 *Maculopaa maculosa* (Liu, Hu *et* Yang, 1960)

Rana maculosa Liu, Hu *et* Yang, 1960, Acta Zool. Sinica, Beijing, 12 (2): 161, 173. **Holotype:** (CIB) 581250, by original designation. **Type locality:** China [Yunnan: Jingdong (景东), Xinmin Xiang]; alt. 2100 m.

Rana (Paa) maculosa - Dubois, 1987 "1986", Alytes, Paris, 5 (1-2): 43.

Paa (Paa) maculosa - Fei, Ye *et* Huang, 1990, Key to Chinese Amphibia, Chongqing: 157.

Nanorana maculosa - Chen, Murphy, Lathrop, Ngo, Orlov, Ho *et* Somorjai, 2005, Herpetol. J., 15: 239, by implication.

Maculopaa maculosa - Fei, Ye *et* Jiang, 2010, Herpetol. Sinica, Nanjing, 12: 26. See comment under Dicroglossidae.

中文别名（**Common name**）：无

分布（**Distribution**）：云南（YN）；国外：无

其他文献（**Reference**）：刘承钊和胡淑琴，1961；叶昌媛等，1993；Zhao and Adler, 1993；费梁，1999；费梁等，2005, 2009b, 2010, 2012；杨大同和饶定齐，2008；Jiang *et al.*, 2014；江建平等，2016

（49）墨脱棘蛙 *Maculopaa medogensis* (Fei *et* Ye, 1999)

Paa (Paa) medogensis Fei *et* Ye, 1999, *In*: Fei, 1999, Atlas of Amphibians of China, Zhengzhou: 216. **Holotype:** (CIB) 8370106, by original designation. **Type locality:** China [Xizang: Mêdog (墨脱)]; 29°22′N, 95°35′E; alt. 1100 m.

Nanorana medogensis - Chen, Murphy, Lathrop, Ngo, Orlov, Ho *et* Somorjai, 2005, Herpetol. J., 15: 239, by implication.

Maculopaa medogensis - Fei, Ye *et* Jiang, 2010, Herpetol. Sinica, Nanjing, 12: 26. See comment under Dicroglossidae.

中文别名（**Common name**）：无

分布（**Distribution**）：西藏（XZ）；国外：无

其他文献（**Reference**）：费梁等，2005, 2009b, 2010, 2012；李丕鹏等，2010；Jiang *et al.*, 2014；江建平等，2016

16. 倭蛙属 *Nanorana* Günther, 1896

Nanorana Günther, 1896, Ann. Mus. Zool. Acad. Sci., St. Petersbourg, 1: 206. **Type species:** *Nanorana pleskei* Günther, 1896, by monotypy.

Rana (Nanorana) - Boulenger, 1920, Rec. Indian Mus., Calcutta, 20: 107.

Montorana Vogt, 1924, Zool. Anz., Leipzig, 60 (11-12): 340. **Type species:** *Montorana ahli* Vogt, 1924 (*Nanorana pleskei* Günther, 1896), by monotypy. Synonymy by Stejneger, 1927, J. Washington Acad. Sci., 17 (12): 319.

Altirana Stejneger, 1927, J. Washington Acad. Sci., 17 (12): 317. **Type species:** *Altirana parkeri* Stejneger, 1927, by monotypy. Synonymy by Lü *et* Yang, 1995.

（50）高山倭蛙 *Nanorana parkeri* (Stejneger, 1927)

Rana pleskei Boulenger, 1905, Ann. Mag. Nat. Hist., London, Ser. 7, 15: 378-379 (northeastern Xizang, China).

Rana (Nanorana) pleskei - Boulenger, 1920, Rec. Indian Mus., Calcutta, 20: 107 [not of Günther, 1896, Yamdok (羊卓雍措), Kamba (岗巴) and Gyangtse (江孜) of Xizang, China].

Altirana parkeri Stejneger, 1927, J. Washington Acad. Sci., 17 (12): 318. **Holotype:** (USNM) 72328, by original designation. **Type locality:** China [Xizang: Tingri (定日)]; alt. 15 000 ft.

Nanorana (Altirana) parkeri - Dubois, 1992, Bull. Mens. Soc. Linn., Lyon, 61 (10): 322.

Nanorana parkeri - Lü *et* Yang, 1995, Asiat. Herpetol. Res., Berkeley, 6: 69-72; Fei, Ye *et* Jiang, 2010, Herpetol. Sinica, Nanjing, 12: 25.

中文别名（Common name）：高山蛙

分布（Distribution）：西藏（XZ）；国外：巴基斯坦、尼泊尔、不丹、印度

其他文献（Reference）：刘承钊和胡淑琴，1961；胡淑琴等，1977；胡淑琴，1987；费梁等，1990，2005，2009b，2010，2012；叶昌媛等，1993；Zhao and Adler，1993；费梁，1999；Jiang *et al.*，2014；江建平等，2016

（51）倭蛙 *Nanorana pleskei* Günther, 1896

Nanorana pleskei Günther, 1896, Ann. Mus. Zool. Acad. Sci., St. Petersbourg, 1: 207. **Syntypes:** Including (ZISP) 1958 (Sungpan) according to L. J. Borkin *in* Frost, 1985, Amph. Spec. World, Lawrence: 463. **Type locality:** China [Sichuan: Songpan (松潘) and probably Xiaojin Chuan River].

Rana pleskei - Boulenger, 1905, Ann. Mag. Nat. Hist., London, Ser. 7, 15: 378.

Rana (Nanorana) pleskei - Boulenger, 1918, Bull. Soc. Zool. France, Paris, 43: 119; Boulenger, 1920, Rec. Indian Mus., Calcutta, 20: 107.

Nanorana pleskei - Lü *et* Yang, 1995, Asiat. Herpetol. Res., Berkeley, 6: 69-72; Fei, Ye *et* Jiang, 2010, Herpetol. Sinica, Nanjing, 12: 25.

中文别名（Common name）：无

分布（Distribution）：甘肃（GS）、青海（QH）、四川（SC）；国外：无

其他文献（Reference）：刘承钊和胡淑琴，1961；叶昌媛等，1993；Zhao and Adler，1993；费梁，1999；费梁等，2005，2009b，2010，2012；姚崇勇和龚大洁，2012；Jiang *et al.*，2014；江建平等，2016

（52）腹斑倭蛙 *Nanorana ventripunctata* Fei *et* Huang, 1985

Nanorana ventripunctata Fei *et* Huang, 1985, Acta Biologica Plateau Sinica, Beijing, No. 4: 71-75. **Holotype:** (CIB) 82 I 2060, by original designation. **Type locality:** China [Yunnan: Zhongdian (中甸)]; alt. 3150 m.

Nanorana (Nanorana) ventripunctata - Dubois, 1992, Bull. Mens. Soc. Linn., Lyon, 61 (10): 322; Ohler *et* Dubois, 2006, Zoosystema, 28: 781.

Nanorana ventripunctata - Lü *et* Yang, 1995, Asiat. Herpetol. Res., Berkeley, 6: 69-72.

中文别名（Common name）：无

分布（Distribution）：云南（YN）；国外：无

其他文献（Reference）：费梁等，1990，2005，2009b，2010，2012；叶昌媛等，1993；Zhao and Adler，1993；费梁，1999；杨大同和饶定齐，2008；Jiang *et al.*，2014；江建平等，2016

17. 棘蛙属 *Paa* Dubois, 1975

Rana (Paa) Dubois, 1975, Bull. Mus. Natl. Hist. Nat., Paris, Ser. 3, Zool. 324: 1094. **Type species:** *Rana liebigii* Günther, 1860, by original designation.

Paa - Fei, Ye *et* Huang, 1990, Key to Chinese Amphibia, Chongqing: 153.

Paa - Dubois, 1992, Bull. Mens. Soc. Linn., Lyon, 61 (10): 319. Synonymy with *Nanorana* by Chen, Murphy, Lathrop, Ngo, Orlov, Ho *et* Somorjai, 2005, Herpetol. J., 15: 239.

（53）布兰福棘蛙 *Paa blanfordii* (Boulenger, 1882)

Rana blanfordii Boulenger, 1882, Catal. Batrach. Salient. Ecaud. Coll. Brit. Mus., London, Ed. 2: 23. **Syntypes:** (BMNH) (2 specimens), of which one is illustrated on pl. 1, fig. 2 in the original; (BMNH) 1880.11.10.105 designated lectotype by Dubois, 1975, Bull. Mus. Natl. Hist. Nat., Paris, Ser. 3, Zool., 324: 1098. **Type locality:** India (?Muscat; corrected to Darjeeling in the Mt. Himalayas, at Mussoorie, West Bengal, by Boulenger, 1905, Ann. Mag. Nat. Hist., London, Ser. 7, 16: 640); alt. 7000 to 8000 ft.

Rana yadongensis Wu, 1977, *In*: Sichuan Institute of Biology Herpetology Department (Fei, Hu, Ye *et* Wu), 1977, Acta Zool. Sinica, Beijing, 23 (1): 56-62. **Holotype:** (CIB) 73 II 02138, by original designation. **Type locality:** China [Xizang: Yadong （亚东）]; alt. 2900 m. Provisional synonymy *Paa blanfordi* by Dubois, 1979, Bull. Mens. Soc. Linn., Lyon, 48: 657-661 (who considered the paratypes to also include representatives of *Paa polunini*). Synonymy supported by Fei, 1999, Atlas of Amphibians of China, Zhengzhou: 210; Fei *et* Ye, 2001, Acta Zool. Sinica, Beijing, 47 (4): 476-478.

Paa (Paa) yadongensis - Fei, Ye *et* Huang, 1990, Key to Chinese Amphibia, Chongqing: 156.

Nanorana blanfordii - Chen, Murphy, Lathrop, Ngo, Orlov, Ho *et* Somorjai, 2005, Herpetol. J., 15: 239, by implication.

Paa blanfordii - Fei, Ye *et* Jiang, 2010, Herpetol. Sinica, Nanjing, 12: 26.

中文别名（Common name）：亚东蛙

分布（Distribution）：西藏（XZ）；国外：尼泊尔、印度、不丹

其他文献（Reference）：胡淑琴，1987；费梁等，1990，2005，2009b，2010，2012；叶昌媛等，1993；Zhao and Adler，1993；李丕鹏等，2010；Jiang *et al.*，2014；江建平等，2016

（54）棘臂蛙 *Paa liebigii* (Günther, 1860)

Rana liebigii Günther, 1860, Proc. Zool. Soc. London, 1860: 157. **Syntypes:** (BMNH) (1 specimen) and another, location not noted by original designation. Boulenger, 1882, Catal. Batrach. Salient. Ecaud. Coll. Brit. Mus., London, Ed. 2: 23, reported two BMNH specimens, one from Nepal and another from India (Sikkim) as types. (BMNH) 1947.2.1.88 designated lectotype by Dubois, 1976, Cah. Nepal., Doc., 6: 46. **Type locality:** India [Sikkim (alt. 3800 ft)] and Nepal; restricted to Nepal by lectotype designation.

Rana (Rana) liebigii - Boulenger, 1920, Rec. Indian Mus., Calcutta, 20: 8.

Rana liebigii - Newly recorded in China by Sichuan Institute of Biology Herpetology Department (Fei, Hu, Ye *et* Wu), 1977, Acta Zool. Sinica, Beijing, 23 (1): 54-63.

Paa (*Paa*) *liebigii* - Fei, Ye *et* Huang, 1990, Key to Chinese Amphibia, Chongqing: 153-153.

Nanorana liebigii - Chen, Murphy, Lathrop, Ngo, Orlov, Ho *et* Somorjai, 2005, Herpetol. J., 15: 239, by implication.

Paa liebigii - Fei, Ye *et* Jiang, 2010, Herpetol. Sinica, Nanjing, 12: 26.

中文别名（Common name）：无

分布（Distribution）：西藏（XZ）；国外：印度、尼泊尔、不丹

其他文献（Reference）：胡淑琴, 1987；叶昌媛等, 1993；Zhao and Adler, 1993；费梁, 1999；费梁等, 2005, 2009b, 2010, 2012；李丕鹏等, 2010；Jiang *et al.*, 2014；江建平等, 2016

（55）波留宁棘蛙 *Paa polunini* (Smith, 1951)

Rana polunini Smith, 1951, Ann. Mag. Nat. Hist., London, Ser. 12, 4: 727. **Holotype:** (BMNH) 1950.1.6.4, by original designation. **Type locality:** Nepal (Langtang Village); alt. 11 000 ft.

Rana (*Paa*) *polunini* - Dubois, 1975, Bull. Mus. Natl. Hist. Nat., Paris, Ser. 3, Zool., 324: 1098.

Paa (*Paa*) *polunini* - Dubois, 1992, Bull. Mens. Soc. Linn., Lyon, 61 (10): 320.

Paa polunini - Newly recorded in China by Fei *et* Ye, 2001, Acta Zool. Sinica, Beijing, 47 (4): 476-478.

Nanorana polunini - Chen, Murphy, Lathrop, Ngo, Orlov, Ho *et* Somorjai, 2005, Herpetol. J., 15: 239, by implication.

Paa polunini - Fei, Ye *et* Jiang, 2010, Herpetol. Sinica, Nanjing, 12: 26.

中文别名（Common name）：无

分布（Distribution）：西藏（XZ）；国外：尼泊尔

其他文献（Reference）：费梁等, 2005, 2009b, 2010, 2012；李丕鹏等, 2010；Jiang *et al.*, 2014；江建平等, 2016

（56）罗斯坦棘蛙 *Paa rostandi* (Dubois, 1974)

Rana rostandi Dubois, 1974 "1973", Bull. Soc. Zool. France, Paris, 98: 495. **Holotype:** (MNHNP) 1973.310, by original designation. **Type locality:** Nepal (lac Kutsab Terna Tal, altitude 2900 m environ, près du village de Thini, Nord-Ouest Népal); 28°46′N, 83°44′E.

Rana (*Paa*) *rostandi* - Dubois, 1975, Bull. Mus. Natl. Hist. Nat., Paris, Ser. 3, Zool., 324: 1098; Dubois, 1987 "1986", Alytes, Paris, 5 (1-2): 43.

Paa (*Paa*) *rostandi* - Dubois, 1992, Bull. Mens. Soc. Linn., Lyon, 61 (10): 320.

Nanorana rostandi - Chen, Murphy, Lathrop, Ngo, Orlov, Ho *et* Somorjai, 2005, Herpetol. J., 15: 239, by implication.

Paa rostandi - Fei, Ye *et* Jiang, 2010, Herpetol. Sinica, Nanjing, 12: 26.

Nanorana rostandi - Firstly recorded in China by Jiang, Wang,

Yang, Jin, Zou, Yan, Pan *et* Che, 2016, Sichuan J. Zool., Chengdu, 35 (2): 210-216.

中文别名（Common name）：无

分布（Distribution）：西藏（XZ）；国外：尼泊尔

其他文献（Reference）：无

18. 类棘蛙属 *Quasipaa* Dubois, 1992

Quasipaa Dubois, 1992, Bull. Mens. Soc. Linn., Lyon, 61 (10): 319. **Type species:** *Rana boulengeri* Günther, 1889, by original designation.

（57）棘腹蛙 *Quasipaa boulengeri* (Günther, 1889)

Rana boulengeri Günther, 1889, Ann. Mag. Nat. Hist., London, Ser. 6, 4: 222. **Syntypes:** (BM) (2 specimens); (BMNH) 1947.2.3.86 designated lectotype by Dubois, 1987 "1986", Alytes, Paris, 5 (1-2): 44. **Type locality:** China [Hubei: Yichang (宜昌)].

Rana tibetana Boulenger, 1917, Ann. Mag. Nat. Hist., London, Ser. 8, 20: 414. **Holotype:** (BMNH) 1947.2.3.63. **Type locality:** China [Sichuan: Wenchuan (汶川), Yingxiu].

Paa (*Quasipaa*) *boulengeri* - Dubois, 1992, Bull. Mens. Soc. Linn., Lyon, 61 (10): 320.

Nanorana boulengeri - Chen, Murphy, Lathrop, Ngo, Orlov, Ho *et* Somorjai, 2005, Herpetol. J., 15: 239, by implication.

Quasipaa boulengeri - Jiang, Dubois, Ohler, Tillier, Chen, Xie *et* Stöck, 2005, Zool. Sci., Tokyo, 22: 358.

Quasipaa tibetana - Ohler *et* Dubois, 2006, Zoosystema, 28: 781.

Quasipaa boulengeri- Fei, Ye *et* Jiang, 2010, Herpetol. Sinica, Nanjing, 12: 26.

中文别名（Common name）：梆梆鱼、木怀、石鹅、石鸡、胖胖

分布（Distribution）：山西（SX）、陕西（SN）、甘肃（GS）、江西（JX）、湖南（HN）、湖北（HB）、四川（SC）、重庆（CQ）、贵州（GZ）、云南（YN）、广西（GX）；国外：越南

其他文献（Reference）：刘承钊和胡淑琴, 1961；胡淑琴等, 1977；田婉淑和江耀明, 1986；费梁等, 1990, 2005, 2009b, 2010, 2012；叶昌媛等, 1993；Zhao and Adler, 1993；樊龙锁等, 1998；费梁, 1999；Jiang *et al.*, 2014；江建平等, 2016

（58）小棘蛙 *Quasipaa exilispinosa* (Liu *et* Hu, 1975)

Rana exilispinosa Liu *et* Hu, 1975, *In*: Sichuan Institute of Biology (Hu S Q) *et* Sichuan Medical College (Liu C C), 1975, Acta Zool. Sinica, Beijing, 21 (3): 265-268. **Holotype:** (CIB) 64 II 0614, ♂, SVL 68.0 mm, by original designation. **Type locality:** China [Fujian: Dehua (德化), Mt. Daiyun (戴云山)]; alt. 1100 m.

Rana (*Paa*) *paraspinosa* Dubois, 1975, Bull. Mus. Natl. Hist. Nat., Paris, Ser. 3, Zool., 324: 1102. **Holotype:** (BMNH)

1956.1.9.79, by original designation. **Type locality:** China [Hong Kong (香港). Corrected to the Peak, Hong Kong, China, by Dubois, 1979, Bull. Mens. Soc. Linn., Lyon, 48: 656].

Rana (Paa) exilispinosa - Dubois, 1979, Bull. Mens. Soc. Linn., Lyon, 48: 649-656.

Paa (Paa) exilispinosa - Fei, Ye *et* Huang, 1990, Key to Chinese Amphibia, Chongqing: 156.

Paa (Quasipaa) exilispinosa - Dubois, 1992, Bull. Mens. Soc. Linn., Lyon, 61 (10): 319-320.

Quasipaa exilispinosa - Jiang, Dubois, Ohler, Tillier, Chen, Xie *et* Stöck, 2005, Zool. Sci., Tokyo, 22: 358; Fei, Ye *et* Jiang, 2010, Herpetol. Sinica, Nanjing, 12: 26.

中文别名（Common name）： 无

分布（Distribution）： 浙江（ZJ）、江西（JX）、湖南（HN）、福建（FJ）、广东（GD）、广西（GX）、香港（HK）；国外：无

其他文献（Reference）： 胡淑琴等，1977；田婉淑和江耀明，1986；费梁等，1990，2005，2009b，2010，2012；叶昌媛等，1993；Zhao and Adler，1993；费梁，1999；Jiang *et al.*，2014；沈猷慧等，2014；莫运明等，2014；江建平等，2016

（59）九龙棘蛙 *Quasipaa jiulongensis* (Huang *et* Liu, 1985)

Rana jiulongensis Huang *et* Liu, 1985, J. Fudan Univ. (Nat. Sci.), 24 (2): 235-237. **Holotype:** (FU) 83001, by original designation. **Type locality:** China [Zhejiang: Suichang (遂昌), Mt. Jiulong (九龙山)]; alt. 1060 m.

Paa (Paa) jiulongensis - Fei, Ye *et* Huang, 1990, Key to Chinese Amphibia, Chongqing: 157.

Paa (Quasipaa) jiulongensis - Dubois, 1992, Bull. Mens. Soc. Linn., Lyon, 61 (10): 320.

Nanorana jiulongensis - Chen, Murphy, Lathrop, Ngo, Orlov, Ho *et* Somorjai, 2005, Herpetol. J., 15: 239, by implication.

Quasipaa jiulongensis - Frost, 2006, Amph. Spec. World, Lawrence, Vers. 4.0: 358; Fei, Ye *et* Jiang, 2010, Herpetol. Sinica, Nanjing, 12: 26.

中文别名（Common name）： 无

分布（Distribution）： 浙江（ZJ）、江西（JX）、福建（FJ）；国外：无

其他文献（Reference）： 叶昌媛等，1993；Zhao and Adler，1993；费梁，1999；费梁等，2005，2009b，2010，2012；Jiang *et al.*，2014；江建平等，2016

（60）合江棘蛙 *Quasipaa robertingeri* (Wu *et* Zhao, 1995)

Rana robertingeri Wu *et* Zhao, 1995, Sichuan J. Zool., Chengdu, 1995 (Suppl.): 52-55. **Holotype:** (CIB) 6885, ♂, 97.3 mm, by original designation. **Type locality:** China [Sichuan: Hejiang (合江), Tiantangba]; alt. 900 m.

Paa (Paa) robertingeri: Fei *et* Ye, 2001, Color Handbook

Amph. Sichuan: 184.

Quasipaa robertingeri: Jiang, Dubois, Ohler, Tillier, Chen, Xie *et* Stöck, 2005, Zool. Sci., Tokyo, 22: 358, by implication.

中文别名（Common name）： 无

分布（Distribution）： 四川（SC）、重庆（CQ）；国外：无

其他文献（Reference）： 费梁等，2005，2009b，2010，2012；Jiang *et al.*，2014；江建平等，2016

（61）棘侧蛙 *Quasipaa shini* (Ahl, 1930)

Rana shini Ahl, 1930, Sitzungsber. Ges. Naturforsch. Freunde Berlin, 1930: 315. **Syntypes:** (ZMB) (originally 4 specimens), unnumbered according to the original publication; (MCZ) 17651 (on exchange from ZMB, is a syntype according to Barbour *et* Loveridge, 1946, Bull. Mus. Comp. Zool. Harvard Coll., Cambridge, 96: 184). **Type locality:** China [Guangxi: Jinxiu (金秀), Mt. Dayao (大瑶山)]; alt. 1500 m.

Rana (Paa) shini - Dubois, 1987 "1986", Alytes, Paris, 5 (1-2): 43.

Paa (Paa) shini - Fei, Ye *et* Huang, 1990, Key to Chinese Amphibia, Chongqing: 156; Ye, Fei *et* Hu, 1993, Rare and Economic Amph. China: 281.

Paa (Quasipaa) shini - Dubois, 1992, Bull. Mens. Soc. Linn., Lyon, 61 (10): 320.

Quasipaa shini - Jiang, Dubois, Ohler, Tillier, Chen, Xie *et* Stöck, 2005, Zool. Sci., Tokyo, 22: 358, by implication.

中文别名（Common name）： 无

分布（Distribution）： 湖南（HN）、贵州（GZ）、广西（GX）；国外：无

其他文献（Reference）： 刘承钊和胡淑琴，1961；胡淑琴等，1977；田婉淑和江耀明，1986；伍律等，1988；叶昌媛等，1993；Zhao and Adler，1993；费梁，1999；费梁等，2005，2009b，2010，2012；Jiang *et al.*，2014；沈猷慧等，2014；莫运明等，2014；江建平等，2016

（62）棘胸蛙 *Quasipaa spinosa* (David, 1875)

Rana spinosa David, 1875, J. Trois. Voy. Explor. Emp. Chinoise, Paris, 2: 253. **Type(s):** Not stated, presumably deposited originally in MNHNP. (CIB) 64 I 280 designated neotype by Fei *et* Ye, 2009, *In*: Fei, Hu, Ye *et* Huang, 2009, Fauna Sinica, Amphibia, Vol. 3: 1375. **Type locality:** China [Jiangxi: Zixi (资溪), Wangmaozhai (王茅寨), a mountain village in Jiangxi near the Fujian boundary]. **Neotype locality:** China [Fujian: Wuyishan City (武夷山市), Guadun]; alt. 1100 m.

Rana chekiensis Angel *et* Guibé, *In*: Angel, Bertin *et* Guibé, 1947 "1946", Bull. Mus. Natl. Hist. Nat., Paris, Ser. 2, 18: 473. **Syntypes:** (MNHNP) 1923.16 and 1923.22, by original designation. **Type locality:** Not given; given as Changaï [= Shanghai (上海)], China, by Guibé, 1950 "1948", Cat. Types Amph. Mus. Natl. Hist. Nat.: 35. Synonymy by Zhao *et* Adler, 1993, Herpetology of China: 149.

Rana (*Paa*) *spinosa* - Dubois, 1975, Bull. Mus. Natl. Hist. Nat., Paris, Ser. 3, Zool., 324: 1098.

Paa (*Paa*) *spinosa* - Fei, Ye *et* Huang, 1990, Key to Chinese Amphibia, Chongqing: 157.

Paa (*Quasipaa*) *spinosa* - Dubois, 1992, Bull. Mens. Soc. Linn., Lyon, 61 (10): 320.

Quasipaa spinosa - Jiang, Dubois, Ohler, Tillier, Chen, Xie *et* Stöck, 2005, Zool. Sci., Tokyo, 22: 358, by implication.

中文别名（**Common name**）：无

分布（**Distribution**）：安徽（AH）、江苏（JS）、上海（SH）、浙江（ZJ）、江西（JX）、湖南（HN）、湖北（HB）、贵州（GZ）、云南（YN）、福建（FJ）、广东（GD）、广西（GX）、香港（HK）；国外：越南

其他文献（**Reference**）：刘承钊和胡淑琴，1961；胡淑琴等，1977；田婉淑和江耀明，1986；叶昌媛等，1993；Zhao and Adler，1993；费梁，1999；费梁等，2005，2009b，2010，2012；Jiang *et al.*, 2014；江建平等，2016

（63）多疣棘蛙 *Quasipaa verrucospinosa* (Bourret, 1937)

Rana spinosa verrucospinosa Bourret, 1937, Ann. Bull. Gén. Instr. Publ., Hanoi, 1937 (4): 26. **Syntypes:** (LZUH) (originally 12 specimens) B195 (Chapa), B160-164, Z240-41 (Fan-Si-Pan), B17, B51-52, Z75 (Tam-Dao); now two of these (MNHNP) 1948.132 and 1948.134 according to Guibé, 1950 "1948", Cat. Types Amph. Mus. Natl. Hist. Nat.: 39; (MNHNP) 1948.132 designated lectotype by Dubois, 1987 "1986", Alytes, Paris, 5 (1-2): 44. **Type locality:** Vietnam (Chapa, Fan-Si-Pan and Tam-Dao). **Lectotype locality:** Vietnam (not noted by Dubois, 1987 "1986", Alytes, Paris, 5(1-2): 44, but presumably Chapa).

Rana verrucospinosa - Bourret, 1939, Ann. Bull. Gén. Instr. Publ., Hanoi, 1939: 8, 33.

Paa verrucospinosa - Inger, Orlov *et* Darevsky, 1999, Fieldiana: Zool. (N. S.), 92: 22.

Paa verrucospinosa - Newly recorded in China by Kou *et* Zhang, 1987, *In*: Reports on the Explorations of Xishuangbanna Nature Reserve: 350-368; confirmed again by Hu, Cheng *et* Dong, 2005, Sichuan J. Zool., Chengdu, 24 (3): 340-341.

Quasipaa verrucospinosa - Frost, 2006, Amph. Spec. World, Lawrence, Vers. 4.0: 358.

中文别名（**Common name**）：无

分布（**Distribution**）：云南（YN）；国外：越南

其他文献（**Reference**）：刘承钊和胡淑琴，1961；胡淑琴等，1977；田婉淑和江耀明，1986；叶昌媛等，1993；Zhao and Adler，1993；费梁，1999；费梁等，2005，2009b，2010，2012；Jiang *et al.*, 2014；江建平等，2016

19. 泰诺蛙属 *Taylorana* Dubois, 1986

Taylorana Dubois, 1987 "1986", Alytes, Paris, 5 (1-2): 63.

Type species: *Polypedates hascheanus* Stoliczka, 1870, by original designation. Coined as a subgenus of Limnonectes Fitzinger. Synonymy with *Bourretia* by Inger, 1996, Herpetologica, Austin, 52: 243. Without discussion, treated as a distinct genus within Limnonectini by Dubois, 2005, Alytes, Paris, 23: 16.

（64）刘氏泰诺蛙 *Taylorana liui* (Yang, 1983)

Platymantis liui Yang, 1983, Acta Herpetol. Sinica, Chengdu (N. S.), 2 (2): 53, 56. **Holotype:** (KIZ) 195, by original designation. **Type locality:** China [Yunnan: Mengla (勐腊), Menglun]; alt. 550 m.

Micrixalus liui - Zhao, 1985, *In*: Frost, 1985, Amph. Spec. World, Lawrence: 468; Yang, 1991, The Amphibia-Fauna of Yunnan, Beijing: 170; Zhao *et* Adler, 1993, Herpetology of China: 136.

Ingerana (*Liurana*) *liui* - Dubois, 1987 "1986", Alytes, Paris, 5 (1-2): 65.

Liurana liui - Fei, 1999, Atlas of Amphibians of China, Zhengzhou: 222-224.

Taylorana liui - Fei, Ye *et* Jiang, 2010, Colored Atlas of Chinese Amphibians, Chengdu: 391.

Limnonectes (*Taylorana*) *liui* - Borah, Bordoloi, Purkayastha, Das, Dubois *et* Ohler, 2013, Herpetozoa, Wien, 26: 39-48.

中文别名（**Common name**）：刘氏扁手蛙、刘氏舌突蛙

分布（**Distribution**）：云南（YN）；国外：无

其他文献（**Reference**）：田婉淑和江耀明，1986；费梁等，1990，2005，2009b，2010，2012；叶昌媛等，1993；Zhao and Adler，1993；费梁，1999；杨大同和饶定齐，2008；Jiang *et al.*, 2014；江建平等，2016

20. 棘肛蛙属 *Unculuana* Fei, Ye *et* Huang, 1990

Paa (*Unculuana*) Fei, Ye *et* Huang, 1990, Key to Chinese Amphibia, Chongqing: 154. **Type species:** *Rana unculuana* (*Rana unculuanus*) Liu, Hu *et* Yang, 1960, by original designation.

Chaparana (*Unculuana*) - Dubois, 1992, Bull. Mens. Soc. Linn., Lyon, 61 (10): 318.

Unculuana - Fei, Ye, Huang, Jiang *et* Xie, 2005, An Illustrated Key to Chinese Amphibians, Chengdu: 144-145.

（65）棘肛蛙 *Unculuana unculuanus* (Liu, Hu *et* Yang, 1960)

Rana unculuanus Liu, Hu *et* Yang, 1960, Acta Zool. Sinica, Beijing, 12 (2): 164, 174. **Holotype:** (CIB) 581665, by original designation. **Type locality:** China [Yunnan: Jingdong (景东), Xinmin Xiang]; alt. 2030 m.

Rana unculuana - Frost, 1985, Amph. Spec. World, Lawrence: 518. Incorrect subsequent spelling.

Paa (*Unculuana*) *unculuana* - Fei, Ye *et* Huang, 1990, Key to Chinese Amphibia, Chongqing: 155.

Chaparana unculuanus - Dubois, 1992, Bull. Mens. Soc. Linn., Lyon, 61 (10): 318.

Nanorana unculuanus - Chen, Murphy, Lathrop, Ngo, Orlov, Ho *et* Somorjai, 2005, Herpetol. J., 15: 239.

Unculurana unculuanus - Fei, Ye *et* Jiang, 2010, Herpetol. Sinica, Nanjing, 12: 26.

中文别名（**Common name**）：无

分布（**Distribution**）：云南（YN）；国外：越南

其他文献（**Reference**）：刘承钊和胡淑琴，1961；胡淑琴等，1977；田婉淑和江耀明，1986；叶昌媛等，1993；Zhao and Adler，1993；费梁，1999；费梁等，2005，2009b，2010，2012；Jiang *et al.*，2014；江建平等，2016

21. 肛刺蛙属 *Yerana* Jiang, Chen *et* Wang, 2006

Yerana Jiang, Chen *et* Wang, 2006, J. Anhui Normal Univ. (Nat. Sci.), Hefei, 29 (5): 467-469. **Type species:** *Paa (Feirana) yei* Chen, Qu *et* Jiang, 2002, Herpetol. Sinica, Nanjing, 9: 230, by original designation.

（66）叶氏肛刺蛙 *Yerana yei* (Chen, Qu *et* Jiang, 2002)

Paa (Feirana) yei Chen, Qu *et* Jiang, 2002, Herpetol. Sinica, Nanjing, 9: 230. **Holotype:** (HENNU) 020504002, by original designation. **Type locality:** China [Henan: Shangcheng (商城)]; alt. 424 m.

Quasipaa yei - Jiang, Dubois, Ohler, Tillier, Chen, Xie *et* Stöck, 2005, Zool. Sci., Tokyo, 22: 358; Che, Hu, Zhou, Murphy, Papenfuss, Chen, Rao, Li *et* Zhang, 2009, Mol. Phylogenet. Evol., 50: 69.

Yerana yei - Jiang, Chen *et* Wang, 2006, J. Anhui Normal Univ. (Nat. Sci.), Hefei, 29 (5): 468; Fei, Ye *et* Jiang, 2010, Herpetol. Sinica, Nanjing, 12: 26.

中文别名（**Common name**）：叶氏隆肛蛙

分布（**Distribution**）：河南（HEN）、安徽（AH）、湖北（HB）；国外：无

其他文献（**Reference**）：费梁等，2005，2009b，2010，2012；Jiang *et al.*，2014；江建平等，2016

（五）雨蛙科 **Hylidae Rafinesque, 1815**

Hylarinia Rafinesque, 1815, Analyse Nat.: 78. **Type genus:** *Hylaria* Rafinesque, 1814 (an unjustified emendation of *Hyla* Laurenti, 1768).

Hylina Gray, 1825, Ann. Philos., London, Ser. 2, 10: 213. **Type genus:** *Hyla* Laurenti, 1768. Suggested as a subfamily.

Hyladae - Boie, 1828, Isis von Oken, 21: 363.

Hylidae - Bonaparte, 1850, Conspect. Syst. Herpetol. Amph.: 1.

22. 环太雨蛙属 *Dryophytes* Fitzinger, 1843

Dryophytes Fitzinger, 1843, Syst. Rept.: 31. **Type species:**

Hyla versicolor LeConte, 1825, by original designation.

Epedaphus Cope, 1885 "1884", Proc. Am. Philos. Soc., 22: 383. **Type species:** *Hyla gratiosa* LeConte, 1856, by monotypy. Synonymy with *Hyla* by Kellogg, 1932, Bull. U. S. Natl. Mus., Washington, 160: 149. Treatment as a subgenus by Fouquette *et* Dubois, 2014, Checklist N. A. Amph. Rept.: 331-332. Synonymy with *Dryophytes* by implication of Duellman, Marion *et* Hedges, 2016, Zootaxa, 4104: 23.

Dryophytes - Duellman, Marion *et* Hedges, 2016, Zootaxa, 4104: 23.

（67）无斑环太雨蛙 *Dryophytes immaculata* (Boettger, 1888)

Hyla chinensis var. *immaculata* Boettger, 1888, Ber. Senckenb. Naturf. Ges., Frankfurt am Main, 1888: 187-190. **Holotype:** Not stated; (SMF) 2310 (Mertens: 1967: 41), ♀, by original designation. **Type locality:** China [Shanghai (上海)].

Hyla arborea var. *immaculata* - Boettger, 1892, Kat. Batr. Samml. Mus. Senck. Naturf. Ges., 1892: 43.

Hyla arborea immaculata - Stejneger, 1907, Bull. U. S. Natl. Mus., Washington, 58: 82.

Hyla immaculata - Schmidt, 1927, Bull. Amer. Mus. Nat. Hist., New York, 54 (5): 561.

Hyla suweonensis Kuramoto, 1980, Copeia, 1980: 102. **Holotype:** (OMNH) 6035, by original designation. **Type locality:** Korea (rice paddy of the Office of Rural Development, Suweon). Synonymy by Dufresnes, Litvinchuk, Borzée, Jang, Li, Miura, Perrin *et* Stöck, 2016, BMC Evol. Biol., 16 (253): 1.

Hyla (Hyla) immaculata - Fouquette *et* Dubois, 2014, Checklist N. A. Amph. Rept.: 331, by implication.

Hyla (Dryophytes) suweonensis - Fouquette *et* Dubois, 2014, Checklist N. A. Amph. Rept.: 331, by implication.

Dryophytes immaculatus - Duellman, Marion *et* Hedges, 2016, Zootaxa, 4104: 1-109.

中文别名（**Common name**）：无斑树蟾、无斑雨蛙

分布（**Distribution**）：河北（HEB）、天津（TJ）、山东（SD）、河南（HEN）、陕西（SN）、安徽（AH）、江苏（JS）、上海（SH）、浙江（ZJ）、江西（JX）、湖南（HN）、湖北（HB）、重庆（CQ）、贵州（GZ）、福建（FJ）；国外：韩国

其他文献（**Reference**）：刘承钊和胡淑琴，1961；胡淑琴等，1977；田婉淑和江耀明，1986；费梁等，1990，2005，2009a，2010，2012；叶昌媛等，1993；Zhao and Adler，1993；费梁，1999；Jiang *et al.*，2014；江建平等，2016；Fei and Ye，2016

23. 雨蛙属 *Hyla* Laurenti, 1768

Hyla Laurenti, 1768, Spec. Med. Exhib. Synops. Rept.: 32. **Type species:** *Hyla viridis* Laurenti, 1768 (= *Rana arborea* Linnaeus, 1758), by subsequent designation of Stejneger, 1907, Bull. U. S. Natl. Mus., Washington, 58: 75. Treatment as a subgenus of the genus *Hyla* by Fouquette *et* Dubois,

2014, Checklist N. A. Amph. Rept.: 331-332.

（68）中国雨蛙 *Hyla chinensis* Günther, 1858

Hyla arborea var. *chinensis* Günther, 1858, Arch. Naturgesch., 24: 328. **Syntypes:** (BMNH) 1947.2.23.97-98 (formerly 54.3.21.13), 1947.2.23.92-96 (formerly 59.11.1.1-5), 1947.2.24.1-2 (formerly 59.12.20.8-9), and 1947.2.23.99 (formerly 60.3.19. 1102) according to Condit, 1964, J. Ohio Herpetol. Soc., 4: 89; Duellman, 1977, Das Tierreich, Berlin, 95: 45, considered (BMNH) 1947.2.23.93 to be the holotype (= implicit lectotype designation). **Type locality:** China [Taiwan, and Zhejiang: Zhoushan（舟山）] given by Boulenger, 1882, Catal. Batrach. Salient. Ecaud. Coll. Brit. Mus., London, Ed. 2: 382.

Hyla chinensis - Günther, 1864, Rept. Brit. India, London: 436; Boulenger, 1882, Catal. Batrach. Salient. Ecaud. Coll. Brit. Mus., London, Ed. 2: 381; Schmidt, 1927, Bull. Amer. Mus. Nat. Hist., New York, 54 (5): 561; Bourret, 1927, Fauna Indochine, Vert., 3: 261; Boring, 1938 "1938-1939", Peking Nat. Hist. Bull., Peking, 13: 94; Bourret, 1942, Batr. Indochine: 223-226; Liu, 1950, Fieldiana: Zool. Mem., Chicago, 2: 225.

中文别名（**Common name**）：中国树蟾

分布（**Distribution**）：河南（HEN）、安徽（AH）、江苏（JS）、上海（SH）、浙江（ZJ）、江西（JX）、湖南（HN）、湖北（HB）、福建（FJ）、台湾（TW）、广东（GD）、广西（GX）、香港（HK）；国外：越南（？北部）

其他文献（**Reference**）：刘承钊和胡淑琴, 1961; 胡淑琴等, 1977; 田婉淑和江耀明, 1986; 费梁等, 1990, 2005, 2009a, 2010, 2012; 叶昌媛等, 1993; Zhao and Adler, 1993; 费梁, 1999; Jiang *et al.*, 2014; 江建平等, 2016; Fei and Ye, 2016

（69）华西雨蛙 *Hyla gongshanensis* Li *et* Yang, 1985

Hyla annectans gongshanensis Li *et* Yang, 1985, Zool. Res., Kunming, 6 (1): 23, 27. **Holotype:** (KIZ) 730059, by original designation. **Type locality:** China [Yunnan: Gongshan（贡山）]; alt. 1500 m.

Hyla annectans wulingensis Shen, 1997, Zool. Res., Kunming, 18 (2): 177, 182. **Holotype:** (HNNU) 86.646, by original designation. **Type locality:** China [Hunan: Sangzhi（桑植）, Mt. Tianping]; 29°49′N, 110°9′E; alt. 1350 m.

Hyla annectans jingdongensis Fei *et* Ye, 2000, *In*: Ye, Fei, Li *et* Li, 2000, Cultum Herpetol. Sinica, Guiyang, 8: 89, 93. **Holotype:** (CIB) 581469, by original designation. **Type locality:** China [Yunnan: Jingdong（景东）, Xinmin Xiang]; 24°61′N, 100°30′E; alt. 2090 m.

Hyla annectans tengchongensis Ye, Fei *et* Li, 2000, *In*: Ye, Fei, Li *et* Li, 2000, Cultum Herpetol. Sinica, Guiyang, 8: 89, 93. **Holotype:** (CIB) 980220, by original designation. **Type locality:** China [Yunnan: Tengchong（腾冲）, Tietou]; 25°60′N, 98°50′E; alt. 1660 m.

Hyla annectans chuanxiensis Ye *et* Fei, 2000, *In*: Ye, Fei, Li *et* Li, 2000, Cultum Herpetol. Sinica, Guiyang, 8: 90, 93. **Holotype:** (CIB) XI 0725, by original designation. **Type locality:** China [Sichuan: Tianquan（天全）, Zishi]; 30°03′N, 102°36′E; alt. 900 m.

Hyla gongshanensis chuanxiensis - Fei, Hu, Ye *et* Huang, 2009, Fauna Sinica, Amphibia, Vol. 2: 616.

Hyla gongshanensis gongshanensis - Fei, Hu, Ye *et* Huang, 2009, Fauna Sinica, Amphibia, Vol. 2: 616.

Hyla gongshanensis jingdongensis - Fei, Hu, Ye *et* Huang, 2009, Fauna Sinica, Amphibia, Vol. 2: 616.

Hyla gongshanensis tengchongensis - Fei, Hu, Ye *et* Huang, 2009, Fauna Sinica, Amphibia, Vol. 2: 616.

Hyla gongshanensis wulingensis - Fei, Hu, Ye *et* Huang, 2009, Fauna Sinica, Amphibia, Vol. 2: 616.

中文别名（**Common name**）：华西树蟾

分布（**Distribution**）：湖南（HN）、湖北（HB）、四川（SC）、重庆（CQ）、贵州（GZ）、云南（YN）、广西（GX）；国外：越南

其他文献（**Reference**）：刘承钊和胡淑琴, 1961; 胡淑琴等, 1977; 田婉淑和江耀明, 1986; 费梁等, 1990, 2005, 2010, 2012; 叶昌媛等, 1993; Zhao and Adler, 1993; 费梁, 1999; 杨大同和饶定齐, 2008; Jiang *et al.*, 2014; 沈猷慧等, 2014; 莫运明等, 2014; 江建平等, 2016; Fei and Ye, 2016

（70）三港雨蛙 *Hyla sanchiangensis* Pope, 1929

Hyla sanchiangensis Pope, 1929, Amer. Mus. Novit., New York, 352: 2. **Holotype:** (AMNH) 30198, by original designation. **Type locality:** China [Fujian: Wuyishan City（武夷山市）, Sangang]; alt. 3000-3500 ft.

Hyla sanchiangensis - Boring, 1930, Peking Nat. Hist. Bull., Peking, 5: 43; Boring, 1938 "1938-1939", Peking Nat. Hist. Bull., Peking, 13: 94; Liu, 1950, Fieldiana: Zool. Mem., Chicago, 2: 225.

Hyla chinensis sanchiangensis - Bourret, 1942, Batr. Indochine: 224.

Hyla (Hyla) sanchiangensis - Fouquette *et* Dubois, 2014, Checklist N. A. Amph. Rept.: 331, by implication.

中文别名（**Common name**）：三港树蟾

分布（**Distribution**）：安徽（AH）、浙江（ZJ）、江西（JX）、湖南（HN）、贵州（GZ）、福建（FJ）、广东（GD）；国外：无

其他文献（**Reference**）：刘承钊和胡淑琴, 1961; 胡淑琴等, 1977; 田婉淑和江耀明, 1986; 费梁等, 1990, 2005, 2009a, 2010, 2012; 叶昌媛等, 1993; Zhao and Adler, 1993; 费梁, 1999; Jiang *et al.*, 2014; 沈猷慧等, 2014; 江建平等, 2016; Fei and Ye, 2016

（71）华南雨蛙 *Hyla simplex* Boettger, 1901

Hyla chinensis var. *simplex* Boettger, 1901, Ber. Senckenb. Naturf. Ges., 1901 (Wiss. Abhandl.): 53. **Holotype:** (SMF)

2626, according to Mertens, 1967, Senckenb. Biol., 48 (A): 41. **Type locality:** Vietnam (Annam: Phuc-Son).

Hyla simplex - Boulenger, 1903, Ann. Mag. Nat. Hist., London, Ser. 7, 12: 186; Pope, 1931, Bull. Amer. Mus. Nat. Hist., New York, 61 (8): 477-480; Tian, Jiang, Wu, Hu, Zhao *et* Huang, 1986, Handb. Chinese Amph. Rept.: 58.

Hyla chinensis simplex - Nieden, 1923, Das Tierreich, Berlin, 46: 201; Bourret, 1937, Ann. Bull. Gén. Instr. Publ., Hanoi, 1937 (4): 21.

Hyla simplex simplex - Fei *et* Ye, 2000, Cultum Herpetol. Sinica, Guiyang, 8: 71-73, by implication.

Hyla simplex hainanensis Fei *et* Ye, 2000, Cultum Herpetol. Sinica, Guiyang, 8: 71-73. **Holotype:** (CIB) 64Ⅲ4273, by original designation. **Type locality:** China [Hainan: Wenchang (文昌)]; 19°62′N, 110°70′E; alt. 20 m.

Hyla (Hyla) simplex - Fouquette *et* Dubois, 2014, Checklist N. A. Amph. Rept.: 331, by implication.

中文别名（**Common name**）：华南树蟾

分布（**Distribution**）：浙江（ZJ）、江西（JX）、广东（GD）、广西（GX）、海南（HI）；国外：越南、老挝

其他文献（**Reference**）：刘承钊和胡淑琴，1961；胡淑琴等，1977；田婉淑和江耀明，1986；费梁等，1990，2005，2009a，2010，2012；叶昌媛等，1993；Zhao and Adler，1993；费梁，1999；史海涛等，2011；Jiang *et al.*，2014；莫运明等，2014；江建平等，2016；Fei and Ye，2016

（72）秦岭雨蛙 *Hyla tsinlingensis* Liu *et* Hu, 1966

Hyla tsinlingensis Liu *et* Hu, 1966, *In*: Hu, Zhao *et* Liu, 1966, Acta Zool. Sinica, Beijing, 18 (1): 57-89. **Holotype:** (CIB) 623149, ♂, SVL 42.5 mm, by original designation. **Type locality:** China [Shaanxi: Zhouzhi (周至), Houzhenzi]; alt. 1341 m.

Hyla (Hyla) tsinlingensis - Fouquette *et* Dubois, 2014, Checklist N. A. Amph. Rept.: 331, by implication.

中文别名（**Common name**）：秦岭树蟾

分布（**Distribution**）：陕西（SN）、甘肃（GS）、安徽（AH）、重庆（CQ）；国外：无

其他文献（**Reference**）：胡淑琴等，1977；田婉淑和江耀明，1986；费梁等，1990，2005，2009a，2010，2012；叶昌媛等，1993；Zhao and Adler，1993；费梁，1999；Jiang *et al.*，2014；江建平等，2016；Fei and Ye，2016

（73）东北雨蛙 *Hyla ussuriensis* Nikolsky, 1918

Hyla arborea ussuriensis Nikolsky, 1918, Fauna Russ. Adjacent Countries: Amph., Petrograd: 147-149. **Holotype:** (SVL) 49 mm, by original designation. **Type locality:** Russia (Environs of the village of Chernigovka, Maritime Territory).

Hyla arborea japonica - Stejneger, 1925, Proc. U. S. Natl. Mus., Washington, 66 (25): 11 [South of NE China (东北地区南

部), China].

Hyla arborea immaculata - Liu *et* Hu, 1961, Tailless Amph. China, Peking: 127-128 (part).

Hyla japonica - Chang, 1962, Zool. Ecol. Fauna, Beijing: 146 (Jilin, China); Sichuan Biol. Res. Inst. (Hu, Ye *et* Fei), 1977, Syst. Keys Chinese Amph., Beijing: 37 (Northeastern part of China).

Hyla ussuriensis - Fei, 1999, Atlas of Amphibians of China, Zhengzhou: 142, 354.

中文别名（**Common name**）：东北树蟾

分布（**Distribution**）：黑龙江（HL）、吉林（JL）、辽宁（LN）、内蒙古（NM）；国外：俄罗斯、朝鲜

其他文献（**Reference**）：田婉淑和江耀明，1986；季达明等，1987；费梁等，1990，2005，2009a，2010，2012；叶昌媛等，1993；Zhao and Adler，1993；赵文阁等，2008；李丕鹏等，2011；Jiang *et al.*，2014；江建平等，2016；Fei and Ye，2016

（74）昭平雨蛙 *Hyla zhaopingensis* Tang *et* Zhang, 1984

Hyla zhaopingensis Tang *et* Zhang, 1984, Acta Zootaxon. Sinica, Beijing, 9 (4): 441-443. **Holotype:** (GXNU) 830178, ♂, SVL 30.1 mm, by original designation. **Type locality:** China [Guangxi: Zhaoping (昭平), Majiang]; alt. 140 m.

中文别名（**Common name**）：昭平树蟾

分布（**Distribution**）：广西（GX）；国外：无

其他文献（**Reference**）：费梁等，1990，2005，2009a，2010，2012；叶昌媛等，1993；Zhao and Adler，1993；费梁，1999；张玉霞和温业棠，2000；Jiang *et al.*，2014；莫运明等，2014；江建平等，2016；Fei and Ye，2016

（六）角蟾科 Megophryidae Bonaparte, 1850

Megalophreidina Bonaparte, 1850, Conspect. Syst. Herpetol. Amph.: 1. **Type genus:** *Megalophrys* Wagler, 1830 (= *Megophrys* Kuhl *et* van Hasselt, 1822).

Megalophryinae - Fejérváry, 1922 "1921", Arch. Naturgesch., Abt. A, 87: 25.

Megophryinae - Noble, 1931, Biol. Amph., New York: 492.

Leptobrachiini Dubois, 1980, Bull. Mens. Soc. Linn., Lyon, 49 (8): 471. **Type genus:** *Leptobrachium* Tschudi, 1838.

Megophryini - Dubois, 1980, Bull. Mens. Soc. Linn., Lyon, 49 (8): 471.

Leptobrachiinae - Dubois, 1983, Bull. Mens. Soc. Linn., Lyon, 52: 272.

Oreolalaxinae Tian *et* Hu, 1985, Acta Herpetol. Sinica, Chengdu (N. S.), 4 (3): 221. **Type genus:** *Oreolalax* Myers *et* Leviton, 1962, Considered a synonym of Leptobrachiinae by Dubois, 1987 "1986", Alytes, Paris, 5 (1-2): 173-174.

Megophryidae - Ford *et* Cannatella, 1993, Herpetol. Monogr., 7: 94-117.

拟髭蟾亚科 Leptobrachiinae

Leptobrachiini Dubois, 1980, Bull. Mens. Soc. Linn., Lyon, 49 (8): 471. **Type genus:** *Leptobrachium* Tschudi, 1838.

Leptobrachiinae - Dubois, 1983, Bull. Mens. Soc. Linn., Lyon, 52: 272; Dubois, 1983, Alytes, Paris, 2 (4): 147.

Oreolalaxinae Tian *et* Hu, 1985, Acta Herpetol. Sinica, Chengdu (N. S.), 4 (3): 221. **Type genus:** *Oreolalax* Myers *et* Leviton, 1962. Considered a synonym of Leptobrachiinae by Dubois, 1987 "1986", Alytes, Paris, 5 (1-2): 173-174.

24. 拟髭蟾属 *Leptobrachium* Tschudi, 1838

Leptobrachium Tschudi, 1838, Classif. Batr.: 81. **Type species:** *Leptobrachium hasseltii* Tschudi, 1838, by monotypy.

（75）藏南拟髭蟾 *Leptobrachium bompu* Sondhi *et* Ohler, 2011

Leptobrachium bompu Sondhi *et* Ohler, 2011, Zootaxa, (2912): 28-36. **Holotype:** No. KA0001/200905. **Type locality:** China [Xizang: Mêdog （墨脱）, Bompu]; 27°06′61″N, 92°40′64″E; alt. 1940 m.

Leptobrachium bompu - newly recorded in upper Mêdog （墨脱）, Xizang, China by Liang, Liu, Wang, Ding, Wu, Xie, Jiang, 2017, Asian Herpetol. Res., 8 (2): 137-146.

中文别名（**Common name**）：无

分布（**Distribution**）：西藏（XZ）；国外：无

其他文献（**Reference**）：无

（76）沙巴拟髭蟾 *Leptobrachium chapaense* (Bourret, 1937)

Megophrys hasseltii chapaensis Bourret, 1937, Ann. Bull. Gén. Instr. Publ., Hanoi, 1937 (4): 18. **Syntypes:** (MNHNP) 38.89-92, 48.117-120 (total of 8 specimens). (MHNHP) 1948.0118 designated lectotype by Dubois *et* Ohler, 1998, Dumerilia, Paris, 4 (1): 15. **Type locality:** Vietnam (Chapa).

Leptobrachium hasseltii chapaensis - Taylor, 1962, Univ. Kansas Sci. Bull., 63 (8): 316.

Vibrissaphora chapaensis - Newly recorded in China (Mengzi, Yunnan) by Liu *et* Hu, 1973, *In*: Sichuan Medical College (Liu) and Sichuan Biol. Res. Inst. (Hu), 1973, Preliminary study of genus *Vibrissaphora*, a speech in Guangzhou Sanzhi Conference: 3.

Leptobrachium chapaensis - Sichuan Biol. Res. Inst. (Hu, Ye *et* Fei), 1977, Syst. Keys Chinese Amph., Beijing: 30.

Leptobrachiumn (*Leptobrachium*) *chapaense* - Dubois, 1980, Bull. Mens. Soc. Linn., Lyon, 49 (8): 476.

Leptobrachium (*Vibrissaphora*) *chapaense* - Matsui, Hamidy, Murphy, Khonsue, Yambun Imbun, Shimada, Ahmad, Belabut *et* Jiang, 2010, Mol. Phylogenet. Evol., 56: 269.

中文别名（**Common name**）：无

分布（**Distribution**）：云南（YN）；国外：越南

其他文献（**Reference**）：田婉淑和江耀明，1986；费梁等，1990，2009a，2010，2012；叶昌媛，1993；Zhao and Adler，1993；费梁，1999；杨大同和饶定齐，2008；Jiang *et al.*，2014；江建平等，2016；Fei and Ye，2016

（77）广西拟髭蟾 *Leptobrachium guangxiense* Fei, Mo, Ye *et* Jiang, 2009

Leptobrachium hainanensis - Newly recorded in Guangxi Prov., China by Mo *et* Zou, 2005, Herpetol. Sinica, Nanjing, 10: 89. **Locality:** China [Guangxi: Shangsi （上思）].

Leptobrachium guangxiense Fei, Mo, Ye *et* Jiang, 2009, *In*: Fei, Hu, Ye *et* Huang, 2009, Fauna Sinica, Amphibia, Vol. 2: 251. **Holotype:** (CIB) 20050050, by original designation. **Type locality:** China [Guangxi: Shangsi （上思）, Pinglongao]; 21°50′N, 107°53′E; alt. 500 m.

中文别名（**Common name**）：无

分布（**Distribution**）：广西（GX）；国外：无

其他文献（**Reference**）：费梁等，2009a，2010，2012；Jiang *et al.*，2014；莫运明等，2014；江建平等，2016；Fei and Ye，2016

（78）海南拟髭蟾 *Leptobrachium hainanense* Ye *et* Fei, 1993

Megophrys hasseltii - Newly recorded in Hainan Is., China by Vogt, 1922, Arch. Naturg., Berlin, ser., 88A (10): 135-146 (Hainan, China); Liu *et* Hu, 1961, Tailless Amph. China, Peking: 54-55 (Hainan, China).

Vibrissaphora hasseltii - Liu, Hu, Fei *et* Huang, 1973, Acta Zool. Sinica, Beijing, 19 (4): 394-395 (Hainan, China).

Leptobrachium hainanensis Ye *et* Fei, 1993, *In*: Ye, Fei *et* Hu, 1993, Rare and Economic Amphibians of China, Chengdu: 146-148. **Holotype:** (CIB) 64Ⅲ3343, ♂, SVL 55.1 mm, by original designation. **Type locality:** China [Hainan: Lingshui （陵水）, Dali of Mt. Diaoluo （吊罗山）]; alt. 340 m.

Leptobrachium (*Leptobrachium*) *hainanense* - Dubois *et* Ohler, 1998, Dumerilia, Paris, 4 (1): 22.

Leptobrachium (*Vibrissaphora*) *hainanense* - Matsui, Hamidy, Murphy, Khonsue, Yambun Imbun, Shimada, Ahmad, Belabut *et* Jiang, 2010, Mol. Phylogenet. Evol., 56: 269.

中文别名（**Common name**）：无

分布（**Distribution**）：海南（HI）；国外：无

其他文献（**Reference**）：费梁，1999；费梁等，2009a，2010，2012；史海涛等，2011；Jiang *et al.*，2014；江建平等，2016；Fei and Ye，2016

（79）华深拟髭蟾 *Leptobrachium huashen* Fei *et* Ye, 2005

Vibrissaphora sp., Liu *et* Hu, 1959, Acta Zool. Sinica, Beijing, 11 (4): 515-516 [Mengyang （勐养）, Yunnan, China].

Vibrissaphora sp., Liu, Hu *et* Yang, 1960, Acta Zool. Sinica, Beijing, 12 (2): 149-150 [Jingdong （景东）, Yunnan, China].

Vibrissaphora chapaensis - Liu *et* Hu, 1973, *In*: Sichuan Medical College (Liu) and Sichuan Biol. Res. Inst. (Hu), 1973, preliminary study genus *Vibrissaphora*: 3 [Jingdong (景东), Yunnan, China].

Leptobrachium chapaensis - Sichuan Biol. Res. Inst. (Hu, Ye *et* Fei), 1977, Syst. Keys Chinese Amph., Beijing: 30 [Jingdong (景东), Yunnan, China].

Leptobrachium huashen Fei *et* Ye, 2005, *In*: Fei, Ye, Huang, Jiang *et* Xie, 2005, An Illustrated Key to Chinese Amphibians, Chengdu: 69, 194, 253. **Holotype:** (CIB) 581676, by original designation. **Type locality:** China [Yunnan: Jingdong (景东), Xinmin Xiang]; 24°28′N, 101°05′E; alt. 2030 m.

Leptobrachium (*Leptobrachium*) *huashen* - Delorme, Dubois, Grosjean *et* Ohler, 2006, Alytes, Paris, 24: 12.

Leptobrachium (*Vibrissaphora*) *huashen* - Matsui, 2013, Curr. Herpetol., Kyoto, 32: 186, by implication.

中文别名（**Common name**）：沙巴拟髭蟾

分布（**Distribution**）：云南（YN）；国外：老挝、越南

其他文献（**Reference**）：刘承钊和胡淑琴，1961；田婉淑和江耀明，1986；费梁等，1990，2009a，2010，2012；叶昌媛等，1993；Zhao and Adler，1993；费梁，1999；Jiang *et al.*，2014；江建平等，2016；Fei and Ye，2016

（80）腾冲拟髭蟾 *Leptobrachium tengchongense* Yang, Wang *et* Chan, 2016

Leptobrachium huashen - Fei *et* Ye, 2005, *In*: Fei, Ye, Huang, Jiang *et* Xie, 2005, An Illustrated Key to Chinese Amphibians, Chengdu: 253.

Leptobrachium tengchongense Yang, Wang *et* Chan, 2016, Zootaxa, 4150: 136. **Holotype:** (SYS) a004603, by original designation. **Type locality:** China [Yunnan: Tengchong (腾冲)]; 25°44′26.23″N, 98°41′45.74″E; alt. 2060 m.

中文别名（**Common name**）：华深拟髭蟾

分布（**Distribution**）：云南（YN）；国外：缅甸

其他文献（**Reference**）：刘承钊和胡淑琴，1961；胡淑琴等，1977；田婉淑和江耀明，1986；费梁等，1990，2009a，2010，2012；叶昌媛等，1993；Zhao and Adler，1993；费梁，1999；Jiang *et al.*，2014；Fei and Ye，2016

25. 齿蟾属 *Oreolalax* Myers *et* Leviton, 1962

Oreolalax Myers *et* Leviton, 1962, Copeia, Lawrence, 1962 (2): 289. **Type species:** *Scutiger pingii* Liu, 1943, by original designation. See comment.

Scutiger (*Oreolalax*) - Dubois, 1979, Rev. Suisse Zool., 86: 631-640. Placement as a subgenus of *Scutiger*.

Atympanolalax Fei *et* Ye, 2016, Amph. China, 1: 489. **Type species:** *Scutiger rugosa* Liu, 1943, by original designation. Coined as a subgenus of *Oreolalax*.

（81）川北齿蟾 *Oreolalax chuanbeiensis* Tian, 1983

Oreolalax chuanbeiensis Tian, 1983, Acta Herpetol. Sinica,

Chengdu (N. S.), 2 (4): 59. **Holotype:** (CIB) 750344, ♂, SVL 53.6 mm, by original designation. **Type locality:** China [Sichuan: Pingwu (平武)]; alt. 2100 m.

中文别名（**Common name**）：无

分布（**Distribution**）：甘肃（GS）、四川（SC）；国外：无

其他文献（**Reference**）：田婉淑和江耀明，1986；费梁等，1990，2009a，2010，2012；叶昌媛等，1993；Zhao and Adler，1993；费梁，1999；姚崇勇和龚大洁，2012；Jiang *et al.*，2014；江建平等，2016；Fei and Ye，2016

（82）棘疣齿蟾 *Oreolalax granulosus* Fei, Ye *et* Chen, 1990

Oreolalax granulosus Fei, Ye *et* Chen, 1990, *In*: Fei, Ye *et* Huang, 1990, Key to Chinese Amphibia, Chongqing: 79, 208, 275. **Holotype:** (CIB) 873109, by original designation. **Type locality:** China [Yunnan: Jingdong (景东), Xujiaba]; alt. 2400 m.

Oreolalax granulosus Fei, Ye *et* Chen, 1992, Acta Biologica Plateau Sinica, Beijing, No. 11: 39-44. **Holotype:** (CIB) 873109, ♂, SVL 61.5 mm. **Type locality:** China [Yunnan: Jingdong (景东), Xujiaba]; alt. 2400 m (redescription).

中文别名（**Common name**）：无

分布（**Distribution**）：云南（YN）；国外：无

其他文献（**Reference**）：叶昌媛等，1993；Zhao and Adler，1993；费梁，1999；杨大同和饶定齐，2008；费梁等，2009a，2010，2012；Jiang *et al.*，2014；江建平等，2016；Fei and Ye，2016

（83）景东齿蟾 *Oreolalax jingdongensis* Ma, Yang *et* Li, 1983

Scutiger sp. tadpole - Liu *et* Hu, 1960, Scientia Sinica, Zool., Peking (= Beijing), 9 (6): 777-778 [Bozhuqing (alt. 2100 m), Xinmin Xiang, Jingdong (景东), Yunnan, China].

Oreolalax jingdongensis Ma, Yang *et* Li, 1983, *In*: Yang, Ma, Chen *et* Li, 1983, Acta Zootaxon. Sinica, Beijing, 8 (3): 323-327. **Holotype:** (KIZ) 8200588, ♂, SVL 52.9 mm, by original designation. **Type locality:** China [Yunnan: Jingdong (景东)]; alt. 2400 m.

Scutiger (*Oreolalax*) *jingdongensis* - Yang *et* He, 1990, *In*: Zhao, 1990, From Water onto Land, Beijing: 208.

Oreolalax (*Atympanolalax*) *jingdongensis* - Fei *et* Ye, 2016, Amph. China, 1: 494.

中文别名（**Common name**）：无

分布（**Distribution**）：云南（YN）；国外：无

其他文献（**Reference**）：刘承钊和胡淑琴，1961；胡淑琴等，1977；田婉淑和江耀明，1986；叶昌媛等，1993；Zhao and Adler，1993；费梁，1999；杨大同和饶定齐，2008；费梁等，2009a，2010，2012；Jiang *et al.*，2014；江建平等，2016

（84）凉北齿蟾 *Oreolalax liangbeiensis* Liu *et* Fei, 1979

Oreolalax liangbeiensis Liu *et* Fei, 1979, *In*: Liu, Hu *et* Fei,

1979, Acta Zootaxon. Sinica, Beijing, 4 (1): 83-84. **Holotype:** (CIB) 65Ⅱ0345, ♂, SVL 53.0 mm, by original designation. **Type locality:** China [Sichuan: Yuexi (越西), Puxiong]; alt. 2950 m.

中文别名（**Common name**）：无

分布（**Distribution**）：四川（SC）；国外：无

其他文献（**Reference**）：胡淑琴等，1977；田婉淑和江耀明，1986；费梁等，1990，2009a，2010，2012；叶昌媛等，1993；Zhao and Adler, 1993；费梁，1999；Jiang *et al.*, 2014；江建平等，2016；Fei and Ye, 2016

（85）利川齿蟾 *Oreolalax lichuanensis* **Hu et Fei, 1979**

Scutiger sp. tadpole - Hu *et* Yang, 1960, Chinese J. Zool., Beijing, 4 (6): 260 (Mt. Jinfo in Nanchuan County, Sichuan Prov., China).

Scutiger sp. tadpole - Liu *et* Hu, 1960, Scientia Sinica, Zool., Peking (= Beijing), 9 (6): 776-777 [Weining (威宁), Guizhou, China].

Oreolalax lichuanensis Hu *et* Fei, 1979, *In*: Liu, Hu *et* Fei, 1979, Acta Zootaxon. Sinica, Beijing, 4 (1): 86-87. **Holotype:** (CIB) 74Ⅰ0915, ♂, SVL 52.2 mm, by original designation. **Type locality:** China [Hubei: Lichuan (利川), Hanchi]; alt. 1790 m.

中文别名（**Common name**）：无

分布（**Distribution**）：湖南（HN）、湖北（HB）、四川（SC）、重庆（CQ）、贵州（GZ）；国外：无

其他文献（**Reference**）：刘承钊和胡淑琴，1961；胡淑琴等，1977；田婉淑和江耀明，1986；费梁等，1990，2009a，2010，2012；叶昌媛等，1993；Zhao and Adler, 1993；费梁，1999；Jiang *et al.*, 2014；沈猷慧等，2014；江建平等，2016；Fei and Ye, 2016

（86）大齿蟾 *Oreolalax major* **(Liu et Hu, 1960)**

Scutiger major Liu *et* Hu, 1960, Scientia Sinica, Zool., Peking (= Beijing), 9 (6): 764-767. **Holotype:** (CIB) 570952, ♂, SVL 65.0 mm, by original designation. **Type locality:** China [Sichuan: Mt. Emei (峨眉山)]; alt. 2000 m.

Oreolalax major - Sichuan Biol. Res. Inst. (Hu, Ye *et* Fei), 1977, Syst. Keys Chinese Amph., Beijing: 31, 79.

Scutiger (*Oreolalax*) *major* - Dubois, 1980, Bull. Mens. Soc. Linn., Lyon, 49 (8): 480.

中文别名（**Common name**）：无

分布（**Distribution**）：甘肃（GS）、四川（SC）；国外：无

其他文献（**Reference**）：刘承钊和胡淑琴，1961；田婉淑和江耀明，1986；叶昌媛等，1993；Zhao and Adler, 1993；费梁，1999；费梁等，2009a，2010，2012；姚崇勇和龚大洁，2012；Jiang *et al.*, 2014；江建平等，2016；Fei and Ye, 2016

（87）点斑齿蟾 *Oreolalax multipunctatus* **Wu, Zhao, Inger et Shaffer, 1993**

Oreolalax multipunctatus Wu, Zhao, Inger *et* Shaffer, 1993, J.

Herpetol., Oxfore (Ohio), 27 (4): 410-413. **Holotype:** (CIB) WA9001, ♂, SVL 47.5 mm, by original designation. **Type locality:** China [Sichuan: Mt. Emei (峨眉山)]; alt. 1800 m.

中文别名（**Common name**）：无

分布（**Distribution**）：四川（SC）；国外：无

其他文献（**Reference**）：费梁，1999；费梁等，2009a，2010，2012；Jiang *et al.*, 2014；江建平等，2016；Fei and Ye, 2016

（88）南江齿蟾 *Oreolalax nanjiangensis* **Fei et Ye, 1999**

Scutiger popei - Hu, Zhao *et* Liu, 1966, Acta Zool. Sinica, Beijing, 18 (1): 59-60 [Mt. Guangwu, Nanjiang County, Sichuan Prov., China].

Oreolalax nanjiangensis Fei *et* Ye, 1999, *In*: Fei, Ye *et* Li, 1999, Acta Zootaxon. Sinica, Beijing, 24 (1): 107-113. **Holotype:** (CIB) 610544, ♂, SVL 58.8 mm, by original designation. **Type locality:** China [Sichuan: Nanjiang (南江), Mt. Guangwu]; alt. 1600 m.

中文别名（**Common name**）：无

分布（**Distribution**）：陕西（SN）、甘肃（GS）、四川（SC）；国外：无

其他文献（**Reference**）：胡淑琴等，1977；田婉淑和江耀明，1986；费梁等，1990，2009a，2010，2012；叶昌媛等，1993；Zhao and Adler, 1993；费梁，1999；姚崇勇和龚大洁，2012；Jiang *et al.*, 2014；江建平等，2016；Fei and Ye, 2016

（89）峨眉齿蟾 *Oreolalax omeimontis* **(Liu et Hu, 1960)**

Scutiger omeimontis Liu *et* Hu, 1960, Scientia Sinica, Zool., Peking (= Beijing), 9 (6): 767-770. **Holotype:** (CIB) 57065, ♂, SVL 51.0 mm, by original designation. **Type locality:** China [Sichuan: Mt. Emei (峨眉山)].

Oreolalax omeimonti - Sichuan Biol. Res. Inst. (Hu, Ye *et* Fei), 1977, Syst. Keys Chinese Amph., Beijing: 31, 79.

Scutiger (*Oreolalax*) *omeimontis* - Dubois, 1980, Bull. Mens. Soc. Linn., Lyon, 49 (8): 480.

中文别名（**Common name**）：无

分布（**Distribution**）：四川（SC）；国外：无

其他文献（**Reference**）：刘承钊和胡淑琴，1961；田婉淑和江耀明，1986；费梁等，1990，2009a，2010，2012；叶昌媛等，1993；Zhao and Adler, 1993；费梁，1999；Jiang *et al.*, 2014；江建平等，2016；Fei and Ye, 2016

（90）秉志齿蟾 *Oreolalax pingii* **(Liu, 1943)**

Scutiger pingii Liu, 1943, J. West China Bord. Res. Soc., Chengdu, Ser. B, 14: 35-36. **Holotype:** (CIB) 357, ♂, SVL 43.0 mm (Liu, 1950: 148), by original designation. **Type locality:** China [Sichuan: Zhaojue (昭觉), Yan-wo-tang]; alt. 11 000 ft.

Oreolalax pingii - Myers *et* Leviton, 1962, Copeia, Lawrence, 1962 (2): 289.

Scutiger (*Oreolalax*) *pingii* - Dubois, 1980, Bull. Mens. Soc. Linn., Lyon, 49 (8): 480.

中文别名（**Common name**）：无

分布（**Distribution**）：四川（SC）；国外：无

其他文献（**Reference**）：刘承钊和胡淑琴，1961；胡淑琴等，1977；田婉淑和江耀明，1986；费梁等，1990，2009a，2010，2012；叶昌媛等，1993；Zhao and Adler, 1993；费梁，1999；Jiang *et al.*, 2014；江建平等，2016；Fei and Ye, 2016

（91）宝兴齿蟾 *Oreolalax popei* (Liu, 1947)

Scutiger sikkimensis: Liu, 1940, J. West China Bord. Res. Soc., Chengdu, Ser. B, 12: 12. Tadpoles [Mt. Emei (峨眉山) and Muping (Baoxing, 宝兴), Sichuan, China].

Scutiger popei Liu, 1947, Copeia, Ann. Arbor, 1947: 125. **Holotype:** (CIB) 227, ♂, SVL 63.0 mm (Liu, 1950: 157; examined by Fei *et* Ye, 1997), by original designation. **Type locality:** China [Sichuan: Baoxing (宝兴), Longdong]; alt. 3400 ft.

Oreolalax popei - Myers *et* Leviton, 1962, Copeia, Lawrence, 1962 (2): 289.

Scutiger (*Oreolalax*) *popei* - Dubois, 1980, Bull. Mens. Soc. Linn., Lyon, 49 (8): 480.

中文别名（**Common name**）：无

分布（**Distribution**）：四川（SC）；国外：无

其他文献（**Reference**）：刘承钊和胡淑琴，1961；胡淑琴等，1977；田婉淑和江耀明，1986；费梁等，1990，2009a，2010，2012；叶昌媛等，1993；Zhao and Adler, 1993；费梁，1999；Jiang *et al.*, 2014；江建平等，2016；Fei and Ye, 2016

（92）普雄齿蟾 *Oreolalax puxiongensis* **Liu** *et* **Fei, 1979**

Oreolalax puxiongensis Liu *et* Fei, 1979, *In*: Liu, Hu *et* Fei, 1979, Acta Zootaxon. Sinica, Beijing, 4 (1): 84-86. **Holotype:** (CIB) 65 II 0646, ♂, SVL 43.0 mm, by original designation. **Type locality:** China [Sichuan: Yuexi (越西), Puxiong]; alt. 2900 m.

中文别名（**Common name**）：无

分布（**Distribution**）：四川（SC）；国外：无

其他文献（**Reference**）：田婉淑和江耀明，1986；费梁等，1990，2009a，2010，2012；叶昌媛等，1993；Zhao and Adler, 1993；费梁，1999；Jiang *et al.*, 2014；江建平等，2016；Fei and Ye, 2016

（93）红点齿蟾 *Oreolalax rhodostigmatus* **Hu** *et* **Fei, 1979**

Oreolalax rhodostigmatus Hu *et* Fei, 1979, *In*: Liu, Hu *et* Fei, 1979, Acta Zootaxon. Sinica, Beijing, 4 (1): 87-89. **Holotype:** (CIB) 71001, ♂, SVL 57.5 mm, by original designation. **Type locality:** China [Guizhou: Zunyi (遵义)]; alt. 1040 m.

中文别名（**Common name**）：无

分布（**Distribution**）：湖南（HN）、湖北（HB）、四川（SC）、重庆（CQ）、贵州（GZ）；国外：无

其他文献（**Reference**）：胡淑琴等，1977；田婉淑和江耀明，1986；费梁等，1990，2009a，2010，2012；叶昌媛等，1993；Zhao and Adler, 1993；费梁，1999；Jiang *et al.*, 2014；江建平等，2016；Fei and Ye, 2016

（94）疣刺齿蟾 *Oreolalax rugosus* (Liu, 1943)

Scutiger rugosa Liu, 1943, J. West China Bord. Res. Soc., Chengdu, Ser. B, 14: 37-38. **Holotype:** (CIB) 909, Young ♂, SVL 35.0 mm (Liu, 1950: 151), by original designation. **Type locality:** China [Sichuan: Zhaojue (昭觉), Yan-wo-tang]; alt. 11 000 ft.

Oreolalax rugosus - Myers *et* Leviton, 1962, Copeia, Lawrence, 1962 (2): 289.

Scutiger (*Oreolalax*) *rugosa* - Dubois, 1980, Bull. Mens. Soc. Linn., Lyon, 49 (8): 480.

中文别名（**Common name**）：无

分布（**Distribution**）：四川（SC）、云南（YN）；国外：无

其他文献（**Reference**）：刘承钊和胡淑琴，1961；胡淑琴等，1977；田婉淑和江耀明，1986；费梁等，1990，2009a，2010，2012；叶昌媛等，1993；Zhao and Adler, 1993；费梁，1999；杨大同和饶定齐，2008；Jiang *et al.*, 2014；江建平等，2016；Fei and Ye, 2016

（95）无蹼齿蟾 *Oreolalax schmidti* (Liu, 1947)

Scutiger schmidti Liu, 1947, Copeia, Ann. Arbor, 1947: 123. **Holotype:** (CIB) 156, ♂, SVL 43.3 mm (measured by Fei *et* Ye, 1997), by original designation. **Type locality:** China [Sichuan: Mt. Emei (峨眉山)]; alt. 7800 ft.

Oreolalax schmidti - Myers *et* Leviton, 1962, Copeia, Lawrence, 1962 (2): 289; Sichuan Biol. Res. Inst. (Hu, Ye *et* Fei), 1977, Syst. Keys Chinese Amph., Beijing: 32.

Scutiger (*Oreolalax*) *schmidti* - Dubois, 1980, Bull. Mens. Soc. Linn., Lyon, 49 (8): 480.

中文别名（**Common name**）：无

分布（**Distribution**）：四川（SC）；国外：无

其他文献（**Reference**）：刘承钊和胡淑琴，1961；胡淑琴等，1977；田婉淑和江耀明，1986；费梁等，1990，2009a，2010，2012；叶昌媛等，1993；Zhao and Adler, 1993；费梁，1999；Jiang *et al.*, 2014；江建平等，2016；Fei and Ye, 2016

（96）魏氏齿蟾 *Oreolalax weigoldi* (Vogt, 1924)

Megalophrys weigoldi Vogt, 1924, Zool. Anz., Leipzig, 60 (11-12): 343. **Holotype:** (ZMB) 27881, ♂, SVL 65.0 mm, by original designation. **Type locality:** China [Sichuan: Washan (瓦山)] (Vogt in Noble 1926: 5; in Pope, 1931: 437).

Megophrys weigoldi - Gee *et* Boring, 1929-1930, Peking Nat. Hist. Bull., Peking, 4: 21.

Scutiger (Aelurolalax) weigoldi - Dubois, 1986, Alytes, Paris, 5 (1-2): 15; Ohler *et* Dubois, 1992, J. Herpetol., Oxfore (Ohio), 26: 245-249 (redescription).

Scutiger (Scutiger) weigoldi - Fei, Ye *et* Huang, 1990, Key to Chinese Amphibia, Chongqing: 84.

Oreolalax weigoldi - Fei, 1999, Atlas of Amphibians of China, Zhengzhou: 68.

中文别名（Common name）：无

分布（Distribution）：四川（SC）；国外：无

其他文献（Reference）：叶昌媛等, 1993; Zhao and Adler, 1993; 费梁等, 2009a, 2010, 2012; Jiang *et al.*, 2014; 江建平等, 2016; Fei and Ye, 2016

（97）乡城齿蟾 *Oreolalax xiangchengensis* Fei *et* Huang, 1983

Oreolalax xiangchengensis Fei *et* Huang, 1983, Acta Herpetol. Sinica, Chengdu, 2 (1): 71-75. **Holotype:** (CIB) 80 I 1286, ♂, SVL 49.3 mm, by original designation. **Type locality:** China [Sichuan: Xiangcheng (乡城)]; alt. 2880 m.

Scutiger (Oreolalax) xiangchengensis deqenicus Yang *et* He, 1990, *In*: Zhao, 1990, From Water onto Land, Beijing: 207. **Holotype:** (KIZ) 80 I 317, ♂, by original designation. **Type locality:** China [Yunnan: Deqing (德钦), Bengzilan]; alt. 2010 m.

中文别名（Common name）：无

分布（Distribution）：四川（SC）、云南（YN）；国外：无

其他文献（Reference）：田婉淑和江耀明, 1986; 费梁等, 1990, 2009a, 2010, 2012; 杨大同, 1991; 叶昌媛等, 1993; Zhao and Adler, 1993; 费梁, 1999; 杨大同和饶定齐, 2008; Jiang *et al.*, 2014; 江建平等, 2016; Fei and Ye, 2016

26. 齿突蟾属 *Scutiger* Theobald, 1868

Scutiger Theobald, 1868, J. Asiat. Soc. Bengal, Calcutta, 37: 83. **Type species:** *Bombinator sikimmensis* Blyth, 1854, by monotypy.

Cophophryne Boulenger, 1887, Ann. Mag. Nat. Hist., London, Ser. 5, 20: 406 (replacement name for *Scutiger* Theobald, 1868, though to be preoccupied by *Scutigera* Lamarck, 1801).

Aelurophryne Boulenger, 1919, Rec. Indian Mus., Calcutta, 16: 469-470. **Type species:** *Bufo mammata* Günther, 1896, by monotypy.

（98）西藏齿突蟾 *Scutiger boulengeri* (Bedriaga, 1898)

Leptobrachium boulengeri Bedriaga, 1898, Wissensch. Result. Przewalski Cent. Asien Reisen, St. Petersburg, Zool., 3 (1): 63-69. **Syntypes:** (ZIL) 1609 (2 specimens); **Lectotype:** (ZIL) 1609b adult, SVL 49 mm (Bedriaga 1898: 68), designated by Liu (1950: 184) as type; now lost (Borkin in Frost, 1985: 417); **Neotype:** (CIB) 790329, ♂, SVL

51.9 mm, Chindu, Qinghai, alt. 3850 m, designated by Fei and Ye. **Type locality:** China [Qinghai: Tongtian He (通天河)].

Megalophrys boulengeri - Boulenger, 1908, Proc. Zool. Soc. London, 1908: 425.

Cophophryne alticola Procter, 1922, Ann. Mag. Nat. Hist., London, (9): 583-585. **Holotype:** (BMNH) 1947.2.22.73 (1922.3.3.1), ♀, SVL 52 mm (Dubois, 1986: 17). **Type locality:** China [Xizang: Kharta Valley (卡塔谷)]; alt. 16 500 ft.

Scutiger alticolus - Noble, 1926, Amer. Mus. Novit., New York, 212: 5.

Megophrys boulengeri - Gee *et* Boring, 1929-1930, Peking Nat. Hist. Bull., Peking, 4: 20.

Aelurophryne tainingensis Liu, 1950, Fieldiana: Zool. Mem., Chicago, 2: 132-136. **Holotype:** (FMNH) 49395, ♂, SVL 49.5 mm; by original designation. **Type locality:** China [Sichuan: Daofu (道孚) and Yajiang (雅江), Taining]; alt. 11 500 ft.

Scutiger tainingensis: Myers *et* Leviton, 1962, Copeia, Lawrence, 1962 (2): 290.

Scutiger boulengeri - Sichuan Institute of Biology Herpetology Department (Fei, Hu, Ye *et* Wu), 1977, Acta Zool. Sinica, Beijing, 23 (1): 60.

中文别名（Common name）：无

分布（Distribution）：甘肃（GS）、青海（QH）、四川（SC）、西藏（XZ）；国外：尼泊尔

其他文献（Reference）：刘承钊和胡淑琴, 1961; 胡淑琴等, 1977; 田婉淑和江耀明, 1986; 费梁等, 1990, 2009a, 2010, 2012; 叶昌媛等, 1993; Zhao and Adler, 1993; 费梁, 1999; Jiang *et al.*, 2014; 江建平等, 2016; Fei and Ye, 2016

（99）金顶齿突蟾 *Scutiger chintingensis* Liu *et* Hu, 1960

Megophrys boulengeri - Liu, 1950, Fieldiana: Zool. Mem., Chicago, 2: 181-185 (not of Bedriaga, Mt. Emei, Sichuan, China).

Scutiger chintingensis Liu *et* Hu, 1960, Scientia Sinica, Zool., Peking (= Beijing), 9 (6): 770-772. **Holotype:** (CIB) 70, ♂, SVL 42.0 mm, by original designation. **Type locality:** China [Sichuan: Mt. Emei (峨眉山), Jinding]; alt. 3050 m.

中文别名（Common name）：无

分布（Distribution）：四川（SC）；国外：无

其他文献（Reference）：刘承钊和胡淑琴, 1961; 胡淑琴等, 1977; 田婉淑和江耀明, 1986; 费梁等, 1990, 2005, 2009a, 2010, 2012; 叶昌媛等, 1993; Zhao and Adler, 1993; 费梁, 1999; Jiang *et al.*, 2014; 江建平等, 2016; Fei and Ye, 2016

（100）胸腺猫眼蟾 *Scutiger glandulatus* (Liu, 1950)

Aelurophryne glandulata Liu, 1950, Fieldiana: Zool. Mem., Chicago, 2: 137-144. **Holotype:** (FMNH) 49392, ♂, SVL

81.0 mm, by original designation. **Type locality:** China [Sichuan: Lixian (理县), Hopachai]; alt. 8500 ft.

Aelurophryne brevipes Liu, 1950, Fieldiana: Zool. Mem., Chicago, 2: 125-132. **Holotype:** (FMNH) 49393, ♂, SVL 72.0 mm, by original designation. **Type locality:** China [Sichuan: Daofu (道孚) and Yajiang (雅江), Taining]; alt. 11 500 ft.

Scutiger glandulatus - Myers *et* Leviton, 1962, Copeia, Lawrence, 1962 (2): 290.

中文别名（**Common name**）：胸腺齿突蟾

分布（**Distribution**）：甘肃（GS）、四川（SC）、云南（YN）；国外：无

其他文献（**Reference**）：刘承钊和胡淑琴，1961；胡淑琴等，1977；田婉淑和江耀明，1986；费梁等，1990，2009a，2010，2012；叶昌媛等，1993；Zhao and Adler, 1993；费梁，1999；姚崇勇和龚大洁，2012；Jiang *et al.*, 2014；江建平等，2016；Fei and Ye, 2016

（101）贡山猫眼蟾 *Scutiger gongshanensis* Yang *et* Su, 1978

Scutiger gongshanensis Yang *et* Su, 1978, *In*: Yang, Su *et* Li, 1978, Amph. and Rept. Gaoligongshan, Kunming, 8: 10-11. **Syntypes:** (KIZ) 7♂♂. **Type locality:** China [Yunnan: Gongshan (贡山)]; alt. 2750-3300 m.

Scutiger gongshanensis Yang *et* Su, 1979, *In*: Yang, Su *et* Li, 1979, Acta Zootaxon. Sinica, Beijing, 4 (2): 185-188 (redescription). **Holotype:** (KIZ) 730388, ♂, SVL 52.1 mm (examined by Xie, 2001). **Type locality:** China [Yunnan: Gongshan (贡山), 12th Bridge]; alt. 2750 m.

Scutiger (Aelurophryne) gongshanensis, Fei, Ye *et* Li, 1989, Acta Zool. Sinica, Beijing, 35 (4): 381-389.

中文别名（**Common name**）：贡山齿突蟾

分布（**Distribution**）：云南（YN）；国外：无

其他文献（**Reference**）：田婉淑和江耀明，1986；费梁等，1990，2009a，2010，2012；杨大同，1991；叶昌媛等，1993；Zhao and Adler, 1993；费梁，1999；Jiang *et al.*, 2014；江建平等，2016；Fei and Ye, 2016

（102）九龙猫眼蟾 *Scutiger jiulongensis* Fei, Ye *et* Jiang, 1995

Scutiger (Aelurophryne) jiulongensis Fei, Ye *et* Jiang, 1995, *In*: Fei, Jiang, Ye *et* Chen, 1995, Acta Herpetol. Sinica, Chengdu, 3: 230, 235. **Holotype:** (CIB) 80 I 0387 (SOI0387), ♂, by original designation. **Type locality:** China [Sichuan: Jiulong (九龙), Tanggu]; alt. 3210 m.

Scutiger (Aelurophryne) jiulongensis - Fei, Ye *et* Jiang, 1999, *In*: Fei, Ye, Jiang *et* Chen, 1999, Zool. Res., Kunming, 20 (3): 172-177. **Holotype:** (CIB) 80 I 0387, ♂, SVL 71.8 mm (redescription). **Type locality:** China [Sichuan: Jiulong (九龙), Tanggu]; alt. 3210 m.

中文别名（**Common name**）：无

分布（**Distribution**）：四川（SC）；国外：无

其他文献（**Reference**）：费梁，1999；费梁等，2005，2009a，2010，2012；Jiang *et al.*, 2014；江建平等，2016；Fei and Ye, 2016

（103）六盘齿突蟾 *Scutiger liupanensis* Huang, 1985

Scutiger liupanensis Huang, 1985, Acta Biologica Plateau Sinica, Beijing, No. 4: 77-81. **Holotype:** (NPIB) 760070, ♂, SVL 45.3 mm, by original designation. **Type locality:** China [Ningxia: Mt. Liupan (六盘山)]; alt. 2100 m.

中文别名（**Common name**）：无

分布（**Distribution**）：宁夏（NX）、甘肃（GS）；国外：无

其他文献（**Reference**）：费梁等，1990，2009a，2010，2012；王香亭，1991；叶昌媛等，1993；Zhao and Adler, 1993；费梁，1999；Jiang *et al.*, 2014；江建平等，2016；Fei and Ye, 2016

（104）花齿突蟾 *Scutiger maculatus* (Liu, 1950)

Aelurophryne maculata Liu, 1950, Fieldiana: Zool. Mem., Chicago, 2: 136-137. **Holotype:** (CIB) 2372, (FMNH) 55869, Juvenile ♂, SVL 49 mm, by original designation. **Type locality:** China [Sichuan: Garzê (甘孜)]; alt. 11 000 ft.

Scutiger maculatus - Myers *et* Leviton, 1962, Copeia, Lawrence, 1962 (2): 290.

中文别名（**Common name**）：无

分布（**Distribution**）：四川（SC）；国外：无

其他文献（**Reference**）：刘承钊和胡淑琴，1961；胡淑琴等，1977；田婉淑和江耀明，1986；费梁等，1990，2009a，2010，2012；叶昌媛等，1993；Zhao and Adler, 1993；费梁，1999；Jiang *et al.*, 2014；江建平等，2016；Fei and Ye, 2016

（105）刺胸猫眼蟾 *Scutiger mammatus* (Günther, 1896)

Bufo mammatus Günther, 1896, Ann. Mus. Zool. Acad. Sci., St. Petersbourg, 1: 208. **Lectotype:** (BMNH) 1947.2.22.74 (1899.11.13.1), designated by Noble (1926: 5) as "type"; ♀, SVL 61 mm, measured by Dubois (1986: 21). **Type locality:** China [Kham Plateau, Tung-so-lo (= Dong-e-lo 东俄洛)].

Aelurophryne mammata - Boulenger, 1919, Rec. India Mus., Calcutta, 16: 469.

Aelurophryne gigas Zarevsky, 1925, Ann. Mus. Zool. Acad. Sci., Leningrad, 26: 77. **Lectotype:** (ZIL) 2631.1, ♂, SVL 62.6 mm, designated by Dubois (1986: 22). **Type locality:** China [Kham Plateau, Cham-chu River].

Scutiger mammatus - Myers *et* Leviton, 1962, Copeia, Lawrence, 1962 (2): 290.

Scuttiger ruginosus Zhao *et* Jiang, 1982, Acta Herpetol. Sinica, Chengdu, 1: 79-82. **Holotype:** (CIB) 80A0079, ♂, SVL 78.5 mm. **Type locality:** China [Sichuan: Kangding (康定), Xinduqiao]; alt. 3400 m. Synonymy by Fei, Ye and Chen (1986).

中文别名（Common name）：无

分布（Distribution）：青海（QH）、四川（SC）、云南（YN）、西藏（XZ）；国外：无

其他文献（Reference）：Liu, 1950; 刘承钊和胡淑琴, 1961; 胡淑琴等, 1977; 田婉淑和江耀明, 1986; 费梁等, 1990, 2009a, 2010, 2012; 叶昌媛, 1993; Zhao and Adler, 1993; 费梁, 1999; Jiang *et al.*, 2014; 江建平等, 2016; Fei and Ye, 2016

（106）木里猫眼蟾 *Scutiger muliensis* Fei *et* Ye, 1986

Scutiger muliensis Fei *et* Ye, 1986, Acta Zool. Sinica, Beijing, 32 (1): 62-67. **Holotype:** (CIB) A82 I 1355, ♂, SVL 73.5 mm, by original designation. **Type locality:** China [Sichuan: Muli (木里)]; alt. 3200 m.

中文别名（Common name）：无

分布（Distribution）：四川（SC）；国外：无

其他文献（Reference）：费梁等, 1990, 2005, 2009a, 2010, 2012; 叶昌媛等, 1993; Zhao and Adler, 1993; 费梁, 1999; Jiang *et al.*, 2014; 江建平等, 2016; Fei and Ye, 2016

（107）宁陕齿突蟾 *Scutiger ningshanensis* Fang, 1985

Scutiger ningshanensis Fang, 1985, Acta Herpetol. Sinica, Chengdu, 4 (4): 305-307. **Holotype:** (SNU) 83005, ♀, SVL 41.0 mm, by original designation. **Type locality:** China [Shaanxi: Ningshan (宁陕), Xunyangba]; alt. 2550 m.

中文别名（Common name）：无

分布（Distribution）：河南（HEN）、陕西（SN）；国外：无

其他文献（Reference）：费梁等, 1990, 2009a, 2010, 2012; 叶昌媛等, 1993; Zhao and Adler, 1993; 费梁, 1999; Jiang *et al.*, 2014; 江建平等, 2016; Fei and Ye, 2016

（108）林芝齿突蟾 *Scutiger nyingchiensis* Fei, 1977

Scutiger nyingchiensis Fei, 1977, *In*: Sichuan Institute of Biology Herpetology Department (Fei, Hu, Ye *et* Wu), 1977, Acta Zool. Sinica, Beijing, 23 (1): 54-55. **Holotype:** (CIB) 73 I 0400, ♂, SVL 60.6 mm, by original designation. **Type locality:** China [Xizang: Nyingchi (林芝)]; alt. 3040 m.

中文别名（Common name）：无

分布（Distribution）：西藏（XZ）；国外：尼泊尔

其他文献（Reference）：胡淑琴等, 1977; 田婉淑和江耀明, 1986; 费梁等, 1990, 2009a, 2010, 2012; 叶昌媛等, 1993; Zhao and Adler, 1993; 费梁, 1999; Jiang *et al.*, 2014; 江建平等, 2016; Fei and Ye, 2016

（109）平武齿突蟾 *Scutiger pingwuensis* Liu *et* Tian, 1978

Scutiger pingwuensis Liu *et* Tian, 1978, *In*: Liu, Hu, Tian *et* Wu, 1978, Mater. Herpetol. Res., Chengdu, 4: 18. **Holotype:** (CIB) 750793, ♂, by original designation. **Type locality:**

China [Sichuan: Pingwu (平武), Wang-ba-chu]; alt. 2200 m.

中文别名（Common name）：无

分布（Distribution）：甘肃（GS）、四川（SC）；国外：无

其他文献（Reference）：田婉淑和江耀明, 1986; 费梁等, 1990, 2009a, 2010, 2012; 叶昌媛等, 1993; Zhao and Adler, 1993; 费梁, 1999; 姚崇勇和龚大洁, 2012; Jiang *et al.*, 2014; 江建平等, 2016; Fei and Ye, 2016

（110）锡金齿突蟾 *Scutiger sikimmensis* (Blyth, 1854)

Bombinator sikimmensis Blyth, 1854, J. Asiat. Soc. Bengal, Calcutta, 23: 300. **Syntypes:** (ZSIC) 9854, 9855. According to Sclater, 1892, Proc. Zool. Soc. London, 8: 30, 43. **Type locality:** India (Sikkim: not given).

Scutiger sikkimensis - Theobald, 1868, J. Asiat. Soc. Bengal, Calcutta, 37: 83.

Bufo sikkimensis Stoliczka, 1872, Proc. Asiat. Soc. Bengla, Calcutta, 1872: 204. **Syntypes:** deposition not state, presumably ZSIC and or BMNH. **Type locality:** India (Sikkim and Darjiling); alt. about 7000 ft.

Cophophryne sikkimensis - Boulenger, 1887, Ann. Mag. Nat. Hist., London, (5) 20: 406.

Scutiger (Scutiger) sikimmensis - Dubois, 1980, Bull. Mens. Soc. Linn., Lyon, 49 (8): 478.

中文别名（Common name）：无

分布（Distribution）：西藏（XZ）；国外：尼泊尔、印度

其他文献（Reference）：刘承钊和胡淑琴, 1961; 胡淑琴等, 1977; 田婉淑和江耀明, 1986; 费梁等, 1990, 2005, 2009a, 2010, 2012; 叶昌媛等, 1993; Zhao and Adler, 1993; 费梁, 1999; Jiang *et al.*, 2014; 江建平等, 2016; Fei and Ye, 2016

（111）刺疣齿突蟾 *Scutiger spinosus* Jiang, Wang, Li *et* Che, 2016

Scutiger spinosus Jiang, Wang, Li *et* Che, 2016, *In*: Jiang, Wang, Zou, Yan, Li *et* Che, 2016, Zool. Res., Kunming, 37 (1): 23. **Holotype:** (KIZ) 011114, by original designation. **Type locality:** China [Xizang: Mêdog (墨脱), 62K]; 29°42′33.6″N, 95°34′56.0″E; alt. 2705 m.

中文别名（Common name）：无

分布（Distribution）：西藏（XZ）；国外：无

其他文献（Reference）：无

（112）圆疣猫眼蟾 *Scutiger tuberculatus* Liu *et* Fei, 1979

Scutiger tuberculatus Liu *et* Fei, 1979, *In*: Liu, Hu *et* Fei, 1979, Acta Zootaxon. Sinica, Beijing, 4 (1): 89-90. **Holotype:** (CIB) 65 II 0448, ♂, SVL 74.5 mm, by original designation. **Type locality:** China [Sichuan: Yuexi (越西), Puxiong]; alt. 3000 m.

中文别名（Common name）：无

分布（Distribution）：四川（SC）；国外：无

其他文献（Reference）：田婉淑和江耀明，1986；费梁等，1990, 2009a, 2010, 2012；叶昌媛等，1993；Zhao and Adler, 1993；费梁，1999；Jiang *et al.*, 2014；江建平等，2016；Fei and Ye, 2016

（113）王朗齿突蟾 *Scutiger wanglangensis* Ye et Fei, 2007

Scutiger (Scutiger) wanglangensis Ye et Fei, 2007, Herpetol. Sinica, Nanjing, 11: 33-37. **Holotype:** (CIB) 88020, ♂, SVL 56.2 mm, by original designation. **Type locality:** China [Sichuan: Pingwu (平武), Wangbachu]; alt. 2500 m.

中文别名（Common name）：无

分布（Distribution）：甘肃（GS）、四川（SC）；国外：无

其他文献（Reference）：费梁，1999；费梁等，2009a, 2010, 2012；Jiang *et al.*, 2014；江建平等，2016；Fei and Ye, 2016

（114）墨脱猫眼蟾 *Scutiger wuguanfui* Jiang, Rao, Yuan, Wang, Li, Hou, Che et Che, 2012

Scutiger wuguanfui Jiang, Rao, Yuan, Wang, Li, Hou, Che et Che, 2012, Zootaxa, 3388: 30. **Holotype:** (KIZ) 011111, by original designation. **Type locality:** China [Xizang: Mêdog (墨脱), 62K]; 29°42′33.6″N, 95°34′56.0″E; alt. 2705 m.

Scutiger (Aelurophryne) wuguanfui - Fei, Ye et Jiang, 2012, Colored Atlas of Chinese Amphibians and Their Distributions: 169.

中文别名（Common name）：无

分布（Distribution）：西藏（XZ）；国外：无

其他文献（Reference）：江建平等，2016；Fei and Ye, 2016

27. 髭蟾属 *Vibrissaphora* Liu, 1945

Vibrissaphora Liu, 1945, J. West China Bord. Res. Soc., Chengdu, Ser. B, 15: 28. **Type species:** *Vibrissaphora boringii* Liu, 1945, by original designation.

Leptobrachium (Leptobrachium) - Dubois, 1980, Bull. Mens. Soc. Linn., Lyon, 49 (8): 475 (including *Vibrissaphora*).

Leptobrachium (Vibrissaphora) - Tian et Hu, 1985, Acta Herpetol. Sinica, Chengdu (N. S.), 4 (3): 221.

（115）哀牢髭蟾 *Vibrissaphora ailaonica* Yang, Chen et Ma, 1983

Vibrissaphora ailaonica Yang, Chen et Ma, 1983, *In*: Yang, Ma, Chen et Li, 1983, Acta Zootaxon. Sinica, Beijing, 8 (3): 325-326. **Holotype:** (KIZ) 8200490, ♂, SVL 76.5 mm, by original designation. **Type locality:** China [Yunnan: Jingdong (景东), Xujiaba]; alt. 2400 m.

Leptobrachium (Vibissaphora) echinatum Dubois et Ohler, 1998, Dumerilia, Paris, 4 (1): 4. **Holotype:** (MNHNP) 1998.0116, ♂, SVL 80.9 mm, by original designation. **Type locality:** Vietnam (Lao Cai: Mt. Fan Si Pan); 22°19′N, 103°47′E; alt. 2090 m.

中文别名（Common name）：无

分布（Distribution）：云南（YN）；国外：越南

其他文献（Reference）：费梁等，1990, 2009a, 2010, 2012；叶昌媛等，1993；Zhao and Adler, 1993；费梁，1999；Jiang *et al.*, 2014；江建平等，2016；Fei and Ye, 2016

（116）峨眉髭蟾 *Vibrissaphora boringii* Liu, 1945

Vibrissaphora boringii Liu, 1945, J. West China Bord. Res. Soc., Chengdu, Ser. B, 15: 28. **Holotype:** (CIB) 237, ♀, SVL 60.0 mm (Liu, 1950), by original designation. **Type locality:** China [Sichuan: Mt. Emei (峨眉山), Tangesze]; alt. 3590 ft.

Leptobrachium (Leptobrachium) boringii - Dubois, 1980, Bull. Mens. Soc. Linn., Lyon, 49 (8): 476.

Leptobrachium (Vibrissaphora) boringii - Duellman et Trueb, 1986, Biol. Amph., New York: 56.

中文别名（Common name）：无

分布（Distribution）：湖南（HN）、湖北（HB）、四川（SC）、重庆（CQ）、贵州（GZ）、云南（YN）、广西（GX）；国外：无

其他文献（Reference）：刘承钊和胡淑琴，1961；胡淑琴等，1977；田婉淑和江耀明，1986；费梁等，1990, 2005, 2009a, 2010, 2012；叶昌媛等，1993；Zhao and Adler, 1993；费梁，1999；杨大同和饶定齐，2008；Jiang *et al.*, 2014；沈猷慧等，2014；莫运明等，2014；江建平等，2016；Fei and Ye, 2016

（117）雷山髭蟾 *Vibrissaphora leishanensis* Liu et Hu, 1973

Vibrissaphora leishanensis Liu et Hu, 1973, *In*: Hu, Zhao et Liu, 1973, Acta Zool. Sinica, Beijing, 19 (2): 165-167. **Holotype** (as **Lectotype**): (CIB) 639000, ♂, SVL 90.6 mm. **Type locality:** China [Guizhou: Leishan (雷山), Fang-xiang]; alt. 1100 m.

Leptobrachium (Leptobrachium) leishanense - Dubois, 1980, Bull. Mens. Soc. Linn., Lyon, 49 (8): 476.

Leptobrachium (Vibrissaphora) leishanensis - Tian et Jiang, 1986, Identification Manual of Chinese Amphibians And Reptiles, Beijing: 54.

中文别名（Common name）：无

分布（Distribution）：湖南（HN）、贵州（GZ）、广西（GX）；国外：无

其他文献（Reference）：胡淑琴等，1977；费梁等，1990, 2009a, 2010, 2012；叶昌媛等，1993；Zhao and Adler, 1993；费梁，1999；Jiang *et al.*, 2014；沈猷慧等，2014；莫运明等，2014；江建平等，2016；Fei and Ye, 2016

（118）崇安髭蟾 *Vibrissaphora liui* Pope, 1947

Vibrissaphora liui Pope, 1947, Copeia, 2: 109-112. **Holotype:** (FMNH) 24427, Juvenile ♀, SVL 41.0 mm, by original designation; Liu et Hu, 1962, Acta Zool. Sinica, Beijing, 14 (Suppl.): 82-87 [Guangxi: Mt. Yao (瑶山) and

Longsheng (龙胜)]. **Type locality:** China [Fujian: Wuyi-shan City (武夷山市), Sangang].

Vibrissaphora yaoshanensis Liu *et* Hu, 1973, *In*: Sichuan Medical College (Liu) and Sichuan Biol. Res. Inst. (Hu), 1973, Preliminary study of genus *Vibrissaphora*, a speech in Guangzhou Sanzhi Conference: 2-4. **Syntypes:** 7 males and 10 females. Liu *et* Hu, 1978, *In*: Liu, Hu, Tian *et* Wu, 1978, Mater. Herpetol. Res., Chengdu, 4: 18. **Type locality:** China [Guangxi: Mt. Yao (瑶山), Yangliuchong]; alt. 1200 m. **Holotype** (as **Lectotype**): (CIB) 61001, ♂, SVL 83.0 mm, by original designation. **Type locality:** China [Guangxi: Mt. Yao (瑶山)].

Vibrissaphora jiulongshanensis Wei *et* Zhao, 1981, J. Hangzhou Univ. (Sci. Ed.), Hangzhou, 8 (3): 300-303. **Holotype:** (HU) 800013, ♂, SVL 102 mm, by original designation. **Type locality:** China [Zhejiang: Suichang (遂昌), Mt. Jiulong (九龙山)]; alt. 900 m.

Leptobrachium liui - Dubois, 1983, Alytes, Paris, 2 (4): 148.

Leptobrachium yaoshanense - Dubois, 1983, Alytes, Paris, 2 (4): 148.

中文别名（**Common name**）：无

分布（**Distribution**）：浙江（ZJ）、江西（JX）、湖南（HN）、福建（FJ）、广东（GD）、广西（GX）；国外：无

其他文献（**Reference**）：刘承钊和胡淑琴，1961；胡淑琴等，1977；田婉淑和江耀明，1986；费梁等，1990, 2009a, 2010, 2012；叶昌媛等，1993; Zhao and Adler, 1993；费梁，1999; Jiang *et al.*, 2014；沈猷慧等，2014；莫运明等，2014；江建平等，2016; Fei and Ye, 2016

（119）原髭蟾 *Vibrissaphora promustache* Rao, Wilkinson *et* Zhang, 2006

Vibrissaphora promustache Rao, Wilkinson *et* Zhang, 2006, Herpetologica, Austin, 62 (1): 90-95. **Holotype:** (KIZ) 03005, ♂, by original designation. **Type locality:** China [Yunnan: Pingbian (屏边), a forest stream near the top of Mt. Dawei]; 22°54′28.5″N, 103°41′45.1″E; alt. 2089 m.

中文别名（**Common name**）：密棘髭蟾

分布（**Distribution**）：云南（YN）；国外：无

其他文献（**Reference**）：杨大同和饶定齐，2008；费梁等，2009a, 2010, 2012; Jiang *et al.*, 2014；江建平等，2016; Fei and Ye, 2016

掌突蟾亚科 Leptolalaginae

28. 掌突蟾属 *Paramegophrys* Liu, 1964

Paramegophrys Liu, 1964, Taxonomy Discussion of Chinese Megophryinae. Thesis Meeting Ann. Thirtieth Founding China Zool. Soc.: 1. **Type species:** *Leptobrachium pelodytoides* (= *Megophrys pelodytoides*) Boulenger, 1893, by original designation.

Carpophrys - Sichuan Biol. Res. Inst. (Hu, Ye *et* Fei), 1977, Syst. Keys Chinese Amph., Beijing: 27 (numen nudum).

Leptolalax Dubois, 1980, Bull. Mens. Soc. Linn., Lyon, 49 (8): 476. **Type species:** *Leptobrachium gracilis* Günther, 1872, by original designation.

Paramegophrys - Jiang, Ye *et* Fei, 2008, J. Anhui Normal Univ. (Nat. Sci.), Hefei, 31 (3): 262-264.

Leptolalax - Dubois, Grosjean, Ohler, Adle *et* Zhao, 2010, Zootaxa, 2493: 66-68.

（120）高山掌突蟾 *Paramegophrys alpinus* (Fei, Ye *et* Li, 1990)

Leptolalax alpinus Fei, Ye *et* Li, 1990, *In*: Fei, Ye *et* Huang, 1990, Key to Chinese Amphibia, Chongqing: 96, 213, 274. **Holotype:** (CIB) 873148, ♂, by original designation. **Type locality:** China [Yunnan: Jingdong (景东), Mt. Wuliang]; alt. 2400 m.

Leptolalax alpinus Fei, Ye *et* Li, 1992, Acta Biologica Plateau Sinica, Beijing, No. 11: 47-50. **Holotype:** (CIB) 873148, ♂, SVL 25.5 mm. **Type locality:** China [Yunnan: Jingdong (景东), Mt. Wuliang]; alt. 2400 m (redescription).

Paramegophrys (*Paramegophrys*) *alpinus* - Jiang, Ye *et* Fei, 2008, J. Anhui Normal Univ. (Nat. Sci.), Hefei, 31 (3): 263.

中文别名（**Common name**）：无

分布（**Distribution**）：云南（YN）、广西（GX）；国外：无

其他文献（**Reference**）：叶昌媛等，1993; Zhao and Adler, 1993；费梁，1999；杨大同和饶定齐，2008；费梁等，2009a, 2010, 2012; Jiang *et al.*, 2014；莫运明等，2014；江建平等，2016; Fei and Ye, 2016

（121）香港掌突蟾 *Paramegophrys laui* (Sung, Yang *et* Wang, 2014)

Leptolalax (*Lalos*) *laui* Sung, Yang *et* Wang, 2014, Asian Herpetol. Res., 5: 86. **Holotype:** SYS a002057, adult male. **Type locality:** China [Hong Kong (香港): Tai Mo Shan (大帽山) Country Park, a rocky stream (width 1.5 m) in a secondary forest]; 22.41057°N, 114.11794°E; alt. 680 m.

Paramegophrys laui - Treated here.

中文别名（**Common name**）：无

分布（**Distribution**）：香港（HK）；国外：无

其他文献（**Reference**）：无

（122）福建掌突蟾 *Paramegophrys liui* (Fei *et* Ye, 1990)

Megophrys pelodytoides - Pope, 1931, Bull. Amer. Mus. Nat. Hist., New York, 61 (8): 447 (Chong'an, Fujian, China).

Leptolalax liui Fei *et* Ye, 1990, *In*: Fei, Ye *et* Huang, 1990, Key to Chinese Amphibia, Chongqing: 96, 275. **Holotype:** (CIB) 64 Ⅰ 1563, ♂, SVL 27.2 mm, by original designation. **Type locality:** China [Fujian: Wuyishan City (武夷山市)]; alt. 800 m.

Paramegophrys (*Paramegophrys*) *liui* - Jiang, Ye *et* Fei, 2008, J. Anhui Normal Univ. (Nat. Sci.), Hefei, 31 (3): 263.

中文别名（**Common name**）：无

分布（Distribution）：浙江（ZJ）、江西（JX）、湖南（HN）、贵州（GZ）、福建（FJ）、广西（GX）；国外：无

其他文献（Reference）：费梁，1999；费梁等，2009a，2010，2012；叶昌媛等，1993；Zhao and Adler，1993；Jiang *et al.*，2014；沈猷慧等，2014；莫运明等，2014；江建平等，2016；Fei and Ye，2016

（123）莽山掌突蟾 *Paramegophrys mangshanensis* (Hou, Zhang, Hu, Li, Shi, Chen, Mo *et* Wang, 2018)

Leptolalax mangshanensis Hou, Zhang, Hu, Li, Shi, Chen, Mo *et* Wang, 2018, Zootaxa, 4444 (3): 247-266. **Holotype:** (MSZTC) 201720, adult male, SVL 24.6 mm. **Type locality:** China [Hunan: Yizhang (宜章), Mangshan National Nature Reserve, a strem in Yi Ping]; 24.981166°N, 112.918988°E; alt. 709 m.

Paramegophrys mangshanensis - Treated here.

中文别名（Common name）：无

分布（Distribution）：湖南（HN）；国外：无

其他文献（Reference）：无

（124）猫儿山掌突蟾 *Paramegophrys maoershanensis* Yuan, Sun, Chen, Rowley *et* Che, 2017

Leptolalax maoershanensis Yuan, Sun, Chen, Rowley *et* Che, 2017, *In*: Yuan, Sun, Chen, Rowley, Wu, Hou wang *et* Che, 2017, Zootaxa, 4300 (4): 551-570. **Holotype:** (KIZ) 046696, by original designation. **Type locality:** China [Guangxi: Maoer Mt. (猫儿山)]; 25.9116°N, 110.4652°E; alt. 1575 m.

Leptobrachella maoershanensis - Chen, Poyarkov, Suwannapoom, Lathrop, Wu, Zhou, Yuan, Jin, Chen, Liu, Nguyen, Nguyen, Duong, Eto, Nishikawa, Matsui, Orlov, Stuart, Brown, Rowley, Murphy, Wang *et* Che, 2018, Mol. Phylogenet. Evol., 124: 162, by implication.

Paramegophrys maoershanensis - Treated here.

中文别名（Common name）：无

分布（Distribution）：广西（GX）；国外：无

其他文献（Reference）：无

（125）峨山掌突蟾 *Paramegophrys oshanensis* (Liu, 1950)

Megophrys pelodytoides - Liu, 1940, J. West China Bord. Res. Soc., Chengdu, Ser. B, 12: 21-23 [Mt. Emei (峨眉山), not of Boulenger, 1893].

Megophrys oshanensis Liu, 1950, Fieldiana: Zool. Mem., Chicago, 2: 197-201. **Holotype:** (CIB) 1000, ♂, SVL 27.0 mm, by original designation. **Type locality:** China [Sichuan: Mt. Emei (峨眉山)]; alt. 3500 ft.

Paramegophrys oshanensis - Liu, 1964, Taxonomy Discussion of Chinese Megophryinae. Thesis Meeting Ann. Thirtieth Founding China Zool. Soc.: 1.

Carpophrys oshanensis - Sichuan Biol. Res. Inst. (Hu, Ye *et* Fei), 1977, Syst. Keys Chinese Amph., Beijing: 30, 78.

Leptobrachium (Leptolalax) oshanensis - Dubois, 1980, Bull.

Mens. Soc. Linn., Lyon, 49 (8): 476.

Leptolalax oshanensis - Tian *et* Jiang, 1986, Handb. Identif. China Amph. Rept., Beijing: 55.

Paramegophrys (Paramegophrys) oshanensis - Jiang, Ye *et* Fei, 2008, Anhui Normal Univ. (Nat. Sci.), Hefei, 31 (3): 263.

中文别名（Common name）：无

分布（Distribution）：甘肃（GS）、湖南（HN）、湖北（HB）、四川（SC）、重庆（CQ）、贵州（GZ）；国外：无

其他文献（Reference）：刘承钊和胡淑琴，1961；费梁等，1990，2005，2009a，2010，2012；叶昌媛等，1993；Zhao and Adler，1993；费梁，1999；姚崇勇和龚大洁，2012；Jiang *et al.*，2014；沈猷慧等，2014；莫运明等，2014；江建平等，2016；Fei and Ye，2016

（126）蟾掌突蟾 *Paramegophrys pelodytoides* (Boulenger, 1893)

Leptobrachium pelodytoides Boulenger, 1893, Ann. Mus. Civ. Stor. Nat. Genova, Ser. 2, 13: 345. **Type locality:** Burma (Thao and Karin Bia-po, Karin Hills). **Syntypes:** BMNH, MSNG; by lectotype designation (as "type") of Pope and Boring (1940: 30), BMNH, unknown number. **Lectotype:** (MSNG) 29845. A. designated by Capocaccia, 1957. **Lectotype locality:** Burma (Thao).

Megophrys pelodytoides - Gee *et* Boring, 1929-1930, Peking Nat. Hist. Bull., Peking, 4 (2): 21.

Paramegophrys pelodytoides - Liu, 1964, Taxonomy Discussion of Chinese Megophryinae. Thesis Meeting Ann. Thirtieth Founding China Zool. Soc.: 1.

Carpophrys pelodytoides - Sichuan Biol. Res. Inst. (Hu, Ye *et* Fei), 1977, Syst. Keys Chinese Amph., Beijing: 30, 78.

Leptolalax pelodytoides pelodytoides: Dubois, 1983, Alytes, Paris, 2 (4): 149.

Leptolalax pelodytoides: Tian *et* Jiang, 1986, Handb. Identif. China Amph. Rept., Beijing: 55.

Paramegophrys (Paramegophrys) pelodytoides: Jiang, Ye *et* Fei, 2008, J. Anhui Normal Univ. (Nat. Sci.), Hefei, 31 (3): 263.

中文别名（Common name）：无

分布（Distribution）：云南（YN）；国外：缅甸、泰国、马来西亚、老挝、越南

其他文献（Reference）：刘承钊和胡淑琴，1961；费梁等，1990，2009a，2010，2012；叶昌媛等，1993；Zhao and Adler，1993；费梁，1999；杨大同和饶定齐，2008；Jiang *et al.*，2014；江建平等，2016；Fei and Ye，2016

（127）紫棕掌突蟾 *Paramegophrys purpura* (Yang, Zeng *et* Wang, 2018)

Leptolalax purpura Yang, Zeng *et* Wang, 2018, PeerJ, 6: e4586 (DOI: 10.7717/peerj.4586): 6. **Holotype:** (SYS) a006531, adult male, SVL 25.0 mm. **Type locality:** China [Yunnan: Yingjiang (盈江), Tongbiguan Town, Jinzhuzhai Village]; 24°37′33.32″N, 97°37′11.91″E; alt. 1615 m.

Paramegophrys purpura - Treated here.

中文别名（**Common name**）：无

分布（**Distribution**）：云南（YN）；国外：无

其他文献（**Reference**）：无

（128）三岛掌突蟾 *Paramegophrys sangi* (Lathrop, Murphy, Orlov *et* Ho, 1998)

Leptolalax sangi Lathrop, Murphy, Orlov *et* Ho, 1998, Amphibia-Reptilia, 19: 254-260. **Holotype:** (ROM) 28474, ♂, SVL 48.3 mm, by original designation. **Type locality:** Vietnam (Vinh Phu: a steam on the east side of the village of Tam Dao); 21°27′31″N, 105°38′61″E; alt. 925 m.

Paramegophrys (*Paramegophrys*) *sungi* - Jiang, Ye *et* Fei, 2008, J. Anhui Normal Univ. (Nat. Sci.), Hefei, 31 (3): 262-264.

Paramegophrys (*Paramegophrys*) *sungi* - firstly recorded by Mo, Jiang *et* Ye, 2008, J. Anhui Normal Univ. (Nat. Sci.), Hefei, 31 (4): 368-370.

中文别名（**Common name**）：无

分布（**Distribution**）：广西（GX）；国外：越南

其他文献（**Reference**）：费梁等, 2005, 2009a, 2010, 2012; Jiang *et al.*, 2014; 莫运明等, 2014; 江建平等, 2016; Fei and Ye, 2016

（129）腾冲掌突蟾 *Paramegophrys tengchongensis* Yang, Wang, Chen *et* Rao, 2016

Leptolalax tengchongensis Yang, Wang, Chen *et* Rao, 2016, Zootaxa, 4088: 384. **Holotype:** (SYS) a004600, by original designation. **Type locality:** China [Yunnan: Tengchong (腾冲), Linjiapu substation of the Tengchong Section of Gaoligongshan National Nature Reserve]; 25°17′51.26″N, 98°42′03.93″E; alt. 2100 m.

Paramegophrys tengchongensis - Treated here.

中文别名（**Common name**）：无

分布（**Distribution**）：云南（YN）；国外：缅甸

其他文献（**Reference**）：无

（130）腹斑掌突蟾 *Paramegophrys ventripunctatus* (Fei, Ye *et* Li, 1990)

Leptolalax ventripunctatus Fei, Ye *et* Li, 1990, *In*: Fei, Ye *et* Huang, 1990, Key to Chinese Amphibia, Chongqing: 274. **Holotype:** (CIB) 890063, ♂, by original designation. **Type locality:** China [Yunnan: Mengla (勐腊), Zhushihe]; alt. 850 m. Fei, Ye *et* Li, 1992, Acta Biologica Plateau Sinica, Beijing, No. 11: 50-52 (redescription).

Paramegophrys (*Paramegophrys*) *ventripunctatus* - Jiang, Ye *et* Fei, 2008, J. Anhui Normal Univ. (Nat. Sci.), Hefei, 31 (3): 263.

中文别名（**Common name**）：无

分布（**Distribution**）：云南（YN）；国外：无

其他文献（**Reference**）：费梁, 1999; 费梁等, 2009a, 2010, 2012; 叶昌媛等, 1993; Zhao and Adler, 1993; 杨大同和饶定齐,

2008; Jiang *et al.*, 2014; 江建平等, 2016; Fei and Ye, 2016

（131）五皇山掌突蟾 *Paramegophrys wuhuangmontis* (Wang, Yang *et* Wang, 2018)

Leptolalax wuhuangmontis Wang, Yang *et* Wang, 2018, ZooKeys, 776: 105-137. **Holotype:** (SYS) a003486, adult male, SVL 30.0 mm. **Type locality:** China [Guangxi: Pubei (浦北), Mt. Wuhuang]; 22°08′30.77″N, 109°24′43.90″E; alt. 500 m.

Leptobrachella wuhuangmontis - Chen, Poyarkov, Suwannapoom, Lathrop, Wu, Zhou, Yuan, Jin, Chen, Liu, Nguyen, Nguyen, Duong, Eto, Nishikawa, Matsui, Orlov, Stuart, Brown, Rowley, Murphy, Wang, and Che, 2018, Mol. Phylogenet. Evol., 124: 162-171, by implication.

Paramegophrys wuhuangmontis - Treated here.

中文别名（**Common name**）：无

分布（**Distribution**）：广西（GX）；国外：无

其他文献（**Reference**）：无

（132）盈江掌突蟾 *Paramegophrys yingjiangensis* (Yang, Zeng *et* Wang, 2018)

Leptolalax yingjiangensis Yang, Zeng *et* Wang, 2018, PeerJ, 6: e4586 (DOI: 10.7717/peerj.4586): 17. **Holotype:** (SYS) a006532, adult male, SVL 25.7 mm. **Type locality:** China [Yunnan: Yingjiang (盈江), Tongbiguan Town, Jinzhuzhai Village]; 24°37′33.32″N, 97°37′11.91″E; alt. 1615 m.

Paramegophrys yingjiangensis - Treated here.

中文别名（**Common name**）：无

分布（**Distribution**）：云南（YN）；国外：无

其他文献（**Reference**）：无

（133）云开掌突蟾 *Paramegophrys yunkaiensis* (Wang, Li, Lyu *et* Wang, 2018)

Leptobrachella yingjiangensis Wang, Li, Lyu *et* Wang, 2018, *In*: Yang, Zeng *et* Wang, 2018, ZooKeys, 776: 105-137. **Holotype:** (SYS) a004665, adult male, SVL 28.7 mm. **Type locality:** China [Guangdong: Maoming (茂名), Dawuling Forest Station in Nanling Nature Reserve]; 22°16′32.9″N, 111°11′42.87″E; alt. 1600 m.

Paramegophrys yunkaiensis - Treated here.

中文别名（**Common name**）：无

分布（**Distribution**）：广东（GD）；国外：无

其他文献（**Reference**）：无

角蟾亚科 Megophryinae

Megalophryinae - Fejérváry, 1922 "1921", Arch. Naturgesch., Abt. A, 87: 25.

Megophryinae - Noble, 1931, Biol. Amph., New York: 492.

Megalophryninae - Tamarunov, 1964, *In*: Orlov, 1964, Osnovy Paleontologii, 12: 129.

Megophryini - Dubois, 1980, Bull. Mens. Soc. Linn., Lyon, 49 (8): 471.

29. 隐耳蟾属 *Atypanophrys* Tian *et* Hu, 1983

Atympanophrys Tian *et* Hu, 1983, Acta Herpetol. Sinica, Chengdu (N. S.), 2 (2): 41-48. **Type species:** *Megophrys shapingensis* Liu, 1950, by original designation.

（134）大花隐耳蟾 *Atypanophrys gigantica* (Liu, Hu *et* Yang, 1960)

Megophrys giganticus Liu, Hu *et* Yang, 1960, Acta Zool. Sinica, Beijing, 12 (2): 160-161. **Holotype:** (CIB) 581539, ♀, SVL 115.4 mm, by original designation. **Type locality:** China [Yunnan: Jingdong (景东), Xinmin Xiang]; alt. 2120 m.

Atympanophrys giganticus - Rao *et* Yang, 1997, Asiat. Herpetol. Res., Berkeley, 7: 98.

中文别名（**Common name**）：大花角蟾

分布（**Distribution**）：云南（YN）；国外：无

其他文献（**Reference**）：刘承钊和胡淑琴，1961；胡淑琴等，1977；田婉淑和江耀明，1986；费梁等，1990，2009a，2010，2012；叶昌媛等，1993；Zhao and Adler, 1993；费梁，1999；杨大同和饶定齐，2008；Jiang *et al.*, 2014；江建平等，2016；Fei and Ye, 2016

（135）南江隐耳蟾 *Atypanophrys nankiangensis* (Liu *et* Hu, 1966)

Megophrys nankiangensis Liu *et* Hu, 1966, *In*: Hu, Zhao *et* Liu, 1966, Acta Zool. Sinica, Beijing, 18 (1): 72-74. **Holotype:** (CIB) 610588, ♀, SVL 52.0 mm, by original designation. **Type locality:** China [Sichuan: Nanjiang (南江), Mt. Guangwu]; alt. 1650 m.

Panophrys nankiangensis - Rao *et* Yang, 1997, Asiat. Herpetol. Res., Berkeley, 7: 98. Tentative placement.

Megophrys (Xenophrys) nankiangensis - Dubois *et* Ohler, 1998, Dumerilia, Paris, 4 (1): 14.

Xenophrys nankiangensis - Ohler, 2003, Alytes, Paris, 21: 23, by implication.

Atypanophrys nankiangensis - Fei *et* Ye, 2016, Amph. China, 1: 634.

中文别名（**Common name**）：南江角蟾

分布（**Distribution**）：陕西（SN）、甘肃（GS）、四川（SC）；国外：无

其他文献（**Reference**）：胡淑琴等，1977；田婉淑和江耀明，1986；费梁等，1990，2005，2009a，2010，2012；叶昌媛等，1993；Zhao and Adler, 1993；费梁，1999；姚崇勇和龚大洁，2012；Jiang *et al.*, 2014；江建平等，2016

（136）沙坪隐耳蟾 *Atypanophrys shapingensis* (Liu, 1950)

Megophrys shapingensis Liu, 1950, Fieldiana: Zool. Mem., Chicago, 2: 194-196. **Holotype:** (FMNH) 49405, ♂, SVL 68.0 mm, by original designation. **Type locality:** China [Sichuan: Ebian (峨边), Shaping].

Atympanophrys shapingensis - Tian *et* Hu, 1983, Acta Herpetol. Sinica, Chengdu (N. S.), 2 (2): 43.

中文别名（**Common name**）：沙坪角蟾

分布（**Distribution**）：四川（SC）；国外：无

其他文献（**Reference**）：刘承钊和胡淑琴，1961；胡淑琴等，1977；田婉淑和江耀明，1986；费梁等，1990，2009a，2010，2012；叶昌媛等，1993；Zhao and Adler, 1993；费梁，1999；Jiang *et al.*, 2014；江建平等，2016；Fei and Ye, 2016

30. 布氏角蟾属 *Boulenophrys* Fei, Ye *et* Jiang, 2016

Boulenophrys Fei, Ye *et* Jiang, 2016, *In*: Fei *et* Ye, 2016, Amph. China, 1: 641. **Type species:** *Leptobrachium boettgeri*, Boulenger, 1899.

（137）抱龙布氏角蟾 *Boulenophrys baolongensis* (Ye, Fei *et* Xie, 2007)

Megophrys boettger - Liu, Hu *et* Yang, 1960, Acta Zool. Sinica, Beijing, 12 (2): 280 [Wushan (巫山), Chongqing, China]; Liu *et* Hu, 1961, Tailless Amph. China, Peking: 58-60 [Wushan (巫山), Chongqing, China]; Fei *et* Ye, 2001, Color Handbook Amph. Sichuan, Beijing: 147 [Wushan (巫山), Chongqing, China].

Megophrys baolongensis Ye, Fei *et* Xie, 2007, Herpetol. Sinica, Nanjing, 11: 38-41. **Holotype:** (CIB) 572249, ♂, SVL 42.0 mm, by original designation. **Type locality:** China [Chongqing: Wushan (巫山), Baolong]; alt. 793 m.

Boulenophrys baolongensis - Fei *et* Ye, 2016, Amph. China, 1: 645.

Megophrys (Panophrys) baolongensis - Mahony, Foley, Biju *et* Teeling, 2017, Mol. Biol. Evol., 34: 755.

中文别名（**Common name**）：抱龙角蟾

分布（**Distribution**）：重庆（CQ）；国外：无

其他文献（**Reference**）：费梁等，2009a，2010，2012；Jiang *et al.*, 2014；江建平等，2016

（138）宾川布氏角蟾 *Boulenophrys binchuanensis* (Ye *et* Fei, 1995)

Megophrys minor Liu, Hu *et* Yang, 1960, Acta Zool. Sinica, Beijing, 12 (2): 150 [Binchuan (宾川), Yunnan, China].

Megophrys minor binchuanensis Ye *et* Fei, 1995, Acta Herpetol. Sinica, Chengdu (N. S.), 4-5: 75-76. **Holotype:** (CIB) 580768, by original designation. **Type locality:** China [Yunnan: Binchuan (宾川), Jizushan]; 26°00′N, 100°35′E; alt. 1920 m.

Megophrys (Xenophrys) binchuanensis - Dubois *et* Ohler, 1998, Dumerilia, Paris, 4 (1): 14 (elevation without discussion).

Xenophrys binchuanensis - Ohler, 2003, Alytes, Paris, 21: 23, by implication.

Boulenophrys binchuanensis - Fei *et* Ye, 2016, Amph. China, 1:

647.

Megophrys (Panophrys) binchuanensis - Mahony, Foley, Biju *et* Teeling, 2017, Mol. Biol. Evol., 34: 755.

中文别名（**Common name**）：宾川角蟾

分布（**Distribution**）：云南（YN）；国外：无

其他文献（**Reference**）：刘承钊和胡淑琴，1961；胡淑琴等，1977；田婉淑和江耀明，1986；叶昌媛等，1993；Zhao and Adler, 1993；费梁，1999；费梁等，2005, 2009a, 2010, 2012；杨大同和饶定齐，2008；Jiang *et al.*, 2014；江建平等，2016

（139）淡肩布氏角蟾 *Boulenophrys boettgeri* (Boulenger, 1899)

Leptobrachium boettgeri Boulenger, 1899, Proc. Zool. Soc. London, 1899: 171. **Syntypes:** BMNH (5 specimens), (MCZ) 3790. **Type locality:** China [Fujian: Wuyishan City (武夷山市), Guadun]; alt. 3000-4000 ft or more.

Megalophrys boettgeri - Boulenger, 1908, Proc. Zool. Soc. London, 1908: 420.

Megophrys boettgeri - Gee *et* Boring, 1929, Peking Nat. Hist. Bull., Peking, 4: 20.

Panophrys boettgeri - Rao *et* Yang, 1997, Asiat. Herpetol. Res., Berkeley, 7: 98-99.

Megophrys (Xenophrys) boettgeri - Dubois *et* Ohler, 1998, Dumerilia, Paris, 4 (1): 14.

Xenophrys boettgeri - Ohler, 2003, Alytes, Paris, 21: 23, by implication.

Boulenophrys boettgeri - Fei *et* Ye, 2016, Amph. China, 1: 650.

Megophrys (Panophrys) boettgeri - Mahony, Foley, Biju *et* Teeling, 2017, Mol. Biol. Evol., 34: 755.

中文别名（**Common name**）：淡肩角蟾

分布（**Distribution**）：浙江（ZJ）、江西（JX）、湖南（HN）、福建（FJ）、广东（GD）、广西（GX）；国外：无

其他文献（**Reference**）：刘承钊和胡淑琴，1961；胡淑琴等，1977；田婉淑和江耀明，1986；费梁等，1990, 2005, 2009a, 2010, 2012；叶昌媛等，1993；Zhao and Adler, 1993；费梁，1999；Jiang *et al.*, 2014；莫运明等，2014；江建平等，2016

（140）短肢布氏角蟾 *Boulenophrys brachykolos* (Inger *et* Romer, 1961)

Megophrys brachykolos Inger *et* Romer, 1961, Fieldiana: Zool., Chicago, 39 (46): 533-538. **Holotype:** (FMNH) 69063, ♀, SVL 34.9 mm, by original designation. **Type locality:** China [Hong Kong (香港): Hong Kong Island (香港岛), the Peak]; alt. 300-400 m.

Panophrys brachykolos - Rao *et* Yang, 1997, Asiat. Herpetol. Res., Berkeley, 7: 98-99 (tentative arrangement).

Megophrys (Xenophrys) brachykolos - Dubois *et* Ohler, 1998, Dumerilia, Paris, 4 (1): 14.

Megophrys minor brachykolos - Fei, 1999, Atlas of Amphibians of China, Zhengzhou: 118. No discussion.

Xenophrys brachykolos - Ohler, 2003, Alytes, Paris, 21: 23, by implication.

Boulenophrys brachykolos - Fei *et* Ye, 2016, Amph. China, 1: 650.

Megophrys (Panophrys) brachykolos - Mahony, Foley, Biju *et* Teeling, 2017, Mol. Biol. Evol., 34: 755.

中文别名（**Common name**）：短肢角蟾

分布（**Distribution**）：江西（JX）、湖南（HN）、湖北（HB）、广东（GD）、广西（GX）、香港（HK）；国外：越南

其他文献（**Reference**）：胡淑琴等，1977；田婉淑和江耀明，1986；费梁等，1990, 2005, 2009a, 2010, 2012；叶昌媛等，1993；Zhao and Adler, 1993；费梁，1999；Jiang *et al.*, 2014；莫运明等，2014；沈猷慧等，2014；江建平等，2016

（141）盈江布氏角蟾 *Boulenophrys feii* (Yang, Wang *et* Wang, 2018)

Megophrys feii Yang, Wang *et* Wang, 2018, Zootaxa, 4413 (2): 325-338. **Holotype:** (SYS) a006524, adult male. **Type locality:** China [Yunnan: Yingjiang (盈江), Tongbiguan Town, Xiaolangsu Village]; 24°30′3.23″N, 97°34′16.75″E; alt. 700 m.

Boulenophrys feii - Treated here.

中文别名（**Common name**）：费氏角蟾

分布（**Distribution**）：云南（YN）；国外：无

其他文献（**Reference**）：无

（142）黄山布氏角蟾 *Boulenophrys huangshanensis* (Fei *et* Ye, 2005)

Megophrys boettgeri - Chang, 1934-35, Peking Nat. Hist. Bull., Peking(= Beijing), 9: 33 (a Huang-shan stream, 3 tadpoles); Chen, 1991, Amph. Rept. Fauna Anhui: 63-65 (Anhui, China).

Megophrys minor - Fei, Ye *et* Huang, 1990, Key to Chinese Amphibia, Chongqing: 103, 291 (Anhui, China; not of Stejinger, 1926).

Megophrys huangshanensis Fei *et* Ye, 2005, *In*: Fei, Ye, Huang, Jiang *et* Xie, 2005, An Illustrated Key to Chinese Amphibians, Chengdu: 253-254. **Holotype:** (CIB) 920029, ♂, SVL 38.5 mm, by original designation. **Type locality:** China [Anhui: Mt. Huang (黄山)]; alt. 700 m.

Xenophrys huangshanensis - Delorme, Dubois, Grosjean *et* Ohler, 2006, Alytes, Paris, 24: 17.

Xenophrys huangshanensis - Firstly recorded in Jiangxi Prov., China by Yang, Hong, Zhao, Zhang *et* Wang, 2013, Chinese J. Zool., Beijing, 48 (1): 129-133.

Boulenophrys huangshanensis - Fei *et* Ye, 2016, Amph. China, 1: 655.

Megophrys (Panophrys) huangshanensis - Mahony, Foley, Biju *et* Teeling, 2017, Mol. Biol. Evol., 34: 755.

中文别名（**Common name**）：黄山角蟾

分布（**Distribution**）：安徽（AH）、江西（JX）；国外：无

其他文献（**Reference**）：刘承钊和胡淑琴，1961；胡淑琴等，

1977；田婉淑和江耀明，1986；叶昌媛等，1993；Zhao and Adler, 1993；费梁，1999；费梁等，2009a, 2010, 2012；Jiang *et al.*, 2014；江建平等，2016

（143）挂墩布氏角蟾 *Boulenophrys kuatunensis* (Pope, 1929)

Megalophrys kuatunensis Pope, 1929, Amer. Mus. Novit., New York, 352: 1-2. **Holotype:** (AMNH) 30126, ♂, by original designation. **Type locality:** China [Fujian: Wuyishan City (武夷山市), Guadun]; alt. 5500-6000 ft.

Megophrys kuatunensis - Gee *et* Boring, 1929-1930, Peking Nat. Hist. Bull., Peking, 4: 20.

Megophrys (Megophrys) kuatunensis - Dubois, 1980, Bull. Mens. Soc. Linn., Lyon, 49 (8): 472.

Panophrys kuatunensis - Rao *et* Yang, 1997, Asiat. Herpetol. Res., Berkeley, 7: 93, 98.

Megophrys (Xenophrys) kuatunensis - Dubois *et* Ohler, 1998, Dumerilia, Paris, 4 (1): 14.

Xenophrys kuatunensis - Ohler, 2003, Alytes, Paris, 21: 23, by implication.

Boulenophrys kuatunensis - Fei *et* Ye, 2016, Amph. China, 1: 658.

Megophrys (Panophrys) kuatunensis - Mahony, Foley, Biju *et* Teeling, 2017, Mol. Biol. Evol., 34: 755.

中文别名（**Common name**）：挂墩角蟾

分布（**Distribution**）：浙江（ZJ）、江西（JX）、湖南（HN）、福建（FJ）、广东（GD）、广西（GX）；国外：无

其他文献（**Reference**）：刘承钊和胡淑琴，1961；胡淑琴等，1977；田婉淑和江耀明，1986；费梁等，1990, 2005, 2009a, 2010, 2012；叶昌媛等，1993；Zhao and Adler, 1993；费梁，1999；Jiang *et al.*, 2014；莫运明等，2014；沈猷慧等，2014；江建平等，2016

（144）雷山布氏角蟾 *Boulenophrys leishanensis* Li, Xu, Liu, Jiang, Wei *et* Wang, 2018

Boulenophrys leishanensis Li, Xu, Liu, Jiang, Wei *et* Wang, 2018, Asian Herpetol. Res., 9 (4): 224-239. **Holotype:** (CIBLS) 20160610002, adult male. **Type locality:** China [Guizhou: Leishan (雷山), Mt. Leigong]; 26.35888°N, 108.19055°E; alt. 1571 m.

中文别名（**Common name**）：无

分布（**Distribution**）：贵州（GZ）；国外：无

其他文献（**Reference**）：无

（145）小布氏角蟾 *Boulenophrys minor* (Stejneger, 1926)

Megophrys minor Stejneger, 1926, Proc. Biol. Soc. Washington, 39: 53. **Holotype:** (USNM) 68816, by original designation. **Type locality:** China [Sichuan: Dujiangyan (都江堰)]; alt. 3000 ft.

Megophrys (Megophrys) minor - Dubois, 1980, Bull. Mens. Soc. Linn., Lyon, 49 (8): 472.

Megophrys minor minor - Ye *et* Fei, 1995, Acta Herpetol. Sinica, Chengdu (N. S.), 4-5: 75-76.

Panophrys minor - Rao *et* Yang, 1997, Asiat. Herpetol. Res., Berkeley, 7: 98.

Megophrys (Xenophrys) minor - Dubois *et* Ohler, 1998, Dumerilia, Paris, 4 (1): 14.

Xenophrys minor - Ohler, 2003, Alytes, Paris, 21: 23, by implication.

Boulenophrys minor - Fei *et* Ye, 2016, Amph. China, 1: 660.

中文别名（**Common name**）：小角蟾

分布（**Distribution**）：四川（SC）、重庆（CQ）、贵州（GZ）、云南（YN）、广西（GX）；国外：？越南、？泰国

其他文献（**Reference**）：刘承钊和胡淑琴，1961；胡淑琴等，1977；田婉淑和江耀明，1986；费梁等，1990, 2005, 2009a, 2010, 2012；叶昌媛等，1993；Zhao and Adler, 1993；费梁，1999；Jiang *et al.*, 2014；莫运明等，2014；江建平等，2016

（146）红腿布氏角蟾 *Boulenophrys rubrimera* (Tapley, Cutajar, Mahony, Nguyen, Dau, Nguyen, Van Luong *et* Rowley, 2017)

Xenophrys rubrimera Tapley, Cutajar, Mahony, Nguyen, Dau, Nguyen, Van Luong *et* Rowley, 2017, Zootaxa, 4344 (3), 465-492. **Holotype:** (VNMN) 2017.002, by original designation. **Type locality:** Vietnam (Lao Cai: Sa Pa, beside a 1 m wide rocky stream (stream bed 5-6 m wide) in heavily disturbed evergreen forest); 22.38205°N, 103.78745°E; alt. 1708 m.

Boulenophrys rubrimera - Treated here.

中文别名（**Common name**）：红腿异角蟾

分布（**Distribution**）：云南（YN）；国外：越南

其他文献（**Reference**）：无

（147）疣粒布氏角蟾 *Boulenophrys tuberogranulatus* (Shen, Mo *et* Li, 2010)

Megophrys tuberogranulatus Shen, Mo *et* Li, 2010, *In*: Mo, Shen, Li *et* Wu, 2010, Curr. Zool., 56: 433. **Holotype:** (HNUL) 03080902, by original designation. **Type locality:** China [Hunan: Sangzhi (桑植), Tianzishan Nature Reserve]; 29°20′-29°50′N, 110°20′-110°30′E; alt. 1130 m.

Xenophrys tuberogranulatus - Frost, 2011, Amph. Spec. World, Lawrence, Vers. 5.5.

Boulenophrys tuberogranulatus - Fei *et* Ye, 2016, Amph. China, 1: 663. Gender disagreement.

Megophrys (Panophrys) tuberogranulatus - Mahony, Foley, Biju *et* Teeling, 2017, Mol. Biol. Evol., 34: 755.

中文别名（**Common name**）：疣粒角蟾

分布（**Distribution**）：湖南（HN）；国外：无

其他文献（**Reference**）：费梁等，2012；Jiang *et al.*, 2014；沈猷慧等，2014；江建平等，2016

（148）瓦屋布氏角蟾 *Boulenophrys wawuensis* (Fei, Jiang *et* Zheng, 2001)

Megophrys wawuensis Fei, Jiang *et* Zheng, 2001, *In*: Fei *et* Ye, 2001, Color Handbook Amph. Sichuan, Beijing: 150. **Holotype**: (CIB) 950219, by original designation. **Type locality**: China [Sichuan: Hongya（洪雅）, Mt. Wawu, Xijuegou]; 29°39′N, 102°55′E; alt. 1840 m.

Xenophrys wawuensis - Ohler, 2003, Alytes, Paris, 21: 23, by implication.

Atympanophrys wawuensis - Chen, Zhou, Poyarkov, Stuart, Brown, Lathrop, Wang, Yuan, Jiang, Hou, Chen, Suwannapoom, Nguyen, Duong, Papenfuss, Murphy, Zhang *et* Che, 2016, Mol. Phylogenet. Evol., 106: 41.

Boulenophrys wawuensis - Fei *et* Ye, 2016, Amph. China, 1: 665.

Megophrys (Panophrys) wawuensis - Mahony, Foley, Biju *et* Teeling, 2017, Mol. Biol. Evol., 34: 754.

中文别名（**Common name**）：瓦屋角蟾

分布（**Distribution**）：四川（SC）；国外：无

其他文献（**Reference**）：费梁等, 2005, 2009a, 2010, 2012; Jiang *et al.*, 2014; 江建平等, 2016

（149）无量山布氏角蟾 *Boulenophrys wuliangshanensis* (Ye *et* Fei, 1995)

Megophrys minor - Liu, Hu *et* Yang, 1960, Acta Zool. Sinica, Beijing, 12 (2): 149 [Jingdong（景东）, Yunnan, China].

Megophrys wuliangshanensis Ye *et* Fei, 1995, Acta Herpetol. Sinica, Chengdu, 4-5: 73-74. **Holotype**: (CIB) 890126, by original designation. **Type locality**: China [Yunnan: Jingdong（景东）, Mt. Wuliang, Xinmin Xiang]; 24°45′N, 100°75′E; alt. 2000 m.

Megophrys (Xenophrys) wuliangshanensis - Dubois *et* Ohler, 1998, Dumerilia, Paris, 4 (1): 14.

Xenophrys wuliangshanensis - Ohler, 2003, Alytes, Paris, 21: 23, by implication.

Boulenophrys wuliangshanensis - Fei *et* Ye, 2016, Amph. China, 1: 668.

Megophrys (Panophrys) wuliangshanensis - Mahony, Foley, Biju *et* Teeling, 2017, Mol. Biol. Evol., 34: 755.

中文别名（**Common name**）：无量山角蟾

分布（**Distribution**）：云南（YN）；国外：？印度、？缅甸

其他文献（**Reference**）：刘承钊和胡淑琴, 1961; 胡淑琴等, 1977; 田婉淑和江耀明, 1986; 费梁等, 1990, 2005, 2009a, 2010, 2012; 叶昌媛等, 1993; Zhao and Adler, 1993; 费梁, 1999; 杨大同和饶定齐, 2008; Jiang *et al.*, 2014; 江建平等, 2016

（150）巫山布氏角蟾 *Boulenophrys wushanensis* (Ye *et* Fei, 1995)

Megophrys minor - Liu, Hu *et* Yang, 1960, Acta Zool. Sinica, Beijing, 12 (2): 280 [Miaotang, Wushan（巫山）, Chongqing,

China].

Megophrys wushanensis Ye *et* Fei, 1995, Acta Herpetol. Sinica, Chengdu, 4-5: 74-75, 80. **Holotype**: (CIB) 571991, by original designation. **Type locality**: China [Chongqing: Wushan（巫山）, Miaotang]; 31°27′N, 110°56′E; alt. 2000 m.

Megophrys (Xenophrys) wushanensis - Dubois *et* Ohler, 1998, Dumerilia, Paris, 4 (1): 14.

Xenophrys wushanensis - Ohler, 2003, Alytes, Paris, 21: 23, by implication.

Boulenophrys wushanensis - Fei *et* Ye, 2016, Amph. China, 1: 670.

Megophrys (Panophrys) wushanensis - Mahony, Foley, Biju *et* Teeling, 2017, Mol. Biol. Evol., 34: 755.

中文别名（**Common name**）：巫山角蟾

分布（**Distribution**）：陕西（SN）、甘肃（GS）、湖北（HB）、四川（SC）、重庆（CQ）；国外：无

其他文献（**Reference**）：刘承钊和胡淑琴, 1961; 胡淑琴等, 1977; 田婉淑和江耀明, 1986; 费梁等, 1990, 2005, 2009a, 2010, 2012; 叶昌媛等, 1993; Zhao and Adler, 1993; 费梁, 1999; 姚崇勇和龚大洁, 2012; Jiang *et al.*, 2014; 江建平等, 2016

31. 短腿蟾属 *Brachytarsophrys* Tian *et* Hu, 1983

Brachytarsophrys Tian *et* Hu, 1983, Acta Herpetol. Sinica, Chengdu (N. S.), 2 (2): 41-48. **Type species**: *Leptobrachium carinense* Boulenger, 1899, by original designation.

Megophrys (Brachytarsophrys) - Dubois, 1986, Alytes, Paris, 5 (1-2): 23.

（151）宽头短腿蟾 *Brachytarsophrys carinensis* (Boulenger, 1889)

Leptobrachium carinense Boulenger, 1889, Ann. Mus. Civ. Stor. Nat. Genova, Ser. 2, 7: 748. **Syntypes**: BMNH, (NHMW) 2291 (2 specimens), and MSNG (Frost, 1985: 410); (MSNG) 29689, designated. **Type locality**: Burma (Toungoo: West slope of Karen Hills); alt. 2500 ft. **Lectotype**: by Capocaccia, 1957, Ann. Mus. Civ. Stor. Nat. Genova, Ser. 3, 69: 211. **Lectotype locality**: Burma (Toungoo: Karin Biapo); alt. 700-800 m.

Megalophrys carinensis - Boulenger, 1908, Proc. Zool. Soc. London, 1908: 427.

Megophrys carinensis - Pope *et* Boring, 1940, Peking Nat. Hist. Bull., Peking, 15 (1): 30 (Hsiakwam, Yunnan, China).

Brachytarsophrys carinensis - Tian *et* Hu, 1983, Acta Herpetol. Sinica, Chengdu (N. S.), 2 (2): 42.

Brachytarsophrys platyparietus Rao *et* Yang, 1997, Asiat. Herpetol. Res., Berkeley, 7: 106-107. **Holotype**: (KIZ) 90275, ♂, SVL 113.0 mm, by original designation. **Type locality**: China [Yunnan: Da-Yao（大姚）, San-Tai, Duo-Di-He]; alt. 2100 m.

中文别名（Common name）：无

分布（Distribution）：江西（JX）、湖南（HN）、湖北（HB）、四川（SC）、重庆（CQ）、贵州（GZ）、云南（YN）、福建（FJ）、广西（GX）；国外：缅甸、泰国、老挝、越南

其他文献（Reference）：刘承钊和胡淑琴，1961；胡淑琴等，1977；田婉淑和江耀明，1986；费梁等，1990，2005，2009a，2010，2012；叶昌嫒等，1993；Zhao and Adler，1993；费梁，1999；杨大同和饶定齐，2008；Jiang *et al.*，2014；莫运明等，2014；Fei and Ye，2016

（152）川南短腿蟾 *Brachytarsophrys chuannanensis* Fei, Ye *et* Huang, 2001

Brachytarsophrys carinensis - Huang *et* Chen, 1995, Acta Herpetol. Sinica, Chengdu (N. S.), 4-5: 112-116 (Hejiang, Sichuan, China).

Brachytarsophrys chuannanensis Fei, Ye *et* Huang, 2001, *In*: Fei *et* Ye, 2001, Color Handbook Amph. Sichuan, Beijing: 138-139. **Holotype:** (CIB) 98A0045, ♂, SVL 105.3 mm, by original designation. **Type locality:** China [Sichuan: Hejiang (合江), Zihuai]; alt. 850 m.

Megophrys (Brachytarsophrys) chuannanensis - Mahony, Foley, Biju *et* Teeling, 2017, Mol. Biol. Evol., 34: 754.

中文别名（Common name）：无

分布（Distribution）：四川（SC）、贵州（GZ）；国外：无

其他文献（Reference）：费梁等，2005，2009a，2010，2012；Jiang *et al.*，2014；江建平等，2016；Fei and Ye，2016

（153）费氏短腿蟾 *Brachytarsophrys feae* (Boulenger, 1887)

Megalophrys feae Boulenger, 1887, Ann. Mus. Civ. Stor. Nat. Genova, Ser. 2, 4: 512. **Holotype:** (MSNG) 29763, ♀ (Capocaccia, 1957: 211), SVL 110 mm, by original designation. **Type locality:** Burma (Bhamo: Kakhien Hills).

Leptobrachium feae - Boulenger, 1889, Ann. Mus. Civ. Stor. Nat. Genova, Ser. 2, 7: 750.

Megophrys feae - Gee *et* Boring, 1929-1930, Peking Soc. Nat. Hist. Bull., Peking (= Beijing), 4 (2): 20 (Yunnan, China).

Megophrys carinensis - Liu *et* Hu, 1961, Tailless Amph. China, Peking: 51-52 [Jingdong (景东), Yunnan, China; not of Boulenger, 1889].

Brachytarsophrys feae - Ye *et* Fei, 1992, Acta Herpetol. Sinica, Chengdu (N. S.), 1-2: 58-62 [Jingdong (景东), Yunnan, China].

中文别名（Common name）：无

分布（Distribution）：云南（YN）、广西（GX）；国外：缅甸、泰国、越南

其他文献（Reference）：叶昌嫒等，1993；Zhao and Adler，1993；费梁，1999；杨大同和饶定齐，2008；费梁等，2009a，2010，

2012；Jiang *et al.*，2014；莫运明等，2014；江建平等，2016；Fei and Ye，2016

（154）浦氏短腿蟾 *Brachytarsophrys popei* Zhao, Yang, Chen, Chen *et* Wang, 2014

Brachytarsophrys carinensis - Fei, Hu, Ye *et* Huang, 2009, Fauna Sinica, Amphibia, Vol. 2: 330-336.

Brachytarsophrys popei Zhao, Yang, Chen, Chen *et* Wang, 2014, Asian Herpetol. Res., 5: 154. **Holotype:** (SYS) a001867, by original designation. **Type locality:** China [Hunan: Yanling (炎陵), Taoyuandong Nature Reserve]; 26°30′8.79″N, 114°03′38.27″E; alt. 1045 m.

Megophrys (Brachytarsophrys) popei - Mahony, Foley, Biju *et* Teeling, 2017, Mol. Biol. Evol., 34: 754.

中文别名（Common name）：无

分布（Distribution）：江西（JX）、湖南（HN）、广东（GD）；国外：无

其他文献（Reference）：Fei and Ye，2016

32. 刘角蟾属 *Liuophrys* Fei, Ye *et* Jiang, 2016

Liuophrys Fei, Ye *et* Jiang, 2016, *In*: Fei *et* Ye, 2016, Amph. China, 1: 614. **Type species:** *Megophrys glandulosa* Fei, Ye *et* Huang, 1990. Provisionally considered a synonym of Megophrys due to appearing prior to the revision of Mahony, Foley, Biju *et* Teeling, 2017, Mol. Biol. Evol., 34: 744-771.

（155）腺刘角蟾 *Liuophrys glandulosa* (Fei, Ye *et* Huang, 1990)

Megophrys lateralis - Yang, Su *et* Li, 1978, Amph. Rept. Mt. Gaoligong, Sci. Rep. Yunnan Inst. Zool., 8: 7-8 [Gongshan (贡山)]; Yang, 1991, The Amphibia-Fauna of Yunnan, Beijing: 52-54 (part).

Megophrys glandulosa Fei, Ye *et* Huang, 1990, Key to Chinese Amphibia, Chongqing: 99, 273. **Holotype:** (CIB) 873112, by original designation. **Type locality:** China [Yunnan: Jingdong (景东), Mt. Wuliang]; alt. 2100 m.

Megophrys (Xenophrys) glandulosa - Dubois *et* Ohler, 1998, Dumerilia, Paris, 4 (1): 14.

Xenophrys glandulosa - Ohler, 2003, Alytes, Paris, 21: 23, by implication.

Liuophrys glandulosa - Fei *et* Ye, 2016, Amph. China, 1: 617.

中文别名（Common name）：腺角蟾、白颌角蟾

分布（Distribution）：云南（YN）；国外：印度、不丹、缅甸

其他文献（Reference）：叶昌嫒等，1993；Zhao and Adler，1993；费梁，1999；费梁等，2005，2009a，2010，2012；杨大同和饶定齐，2008；Jiang *et al.*，2014；江建平等，2016

（156）大刘角蟾 *Liuophrys major* (Boulenger, 1908)

Xenophrys gigas Jerdon, 1870, Proc. Asiat. Soc. Bengal, Calcutta, 1870: 85 (not *Megalophrys gigas* Blyth, 1854: 229). **Syntypes:** (IMRR) (ZSI) 9670, 9681, 10777, 10779 (Chanda, Das *et* Dubois, 2000: 102). **Type locality:** India (Sikkim and Khasi Hills in Meghalaya).

Megalophrys major Boulenger, 1908, Proc. Zool. Soc. London, 1908: 416. Replacement name for *Xenophrys gigas* Jerdon, 1870.

Megophrys major - Gee *et* Boring, 1929, Peking Nat. Hist. Bull., Peking, 4: 20.

Xenophrys major - Ohler, 2003, Alytes, Paris, 21: 23, by implication.

Liuophrys major - Fei *et* Ye, 2016, Amph. China, 1: 620.

Megophrys (*Xenophrys*) *major* - Mahony, Foley, Biju *et* Teeling, 2017, Mol. Biol. Evol., 34: 755.

中文别名（Common name）：大角蟾

分布（Distribution）：云南（YN）、广西（GX）；国外：印度、孟加拉国、缅甸、泰国、老挝、越南

其他文献（Reference）：Liu, 1950; 刘承钊和胡淑琴, 1961; 胡淑琴等, 1977; 田婉淑和江耀明, 1986; 费梁等, 1990, 2005, 2009a, 2010, 2012; 叶昌媛等, 1993; Zhao and Adler, 1993; 费梁, 1999; 杨大同和饶定齐, 2008; Jiang *et al.*, 2014; 莫运明等, 2014; 江建平等, 2016

（157）莽山刘角蟾 *Liuophrys mangshanensis* (Fei *et* Ye, 1990)

Megophrys lateralis - Sichuan Biol. Res. Inst. (Ye *et* Fei), 1976, Herpetol. Res., Chengdu, 3: 24-29 [Mt. Mang (莽山), Yizhang (宜章), Hunan, China].

Megophrys mangshanensis Fei *et* Ye, 1990, *In*: Fei, Ye *et* Huang, 1990, Key to Chinese Amphibia, Chongqing: 273-274. **Holotype:** (CIB) 75 I 0689, ♀, by original designation. **Type locality:** China [Hunan: Yizhang (宜章), Mt. Mang (莽山)]; alt. 1000 m.

Megophrys (*Xenophrys*) *mangshanensis* - Dubois *et* Ohler, 1998, Dumerilia, Paris, 4 (1): 14.

Xenophrys mangshanensis - Ohler, 2003, Alytes, Paris, 21: 23, by implication.

Xenophrys mangshanensis - Firstly recorded in Jiangxi Prov., China by Yang, Hong, Zhao, Zhang *et* Wang, 2013, Chinese J. Zool., Beijing, 48 (1): 129-133.

Liuophrys mangshanensis - Fei *et* Ye, 2016, Amph. China, 1: 622.

中文别名（Common name）：莽山角蟾

分布（Distribution）：江西（JX）、湖南（HN）、广东（GD）；国外：无

其他文献（Reference）：胡淑琴等, 1977; 田婉淑和江耀明, 1986; 叶昌媛等, 1993; Zhao and Adler, 1993; 费梁, 1999; 费梁等, 2005, 2009a, 2010, 2012; Jiang *et al.*, 2014; 沈猷

慧等, 2014; 江建平等, 2016

33. 拟角蟾属 *Ophryophryne* Boulenger, 1903

Ophryophryne Boulenger, 1903, Ann. Mag. Nat. Hist., London, Ser. 7, 12: 186. **Type species:** *Ophryophryne microstoma* Boulenger, 1903, by monotypy.

Megophrys (*Ophryophryne*) Dubois, 1980, Bull. Mens. Soc. Linn., Lyon, 49 (8): 473.

（158）小口拟角蟾 *Ophryophryne microstoma* Boulenger, 1903

Ophryophryne microstoma Boulenger, 1903, Ann. Mag. Nat. Hist., London, Ser. 7, 12: 187. **Syntypes:** (BMNH) (4 specimens); (BMNH) 1947.2.22.52 (formerly 1903.4.29.106) designated lectotype by Ohler, 2003, Alytes, Paris, 21: 31. **Type locality:** Vietnam (Tonkin: Mt. Man-son); alt. 3000-4000 ft.

Ophryophryne poilani Bourret, 1937, Ann. Bull. Gén. Instr. Publ., Hanoi, 1937 (4): 8. **Holotype:** (MNHNP) 1948.113, according to Guibé, 1950 "1948", Cat. Types Amph. Mus. Natl. Hist. Nat.: 16. **Type locality:** Vietnam [Quang-Tri (Annam: Dong-Tam-Ve). Synonymy by Ohler, 2003, Alytes, Paris, 21: 31]. This synonymy disputed by Stuart, Rowley, Neang, Emmett *et* Sitha, 2010, Cambodian J. Nat. Hist., 2010: 38.

Megophrys (*Ophryophryne*) *microstoma* - Dubois, 1980, Bull. Mens. Soc. Linn., Lyon, 49 (8): 473.

Ophryophryne microstoma - First redorded in China by Li, Yang *et* Su, 1984, Acta Herpetol. Sinica, Chengdu, 4 (4): 47-54.

Ophryophryne microstoma - Dubois, 1987 "1986", Alytes, Paris, 5 (1-2): 23.

中文别名（Common name）：无

分布（Distribution）：云南（YN）、广东（GD）、广西（GX）；国外：越南、老挝、柬埔寨、泰国

其他文献（Reference）：田婉淑和江耀明, 1986; 叶昌媛等, 1993; Zhao and Adler, 1993; 费梁, 1999; 张玉霞和温业棠, 2000; 杨大同和饶定齐, 2008; 费梁等, 2009a, 2010, 2012; Jiang *et al.*, 2014; 莫运明等, 2014; 江建平等, 2016; Fei and Ye, 2016

（159）突肛拟角蟾 *Ophryophryne pachyproctus* Kou, 1985

Ophryophryne pachyproctus Kou, 1985, Acta Herpetol. Sinica, Chengdu, 4 (1): 41-42. **Holotype:** (YU) A8311032, ♂, SVL 29.0 mm, by original designation. **Type locality:** China [Yunnan: Mengla (勐腊), Zhushihe]; alt. 1000 m.

Megophrys (*Ophryophryne*) *pachyproctus* - Yang, 1991, The Amphibia-Fauna of Yunnan, Beijing: 66.

Ophryophryne pachyproctus - Ye, Fei *et* Hu, 1993, Rare and Economic Amphibians of China, Chengdu: 178.

中文别名（Common name）：无

分布（Distribution）：云南（YN）、广西（GX）；国外：越南、老挝

其他文献（Reference）：费梁等，1990，2005，2009a，2010，2012；Zhao and Adler，1993；费梁，1999；杨大同和饶定齐，2008；Jiang *et al.*，2014；莫运明等，2014；江建平等，2016；Fei and Ye，2016

34. 异角蟾属 *Xenophrys* Günther, 1864

Xenophrys Günther, 1864, Rept. Brit. India, London: 414. **Type species:** *Xenophrys monticola* Günther, 1864 (=*Leptobrachium parvum*), by monotypy.

（160）封开异角蟾 *Xenophrys acuta* (Wang, Li *et* Jin, 2014)

Megophrys acuta Wang, Li *et* Jin, 2014, *In*: Li, Jin, Zhao, Liu, Wang *et* Pang, 2014, Zootaxa, 3795: 453. **Holotype:** (SYS) a002267, by original designation. **Type locality:** China [Guangdong: Fengkai (封开), Heishiding Nature Reserve]; 23°28′27″N, 111°53′53″E; alt. 277.1 m.

Xenophrys acuta - Chen, Zhou, Poyarkov, Stuart, Brown, Lathrop, Wang, Yuan, Jiang, Hou, Chen, Suwannapoom, Nguyen, Duong, Papenfuss, Murphy, Zhang *et* Che, 2016, Mol. Phylogenet. Evol., 106: 41.

Megophrys (Panophrys) acuta - Mahony, Foley, Biju *et* Teeling, 2017, Mol. Biol. Evol., 34: 755.

中文别名（Common name）：封开角蟾

分布（Distribution）：广东（GD）；国外：无

其他文献（Reference）：江建平等，2016；Fei and Ye，2016

（161）炳灵异角蟾 *Xenophrys binlingensis* (Jiang, Fei *et* Ye, 2009)

Megophrys binlingensis Jiang, Fei *et* Ye, 2009, *In*: Fei, Hu, Ye *et* Huang, 2009, Fauna Sinica, Amphibia, Vol. 2: 370: 380. **Holotype:** (CIB) 950263, by original designation. **Type locality:** China [Sichuan: Hongya (洪雅), Binling]; alt. 1480 m.

Xenophrys binlingensis - Frost, 2010, Amph. Spec. World, Lawrence, Vers. 5.4.

Xenophrys (Xenophrys) binlingensis - Fei *et* Ye, 2016, Amph. China, 1: 709.

Megophrys (Panophrys) binlingensis - Mahony, Foley, Biju *et* Teeling, 2017, Mol. Biol. Evol., 34: 755.

中文别名（Common name）：炳灵角蟾

分布（Distribution）：四川（SC）；国外：无

其他文献（Reference）：费梁等，2010，2012；Jiang *et al.*，2014；江建平等，2016

（162）尾突异角蟾 *Xenophrys caudoprocta* (Shen, 1994)

Megophrys caudoprocta Shen, 1994, Collect. Art. 60th Anniv. Found. Zool. Soc. China: 603. **Holotype:** (HNNU) 81-801, by original designation. **Type locality:** China [Hunan: Sangzhi (桑植), Mt. Tianping]; 29°49′N, 10°9′E; alt. 1600 m.

Xenophrys caudoprocta - Ohler, 2003, Alytes, Paris, 21: 23, by implication; Delorme, Dubois, Grosjean *et* Ohler, 2006, Alytes, Paris, 24: 17; Chen, Zhou, Poyarkov, Stuart, Brown, Lathrop, Wang, Yuan, Jiang, Hou, Chen, Suwannapoom, Nguyen, Duong, Papenfuss, Murphy, Zhang *et* Che, 2016, Mol. Phylogenet. Evol., 106: 41.

Xenophrys (Tianophrys) caudoprocta - Fei *et* Ye, 2016, Amph. China, 1: 678.

Megophrys (Panophrys) caudoprocta - Mahony, Foley, Biju *et* Teeling, 2017, Mol. Biol. Evol., 34: 755.

中文别名（Common name）：尾突角蟾

分布（Distribution）：湖南（HN）；国外：无

其他文献（Reference）：费梁，1999；费梁等，2005，2009a，2010，2012；Jiang *et al.*，2014；沈猷慧等，2014；江建平等，2016

（163）陈氏异角蟾 *Xenophrys cheni* Wang *et* Liu, 2014

Xenophrys cheni Wang *et* Liu, 2014, *In*: Wang, Zhao, Yang, Zhou, Chen *et* Liu, 2014, PLoS One, 9 (4: e93075): 9. **Holotype:** (SYS) a001873, by original designation. **Type locality:** China [Jiangxi: Mt. Jinggang (井冈山), Jingzhushan]; 26°29′45.95″N, 114°04′45.66″E; alt. 1210 m.

Megophrys cheni - Mahony, Teeling *et* Biju, 2013, Zootaxa, 3722: 144, by implication.

Xenophrys cheni - Chen, Zhou, Poyarkov, Stuart, Brown, Lathrop, Wang, Yuan, Jiang, Hou, Chen, Suwannapoom, Nguyen, Duong, Papenfuss, Murphy, Zhang *et* Che, 2016, Mol. Phylogenet. Evol., 106: 41.

Megophrys (Panophrys) cheni - Mahony, Foley, Biju *et* Teeling, 2017, Mol. Biol. Evol., 34: 755.

中文别名（Common name）：无

分布（Distribution）：江西（JX）、湖南（HN）；国外：无

其他文献（Reference）：江建平等，2016

（164）大围异角蟾 *Xenophrys daweimontis* (Rao *et* Yang, 1997)

Megophrys daweimontis Rao *et* Yang, 1997, Asiat. Herpetol. Res., Berkeley, 7: 93, 99-100. **Holotype:** (KIZ) 93088, ♂, SVL 33.5 mm, by original designation. **Type locality:** China [Yunnan: Pingbian (屏边), Mt. Dawei]; alt. 1900 m.

Panophrys daweimontis - Rao *et* Yang, 1997, Asiat. Herpetol. Res., Berkeley, 7: 98-99, by implication.

Megophrys (Xenophrys) daweimontis - Dubois *et* Ohler, 1998, Dumerilia, Paris, 4 (1): 14.

Xenophrys daweimontis - Ohler, 2003, Alytes, Paris, 21: 23, by implication.

Xenophrys (Xenophrys) daweimontis - Fei *et* Ye, 2016, Amph.

China, 1: 686.

Megophrys (*Panophrys*) *daweimontis* - Mahony, Foley, Biju *et* Teeling, 2017, Mol. Biol. Evol., 34: 755.

中文别名（**Common name**）：大围山角蟾、大围角蟾

分布（**Distribution**）：云南（YN）；国外：越南

其他文献（**Reference**）：杨大同和饶定齐，2008；费梁等，2009a, 2010, 2012; Jiang *et al.*, 2014; 江建平等, 2016

（165）汕头异角蟾 *Xenophrys insularis* **Wang, Liu, Lyu, Zeng** *et* **Wang, 2017**

Xenophrys insularis Wang, Liu, Lyu, Zeng *et* Wang, 2017, Zootaxa, 4324: 547. **Holotype:** SYS a002169, by original designation. **Type locality:** China [Guangdong: Shantou (汕头), Nan'ao Island]; 23°26′0.09″N, 117°4′45.61″E; alt. 425 m.

Megophrys insularis - Mahony, Foley, Biju *et* Teeling, 2017, Mol. Biol. Evol., 34: 744-771.

中文别名（**Common name**）：无

分布（**Distribution**）：广东（GD）；国外：无

其他文献（**Reference**）：无

（166）景东异角蟾 *Xenophrys jingdongensis* (Fei *et* Ye, 1983)

Megophrys omeimontis: Liu, Hu *et* Yang, 1960, Acta Zool. Sinica, Beijing, 12 (2): 150 [Jingdong (景东), Yunnan, China].

Megophrys omeimontis jingdongensis Fei *et* Ye, 1983, *In*: Fei, Ye *et* Huang, 1983, Acta Herpetol. Sinica, Chengdu (N. S.), 2 (2): 51. **Holotype:** (CIB) 583007, ♂, SVL 57.2 mm, by original designation. **Type locality:** China [Yunnan: Jingdong (景东)]; alt. 2060 m.

Megophrys jingdongensis - Fei *et* Ye, 1990, *In*: Fei, Ye *et* Huang, 1990, Key to Chinese Amphibia, Chongqing: 102, 290.

Megophrys (*Xenophrys*) *jingdongensis* - Dubois *et* Ohler, 1998, Dumerilia, Paris, 4 (1): 14.

Xenophrys jingdongensis - Ohler, 2003, Alytes, Paris, 21: 23, by implication.

Xenophrys omeimontis jingdongensis - Yang, 2008, *In*: Yang *et* Rao, 2008, Amphibia and Reptilia of Yunnan: 31.

Xenophrys (*Xenophrys*) *jingdongensis* - Fei *et* Ye, 2016, Amph. China, 1: 701.

Megophrys (*Panophrys*) *jingdongensis* - Mahony, Foley, Biju *et* Teeling, 2017, Mol. Biol. Evol., 34: 755.

中文别名（**Common name**）：景东角蟾

分布（**Distribution**）：云南（YN）、广西（GX）；国外：越南

其他文献（**Reference**）：刘承钊和胡淑琴，1961；胡淑琴等，1977；田婉淑和江耀明，1986；叶昌媛等，1993；Zhao and Adler, 1993; 费梁, 1999; 张玉霞和温业棠, 2000; 费梁等, 2005, 2009a, 2010, 2012; 杨大同和饶定齐, 2008; Jiang *et al.*, 2014; 莫运明等, 2014; 江建平等, 2016

（167）井冈山异角蟾 *Xenophrys jinggangensis* **Wang, 2012**

Xenophrys jinggangensis Wang, 2012, *In*: Wang, Zhang, Zhao, Sung, Yang, Pang *et* Zhang, 2012, Zootaxa, 3546: 58. **Holotype:** (SYS) a001430, by original designation. **Type locality:** China [Jiangxi: Mt. Jinggang (井冈山)]; 26°33′06.30″N, 114°09′17.60″E; alt. 845 m.

Xenophrys (*Xenophrys*) *jinggangensis* - Fei *et* Ye, 2016, Amph. China, 1: 689.

Megophrys (*Panophrys*) *jinggangensis* - Mahony, Foley, Biju *et* Teeling, 2017, Mol. Biol. Evol., 34: 755.

中文别名（**Common name**）：井冈山角蟾

分布（**Distribution**）：江西（JX）；国外：无

其他文献（**Reference**）：江建平等, 2016

（168）荔波异角蟾 *Xenophrys liboensis* **Zhang, Li, Xiao, Li, Pan, Wang, Zhang** *et* **Zhou, 2017**

Xenophrys liboensis Zhang, Li, Xiao, Li, Pan, Wang, Zhang *et* Zhou, 2017, Asian Herpetol. Res., 8: 77. **Holotype:** GNUG 20160408008, by original designation. **Type locality:** China [Guizhou: Libo (荔波)]; 25.4731°N, 108.1054°E; alt. 634 m.

中文别名（**Common name**）：无

分布（**Distribution**）：贵州（GZ）；国外：无

其他文献（**Reference**）：无

（169）林氏异角蟾 *Xenophrys lini* **Wang** *et* **Yang, 2014**

Xenophrys lini Wang *et* Yang, 2014, *In*: Wang, Zhao, Yang, Zhou, Chen *et* Liu, 2014, PLoS One, 9 (4: e93075): 5. **Holotype:** (SYS) a001420, by original designation. **Type locality:** China [Jiangxi: Mt. Jinggang (井冈山), Bamianshan]; 26°34′37.97″N, 114°06′6.43″E; alt. 1369 m.

Megophrys lini - Jiang, Xie, Zang, Cai, Li, Wang, Li, Wang, Hu, Wang *et* Liu, 2016, Biodiversity Science, 24 (5): 588-597.

Megophrys (*Panophrys*) *lini* - Mahony, Foley, Biju *et* Teeling, 2017, Mol. Biol. Evol., 34: 755.

中文别名（**Common name**）：林氏角蟾

分布（**Distribution**）：江西（JX）、湖南（HN）；国外：无

其他文献（**Reference**）：江建平等, 2016

（170）丽水异角蟾 *Xenophrys lishuiensis* **Wang, Liu** *et* **Jiang, 2017**

Xenophrys lishuiensis Wang, Liu *et* Jiang, 2017, *In*: Wang, Liu, Jiang, Jin, Xu *et* Wu, 2017, Chinese J. Zool., Beijing, 52 (1): 22. **Holotype:** (WYF) 00164, by original designation. **Type locality:** China [Zhejiang: Lishui (丽水), Fengyang Forest Station and adjacent area in Liandu]; 28°11′51.72″N,

119°49′2.28″E; alt. 1100 m.

Megophrys lishuiensis - Mahony, Foley, Biju *et* Teeling, 2017, Mol. Biol. Evol., 34: 744-771, by implication.

中文别名（**Common name**）：丽水角蟾

分布（**Distribution**）：浙江（ZJ）；国外：无

其他文献（**Reference**）：无

（171）母山异角蟾 *Xenophrys maosonensis* (Bourret, 1937)

Megophrys longipes maosonensis Bourret, 1937, Ann. Bull. Gén. Instr. Publ., Hanoi, 1937 (4): 12. **Syntype(s):** Lab. Sci. Univ. Hanoi; now presumably in MNHNP. **Type locality:** Vietnam [Mao-Son (5 specimens) and Chapa (8 specimens)].

Xenophrys maosonensis - Newly recorded in China by Chen, Zhou, Poyarkov, Stuart, Brown, Lathrop, Wang, Yuan, Jiang, Hou, Chen, Suwannapoom, Nguyen, Duong, Papenfuss, Murphy, Zhang *et* Che, 2016, Mol. Phylogenet. Evol., 106: 26-43.

Megophrys (Panophrys) maosonensis - Mahony, Foley, Biju *et* Teeling, 2017, Mol. Biol. Evol., 34: 755, by implication.

中文别名（**Common name**）：母山角蟾

分布（**Distribution**）：云南（YN）；国外：越南

其他文献（**Reference**）：无

（172）墨脱异角蟾 *Xenophrys medogensis* (Fei, Ye *et* Huang, 1983)

Megophrys omeimontis - Sichuan Institute of Biology Herpetology Department (Fei, Hu Ye *et* Wu), 1977, Acta Zool. Sinica, Beijing, 23 (1): 56 [Mêdog (墨脱), Xizang, China].

Megophrys omeimontis medogensis Fei, Ye *et* Huang, 1983, Acta Herpetol. Sinica, Chengdu (N. S.), 2 (2): 49. **Holotype:** (CIB) 73 II 0015, ♂, SVL 59.7 mm, by original designation. **Type locality:** China [Xizang: Mêdog (墨脱)]; alt. 1000 m.

Megophrys medogensis - Fei, Ye *et* Huang, 1990, Key to Chinese Amphibia, Chongqing: 102, 290.

Megophrys (Xenophrys) medogensis - Dubois *et* Ohler, 1998, Dumerilia, Paris, 4 (1): 14.

Xenophrys medogensi - Ohler, 2003, Alytes, Paris, 21: 23, by implication.

Xenophrys (Xenophrys) medogensis - Fei *et* Ye, 2016, Amph. China, 1: 704.

Megophrys (Xenophrys) medogensis - Mahony, Foley, Biju *et* Teeling, 2017, Mol. Biol. Evol., 34: 756.

中文别名（**Common name**）：墨脱角蟾

分布（**Distribution**）：西藏（XZ）；国外：无

其他文献（**Reference**）：田婉淑和江耀明，1986；叶昌媛等，1993；Zhao and Adler，1993；费梁，1999；费梁等，2005，2009a，2010，2012；李丕鹏等，2010；Jiang *et al.*，2014；江建平等，2016

（173）黑石顶异角蟾 *Xenophrys obesa* (Wang, Li *et* Zhao, 2014)

Megophrys obesa Wang, Li *et* Zhao, 2014, *In*: Li, Jin, Zhao, Liu, Wang *et* Pang, 2014, Zootaxa, 3795: 453. **Holotype.** (SYS) a002275, by original designation. **Type locality:** China [Guangdong: Fengkai (封开), Heishiding Nature Reserve]; 23°28′27″N, 111°53′53″E; alt. 399.2 m.

Xenophrys obesa - Chen, Zhou, Poyarkov, Stuart, Brown, Lathrop, Wang, Yuan, Jiang, Hou, Chen, Suwannapoom, Nguyen, Duong, Papenfuss, Murphy, Zhang *et* Che, 2016, Mol. Phylogenet. Evol., 106: 41.

Megophrys (Panophrys) obesa - Mahony, Foley, Biju *et* Teeling, 2017, Mol. Biol. Evol., 34: 755.

中文别名（**Common name**）：黑石顶角蟾

分布（**Distribution**）：广东（GD）；国外：无

其他文献（**Reference**）：江建平等，2016

（174）峨眉异角蟾 *Xenophrys omeimontis* (Liu, 1950)

Megophrys omeimontis Liu, 1950, Fieldiana: Zool. Mem., Chicago, 2: 191. **Holotype:** (FMNH) 49406, ♂, SVL 63.0 mm, by original designation. **Type locality:** China [Sichuan: Mt. Emei (峨眉山)]; alt. 3600 ft.

Megophrys (Megophrys) omeimontis - Dubois, 1980, Bull. Mens. Soc. Linn., Lyon, 49 (8): 472.

Panophrys omeimontis - Rao *et* Yang, 1997, Asiat. Herpetol. Res., Berkeley, 7: 98.

Megophrys (Xenophrys) omeimontis - Dubois *et* Ohler, 1998, Dumerilia, Paris, 4 (1): 14.

Xenophrys omeimontis - Ohler, 2003, Alytes, Paris, 21: 23, by implication.

Xenophrys (Xenophrys) omeimontis - Fei *et* Ye, 2016, Amph. China, 1: 706.

Megophrys (Panophrys) omeimontis - Mahony, Foley, Biju *et* Teeling, 2017, Mol. Biol. Evol., 34: 755.

中文别名（**Common name**）：峨眉角蟾

分布（**Distribution**）：四川（SC）；国外：无

其他文献（**Reference**）：刘承钊和胡淑琴，1961；胡淑琴等，1977；田婉淑和江耀明，1986；费梁等，1990，2005，2009a，2010，2012；叶昌媛等，1993；Zhao and Adler，1993；费梁，1999；Jiang *et al.*，2014；江建平等，2016

（175）凸肛异角蟾 *Xenophrys pachyproctus* (Huang, 1981)

Megophrys pachyproctus Huang, 1981, *In*: Huang *et* Fei, 1981, Acta Zootaxon. Sinica, Beijing, 6 (2): 211, 215. **Holotype:** (NWIPB) 770650, by original designation. **Type locality:** China [Xizang: Mêdog (墨脱), Gelin]; alt. 1530 m. Given by Huang, Lathrop *et* Murphy, 1998, Smithson. Herpetol. Inform. Serv., 118: 3.

Megophrys (Xenophrys) pachyproctus - Dubois *et* Ohler, 1998, Dumerilia, Paris, 4 (1): 14.

Xenophrys pachyproctus - Ohler, 2003, Alytes, Paris, 21: 23, by implication.

Xenophrys (Xenophrys) pachyproctus - Fei *et* Ye, 2016, Amph. China, 1: 691.

Megophrys (Xenophrys) pachyproctus - Mahony, Foley, Biju *et* Teeling, 2017, Mol. Biol. Evol., 34: 756.

中文别名（Common name）：凸肛角蟾

分布（Distribution）：西藏（XZ）；国外：印度、? 越南

其他文献（Reference）：费梁等, 1990, 2005, 2009a, 2010, 2012; 叶昌媛等, 1993; Zhao and Adler, 1993; 费梁, 1999; 李丕鹏等, 2010; Jiang *et al.*, 2014; 江建平等, 2016

（176）粗皮异角蟾 *Xenophrys palpebralespinosa* (Bourret, 1937)

Megophrys palpebralespinosa Bourret, 1937, Ann. Bull. Gén. Instr. Publ., Hanoi, 1937 (4): 16. **Syntype:** (MNHN) 1948.114-166, 2♂, SVL 33 mm and 35 mm; 1♀, SVL 41 mm (Guibé, 1950 "1948": 12). **Type locality:** Vietnam (Tonkin: Chapa).

Megophrys palpebralespinosa - Firstly recorded in China by Liu, Hu *et* Yang, 1960, Acta Zool. Sinica, Beijing, 12 (2): 159-160 [Hekou (河口), Yunnan, China].

Megophrys (Megophrys) palpebralespinosa - Dubois, 1980, Bull. Mens. Soc. Linn., Lyon, 49 (8): 472.

Panophrys palpebralespinosa - Rao *et* Yang, 1997, Asiat. Herpetol. Res., Berkeley, 7: 98-99.

Megophrys (Xenophrys) palpebralespinosa - Dubois *et* Ohler, 1998, Dumerilia, Paris, 4 (1): 14.

Xenophrys palpebralespinosa - Ohler, 2003, Alytes, Paris, 21: 23, by implication.

Xenophrys (Xenophrys) palpebralespinosa - Fei *et* Ye, 2016, Amph. China, 1: 694.

Megophrys (Panophrys) palpebralespinosa - Mahony, Foley, Biju *et* Teeling, 2017, Mol. Biol. Evol., 34: 755.

中文别名（Common name）：粗皮角蟾

分布（Distribution）：云南（YN）、广西（GX）；国外：越南、老挝

其他文献（Reference）：刘承钊和胡淑琴, 1961; 胡淑琴等, 1977; 田婉淑和江耀明, 1986; 费梁等, 1990, 2005, 2009a, 2010, 2012; 叶昌媛等, 1993; Zhao and Adler, 1993; 费梁, 1999; 张玉霞和温业棠, 2000; 杨大同和饶定齐, 2008; Jiang *et al.*, 2014; 莫运明等, 2014; 江建平等, 2016

（177）凹顶异角蟾 *Xenophrys parva* (Boulenger, 1893)

Leptobrachium parvum Boulenger, 1893, Ann. Mus. Civ. Stor. Nat. Genova, Ser. 2, 13: 344. **Syntypes:** (5 specimens) (BMNH), (MSNG), and (ZMB) 11587; (MSNG) 29412 designated lectotype by Capocaccia, 1957, Ann. Mus. Civ. Stor. Nat. Genova, Ser. 3, 69: 211. **Type locality:** Myanmar (District of Karin Bia-po).

Megalophrys parva - Boulenger, 1908, Proc. Zool. Soc. London,

1908: 419.

Megophrys parva - Bourret, 1942, Batr. Indochine: 203.

Megophrys parva - Firstly recorded in China by Liu *et* Hu, 1960 "1959", Acta Zool. Sinica, Beijing, 11 (4): 514.

Megophrys (Megophrys) parva - Dubois, 1980, Bull. Mens. Soc. Linn., Lyon, 49 (8): 472.

Panophrys parva - Rao *et* Yang, 1997, Asiat. Herpetol. Res., Berkeley, 7: 98-99.

Megophrys (Xenophrys) parva - Dubois *et* Ohler, 1998, Dumerilia, Paris, 4 (1): 14.

Xenophrys parva - Khonsue *et* Thirakhupt, 2001, Nat. Hist. J. Chulalongkorn Univ., 1: 75.

Xenophrys (Xenophrys) parva - Fei *et* Ye, 2016, Amph. China, 1: 696.

中文别名（Common name）：凹顶角蟾

分布（Distribution）：云南（YN）、西藏（XZ）、广西（GX）；国外：越南、老挝、泰国、缅甸、孟加拉国、印度、尼泊尔

其他文献（Reference）：刘承钊和胡淑琴, 1961; 胡淑琴等, 1977; 田婉淑和江耀明, 1986; 费梁等, 1990, 2005, 2009a, 2010, 2012; 叶昌媛等, 1993; Zhao and Adler, 1993; 费梁, 1999; 张玉霞和温业棠, 2000; 杨大同和饶定齐, 2008; 李丕鹏等, 2010; Jiang *et al.*, 2014; 莫运明等, 2014; 江建平等, 2016

（178）桑植异角蟾 *Xenophrys sangzhiensis* (Jiang, Ye *et* Fei, 2008)

Megophrys caudoprocta - Jiang, Yuan, Xie *et* Zheng, 2003, Zool. Res., Kunming, 24 (4): 242 [Sangzhi (桑植), Hunan, China].

Megophrys sangzhiensis Jiang, Ye *et* Fei, 2008, Zool. Res., Kunming, 29 (2): 219-222. **Holotype:** (CIB) 200078, ♂, SVL 54.7 mm, by original designation. **Type locality:** China [Hunan: Sangzhi (桑植), Mt. Tianping]; 29°49′N, 110°9′E; alt. 1300 m.

Xenophrys (Xenophrys) sangzhiensis - Fei *et* Ye, 2016, Amph. China, 1: 712.

Megophrys (Panophrys) sangzhiensis - Mahony, Foley, Biju *et* Teeling, 2017, Mol. Biol. Evol., 34: 755.

中文别名（Common name）：桑植角蟾

分布（Distribution）：湖南（HN）；国外：无

其他文献（Reference）：费梁等, 2009a, 2010, 2012; Jiang *et al.*, 2014; 沈猷慧等, 2014; 江建平等, 2016

（179）水城异角蟾 *Xenophrys shuichengensis* (Tian, Gu *et* Sun, 2000)

Megophrys shuichengensis Tian, Gu *et* Sun, 2000, Acta Zootaxon. Sinica, Beijing, 25 (4): 462-466. **Holotype:** (LTHC) 944001, ♀, SVL 109.0 mm, by original designation. **Type locality:** China [Guizhou: Shuicheng (水城), Fenghuang Village]; alt. 1850 m.

Xenophrys shuichengensis - Ohler, 2003, Alytes, Paris, 21: 23, by implication; Delorme, Dubois, Grosjean *et* Ohler, 2006, Alytes, Paris, 24: 17.

Xenophrys (*Tianophrys*) *shuichengensis* - Fei *et* Ye, 2016, Amph. China, 1: 681.

Megophrys (*Panophrys*) *shuichengensis* - Mahony, Foley, Biju *et* Teeling, 2017, Mol. Biol. Evol., 34: 755.

中文别名（**Common name**）：水城角蟾

分布（**Distribution**）：贵州（GZ）；国外：无

其他文献（**Reference**）：费梁等，2005，2009a，2010，2012；Jiang *et al.*, 2014；江建平等，2016

（180）棘指异角蟾 *Xenophrys spinata* (Liu *et* Hu, 1973)

Megophrys omeimontis Hu *et* Yang, 1960, Chinese J. Zool., Beijing, 4 (6): 258 [Nanchuan (南川), Sichuan, China; not of Liu, 1950]; Liu *et* Hu, 1962, Acta Zool. Sinica, Beijing, 14 (Suppl.): 74-76 (Lungshen, Kwangsi, China; not of Liu, 1950).

Megophrys spinatus Liu *et* Hu, 1973, *In*: Hu, Zhao *et* Liu, 1973, Acta Zool. Sinica, Beijing, 9 (2): 163-165. **Holotype:** (CIB) 63 II 0615, ♂, SVL 54.4 mm, by original designation. **Type locality:** China [Guizhou: Leishan (雷山), Fang-xiang]; alt. 100 m.

Megophrys (*Megophrys*) *spinata* - Dubois, 1980, Bull. Mens. Soc. Linn., Lyon, 49 (8): 472.

Megophrys (*Xenophrys*) *spinata* - Dubois *et* Ohler, 1998, Dumerilia, Paris, 4 (1): 14.

Xenophrys spinata - Ohler, 2003, Alytes, Paris, 21: 23, by implication.

Xenophrys (*Xenophrys*) *spinata* - Fei *et* Ye, 2016, Amph. China, 1: 714.

Megophrys (*Panophrys*) *spinata* - Mahony, Foley, Biju *et* Teeling, 2017, Mol. Biol. Evol., 34: 755.

中文别名（**Common name**）：棘指角蟾

分布（**Distribution**）：湖南（HN）、四川（SC）、重庆（CQ）、贵州（GZ）、云南（YN）、广西（GX）；国外：无

其他文献（**Reference**）：胡淑琴等，1977；田婉淑和江耀明，1986；费梁等，1990，2005，2009a，2010，2012；叶昌媛等，1993；Zhao and Adler, 1993；费梁，1999；张玉霞和温业棠，2000；杨大同和饶定齐，2008；Jiang *et al.*, 2014；莫运明等，2014；沈猷慧等，2014；江建平等，2016

（181）张氏异角蟾 *Xenophrys zhangi* (Ye *et* Fei, 1992)

Megophrys minor - Ye, 1987, *In*: Hu, 1987, Amphibia-Reptilia Xizang: 44-45.

Megophrys zhangi Ye *et* Fei, 1992, Acta Herpetol. Sinica, Chengdu, 1-2: 50-52. **Holotype:** (CIB) 750296, by original designation. **Type locality:** China [Xizang: Nyanang (聂拉木), Zhangmo]; alt. 1000 m.

Megophrys (*Xenophrys*) *zhangi* - Dubois *et* Ohler, 1998, Dumerilia, Paris, 4 (1): 14.

Xenophrys zhangi - Ohler, 2003, Alytes, Paris, 21: 23, by implication.

Xenophrys (*Xenophrys*) *zhangi* - Fei *et* Ye, 2016, Amph. China, 1: 699.

中文别名（**Common name**）：张氏角蟾

分布（**Distribution**）：西藏（XZ）；国外：尼泊尔

其他文献（**Reference**）：费梁等，1990，2005，2009a，2010，2012；叶昌媛等，1993；Zhao and Adler, 1993；费梁，1999；李丕鹏等，2010；Jiang *et al.*, 2014；江建平等，2016

（七）姬蛙科 Microhylidae Günther, 1858 (1843)

Micrhylidae Günther, 1858, Proc. Zool. Soc. London, 1858: 346. **Type genus:** *Micrhyla* Dumeril *et* Bibron, 1841 (an incorrect subsequent spelling of *Microhyla* Tschudi, 1838).

Microhylidae: Parker, 1934, Monogr. Frogs Fam. Microhylidae, London: 9.

小狭口蛙亚科 Calluellinae Fei, Ye *et* Jiang, 2005

Calluellinae Fei, Ye *et* Jiang, 2005, *In*: Fei, Ye, Huang, Jiang *et* Xie, 2005, An Illustrated Key to Chinese Amphibians, Chengdu: 278. **Type genus:** *Calluella* Stoliczka, 1872.

35. 小狭口蛙属 *Calluella* Stoliczka, 1872

Glyphoglossus Günther, 1869 "1868", Proc. Zool. Soc. London, 1868: 483. **Type species:** *Glyphoglossus molossus* Günther, 1869 "1868", by monotypy.

Calluella Stoliczka, 1872, Proc. Asiat. Soc. Bengal, Calcutta, 1872: 146. **Type species:** *Megalophrys guttulata* Blyth, 1856 "1855", by original designation. Synonymy by Peloso, Frost, Richards, Rodrigues, Donnellan, Matsui, Raxworthy, Biju, Lemmon, Lemmon *et* Wheeler, 2016, Cladistics, 32: 113-140.

（182）云南小狭口蛙 *Calluella yunnanensis* Boulenger, 1919

Calluella yunnanensis Boulenger, 1919, Ann. Mag. Nat. Hist., London, Ser. 9, 3: 548. **Syntypes:** (BMNH) 1905.5.30.47 and 1907.5.4.30 (2 specimens), according to Parker, 1934, Monogr. Frogs Fam. Microhylidae, London: 29 (although only 2 specimens mentioned in the original publication). **Type locality:** China [Yunnan: Kunming (昆明)].

Kaluella yunnanensis - Gee *et* Boring, 1929, Peking Nat. Hist. Bull., Peking, 4: 25.

Calluella ocellata Liu, 1950, Fieldiana: Zool. Mem., Chicago, 2: 232. **Holotype:** (FMNH) 55870, by original designation. **Type locality:** China [Sichuan: Zhaojue (昭觉), Sikuaiba]; alt. 7800 ft. Synonymy by Liu *et* Hu, 1961, Tailless Amph.

China, Peking: 283.

Glyphoglossus yunnanensis - Peloso, Frost, Richards, Rodrigues, Donnellan, Matsui, Raxworthy, Biju, Lemmon, Lemmon *et* Wheeler, 2016, Cladistics, 32: 140.

中文别名（Common name）：无

分布（Distribution）：四川（SC）、贵州（GZ）、云南（YN）；国外：越南

其他文献（Reference）：刘承钊和胡淑琴，1961；胡淑琴等，1977；田婉淑和江耀明，1986；费梁等，1990, 2005, 2009a, 2010, 2012；叶昌媛等，1993；Zhao and Adler, 1993；费梁，1999；杨大同和饶定齐，2008；Jiang *et al.*, 2014；江建平等，2016

细狭口蛙亚科 Kalophryninae Mivart, 1869

Kalophrynina Mivart, 1869, Proc. Zool. Soc. London, 1869: 289. **Type genus:** *Kalophrynus* Tschudi, 1838.

Kalophryninae - Frost, 2007, Amph. Spec. World, Lawrence, Vers. 5.0. new rank by implication of phylogenetic placement of Frost, Grant, Faivovich, Bain, Haas, Haddad, de Sá, Channing, Wilkinson, Donnellan, Raxworthy, Campbell, Blotto, Moler, Drewes, Nussbaum, Lynch, Green *et* Wheeler, 2006, Bull. Amer. Mus. Nat. Hist., New York, 297: 371; Van Bocxlaer, Roelants, Biju, Nagaraju *et* Bossuyt, 2006, PLoS One, 1 (1): e74.

Kalophrynidae - Bossuyt *et* Roelants, 2009, *In*: Hedges *et* Kumar, 2009, Timetree of Life: 358.

36. 细狭口蛙属 *Kalophrynus* Tschudi, 1838

Kalophrynus Tschudi, 1838, Classif. Batr.: 48, 86. **Type species:** *Kalophrynus pleurostigma* Tschudi, 1838, by monotypy.

Calliphryne Agassiz, 1846, Nomencl. Zool., Fasc., 12: 59. Injustified emendation of *Kalophrynus* Tschudi, 1838.

Calophrnus Cope, 1867, J. Acad. Nat. Sci. Philad., Ser. 2, 6: 195 (unjustified emendation).

Berdmorea Stoliczka, 1872, Proc. Asiat. Soc. Bengal, Calcutta, 1872: 146. **Type species:** *Engystoma interlineatum* Blyth, 1855, by original designation.

（183）花细狭口蛙 *Kalophrynus interlineatus* (Blyth, 1855)

Engystoma (?) *interlineatum* Blyth, 1855 "1854", J. Asiat. Soc. Bengal, Calcutta, 23: 732. **Holotype:** (ZSIC) 9853 according to Sclater, 1892, List Batr. Indian Mus.: 22. **Type locality:** Myanmar (Bago); part of a collection from Mergui, and the valley of the Tenasserim River according to Blyth, 1856 "1855", J. Asiat. Soc. Bengal, Calcutta, 24: 720.

Diplopelma interlineatum - Anderson, 1871, Proc. Zool. Soc. London, 1871: 202.

Berdmorea interlineata - Stoliczka, 1872, Proc. Asiat. Soc. Bengal, Calcutta, 1872: 146.

Calophrynus interlineata - Theobald, 1882, *In*: Mason, 1882, Burma, Ed. 2: 291.

Kalophrynus pleurostigma interlineatus - Parker, 1934, Monogr. Frogs Fam. Microhylidae, London: 97.

Kalophrynus interlineatus - Matsui, Chan-ard *et* Nabhitabhata, 1996, Copeia, 1996: 440-445.

中文别名（Common name）：无

分布（Distribution）：云南（YN）、广东（GD）、广西（GX）、海南（HI）、香港（HK）、澳门（MC）；国外：缅甸、泰国、老挝、柬埔寨、越南

其他文献（Reference）：刘承钊和胡淑琴，1961；胡淑琴等，1977；田婉淑和江耀明，1986；费梁等，1990, 2005, 2009a, 2010, 2012；叶昌媛等，1993；Zhao and Adler, 1993；费梁，1999；张玉霞和温业棠，2000；杨大同和饶定齐，2008；史海涛等，2011；Jiang *et al.*, 2014；莫运明等，2014；江建平等，2016

姬蛙亚科 Microhylinae Günther, 1858

Micrhylidae Günther, 1858, Proc. Zool. Soc. London, 1858: 346. **Type genus:** *Micrhyla* Duméril *et* Bibron, 1841 (an incorrect subsequent spelling of *Microhyla* Tschudi, 1838).

Kalophryninae - Noble, 1931, Biol. Amph., New York: 536.

Microhylinae - Noble, 1931, Biol. Amph., New York: 537.

Kaloulinae Noble, 1931, Biol. Amph., New York: 538. **Type genus:** *Kaloula* Gray, 1831, by implicit etymological designation.

Microhylidae: Parker, 1934, Monogr. Frogs Fam. Microhylidae, London: i.

37. 狭口蛙属 *Kaloula* Gray, 1831

Kaloula Gray, 1831, Zool. Misc., London, Part I: 38. **Type species:** *Kaloula pulchra* Gray, 1831, by monotypy.

Hyladactylus Tschudi, 1838, Classif. Batr.: 48, 85. **Type species:** *Bombinator baleatus* Müller, 1836, by monotypy. Synonymy by Steindachner, 1867, Reise Österreichischen Fregatte Novara, Zool., Amph.: 68; Cope, 1867, J. Acad. Nat. Sci. Philad., Ser. 2, 6: 192; Boulenger, 1882, Catal. Batrach. Salient. Ecaud. Coll. Brit. Mus., London, Ed. 2: 167.

Cacopoides Barbour, 1908, Bull. Mus. Comp. Zool. Harvard Coll., Cambridge, 51 (12): 321. **Type species:** *Cacopoides borealis* Barbour, 1908, by monotypy. Synonymy by Barbour, 1909, Proc. Acad. Nat. Sci. Philad., 61: 402.

Kallula - Bourret, 1927, Fauna Indochine, Vert., 3: 263. Incorrect subsequent spelling.

（184）北方狭口蛙 *Kaloula borealis* (Barbour, 1908)

Cacopoides borealis Barbour, 1908, Bull. Mus. Comp. Zool. Harvard Coll., Cambridge, 51 (12): 321. **Holotype:** (MCZ) 2436, by original designation. **Type locality:** China [Liaoning: Dandong (丹东)].

Callula tornieri Vogt, 1913, Sitzungsber. Ges. Naturforsch.

Freunde Berlin, 1913: 219. **Holotype:** (ZMB). **Type locality:** Korea. Synonymy suggested by Schmidt, 1927, Bull. Amer. Mus. Nat. Hist., New York, 54 (5): 533-575.

Kaloula borealis - Noble, 1925, Amer. Mus. Novit., New York, 165: 1-17.

Kaloula wolterstorffi Stejneger, 1925, J. Washington Acad. Sci., 15: 151. **Holotype:** (UMMZ) 60310, by original designation and according to Peters, 1952, Occas. Pap. Mus. Zool. Univ. Michigan, 539: 18. **Type locality:** China [Jiangsu: Nanjing (南京)]. Synonymy suggested by Schmidt, 1927, Bull. Amer. Mus. Nat. Hist., New York, 54 (5): 533-575.

Cacopoides tornieri - Mori, 1927, Handlist Manchurian E. Mongol. Vert.: 146.

Kaloula tornieri - Gee *et* Boring, 1929, Peking Nat. Hist. Bull., Peking, 4: 26.

Kaloula manchuriensis Boring *et* Liu, 1932, Peking Nat. Hist. Bull., Peking, 6: 21. **Holotype:** Boring Coll.; now either destroyed or in not recognized as such and in FMNH. **Type locality:** China [Liaoning: Shenyang (沈阳)]. Synonymy by Boring, 1936, Peking Nat. Hist. Bull., Peking, 10: 346.

中文别名（**Common name**）：无

分布（**Distribution**）：黑龙江（HL）、吉林（JL）、辽宁（LN）、河北（HEB）、天津（TJ）、北京（BJ）、山西（SX）、山东（SD）、河南（HEN）、陕西（SN）、甘肃（GS）、安徽（AH）、江苏（JS）、上海（SH）、浙江（ZJ）、湖北（HB）；国外：朝鲜、韩国、俄罗斯

其他文献（**Reference**）：刘承钊和胡淑琴，1961；胡淑琴等，1977；田婉淑和江耀明，1986；费梁等，1990，2005；2009a，2010，2012；叶昌媛等，1993；Zhao and Adler，1993；费梁，1999；赵文阁等，2008；李丕鹏等，2011；Jiang *et al.*，2014；江建平等，2016

（185）弄岗狭口蛙 *Kaloula nonggangensis* Mo, Zhang, Zhou, Chen, Tang, Meng *et* Chen, 2013

Kaloula nonggangensis Mo, Zhang, Zhou, Chen, Tang, Meng *et* Chen, 2013, Zootaxa, 3710: 168. **Holotype:** (NHMG) 1106036, adult male. **Type locality:** China [Guangxi: Nonggang National Nature Reserve]; 22.4522°N, 106.9354°E; alt. 186 m.

中文别名（**Common name**）：无

分布（**Distribution**）：广西（GX）；国外：？越南

其他文献（**Reference**）：莫运明等，2014；江建平等，2016

（186）花狭口蛙 *Kaloula pulchra* Gray, 1831

Kaloula pulchra Gray, 1831, Zool. Misc., London, Part I: 38. **Syntypes:** (BMNH) 1929.6.2.1-2, ♀ (Parker, 1934: 86); Barbour, 1909, Proc. Acad. Nat. Sci. Philad., 61: 405. **Type locality:** China.

Caloula pulchra - Stoliczka, 1870, J. Asiat. Soc. Bengal, Calcutta, 39: 155.

Calohyla pulchra - Peters *et* Doria, 1878, Ann. Mus. Civ. Stor.

Nat. Genova, 13: 429.

Callula macrodactyla Boulenger, 1887, Ann. Mus. Civ. Stor. Nat. Genova, Ser. 2, 5: 485. **Holotype:** (MSNG) 29467, according to Capocaccia, 1957, Ann. Mus. Civ. Stor. Nat. Genova, Ser. 3, 69: 219. **Type locality:** Myanmar (Kaw-ka-riet, about 30 miles from Moulmein, at the foot of the Dawn Chain, Tenasserim). Synonymy by Parker, 1934, Monogr. Frogs Fam. Microhylidae, London: 85; Bourret, 1942, Batr. Indochine: 488.

Kaloula pulchra pulchra - Parker, 1934, Monogr. Frogs Fam. Microhylidae, London: 33-34, 85.

Kaloula pulchra hainana Gressitt, 1938, Proc. Biol. Soc. Washington, 51: 127-128. **Holotype:** (MVZ) 23189, by original designation. **Type locality:** China [Hainan: Qionghai (琼海)]; 18°50′N, 110°30′E; alt. 25 m.

Kaloula pulchra macrocephala Bourret, 1942, Batr. Indochine: 490. **Syntypes:** Lab. Sci. Nat. Univ. Hanoi 35-36, now MNHNP. **Type locality:** Vietnam [Tonkin: ? (pas de localité indiquée)].

Kaloula macrocephala - Ohler, 2003, Alytes, Paris, 21: 100.

中文别名（**Common name**）：无

分布（**Distribution**）：云南（YN）、福建（FJ）、广东（GD）、广西（GX）、海南（HI）、香港（HK）、澳门（MC）；国外：印度、尼泊尔、孟加拉国、马来半岛、印度尼西亚（苏门答腊、苏拉威西）、泰国、缅甸、柬埔寨、老挝、越南

其他文献（**Reference**）：刘承钊和胡淑琴，1961；胡淑琴等，1977；田婉淑和江耀明，1986；费梁等，1990，2005，2009a，2010，2012；叶昌媛等，1993；Zhao and Adler，1993；Karsen *et al.*，1998；费梁，1999；张玉霞和温业棠，2000；杨大同和饶定齐，2008；史海涛等，2011；Jiang *et al.*，2014；莫运明等，2014；江建平等，2016

（187）四川狭口蛙 *Kaloula rugifera* Stejneger, 1924

Kaloula rugifera Stejneger, 1924, Occas. Pap. Boston Soc. Nat. Hist., 5: 119. **Holotype:** (USNM) 65520, subadult female, SVL 42.0 mm, by original designation. **Type locality:** China [Sichuan: Leshan (乐山)].

中文别名（**Common name**）：无

分布（**Distribution**）：甘肃（GS）、四川（SC）；国外：无

其他文献（**Reference**）：Liu, 1950；刘承钊和胡淑琴，1961；胡淑琴等，1977；田婉淑和江耀明，1986；叶昌媛等，1993；Zhao and Adler，1993；费梁，1999；费梁等，2009a，2010，2012；Jiang *et al.*，2014；江建平等，2016

（188）多疣狭口蛙 *Kaloula verrucosa* (Boulenger, 1904)

Callula verrucosa Boulenger, 1904, Ann. Mag. Nat. Hist., London, Ser. 7, 13: 131. **Syntypes:** (BMNH) 1904.1.26.18-20 according to Parker, 1934, Monogr. Frogs Fam. Microhylidae, London: 81, and (MCZ) 2476 (2

specimens on exchange from BMNH) according to Barbour *et* Loveridge, 1929, Bull. Mus. Comp. Zool. Harvard Coll., Cambridge, 69: 235. **Type locality:** China [Yunnan: Kunming (昆明)]; alt. 6000 ft.

Kaloula verrucosa - Barbour, 1909, Proc. Acad. Nat. Sci. Philad., 61: 405; Schmidt, 1927, Bull. Amer. Mus. Nat. Hist., New York, 54 (5): 562.

Kaloula macroptica Liu, 1945, J. West China Bord. Res. Soc., Chengdu, Ser. B, 15: 31. **Holotype:** (CIB) 521, by original designation. **Type locality:** China [Sichuan: Xichang (西昌), Hexi]; alt. 6500 ft. Synonymy by Liu *et* Hu, 1961, Tailless Amph. China, Peking: 289-291.

中文别名（**Common name**）：无

分布（**Distribution**）：四川（SC）、贵州（GZ）、云南（YN）；国外：无

其他文献（**Reference**）：Liu, 1950; 刘承钊和胡淑琴, 1961; 胡淑琴等, 1977; 田婉淑和江耀明, 1986; 费梁等, 1990, 2005, 2009a, 2010, 2012; 杨大同, 1991; 叶昌媛等, 1993; Zhao and Adler, 1993; 费梁, 1999; 杨大同和饶定齐, 2008; Jiang *et al.*, 2014; 江建平等, 2016

38. 姬蛙属 *Microhyla* Tschudi, 1838

Microhyla Tschudi, 1838, Classif. Batr.: 71. **Type species:** *Hylaplesia achatina* Boie 1827 (nomen nudum) (*Microhyla achatina* Tschudi, 1838), by monotypy.

Siphneus Fitzinger, 1843, Syst. Rept.: 19. **Type species:** *Engystoma ornatum* Duméril *et* Bibron, 1841, by original designation. Preoccupied by *Siphneus* Brants, 1827.

Dendromanes Gistel, 1848, Naturgesch. Thierr.: 11 (substitute name for *Microhyla* Tschudi, 1838).

Diplopelma Günther, 1859 "1858", Cat. Batr. Sal. Coll. Brit. Mus., London: 50 (replacement name for *Siphneus* Fitzinger, 1843).

Scaptophryne Fitzinger, 1860, Sitzungsber. Akad. Wiss. Wien, Math. Naturwiss. Kl., 42: 416. **Type species:** *Scaptophryne labyrinthica* Fitzinger, 1860 (nomen nudum); *Engsytoma pulchrum* Hallowell, 1860.

Copea Steindachner, 1864, Verh. Zool. Bot. Ges. Wien, 14: 286. **Type species:** *Copea fulva* Steindachner, 1864, by monotypy.

Ranina David, 1872 "1871", Nouv. Arch. Mus. Natl. Hist. Nat., Paris, 7: 76. **Type species:** *Ranina symmetrica* David, 1871 (*Engystoma pulchra* Hallowell, 1860), by monotypy. Junior homonym of Ranina (Lamarck, 1801).

（189）北仑姬蛙 *Microhyla beilunensis* Zhang, Fei, Ye, Wang, Wang *et* Jiang, 2018

Microhyla mixtura - newly recorded in Ningbo, Zhejiang by Fei, Ye, Xie *et* Cai, 1999, Zoological Studies in China: 239-240.

Microhyla beilunensis Zhang, Fei, Ye, Wang, Wang *et* Jiang,

2018, Asian Herpetol. Res., 9 (3): 135-148. **Holotype:** (CIBA) 980059, adult male, SVL 22.09 mm. **Type locality:** China [Zhejiang: Beilun (北仑), Chaiqiao Town]; 29.86667°N, 121.55000°E; alt. 120 m.

中文别名（**Common name**）：合征姬蛙

分布（**Distribution**）：浙江（ZJ）；国外：无

其他文献（**Reference**）：无

（190）粗皮姬蛙 *Microhyla butleri* Boulenger, 1900

Microhyla butleri Boulenger, 1900, Ann. Mag. Nat. Hist., London, Ser. 7, 6: 188. **Holotype:** Selangor Mus. (now MNM), according to original publication; (BMNH) 1901.3.20.5, according to Parker, 1934, Monogr. Frogs Fam. Microhylidae, London: 132. **Type locality:** Malaysia (Perak: Larut Hills); alt. 4000 ft. Given in error by Gee *et* Boring, 1929, Peking Nat. Hist. Bull., Peking, 4: 26, as "Tonkin", Vietnam.

Microhyla boulengeri Vogt, 1913, Sitzungsber. Ges. Naturforsch. Freunde Berlin, 1913: 222. **Syntypes:** (ZMB) 23334 (2 specimens) according to Parker, 1934, Monogr. Frogs Fam. Microhylidae, London: 132, and Bauer, Günther *et* Robeck, 1996, Mitt. Zool. Mus. Berlin, 72: 265, although the original publication only mentions one specimen. **Type locality:** China (Hainan). Tentative synonymy by Parker, 1928, Ann. Mag. Nat. Hist., London, Ser. 10, 2: 484.

Microhyla latastii Boulenger, 1920, Ann. Mag. Nat. Hist., London, Ser. 9, 6: 107. **Syntypes:** (BMNH) 1920.1.20.4054a (2 specimens), according to Parker, 1934, Monogr. Frogs Fam. Microhylidae, London: 132. **Type locality:** Vietnam (Saigon, Cochinchina). Synonymy by Smith, 1922, J. Nat. Hist. Soc. Siam, Bangkok, 4: 214; Parker, 1928, Ann. Mag. Nat. Hist., London, Ser. 10, 2: 484.

Microhyla grahami Stejneger, 1924, Occas. Pap. Boston Soc. Nat. Hist., 5: 119. **Holotype:** (USNM) 65936, by original designation. **Type locality:** China [Sichuan: Yibin (宜宾)]. Synonymy by Parker, 1928, Ann. Mag. Nat. Hist., London, Ser. 10, 2: 484.

Microhyla sowerbyi Stejneger, 1924, Occas. Pap. Boston Soc. Nat. Hist., 5: 119. **Holotype:** (USNM) 65309, by original designation. **Type locality:** China [Fujian: Nanping (南平)]. Tentative synonymy by Parker, 1928, Ann. Mag. Nat. Hist., London, Ser. 10, 2: 484; this synonymy confirmed by Pope, 1931, Bull. Amer. Mus. Nat. Hist., New York, 61 (8): 593.

Microhyla cantonensis Chen, 1929, China J. Sci. Arts, Shanghai, 10: 338. **Holotype:** Zool. Laboratory of Sun Yat-sen Univ. 1201, by original designation; status of this specimen currently not known (DRF). **Type locality:** China [Guangdong: Guangzhou (广州)]. Provisional synonymy by Bourret, 1942, Batr. Indochine: 514.

Microhyla (*Microhyla*) *butleri* - Dubois, 1987, Alytes, Paris, 6 (1-2): 3.

中文别名（**Common name**）：巴氏小雨蛙

分布（Distribution）：浙江（ZJ）、江西（JX）、湖南（HN）、湖北（HB）、四川（SC）、重庆（CQ）、贵州（GZ）、云南（YN）、福建（FJ）、台湾（TW）、广东（GD）、广西（GX）、海南（HI）、香港（HK）、澳门（MC）；国外：缅甸、马来西亚、泰国、柬埔寨、老挝、越南

其他文献（Reference）：Liu, 1950；刘承钊和胡淑琴, 1961；胡淑琴等, 1977；田婉淑和江耀明, 1986；费梁等, 1990, 2005, 2009a, 2010, 2012；叶昌媛等, 1993；Zhao and Adler, 1993；Karsen et al., 1998；费梁, 1999；张玉霞和温业棠, 2000；杨大同和饶定齐, 2008；史海涛等, 2011；Jiang et al., 2014；沈猷慧等, 2014；莫运明等, 2014；江建平等, 2016

（191）饰纹姬蛙 *Microhyla fissipes* Boulenger, 1884

Microhyla fissipes Boulenger, 1884, Ann. Mag. Nat. Hist., London, Ser. 5, 13: 397. **Holotype:** (BMNH) 84.3.11.6 according to Parker, 1934, Monogr. Frogs Fam. Microhylidae, London: 141, now (BM) 1947.2.11.85, according to museum records. **Type locality:** China [Taiwan: Tainan (台南)].

Microhyla eremita Barbour, 1920, Occas. Pap. Mus. Zool. Univ. Michigan, 76: 3. **Holotype:** (MCZ) 5114, by original designation. **Type locality:** China [Jiangsu: Nanjing (南京)]. Synonymy with *Microhyla ornata* by Parker, 1928, Ann. Mag. Nat. Hist., London, Ser. 10, 2: 494. Synonymy with *Microhyla fissipes* implied by Matsui, Ito, Shimada, Ota, Saidapur, Khonsue, Tanaka-Ueno et Wu, 2005, Zool. Sci., Tokyo, 22: 489-495.

中文别名（**Common name**）：小雨蛙

分布（**Distribution**）：山西（SX）、河南（HEN）、陕西（SN）、甘肃（GS）、安徽（AH）、江苏（JS）、上海（SH）、浙江（ZJ）、江西（JX）、湖南（HN）、湖北（HB）、四川（SC）、重庆（CQ）、贵州（GZ）、云南（YN）、福建（FJ）、台湾（TW）、广东（GD）、广西（GX）、海南（HI）、香港（HK）、澳门（MC）；国外：老挝、越南

其他文献（**Reference**）：Liu, 1950；刘承钊和胡淑琴, 1961；胡淑琴等, 1977；田婉淑和江耀明, 1986；费梁等, 1990, 2005, 2009a, 2010, 2012；叶昌媛等, 1993；Zhao and Adler, 1993；Karsen et al., 1998；费梁, 1999；张玉霞和温业棠, 2000；杨大同和饶定齐, 2008；向高世等, 2009；史海涛等, 2011；Jiang et al., 2014；沈猷慧等, 2014；莫运明等, 2014；江建平等, 2016

（192）大姬蛙 *Microhyla fowleri* Taylor, 1934

Microhyla fowleri Taylor, 1934, Proc. Acad. Nat. Sci. Philad., 86: 284-286. **Holotype:** (ANSP) 19903, SVL 37.0 mm, by original designation. **Type locality:** Thailand (Chiang Mai).

Microhyla fowleri - Firstly recorded in China by Liu et Hu, 1959, Acta Zool. Sinica, Beijing, 11 (4): 527-528.

Microhyla (Microhyla) fowleri - Dubois, 1987, Alytes, Paris, 6 (1-2): 3.

中文别名（**Common name**）：无

分布（**Distribution**）：云南（YN）；国外：泰国、老挝、越南

其他文献（**Reference**）：刘承钊和胡淑琴, 1961；胡淑琴等, 1977；田婉淑和江耀明, 1986；费梁等, 1990, 2005, 2009a, 2010, 2012；叶昌媛等, 1993；Zhao and Adler, 1993；费梁, 1999；杨大同和饶定齐, 2008；Jiang et al., 2014；江建平等, 2016

（193）小弧斑姬蛙 *Microhyla heymonsi* Vogt, 1911

Microhyla heymonsi Vogt, 1911, Sitzungsber. Ges. Naturforsch. Freunde Berlin, 1911: 181. **Syntypes:** (ZMB) 21944 (9 specimens) [Bauer, Günther et Robeck, 1996, Mitt. Zool. Mus. Berlin, 72 (2): 266]. **Type locality:** China (Taiwan).

Microhyla (Microhyla) heymonsi: Dubois, 1987, Alytes, Paris, 6 (1-2): 3.

中文别名（**Common name**）：黑蒙西氏小雨蛙

分布（**Distribution**）：河南（HEN）、安徽（AH）、江苏（JS）、浙江（ZJ）、江西（JX）、湖南（HN）、四川（SC）、重庆（CQ）、贵州（GZ）、云南（YN）、福建（FJ）、台湾（TW）、广东（GD）、广西（GX）、海南（HI）；国外：印度、缅甸、泰国、老挝、越南、柬埔寨、马来西亚、印度尼西亚

其他文献（**Reference**）：刘承钊和胡淑琴, 1961；胡淑琴等, 1977；田婉淑和江耀明, 1986；费梁等, 1990, 2005, 2009a, 2010, 2012；叶昌媛等, 1993；Zhao and Adler, 1993；费梁, 1999；张玉霞和温业棠, 2000；杨大同和饶定齐, 2008；向高世等, 2009；史海涛等, 2011；Jiang et al., 2014；江建平等, 2016

（194）合征姬蛙 *Microhyla mixtura* Liu et Hu, 1966

Microhyla mixtura Liu et Hu, 1966, In: Hu, Zhao et Liu, 1966, Acta Zool. Sinica, Beijing, 18 (1): 79-82, 89. **Holotype:** (CIB) 610174, ♂, SVL 23.2 mm, by original designation. **Type locality:** China [Sichuan: Wanyuan (万源), Mt. Huae]; alt. 1280 m.

Microhyla (Microhyla) mixtura - Dubois, 1987, Alytes, Paris, 6 (1-2): 3.

中文别名（**Common name**）：无

分布（**Distribution**）：河南（HEN）、陕西（SN）、安徽（AH）、湖北（HB）、四川（SC）、重庆（CQ）、贵州（GZ）；国外：无

其他文献（**Reference**）：胡淑琴等, 1977；田婉淑和江耀明, 1986；费梁等, 1990, 2005, 2009a, 2010, 2012；叶昌媛等, 1993；Zhao and Adler, 1993；费梁, 1999；Jiang et al., 2014；江建平等, 2016

（195）穆氏姬蛙 *Microhyla mukhlesuri* Hasan, Islam, Kuramoto, Kurabayashi *et* Sumida, 2014

Microhyla mukhlesuri Hasan, Islam, Kuramoto, Kurabayashi *et* Sumida, 2014, Zootaxa, 3755: 408. **Holotype:** (IABHU) 3956, by original designation. **Type locality:** Bangladesh (Chittagong: Raozan); 22°35′N, 91°55′E; alt. 9 m more.

Microhyla mukhlesuri - Firstly recorded in China by Yuan, Suwannapoom, Yan, Poyarkov Jr, Nguyen, Chen, Chomdej, Murphy *et* Che, 2016, Crrent Zool., 62: 531-543.

中文别名（**Common name**）：无

分布（**Distribution**）：云南（YN）；国外：孟加拉国

其他文献（**Reference**）：无

（196）花姬蛙 *Microhyla pulchra* (Hallowell, 1860)

Engystoma pulchrum Hallowell, 1860, Proc. Acad. Nat. Sci. Philad., 12: 506. **Type(s):** Deposition not stated, presumably USNM or ANSP. **Type locality:** China [Between Guangdong (Huangpu) and Hong Kong (香港)]. **Neotype:** (CIB) 20020210, ♂, SVL 31.0 mm. **Neotype locality:** China [Hong Kong (香港)]; alt. 41 m; designated by Fei and Ye.

Scaptophryne labyrinthica Fitzinger, 1861 "1860", Sitzungsber. Akad. Wiss. Wien, Math. Naturwiss. Kl., 42: 416. **Types:** Not stated, though likely NHMW. **Type locality:** China [Hong Kong (香港)] (nomen nudum).

Diplopelma pulchrum - Günther, 1864, Rept. Brit. India, London: 417.

Ranina symetrica David, 1872 "1871", Nouv. Arch. Mus. Natl. Hist. Nat., Paris, 7: 76. **Types:** Not stated, presumably MNHNP but not reported in type lists. **Type locality:** China (Chongqing: Three gorges). Synonymy by Boulenger, 1882, Catal. Batrach. Salient. Ecaud. Coll. Brit. Mus., London, Ed. 2: 166; Bourret, 1942, Batr. Indochine: 522.

Microhyla pulchra - Boulenger, 1882, Catal. Batrach. Salient. Ecaud. Coll. Brit. Mus., London, Ed. 2: 165.

Microhyla hainanensis Barbour, 1908, Bull. Mus. Comp. Zool. Harvard Coll., Cambridge, 51 (12): 322. **Syntypes:** (MCZ) 2435 (4 specimens), by original designation. **Type locality:** China [Hainan: Mt. Five-finger (五指山)]. Synonymy by Smith, 1923, J. Nat. Hist. Soc. Siam, Bangkok, 6: 211; Parker, 1928, Ann. Mag. Nat. Hist., London, Ser. 10, 2: 484.

Microhyla melli Vogt, 1914, Sitzungsber. Ges. Naturforsch. Freunde Berlin, 1914: 101. **Holotype:** (ZMB) 24097 according to Parker, 1934, Monogr. Frogs Fam. Microhylidae, London: 138, and Bauer, Günther *et* Robeck, 1996, Mitt. Zool. Mus. Berlin, 72: 266. **Type locality:** China [Guangdong: Guangzhou (广州)]. Synonymy by Parker, 1934, Monogr. Frogs Fam. Microhylidae, London: 137; Bourret, 1942, Batr. Indochine: 522.

Microhyla (Diplopelma) pulchrum - Bourret, 1927, Fauna Indochine, Vert., 3: 263.

Microhyla major Ahl, 1930, Sitzungsber. Ges. Naturforsch. Freunde Berlin, 1930: 317. **Holotype:** ZMB, unnumber according to the original publication and Parker, 1934, Monogr. Frogs Fam. Microhylidae, London: 138. **Type locality:** Not stated; presumably China [Guangxi: Mt. Yao (瑶山)]. Synonymy by Parker, 1934, Monogr. Frogs Fam. Microhylidae, London: 137; Bourret, 1942, Batr. Indochine: 522.

Microhyla (Diplopelma) pulchra - Dubois, 1987, Alytes, Paris, 6 (1-2): 4.

中文别名（**Common name**）：无

分布（**Distribution**）：甘肃（GS）、浙江（ZJ）、江西（JX）、湖南（HN）、湖北（HB）、四川（SC）、重庆（CQ）、贵州（GZ）、云南（YN）、福建（FJ）、广东（GD）、广西（GX）、海南（HI）、香港（HK）、澳门（MC）；国外：泰国、柬埔寨、老挝、越南

其他文献（**Reference**）：刘承钊和胡淑琴，1961；胡淑琴等，1977；田婉淑和江耀明，1986；费梁等，1990, 2005, 2009a, 2010, 2012；叶昌媛等，1993；Zhao and Adler, 1993；费梁，1999；张玉霞和温业棠，2000；杨大同和饶定齐，2008；史海涛等，2011；姚崇勇和龚大洁，2012；Jiang *et al.*, 2014；沈猷慧等，2014；莫运明等，2014；江建平等，2016

39. 小姬蛙属 *Micryletta* Dubois, 1987

Micryletta Dubois, 1987, Alytes, Paris, 6 (1-2): 4. **Type species:** *Microhyla inornata* Boulenger, 1890, by original designation.

（197）德力小姬蛙 *Micryletta inornata* (Boulenger, 1890)

Microhyla inornata Boulenger, 1890, Proc. Zool. Soc. London, 1890: 37. **Syntypes:** including (BMNH) 89.11.12.30 (according to Parker, 1934, Monogr. Frogs Fam. Microhylidae, London: 145) and (BMNH) 89.11.12.4 (according to R. F. Inger In Frost, 1985, Amph. Spec. World, Lawrence: 386). **Type locality:** Indonesia (Sumatra: Deli or Langahat).

Microhyla inornata lineata Taylor, 1962, Univ. Kansas Sci. Bull., 43: 546. **Holotype:** (EHT) 35534, by original designation; now (FMNH) 178245 according to Marx, 1976, Fieldiana: Zool., Chicago, 69: 58. **Type locality:** Thailand (10 km west of Nakhon Si Thammarat).

Micryletta inornata - Dubois, 1987, Alytes, Paris, 6 (1-2): 4.

中文别名（**Common name**）：德力姬蛙

分布（**Distribution**）：云南（YN）、广西（GX）；国外：马来西亚、印度尼西亚、缅甸、泰国、老挝、柬埔寨、越南

其他文献（**Reference**）：刘承钊和胡淑琴，1961；胡淑琴等，1977；田婉淑和江耀明，1986；费梁等，1990, 2005, 2009a,

2010, 2012；叶昌媛等，1993；Zhao and Adler, 1993；费梁，1999；杨大同和饶定齐，2008；Jiang et al., 2014；莫运明等，2014；江建平等，2016

（198）孟连小姬蛙 *Micryletta menglienicus* (Yang et Su, 1980)

Kalophrynus menglienicus Yang et Su, 1980, Zool. Res., Kunming, 1 (2): 257-260. **Holotype:** (KIZ) 75 I 377, ♂, SVL 21.2 mm. **Type locality:** China [Yunnan: Menglien (= Menglian, 孟连]; alt. 1040 m.

Micryletta menglienicus - Zhang, 2019. Systematics and osteology of microhylids in China. PhD Thesis: 179.

中文别名（**Common name**）：孟连细狭口蛙

分布（**Distribution**）：云南（YN）；国外：？老挝

其他文献（**Reference**）：田婉淑和江耀明，1986；费梁等，1990, 2005, 2009a, 2010, 2012；叶昌媛等，1993；Zhao and Adler, 1993；费梁，1999；杨大同和饶定齐，2008；Jiang et al., 2014；江建平等，2016

（199）史氏小姬蛙 *Micryletta steinegeri* (Boulenger, 1909)

Microhyla steinegeri Boulenger, 1909, Ann. Mag. Nat. Hist., London, Ser. 8, 4: 494. **Syntypes:** (BMNH) 1909.10.29.92-96 according to Parker, 1934, Monogr. Frogs Fam. Microhylidae, London: 145. **Type locality:** China [Taiwan: Kanshirei (观竹岭)].

Microhyla inornata Parker, 1934, Monogr. Frogs Fam. Microhylidae, London: 145 [not Boulenger, 1890, Kanshirei (观竹岭), Taiwan (台湾), China]; Matsui et Busack, 1985, Herpetologica, Austin, 41 (2): 159-160.

Rana gracilipes Gressitt, 1938, Proc. Biol. Soc. Washington, 51: 161. **Holotype:** (MVZ) 23108, by original designation. **Type locality:** China [Taiwan: Hengchun (恒春), Kuantzuling]; alt. 150 m. Synonymy by Matsui et Busack, 1985, Herpetologica, Austin, 41 (2): 159.

Micryletta steinegeri - Dubois, 1987, Alytes, Paris, 6 (1-2): 4.

中文别名（**Common name**）：史氏姬蛙、史丹吉氏小雨蛙

分布（**Distribution**）：台湾（TW）；国外：无

其他文献（**Reference**）：刘承钊和胡淑琴，1961；胡淑琴等，1977；田婉淑和江耀明，1986；费梁等，1990, 2005, 2009a, 2010, 2012；叶昌媛等，1993；Zhao and Adler, 1993；费梁，1999；向高世等，2009；Jiang et al., 2014；江建平等，2016

（八）浮蛙科 Occidozygidae Fei, Ye et Huang, 1990

Occidozyginae Fei, Ye et Huang, 1990, Key to Chinese Amphibia, Chongqing: 123. **Type genus:** *Occidozyga* Kuhl et van Hasselt, 1822.

Occidozygidae - Fei, Ye et Jiang, 2010, Herpetol. Sinica, Nanjing, 12: 1-43.

40. 英格蛙属 *Ingerana* Dubois, 1987 "1986"

Ingerana Dubois, 1987 "1986", Alytes, Paris, 5 (1-2): 64. **Type species:** *Rana tenasserimensis* Sclater, 1892, by original designation.

（200）北英格蛙 *Ingerana borealis* (Annandale, 1912)

Micrixalus borealis Annandale, 1912, Rec. Indian Mus., Calcutta, 8: 10. **Holotype:** (ZSIC) 16932. **Type locality:** China [Xizang: Mêdog (墨脱), Rotung]; alt. 1300 ft.

Phrynoglossus borealis - Smith, 1931, Bull. Raffles Mus., Singapore, 5: 16; Dubois, 1987 "1986", Alytes, Paris, 5 (1-2): 52, 59; Dubois, 1992, Bull. Mens. Soc. Linn., Lyon, 61 (10): 315.

Occidozyga borealis - Dubois, 1981, Monit. Zool. Ital. (N. S.), Suppl., 15: 245, by implication; Inger, 1996, Herpetologica, Austin, 52: 242.

Ingerana borealis - Sailo, Lalremsanga, Hooroo et Ohler, 2009, Alytes, Paris, 27: 1-12.

中文别名（**Common name**）：北浮蛙、北小岩蛙、北蟾舌蛙

分布（**Distribution**）：西藏（XZ）；国外：印度、尼泊尔、不丹、孟加拉国

其他文献（**Reference**）：费梁等，1990, 2005, 2009b, 2010, 2012；叶昌媛等，1993；Zhao and Adler, 1993；费梁，1999；李丕鹏等，2010；Jiang et al., 2014；江建平等，2016

（201）网纹英格蛙 *Ingerana reticulata* (Zhao et Li, 1984)

Platymantis reticulatus Zhao et Li, 1984, Acta Herpetol. Sinica, Chengdu (N. S.), 3 (3): 55-57. **Holotype:** (CIB) 8370159, ♂, SVL 18.0 mm. **Type locality:** China [Xizang: Mêdog (墨脱), Xirang]; alt. 890 m.

Ingerana (*Liurana*) - Dubois, 1992, Bull. Mens. Soc. Linn., Lyon, 61 (10): 314.

Micrixalus reticulatus - Zhao et Adler, 1993, Herpetology of China: 136.

Liurana reticulatus - Fei, Ye et Huang, 1997, Cultum Herpetol. Sinica, Guiyang, (6-7): 77.

Ingerana reticulata - Frost, Grant, Faivovich, Bain, Haas, Haddad, de Sá, Channing, Wilkinson, Donnellan, Raxworthy, Campbell, Blotto, Moler, Drewes, Nussbaum, Lynch, Green et Wheeler, 2006, Bull. Amer. Mus. Nat. Hist., New York, 297: 366.

中文别名（**Common name**）：网纹小跳蛙

分布（**Distribution**）：西藏（XZ）；国外：无

其他文献（**Reference**）：费梁等，1990, 2009b, 2010, 2012；叶昌媛等，1993；Zhao and Adler, 1993；费梁，1999；李丕鹏等，2010；Jiang et al., 2014；江建平等，2016

41. 浮蛙属 *Occidozyga* Kuhl *et* van Hasselt, 1822

Occidozyga Kuhl *et* van Hasselt, 1822, Algemeene Konst-en Letter-Bode, 7: 103. **Type species:** *Rana lima* Gravenhorst, 1829, by subsequent designation of Stejneger, 1925, Proc. U. S. Natl. Mus., Washington, 66 (25): 33.

Houlema Gray, 1831, Zool. Misc., London, Part I: 38. **Type species:** *Houlema obscura* Gray, 1831, by monotypy. Synonymy by Dubois, 1981, Monit. Zool. Ital. (N. S.), Suppl., 15: 245.

Oxyglossus Tschudi, 1838, Classif. Batr.: 48. **Type species:** *Rana lima* Gravenhorst, 1829, by monotypy. Synonymy by Stejneger, 1925, Proc. U. S. Natl. Mus., Washington, 66 (25): 33.

（202）尖舌浮蛙 *Occidozyga lima* (Gravenhorst, 1829)

Occidozyga lima - Kuhl *et* van Hasselt, 1822, Algemeene Konst-en Letter-Bode, 7: 103.

Rana lima Gravenhorst, 1829, Delic. Mus. Zool. Vratislav., 1: 41. **Type(s):** Not stated, although likely originally in the Breslau Museum. **Type locality:** Indonesia [Java (爪哇)].

Occidozyga (Occidozyga) lima - Dubois, 1987 "1986", Alytes, Paris, 5 (1-2): 58.

中文别名（**Common name**）：无

分布（**Distribution**）：江西（JX）、云南（YN）、福建（FJ）、广东（GD）、广西（GX）、海南（HI）、香港（HK）；国外：印度、孟加拉国、缅甸、马来西亚、印度尼西亚、老挝、柬埔寨、越南

其他文献（**Reference**）：刘承钊和胡淑琴，1961；胡淑琴等，1977；田婉淑和江耀明，1986；费梁等，1990，2005，2009b，2010，2012；叶昌媛等，1993；Zhao and Adler，1993；费梁，1999；张玉霞和温业棠，2000；杨大同和饶定齐，2008；史海涛等，2011；Jiang *et al.*, 2014；莫运明等，2014；江建平等，2016

42. 蟾舌蛙属 *Phrynoglossus* Peters, 1867

Phrynoglossus Peters, 1867, Monatsber. Preuss. Akad. Wiss., Berlin: 2930. **Type species:** *Phrynoglossus martensii* Peters, 1867, by monotypy.

Microdiscopus Peters, 1877, Monatsber. Preuss. Akad. Wiss., Berlin, 1877: 421. **Type species:** *Microdiscopus sumatranus* Peters, 1877, by monotypy.

Oreobatrachus Boulenger, 1896, Ann. Mag. Nat. Hist., London, Ser. 6, 17: 401. **Type species:** *Oreobatrachus baluensis* Boulenger, 1896.

（203）圆蟾舌蛙 *Phrynoglossus martensii* Peters, 1867

Phrynoglossus martensii Peters, 1867, Monatsber. Preuss. Akad. Wiss., Berlin: 29. **Holotype:** (ZMB) 5645. **Type**

locality: Thailand [Bangkok (Siam)].

Oxyglossus martensii - Boulenger, 1882, Catal. Batrach. Salient. Ecaud. Coll. Brit. Mus., London, Ed. 2: 6.

Ooeidozyga laevis martensi - Pope, 1931, Bull. Amer. Mus. Nat. Hist., New York, 61 (8): 480; Liu *et* Hu, 1961, Tailless Amph. China, Peking: 224.

Phrynoglossus laevis martensi - Smith, 1931, Bull. Raffles Mus., Singapore, 5: 3-32.

Occidozyga martensii - Dubois, 1981, Monit. Zool. Ital. (N. S.), Suppl., 15: 245, by implication.

Ooeidozyga laevis martensii - Tian, Jiang, Wu, Hu, Zhao *et* Huang, 1986, Handb. Chinese Amph. Rept.: 63.

Phrynoglossus martensii - Dubois, 1987 "1986", Alytes, Paris, 5 (1-2): 59; Fei, Ye *et* Jiang, 2010, Herpetol. Sinica, Nanjing, 12: 30. See comment under Dicroglossidae.

中文别名（**Common name**）：圆舌浮蛙

分布（**Distribution**）：云南（YN）、广东（GD）、广西（GX）、海南（HI）；国外：泰国、柬埔寨、老挝、越南

其他文献（**Reference**）：胡淑琴等，1977；费梁等，1990，2005，2009b，2010，2012；叶昌媛等，1993；Zhao and Adler，1993；费梁，1999；张玉霞和温业棠，2000；杨大同和饶定齐，2008；史海涛等，2011；Jiang *et al.*, 2014；莫运明等，2014；江建平等，2016

（九）蛙科 **Ranidae Batsch, 1796**

湍蛙亚科 Amolopinae Fei, Ye *et* Huang, 1990

Amolopinae Yang, 1989, Proc. 55th Anni. Founding China Zool. Soc.: 256 (a nomen nudum in this work).

Amolopinae Fei, Ye *et* Huang, 1990, Key to Chinese Amphibia, Chongqing: 163-164. **Type genus:** *Amolops* Cope, 1865, by monotypy.

Amolopsinae Yang, 1991, The Amphibia-Fauna of Yunnan, Beijing: 172. **Type genus:** *Amolops* Cope, 1865.

43. 湍蛙属 *Amolops* Cope, 1865

Amolops Cope, 1865, Nat. Hist. Rev. (N. S.), 5: 117. **Type species:** *Polypedates afghana* Günther, 1859 "1858" (= *Polypedates marmoratus* Blyth, 1855), by monotypy.

Aemolops - Hoffmann, 1878, In: Bronn, 1878, Die Klassen und Ordnungen des Thier-Reichs, 6 (2): 611. Incorrect subsequent spelling.

Amo Dubois, 1992, Bull. Mens. Soc. Linn., Lyon, 61 (10): 321. **Type species:** *Rana larutensis* Boulenger, 1899, by original designation. Proposed as a subgenus of *Amolops*.

（204）西域湍蛙 *Amolops afghanus* (Günther, 1858)

Polypedates afghana Günther, 1858, Arch. Naturgesch., 24:

325. **Syntypes:** BM (1 adult, 2 larvae) according to Günther, 1859 "1858", Cat. Batr. Sal. Coll. Brit. Mus., London: 81. (BM) 1947.2.27.93 designated lectotype by Dever, Fuiten, Konu *et* Wilkinson, 2012, Copeia, 2012: 67. **Lectotype locality:** "Afghanistan". (Should be in Kachin in Myanmar according to comments by Dever, Fuiten, Konu *et* Wilkinson, 2012, Copeia, 2012: 69-70).

Amolops afghanus - Cope, 1865, Nat. Hist. Rev. (N. S.), 5: 117.

Ixalus kakhienensis Anderson, 1879 "1878", Anat. Zool. Res.: Zool. Result. Exped. West Yunnan, London, 1: 845. **Holotype:** Presumably originally in the ZSIC; probably lost, according to Bossuyt *et* Dubois, 2001, Zeylanica, 6 (1): 28. **Type locality:** Myanmar (in field, in the Nampoung valley); alt. 1000 ft. Tentative synonymy by Dever, Fuiten, Konu *et* Wilkinson, 2012, Copeia, 2012: 69.

Rana afghana - Boulenger, 1882, Catal. Batrach. Salient. Ecaud. Coll. Brit. Mus., London, Ed. 2: 69.

Rana (Polypedates) afghana - Boulenger, 1882, *In*: Mason, 1882, Burma, Ed. 2: 499.

Staurois afghanus - Pope *et* Boring, 1940, Peking Nat. Hist. Bull., Peking, 15 (1): 47.

Amolops afghanus - Inger, 1966, Fieldiana: Zool., Chicago, 52: 256, by implication.

中文别名（**Common name**）：无

分布（**Distribution**）：云南（YN）；国外：缅甸

其他文献（**Reference**）：Liu, 1950；刘承钊和胡淑琴，1961；胡淑琴等，1977；田婉淑和江耀明，1986；费梁等，1990，2005，2009b，2010，2012；叶昌媛等，1993；Zhao and Adler, 1993；费梁，1999；杨大同和饶定齐，2008；Jiang *et al.*, 2014；江建平等，2016

（205）白刺湍蛙 *Amolops albispinus* Sung, Wang *et* Wang, 2016

Amolops albispinus Sung, Wang *et* Wang, 2016, *In*: Sung, Hu, Wang, Liu *et* Wang, 2016, Zootaxa, 4170: 530. **Holotype:** (SYS) a003454, by original designation. **Type locality:** China [Guangdong: Shenzhen （深圳）, Mt. Wutong]; 22°34′54.8″N, 114°12′2.7″E; alt. 260 m.

中文别名（**Common name**）：无

分布（**Distribution**）：广东（GD）；国外：无

其他文献（**Reference**）：无

（206）阿尼桥湍蛙 *Amolops aniqiaoensis* Dong, Rao *et* Lü, 2005

Amolops aniqiaoensis Dong, Rao *et* Lü, 2005, *In*: Zhao, Rao, Lü *et* Dong, 2005, Sichuan J. Zool., Chengdu, 24 (3): 251. **Holotype:** (SYNU) 04 II 6012, adult male, by original designation. **Type locality:** China [Xizang: Mêdog （墨脱）, Aniqiao]; alt. 1066 m.

中文别名（**Common name**）：无

分布（**Distribution**）：西藏（XZ）；国外：无

其他文献（**Reference**）：费梁等，2009b, 2010, 2012；李丕鹏等，2010；Jiang *et al.*, 2014；江建平等，2016

（207）仁更湍蛙 *Amolops argus* (Annandale, 1912)

Ixalus argus Annandale, 1912, Rec. Indian Mus., Calcutta, 8: 16. **Holotype:** (ZSIC) 16950 according to Chanda, Das *et* Dubois, 2001 "2000", Hamadryad, 25: 111. **Type locality:** China [Xizang: Mêdog （墨脱）, Upper Renging]. Synonymy (with *Polypedates afghana*) by Boulenger, 1920, Rec. Indian Mus., Calcutta, 20: 217; Dubois, 1974, Bull. Mus. Natl. Hist. Nat., Paris, Ser. 3, Zool., 213: 356-357. Synonymy with *Amolops marmoratus* by Dubois, 1992, Bull. Mens. Soc. Linn., Lyon, 61 (10): 340. The revision by Dever, Fuiten, Konu *et* Wilkinson, 2012, Copeia, 2012: 57-76, vitiates this synonymy but did not address it.

中文别名（**Common name**）：无

分布（**Distribution**）：西藏（XZ）；国外：无

其他文献（**Reference**）：刘承钊和胡淑琴，1961；胡淑琴等，1977；田婉淑和江耀明，1986；叶昌媛等，1993；Zhao and Adler, 1993；费梁，1999；费梁等，2009b, 2010, 2012；Jiang *et al.*, 2014；江建平等，2016

（208）片马湍蛙 *Amolops bellulus* Liu, Yang, Ferraris *et* Matsui, 2000

Amolops bellulus Liu, Yang, Ferraris *et* Matsui, 2000, Copeia, 2000 (2): 536. **Holotype:** (KIZ) 9810022, ♂, SVL 50.1 mm. **Type locality:** China [Yunnan: Lushui （泸水）, west slope of Mt. Gaoligong in Pianma Township]; alt. 1540 m.

中文别名（**Common name**）：丽湍蛙

分布（**Distribution**）：云南（YN）、西藏（XZ）；国外：? 缅甸

其他文献（**Reference**）：杨大同和饶定齐，2008；费梁等，2009b, 2010, 2012；Jiang *et al.*, 2014；江建平等，2016

（209）察隅湍蛙 *Amolops chayuensis* Sun, Luo, Sun *et* Zhang, 2013

Amolops chayuensis Sun, Luo, Sun *et* Zhang, 2013, Forestry Construct., 20: 14. **Holotype:** (CY) 201307041. **Type locality:** China [Xizang: Zayü （察隅）].

中文别名（**Common name**）：无

分布（**Distribution**）：西藏（XZ）；国外：无

其他文献（**Reference**）：无

（210）崇安湍蛙 *Amolops chunganensis* (Pope, 1929)

Rana chunganensis Pope, 1929, Amer. Mus. Novit., New York, 352: 3. **Holotype:** (AMNH) 30479, ♂, SVL 37.6 mm. **Type locality:** China [Fujian: Wuyishan City （武夷山市）, Guadun]; alt. 4500-5000 ft.

Staurois chunganensis - Liu, 1941, Peking Nat. Hist. Bull., Peking, 15 (4): 291-295.

Staurois nasica - Liu *et* Hu, 1959, Acta Zool. Sinica, Beijing, 11 (4): 511 [Mengyang（勐养）, Yunnan, China; not Boulenger, 1903].

Amolops (Amolops) chunganensis - Dubois, 1992, Bull. Mens. Soc. Linn., Lyon, 61 (10): 321.

Amolops mengyangensis Wu *et* Tian, 1995, Sichuan J. Zool., Chengdu, 1995 (Supp.): 50-52. **Holotype:** (CIB) 579034, ♂, SVL 40 mm (examined by Fei *et* Ye, 1997). **Type locality:** China [Yunnan: Xishuangbanna (西双版纳), Mengyang (勐养)]; alt. 680 m.

Amolops chunganensis - Firstly recorded in Jiangxi Prov., China by Yang, Hong, Zhao, Zhang *et* Wang, 2013, Chinese J. Zool., Beijing, 48 (1): 129-133.

中文别名（**Common name**）：无

分布（**Distribution**）：陕西（SN）、甘肃（GS）、安徽（AH）、浙江（ZJ）、江西（JX）、湖南（HN）、湖北（HB）、四川（SC）、重庆（CQ）、贵州（GZ）、云南（YN）、福建（FJ）、广西（GX）；国外：越南

其他文献（**Reference**）：刘承钊和胡淑琴，1961；胡淑琴等，1977；田婉淑和江耀明，1986；费梁等，1990, 2009b, 2010, 2012；叶昌媛等，1993；Zhao and Adler, 1993；费梁，1999；杨大同和饶定齐，2008；Jiang *et al.*, 2014；莫运明等，2014；沈猷慧等，2014；江建平等，2016

（211）戴云湍蛙 *Amolops daiyunensis* (Liu *et* Hu, 1975)

Staurois daiyunensis Liu *et* Hu, 1975, *In*: Sichuan Institute of Biology (Hu SQ) and Sichuan Medical College (Liu CC), 1975, Acta Zool. Sinica, Beijing, 21 (3): 268-271. **Holotype:** (CIB) 64Ⅱ0934, ♂, SVL 53.0 mm, by original designation. **Type locality:** China [Fujian: Dehua (德化), Mt. Daiyun (戴云山)]; alt. 1100 m.

Amolops daiyunensis - Frost, 1985, Amph. Spec. World, Lawrence: 453.

Amolops hongkongensis - Yang, 1991, Fieldiana: Zool. (N. S.), 63: 13 [Dehua (德化) of Fujian, China; not Pope *et* Romer, 1951].

中文别名（**Common name**）：无

分布（**Distribution**）：福建（FJ）；国外：无

其他文献（**Reference**）：胡淑琴等，1977；田婉淑和江耀明，1986；费梁等，1990, 2009b, 2010, 2012；叶昌媛等，1993；Zhao and Adler, 1993；费梁，1999；Jiang *et al.*, 2014；江建平等，2016

（212）小耳湍蛙 *Amolops gerbillus* (Annandale, 1912)

Rana gerbillus Annandale, 1912, Rec. Indian Mus., Calcutta, 8: 10. **Holotype:** (ZSI) 16925, SVL 33 mm. **Type locality:** China [Xizang: Mêdog（墨脱）, Yembung, Abor foot-hills]; alt. 1100 ft.

Rana (Hylorana) gerbillus - Boulenger, 1920, Rec. Indian Mus., Calcutta, 20: 127, 207-208.

Amolops gerbillus - Fei, Ye *et* Huang, 1990, Key to Chinese Amphibia, Chongqing: 165.

Amolops (Amolops) gerbillus - Dubois, 1992, Bull. Mens. Soc. Linn., Lyon, 61 (10): 321.

中文别名（**Common name**）：无

分布（**Distribution**）：西藏（XZ）；国外：印度、缅甸

其他文献（**Reference**）：叶昌媛等，1993；Zhao and Adler, 1993；费梁，1999；费梁等，2009b, 2010, 2012；李丕鹏等，2010；Jiang *et al.*, 2014；江建平等，2016

（213）棘皮湍蛙 *Amolops granulosus* (Liu *et* Hu, 1961)

Staurois granulosus Liu *et* Hu, 1961, Tailless Amph. China, Peking: 233-235. **Holotype:** (CIB) 55321, ♂, SVL 41.0 mm. by original designation. **Type locality:** China [Sichuan: Maoxian (茂县), Wei-zi-ping]; alt. 1500 m.

Amolops granulosus: Inger, 1966, Fieldiana: Zool., Chicago, 52: 257, by implication.

Amolops (Amolops) granulosus - Dubois, 1992, Bull. Mens. Soc. Linn., Lyon, 61 (10): 321.

中文别名（**Common name**）：无

分布（**Distribution**）：陕西（SN）、甘肃（GS）、湖北（HB）、四川（SC）、重庆（CQ）；国外：无

其他文献（**Reference**）：胡淑琴等，1977；田婉淑和江耀明，1986；费梁等，1990, 2009b, 2010, 2012；叶昌媛等，1993；Zhao and Adler, 1993；费梁，1999；姚崇勇和龚大洁，2012；Jiang *et al.*, 2014；江建平等，2016

（214）海南湍蛙 *Amolops hainanensis* (Boulenger, 1899)

Staurois hainanensis Boulenger, 1899, Proc. Zool. Soc. London, 1899: 958. **Syntypes:** (BMNH) (2 specimens). **Type locality:** China [Hainan: Mt. Five-finger (五指山)].

Rana hainanensis - Boulenger, 1918, Ann. Mag. Nat. Hist., London, Ser. 9, 1: 373.

Rana (Hylorana) hainanensis - Boulenger, 1920, Rec. Indian Mus., Calcutta, 20: 128, 222.

Amolops hainanensis - Inger, 1966, Fieldiana: Zool., Chicago, 52: 256, by implication.

Amolops (Amolops) hainanensis - Dubois, 1992, Bull. Mens. Soc. Linn., Lyon, 61 (10): 321.

中文别名（**Common name**）：无

分布（**Distribution**）：海南（HI）；国外：无

其他文献（**Reference**）：刘承钊和胡淑琴，1961；胡淑琴等，1977；田婉淑和江耀明，1986；费梁等，1990, 2009b, 2010, 2012；叶昌媛等，1993；Zhao and Adler, 1993；费梁，1999；史海涛等，2011；Jiang *et al.*, 2014；江建平等，2016

（215）香港湍蛙 *Amolops hongkongensis* (Pope *et* Romer, 1951)

Staurois hongkongensis Pope *et* Romer, 1951, Fieldiana: Zool.,

Chicago, 31: 609-612. **Holotype:** (FMNH) 64157, ♀, SVL 48.0 mm, by original designation. **Type locality:** China [Hong Kong (香港): Tai Mo Shan (大帽山)]; alt. 1000 ft.

Amolops hongkongensis - Gorham, 1974, Checklist World Amph.: 128.

Amolops (Amolops) hongkongensis - Dubois, 1992, Bull. Mens. Soc. Linn., Lyon, 61 (10): 321.

中文别名（**Common name**）：无

分布（**Distribution**）：广东（GD）、香港（HK）；国外：无

其他文献（**Reference**）：刘承钊和胡淑琴，1961；胡淑琴等，1977；田婉淑和江耀明，1986；费梁等，1990，2009b，2010，2012；叶昌媛等，1993；Zhao and Adler, 1993；费梁，1999；Jiang *et al.*, 2014；江建平等，2016

（216）金江湍蛙 *Amolops jinjiangensis* Su, Yang *et* Li, 1986

Amolops jinjiangensis Su, Yang *et* Li, 1986, Acta Herpetol. Sinica, Chengdu (N. S.), 5 (3): 204-206. **Holotype:** (KIZ) 801463, ♂, SVL 52 mm, by original designation. **Type locality:** China [Yunnan: Deqing (德钦), Benzilan]; alt. 2010 m.

中文别名（**Common name**）：无

分布（**Distribution**）：云南（YN）；国外：无

其他文献（**Reference**）：费梁等，1990，2009b，2010，2012；叶昌媛等，1993；Zhao and Adler, 1993；费梁，1999；杨大同和饶定齐，2008；Jiang *et al.*, 2014；江建平等，2016

（217）理县湍蛙 *Amolops lifanensis* (Liu, 1945)

Staurois lifanensis Liu, 1945, J. West China Bord. Res. Soc., Chengdu, Ser. B, 15: 33. **Holotype:** (CIB) 1062, by original designation. **Type locality:** China [Sichuan: Lixian (理县), Nan-kou]; alt. 5100 ft.

Amolops lifanensis - Inger, 1966, Fieldiana: Zool., Chicago, 52: 256, by implication; Tian, Jiang, Wu, Hu, Zhao *et* Huang, 1986, Handb. Chinese Amph. Rept.: 62; Fei, Ye *et* Huang, 1990, Key to Chinese Amphibia, Chongqing: 167; Yang, 1991, Fieldiana: Zool. (N. S.), 63: 17; Che, Pang, Zhao, Wu, Zhao *et* Zhang, 2007, Mol. Phylogenet. Evol., 43: 3.

Amolops (Amolops) lifanensis - Dubois, 1992, Bull. Mens. Soc. Linn., Lyon, 61 (10): 321.

中文别名（**Common name**）：无

分布（**Distribution**）：四川（SC）；国外：无

其他文献（**Reference**）：刘承钊和胡淑琴，1961；胡淑琴等，1977；田婉淑和江耀明，1986；叶昌媛等，1993；Zhao and Adler, 1993；费梁，1999；费梁等，2009b，2010，2012；Jiang *et al.*, 2014；江建平等，2016

（218）棕点湍蛙 *Amolops loloensis* (Liu, 1950)

Staurois loloensis Liu, 1950, Fieldiana: Zool. Mem., Chicago, 2: 353-356. **Holotype:** (FMNH) 49408, ♀, SVL 76.0 mm, by original designation. **Type locality:** China [Sichuan: Zhaojue (昭觉), Jiefanggou]; alt. 10 000 ft.

Amolops loloensis - Inger, 1966, Fieldiana: Zool., Chicago, 52: 257, by implication.

Amolops (Amolops) loloensis - Dubois, 1992, Bull. Mens. Soc. Linn., Lyon, 61 (10): 321.

中文别名（**Common name**）：无

分布（**Distribution**）：四川（SC）、云南（YN）；国外：无

其他文献（**Reference**）：刘承钊和胡淑琴，1961；胡淑琴等，1977；田婉淑和江耀明，1986；费梁等，1990，2009，2010，2012；叶昌媛等，1993；Zhao and Adler, 1993；费梁，1999；Jiang *et al.*, 2014；江建平等，2016

（219）四川湍蛙 *Amolops mantzorum* (David, 1871)

Polypedates mantzorum David, 1872 "1871", Nouv. Arch. Mus. Natl. Hist. Nat., Paris, 7: 95. **Type(s):** Not designated, but likely originally deposited in MNHNP, but not mentioned by Guibé, 1950 "1948", Cat. Types Amph. Mus. Natl. Hist. Nat.: 1-71. **Type locality:** China [Sichuan: Baoxing (宝兴), Mouping].

Rana (Amolops) jugans Stejneger, 1926, Proc. Biol. Soc. Washington, 39: 53. **Holotype:** (USNM) 67819, by original designation. **Type locality:** China [Sichuan: Wenchuan (汶川)]. Synonymy by Liu, 1950, Fieldiana: Zool. Mem., Chicago, 2: 330.

Staurois jugans - Pope *et* Boring, 1940, Peking Nat. Hist. Bull., Peking, 15 (1): 47.

Staurois kangtingensis Liu, 1950, Fieldiana: Zool. Mem., Chicago, 2: 349. **Holotype:** (FMNH) 49412, by original designation. **Type locality:** China [Sichuan: Kangding (康定)]; alt. 8000 ft. Synonymy by Liu *et* Hu, 1961, Tailless Amph. China, Peking: 239; Fei, Hu, Ye *et* Huang, 2009, Fauna Sinica, Amphibia, Vol. 3: 1538-1545; Fei, Ye, Wang *et* Jiang, 2017, Zool. Res., Kunming, 38 (3): 139. See comments under *Amolops xinduqiao*.

Staurois mantzorum - Liu, 1950, Fieldiana: Zool. Mem., Chicago, 2: 330.

Amolops mantzorum - Inger, 1966, Fieldiana: Zool., Chicago, 52: 256, by implication.

Amolops kangtingensis - Inger, 1966, Fieldiana: Zool., Chicago, 52: 256, by implication.

Amolops (Amolops) mantzorum - Dubois, 1992, Bull. Mens. Soc. Linn., Lyon, 61 (10): 321.

中文别名（**Common name**）：无

分布（**Distribution**）：甘肃（GS）、四川（SC）；国外：无

其他文献（**Reference**）：刘承钊和胡淑琴，1961；胡淑琴等，1977；田婉淑和江耀明，1986；费梁等，1990，2009b，2010，2012；叶昌媛等，1993；Zhao and Adler, 1993；费梁，1999；姚崇勇和龚大洁，2012；Jiang *et al.*, 2014；江建平等，2016

（220）墨脱湍蛙 *Amolops medogensis* Li *et* Rao, 2005

Amolops medogensis Li *et* Rao, 2005, *In*: Zhao, Rao, Lü *et* Dong, 2005, Sichuan J. Zool., Chengdu, 24 (3): 251-252. **Holotype:** (SYNU) 04 II 6217, adult male, SVL 95 mm, by original designation. **Type locality:** China [Xizang: Mêdog (墨脱), Yarang]; alt. 707 m.

中文别名（**Common name**）：无

分布（**Distribution**）：西藏（XZ）；国外：无

其他文献（**Reference**）：费梁等, 2009b, 2010, 2012; 李丕鹏等, 2010; Jiang *et al.*, 2014; 江建平等, 2016

（221）山湍蛙 *Amolops monticola* (Anderson, 1871)

Hylorana monticola Anderson, 1871, J. Asiat. Soc. Bengal, Calcutta, 40 (2): 20. **Holotype:** Not stated; (ZSIC) 10036 according to Sclater, 1892, List Batr. Indian Mus.: 10 (Boulenger, 1920: 207), ♀, SVL 65 mm. **Type locality:** India (West Bengal: Darjeeling); alt. 3500 ft.

Rana monticola - Boulenger, 1890, Fauna Brit. India, Rept. Batr.: 461.

Rana (Hylorana) monticola - Boulenger, 1920, Rec. Indian Mus., Calcutta, 20: 127-130.

Staurois monticola - Sichuan Biol. Res. Inst. (Hu, Ye *et* Fei), 1977, Syst. Keys Chinese Amph., Beijing: 56.

Amolops monticola -Zhao, 1985, *In*: Frost, 1985, Amph. Spec. World, Lawrence: 455.

Amolops (Amolops) monticola - Dubois, 1992, Bull. Mens. Soc. Linn., Lyon, 61 (10): 321.

中文别名（**Common name**）：无

分布（**Distribution**）：西藏（XZ）；国外：印度、尼泊尔

其他文献（**Reference**）：刘承钊和胡淑琴, 1961; 田婉淑和江耀明, 1986; 费梁等, 1990, 2009b, 2010, 2012; 叶昌媛等, 1993; Zhao and Adler, 1993; 费梁, 1999; 李丕鹏等, 2010; Jiang *et al.*, 2014; 江建平等, 2016

（222）林芝湍蛙 *Amolops nyingchiensis* Jiang, Wang, Xie, Jiang *et* Che, 2016

Amolops nyingchiensis Jiang, Wang, Xie, Jiang *et* Che, 2016, *In*: Jiang, Wang, Yan, Xie, Zou, Liu, Jiang, Li *et* Che, 2016, Zool. Res., Kunming, 37 (1): 32. **Holotype:** (KIZ) 016432, by original designation. **Type locality:** China [Xizang: Mêdog (墨脱), Gedang]; 29.43871°N, 95.66502°E; alt. 1887 m.

中文别名（**Common name**）：无

分布（**Distribution**）：西藏（XZ）；国外：无

其他文献（**Reference**）：无

（223）华南湍蛙 *Amolops ricketti* (Boulenger, 1899)

Rana ricketti Boulenger, 1899, Proc. Zool. Soc. London, 1899: 168. **Syntypes:** (BMNH) (2 specimens), SVL 37.0 mm. **Type locality:** China [Fujian: Wuyishan City (武夷山市), Guadun]; alt. 3000-4000 ft.

Rana (Hylorana) ricketti - Boulenger, 1920, Rec. Indian Mus.,

Calcutta, 20: 128, 216.

Staurois ricketti - Pope, 1927, Nat. Hist., New York, 27: 469; Noble, 1929, Bull. Amer. Mus. Nat. Hist., New York, 58: 291, 313.

Staurois ricketti ricketti - Liu, 1950, Fieldiana: Zool. Mem., Chicago, 2: 356.

Staurois ricketti minor Liu, 1950, Fieldiana: Zool. Mem., Chicago, 2: 356. **Holotype:** (FMNH) 49411, by original designation. **Type locality:** China [Sichuan: Mabian (马边)]; alt. 3000 ft.

Amolops ricketti - Inger, 1966, Fieldiana: Zool., Chicago, 52: 256, by implication.

Amolops (Amolops) ricketti- Dubois, 1992, Bull. Mens. Soc. Linn., Lyon, 61 (10): 321.

中文别名（**Common name**）：无

分布（**Distribution**）：浙江（ZJ）、江西（JX）、湖南（HN）、湖北（HB）、四川（SC）、重庆（CQ）、贵州（GZ）、云南（YN）、福建（FJ）、广东（GD）、广西（GX）、香港（HK）；国外：越南

其他文献（**Reference**）：刘承钊和胡淑琴, 1961; 胡淑琴等, 1977; 田婉淑和江耀明, 1986; 费梁等, 1990, 2009b, 2010, 2012; 叶昌媛等, 1993; Zhao and Adler, 1993; 费梁, 1999; 杨大同和饶定齐, 2008; Jiang *et al.*, 2014; 莫运明等, 2014; 沈猷慧等, 2014; 江建平等, 2016

（224）星空湍蛙 *Amolops splendissimus* Orlov *et* Ho, 2007

Amolops splendissimus Orlov *et* Ho, 2007, Russ. J. Herpetol., 14: 212. **Holotype:** (ZISP) 7598, by original designation. **Type locality:** Vietnam (Lai Chau Province: Tam Duong district, Ho Thau commune, Ho Thau Village); 22°24′04.5″N, 103°36′32.7″E; alt. 2050 m.

Amolops caelumnoctis Rao *et* Wilkinson, 2007, Copeia, 2007: 914. **Holotype:** (KIZ) 2003A018, by original designation. **Type locality:** China [Yunnan: Lüchun (绿春), Qimaba Township]; 22°54′36″N, 102°14′24″E; alt. 2400 m.

中文别名（**Common name**）：无

分布（**Distribution**）：云南（YN）；国外：越南

其他文献（**Reference**）：费梁等, 2012; 江建平等, 2016

（225）小湍蛙 *Amolops torrentis* (Smith, 1923)

Micrixalus torrentis Smith, 1923, J. Nat. Hist. Soc. Siam, Bangkok, 6 (2): 209. **Holotype:** (BMNH) (formerly M. Smith 6941), by original designation. **Type locality:** China [Hainan: Mt. Five-finger (五指山)]; alt. 1000 m.

Rana torrentis - Barbour *et* Loveridge, 1929, Bull. Mus. Comp. Zool. Harvard Coll., Cambridge, 69: 305.

Staurois torrentis - Gee *et* Boring, 1929, Peking Nat. Hist. Bull., Peking, 4: 35, 41.

Amolops torrentis - Inger, 1966, Fieldiana: Zool., Chicago, 52: 256, by implication.

Amolops (Amolops) torrentis - Dubois, 1992, Bull. Mens. Soc. Linn., Lyon, 61 (10): 321.

中文别名（**Common name**）：无

分布（**Distribution**）：广东（GD）、海南（HI）；国外：无

其他文献（**Reference**）：刘承钊和胡淑琴，1961；胡淑琴等，1977；田婉淑和江耀明，1986；费梁等，1990，2009b，2010，2012；叶昌媛等，1993；Zhao and Adler，1993；费梁，1999；史海涛等，2011；Jiang *et al.*，2014；江建平等，2016

（226）平疣湍蛙 *Amolops tuberodepressus* Liu *et* Yang, 2000

Amolops tuberodepressus Liu *et* Yang, 2000, Herpetologica, Austin, 56: 232. **Holotype:** (KIZ) 91A5005, by original designation. **Type locality:** China [Yunnan: Jingdong (景东), Mt. Wuliang]; 24°30′N, 100°45′E; alt. 2100 m.

中文别名（**Common name**）：无

分布（**Distribution**）：云南（YN）；国外：无

其他文献（**Reference**）：杨大同和饶定齐，2008；江建平等，2016

（227）绿点湍蛙 *Amolops viridimaculatus* (Jiang, 1983)

Staurois viridimaculatus Jiang, 1983, Acta Herpetol. Sinica, Chengdu (N. S.), 2 (3): 71. **Holotype:** (CIB) 820821, by original designation. **Type locality:** China [Yunnan: Tengchong (腾冲), Dahaoping]; alt. 1980 m.

Amolops viridimaculatus - Borkin, Matsui *et* Zhao, 1985, *In*: Frost, 1985, Amph. Spec. World, Lawrence: 456; Fei, Ye *et* Huang, 1990, Key to Chinese Amphibia, Chongqing: 166.

Amolops (Amolops) viridimaculatus - Dubois, 1992, Bull. Mens. Soc. Linn., Lyon, 61 (10): 321.

中文别名（**Common name**）：无

分布（**Distribution**）：云南（YN）；国外：印度、缅甸、老挝、越南

其他文献（**Reference**）：田婉淑和江耀明，1986；叶昌媛等，1993；Zhao and Adler，1993；费梁，1999；杨大同和饶定齐，2008；费梁等，2009b，2010，2012；Jiang *et al.*，2014；江建平等，2016

（228）文山湍蛙 *Amolops wenshanensis* Yuan, Jin, Li, Stuart *et* Wu, 2018

Amolops wenshanensis Yuan, Jin, Li, Stuart *et* Wu, 2018, Zootaxa, 4415: 504. **Holotype:** (KIZ) 021426, by original designation. **Type locality:** China [Yunnan: Xichou (西畴), Wenshan National Nature Reserve]; 23.362°N, 104.839°E; alt. 1312 m.

中文别名（**Common name**）：无

分布（**Distribution**）：云南（YN）、广西（GX）；国外：无

其他文献（**Reference**）：无

（229）武夷湍蛙 *Amolops wuyiensis* (Liu *et* Hu, 1975)

Staurois wuyiensis Liu *et* Hu, 1975, *In*: Sichuan Institute of Biology (Hu SQ) *et* Sichuan Medical College (Liu CC), 1975, Acta Zool. Sinica, Beijing, 21 (3): 266-268. **Holotype:** (CIB) 64Ⅰ1211, ♂, SVL 42.5 mm, by original designation.

Type locality: China [Fujian: Wuyishan City (武夷山市), Sangang]; alt. 600 m.

Amolops wuyiensis - Frost, 1985, Amph. Spec. World, Lawrence: 453, 456.

Amolops (Amolops) wuyiensis - Dubois, 1992, Bull. Mens. Soc. Linn., Lyon, 61 (10): 321.

中文别名（**Common name**）：无

分布（**Distribution**）：安徽（AH）、浙江（ZJ）、江西（JX）、福建（FJ）；国外：无

其他文献（**Reference**）：胡淑琴等，1977；田婉淑和江耀明，1986；费梁等，1990，2009b，2010，2012；叶昌媛等，1993；Zhao and Adler，1993；费梁，1999；Jiang *et al.*，2014；江建平等，2016

（230）新都桥湍蛙 *Amolops xinduqiao* Fei, Ye, Wang *et* Jiang, 2017

Amolops xinduqiao Fei, Ye, Wang *et* Jiang, 2017, Zool. Res., Kunming, 38 (3): 139. **Holotype:** (CIB) 80Ⅰ0692, by original designation. **Type locality:** China [Sichuan: Kangding (康定), Xinduqiao]; 30.14182°N, 101.50044°E; alt. 3400 m.

中文别名（**Common name**）：无

分布（**Distribution**）：四川（SC）；国外：无

其他文献（**Reference**）：无

（231）云开湍蛙 *Amolops yunkaiensis* Lyu, Wang, Liu, Zeng *et* Wang, 2018

Amolops yunkaiensis Lyu, Wang, Liu, Zeng *et* Wang, 2018, *In*: Lyu, Wu, Wang, Sung, Liu, Zeng, Wang, Li *et* Wang, 2018, Zootaxa, 4418: 569. **Holotype:** (SYS) a004705, by original designation. **Type locality:** China [Guangdong: Xinyi (信宜); Yunkaishan Nature Reserve]; 21°53′35.5″N, 111°29′5.1″E; alt. 441 m.

中文别名（**Common name**）：无

分布（**Distribution**）：广东（GD）；国外：无

其他文献（**Reference**）：无

44. 竹叶蛙属 *Bamburana* Fei, Ye *et* Huang, 2005

Odorrana (Bamburana) Fei, Ye *et* Huang, 2005 *In*: Fei, Ye, Huang, Jiang *et* Xie, 2005, An Illustrated Key to Chinese Amphibians, Chengdu: 124. **Type species:** *Rana versabilis* Liu *et* Hu, 1962, by original designation.

Wurana Li, Lu *et* Lü, 2006, Sichuan J. Zool., Chengdu, 25 (2): 206, 209. **Type species:** *Rana tormotus* Wu, 1977, by original designation. Synonymy by Cai, Che, Pang, Zhao *et* Zhang, 2007, Zootaxa, 1531: 49.

Bamburana - Fei, Ye *et* Jiang, 2010, Herpetol. Sinica, Nanjing, 12: 21. Treatment as a genus.

（232）小竹叶蛙 *Bamburana exiliversabilis* (Fei, Ye *et* Li, 2001)

Rana montivaga Pope 1931, Bull. Amer. Mus. Nat. Hist., New York, 61 (8): 542-546 (Chong'an and Yenping, Fukien, China; not Smith, 1921).

Rana versabilis Guo, Zhang, Zhu, Geng, Cai, Pan *et* Zhang, 1966, J. Zool. Sinica, Beijing, (1): 33 (Zhejiang, China); Sichuan Biol. Res. Inst., 1974, Herpetol. Res., Chengdu, 2: 52 [Mt. Huang （黄山）, Anhui, China]; Hu, Fei *et* Ye, 1978, Mater. Herpetol. Res., Chengdu, 4: 24 (Fujian, China).

Odorrana exiliversabilis Fei, Ye *et* Li, 2001, Acta Zootaxon. Sinica, Beijing, 26 (4): 601, 606. **Holotype:** (CIB) 64 Ⅰ 2013, by original designation. **Type locality:** China [Fujian: Jianyang （建阳）, Huangkeng]; 117.63°E, 27.60°N; alt. 1030 m.

Odorrana (*Bamburana*) *exiliversabilis* - Fei, Ye, Huang, Jiang *et* Xie, 2005, An Illustrated Key to Chinese Amphibians, Chengdu: 125.

Huia exiliversabilis - Frost, Grant, Faivovich, Bain, Haas, Haddad, de Sá, Channing, Wilkinson, Donnellan, Raxworthy, Campbell, Blotto, Moler, Drewes, Nussbaum, Lynch, Green *et* Wheeler, 2006, Bull. Amer. Mus. Nat. Hist., New York, 297: 368.

Bamburana exiliversabilis - Fei, Ye *et* Jiang, 2010, Herpetol. Sinica, Nanjing, 12: 35.

中文别名（**Common name**）：小竹叶臭蛙

分布（**Distribution**）：安徽（AH）、浙江（ZJ）、江西（JX）、福建（FJ）；国外：无

其他文献（**Reference**）：胡淑琴等，1977；田婉淑和江耀明，1986；费梁等，1990，2009b，2010，2012；叶昌媛等，1993；Zhao and Adler, 1993；费梁，1999；Jiang *et al.*, 2014；江建平等，2016

（233）长吻竹叶蛙 *Bamburana nasica* (Boulenger, 1903)

Rana nasica Boulenger, 1903, Ann. Mag. Nat. Hist., London, Ser. 7, 12: 187. **Syntypes:** (BMNH) (4 specimens), by original designation. **Type locality:** Vietnam (Tonkin: Man-Son Mountains); alt. 3000-4000 ft.

Rana (*Hylorana*) *nasica* - Boulenger, 1920, Rec. Indian Mus., Calcutta, 20: 125.

Hylarana nasica - Bourret, 1939, Ann. Bull. Gén. Instr. Publ., Hanoi, 1939: 36.

Staurois nasica - Liu *et* Hu, 1959, Acta Zool. Sinica, Beijing, 11 (4): 511.

Amolops nasicus - Borkin, Matsui *et* Zhao, 1985, *In*: Frost, 1985, Amph. Spec. World, Lawrence: 455.

Huia nasica - Yang, 1991, Fieldiana: Zool. (N. S.), 63: 31.

Amolops (*Huia*) *nasicus* - Dubois, 1992, Bull. Mens. Soc. Linn., Lyon, 61 (10): 321.

Odorrana nasica - Chen, Murphy, Lathrop, Ngo, Orlov, Ho *et* Somorjai, 2005, Herpetol. J., 15: 239.

Bamburana nasica - Fei, Ye *et* Jiang, 2010, Herpetol. Sinica, Nanjing, 12: 35.

中文别名（**Common name**）：长吻湍蛙

分布（**Distribution**）：云南（YN）；国外：越南

其他文献（**Reference**）：刘承钊和胡淑琴，1961；胡淑琴等，1977；田婉淑和江耀明，1986；费梁等，1990；费梁，1999

（234）鸭嘴竹叶蛙 *Bamburana nasuta* (Fei, Ye *et* Li, 2001)

Rana versabilis Liu, Hu, Fei *et* Huang, 1973, Acta Zool. Sinica, Beijing, 19 (4): 386 (Hainan, China; not Liu *et* Hu, 1962).

Odorrana nasuta Fei, Ye *et* Li, 2001, Acta Zootaxon. Sinica, Beijing, 26 (4): 603, 606. **Holotype:** (CIB) 64Ⅲ0462, by original designation. **Type locality:** China [Hainan: Qiongzhong （琼中）, Mt. Five - finger]; 18.90°N, 109.67°E; alt. 720 m.

Odorrana (*Bamburana*) *nasuta* - Fei, Ye, Huang, Jiang *et* Xie, 2005, An Illustrated Key to Chinese Amphibians, Chengdu: 124.

Odorrana nasuta - Chen, Murphy, Lathrop, Ngo, Orlov, Ho *et* Somorjai, 2005, Herpetol. J., 15: 239.

Huia nasuta - Frost, Grant, Faivovich, Bain, Haas, Haddad, de Sá, Channing, Wilkinson, Donnellan, Raxworthy, Campbell, Blotto, Moler, Drewes, Nussbaum, Lynch, Green *et* Wheeler, 2006, Bull. Amer. Mus. Nat. Hist., New York, 297: 368.

Rana nasuta - Stuart, Hoffmann, Chanson, Cox, Berridge, Ramani *et* Young, 2008, Threatened Amph. World: 508.

Bamburana nasuta - Fei, Ye *et* Jiang, 2010, Herpetol. Sinica, Nanjing, 12: 35. See comment under Ranidae.

中文别名（**Common name**）：鸭嘴臭蛙、鸭嘴蛙

分布（**Distribution**）：海南（HI）；国外：？越南

其他文献（**Reference**）：胡淑琴等，1977；田婉淑和江耀明，1986；费梁等，1990，2005，2009b，2010，2012；叶昌媛等，1993；Zhao and Adler, 1993；费梁，1999；史海涛等，2011；Jiang *et al.*, 2014；江建平等，2016.

（235）凹耳竹叶蛙 *Bamburana tormota* (Wu, 1977)

Rana tormotus Wu, 1977, *In*: Sichuan Institute of Biology Herpetology Department, 1977, Acta Zool. Sinica, Beijing, 23 (1): 113-114. **Holotype:** (CIB) 720058, ♂, SVL 35.2 mm, by original designation. **Type locality:** China [Anhui: Mt. Huang （黄山）, Taou-hua-xi]; alt. 650 m.

Rana tormota - Frost, 1985, Amph. Spec. World, Lawrence: 518.

Amolops tormotus - Fei, Ye *et* Huang, 1990, Key to Chinese Amphibia, Chongqing: 165.

Amolops (*Amolops*) *tormotus* - Dubois, 1992, Bull. Mens. Soc. Linn., Lyon, 60 (10): 321.

Wurana tormota - Li, Lu *et* Lü, 2006, Sichuan J. Zool.,

Chengdu, 25 (2): 206-209.

Odorrana tormota - Cai, Che, Pang, Zhao *et* Zhang, 2007, Zootaxa, 1531: 49-55; Tang, Chen *et* Huang, 2007, Acta Zootaxon. Sinica, Beijing, 32 (3): 738-742.

Odorrana (Odorrana) tormota - Fei, Hu, Ye *et* Huang, 2009, Fauna Sinica, Amphibia, Vol. 3: 1214.

Bamburana tormota - Fei, Ye *et* Jiang, 2010, Herpetol. Sinica, Nanjing, 12: 35.

Odorrana tormota- Firstly recorded in Jiangxi Prov., China by Yang, Hong, Zhao, Zhang *et* Wang, 2013, Chinese J. Zool., Beijing, 48 (1): 129-133.

Bamburana tormota - Firstly recorded in Jiangsu Prov., China by Shen Junxian and Xu Zhimin here in 2019.

中文别名（**Common name**）：凹耳蛙、凹耳臭蛙、凹耳湍蛙

分布（**Distribution**）：安徽（AH）、江苏（JS）、浙江（ZJ）、江西（JX）；国外：无

其他文献（**Reference**）：田婉淑和江耀明，1986；叶昌媛等，1993；Zhao and Adler, 1993；费梁，1999；费梁等，2005，2010, 2012; Jiang *et al.*, 2014；江建平等，2016

（236）竹叶蛙 *Bamburana versabilis* (Liu *et* Hu, 1962)

Rana versabilis Liu *et* Hu, 1962, Acta Zool. Sinica, Beijing, 14 (Suppl.): 89-91. **Holotype:** (CIB) 603803, ♂, SVL 70.0 mm, by original designation. **Type locality:** China [Guangxi: Longsheng (龙胜), San-men of Huaping]; alt. 870 m.

Odorrana versabilis - Fei, Ye *et* Huang, 1990, Key to Chinese Amphibia, Chongqing: 149.

Rana (Odorrana) versabilis - Dubois, 1992, Bull. Mens. Soc. Linn., Lyon, 61 (10): 329.

Odorrana (Bamburana) versabilis - Fei, Ye, Huang, Jiang *et* Xie, 2005, An Illustrated Key to Chinese Amphibians, Chengdu: 125.

Huia versabilis - Frost, Grant, Faivovich, Bain, Haas, Haddad, de Sá, Channing, Wilkinson, Donnellan, Raxworthy, Campbell, Blotto, Moler, Drewes, Nussbaum, Lynch, Green *et* Wheeler, 2006, Bull. Amer. Mus. Nat. Hist., New York, 297: 368.

Bamburana versabilis - Fei, Ye *et* Jiang, 2010, Herpetol. Sinica, Nanjing, 12: 35. See comment under Ranidae.

中文别名（**Common name**）：无

分布（**Distribution**）：安徽（AH）、江西（JX）、湖南（HN）、贵州（GZ）、广东（GD）、广西（GX）；国外：无

其他文献（**Reference**）：胡淑琴等，1977；田婉淑和江耀明，1986；陈壁辉，1991；叶昌媛等，1993；Zhao and Adler, 1993；费梁，1999；费梁等，2009b, 2010, 2012; Jiang *et al.*, 2014；莫运明等，2014；沈猷慧等，2014；江建平等，2016

45. 沼蛙属 *Boulengerana* Fei, Ye *et* Jiang, 2010

Boulengerana Fei, Ye *et* Jiang, 2010, Herpetol. Sinica, Nanjing,

12: 21. **Type species:** *Rana guentheri* Boulenger, 1882. Synonymy of *Sylvirana* by Oliver, Prendini, Kraus *et* Raxworthy, 2015, Mol. Phylogenet. Evol., 90: 188.

（237）沼蛙 *Boulengerana guentheri* (Boulenger, 1882)

Rana guentheri Boulenger, 1882, Catal. Batrach. Salient. Ecaud. Coll. Brit. Mus., London, Ed. 2: 48. **Syntypes:** BMNH (3 specimens) including animal figured in pl. 4, fig. 2 of the original publication. **Type locality:** China [Fujian: Xiamen (厦门)], by Gee *et* Boring, 1929, Peking Nat. Hist. Bull., Peking, 4: 29.

Rana (Hylorana) guentheri - Boulenger, 1920, Rec. Indian Mus., Calcutta, 20: 123.

Hylorana güntheri - Deckert, 1938, Sitzungsber. Ges. Naturforsch. Freunde Berlin, 1938: 145.

Hylarana guentheri - Bourret, 1939, Ann. Bull. Gén. Instr. Publ., Hanoi, 1939: 46; Fei *et* Ye, 2001, Color Handbook Amph. Sichuan, Beijing: 193; Song, Jiang, Zou *et* Shi, 2002, Herpetol. Sinica, Nanjing, 9: 71.

Rana (Hylarana) guentheri - Dubois, 1987 "1986", Alytes, Paris, 5 (1-2): 42, by implication.

Hylarana (Hylarana) guentheri - Fei, Ye *et* Huang, 1990, Key to Chinese Amphibia, Chongqing: 140.

Rana (Sylvirana) guentheri - Dubois, 1992, Bull. Mens. Soc. Linn., Lyon, 61 (10): 326.

Hylarana (Sylvirana) guentheri - Fei, Hu, Ye *et* Huang, 2009, Fauna Sinica, Amphibia, Vol. 3: 1128.

Boulengerana guentheri - Fei, Ye *et* Jiang, 2010, Herpetol. Sinica, Nanjing, 12: 35. See comment under Ranidae record.

Sylvirana guentheri - Oliver, Prendini, Kraus *et* Raxworthy, 2015, Mol. Phylogenet. Evol., 90: 191.

中文别名（**Common name**）：水狗、沼水蛙

分布（**Distribution**）：河南（HEN）、安徽（AH）、江苏（JS）、上海（SH）、浙江（ZJ）、江西（JX）、湖南（HN）、湖北（HB）、四川（SC）、重庆（CQ）、贵州（GZ）、云南（YN）、福建（FJ）、台湾（TW）、广东（GD）、广西（GX）、海南（HI）、香港（HK）、澳门（MC）；国外：越南、老挝

其他文献（**Reference**）：刘承钊和胡淑琴，1961；胡淑琴等，1977；田婉淑和江耀明，1986；费梁等，2005, 2009b, 2010, 2012；叶昌媛，1993；Zhao and Adler, 1993；费梁，1999；史海涛等，2011; Jiang *et al.*, 2014；莫运明等，2014；沈猷慧等，2014；江建平等，2016

46. 滇蛙属 *Dianrana* Fei, Ye *et* Jiang, 2010

Dianrana Fei, Ye *et* Jiang, 2010, Herpetol. Sinica, Nanjing, 12: 21. **Type species:** *Rana pleuraden* Boulenger, 1904. See comment under Ranidae record.

（238）滇蛙 *Dianrana pleuraden* (Boulenger, 1904)

Rana pleuraden Boulenger, 1904, Ann. Mag. Nat. Hist.,

London, Ser. 7, 13: 131. **Syntypes:** BMNH (9 specimens). **Type locality:** China [Yunnan: Kunming（昆明）]; alt. 6000 ft.

Rana (*Rana*) *pleuraden* - Boulenger, 1920, Rec. Indian Mus., Calcutta, 20: 9.

Pelophylax pleuraden - Fei, Ye *et* Huang, 1990, Key to Chinese Amphibia, Chongqing: 133-134.

Rana (*Nidirana*) *pleuraden* - Dubois, 1992, Bull. Mens. Soc. Linn., Lyon, 61 (10): 324.

Nidirana pleuraden - Chen, Murphy, Lathrop, Ngo, Orlov, Ho *et* Somorjai, 2005, Herpetol. J., 15: 237.

Babina pleuraden - Frost, Grant, Faivovich, Bain, Haas, Haddad, de Sá, Channing, Wilkinson, Donnellan, Raxworthy, Campbell, Blotto, Moler, Drewes, Nussbaum, Lynch, Green *et* Wheeler, 2006, Bull. Amer. Mus. Nat. Hist., New York, 297: 368.

Dianrana pleuraden - Fei, Ye *et* Jiang, 2010, Herpetol. Sinica, Nanjing, 12: 35.

中文别名（**Common name**）：滇侧褶蛙

分布（**Distribution**）：四川（SC）、贵州（GZ）、云南（YN）；国外：无

其他文献（**Reference**）：刘承钊和胡淑琴，1961；胡淑琴等，1977；田婉淑和江耀明，1986；叶昌媛等，1993；Zhao and Adler，1993；费梁，1999；杨大同和饶定齐，2008；费梁等，2009b, 2010, 2012；Jiang et al., 2014；江建平等，2016

47. 岛屿臭蛙属 *Eburana* Dubois, 1992

Eburana Dubois, 1992, Bull. Mens. Soc. Linn., Lyon, 61 (10): 328. **Type species:** *Rana narina* Stejneger, 1901, by original designation. Proposed as a subgenus of *Rana*. Synonymy with *Odorrana* by Matsui, 1994, Zool. J. Linn. Soc., 111: 385-415.

（239）台岛臭蛙 *Eburana swinhoana* Boulenger, 1903

Rana swinhoana Boulenger, 1903, Ann. Mag. Nat. Hist., London, Ser. 7, 12: 556. **Syntypes:** (BMNH) 2♀ [99.4.24.104-105 (Stejneger, 1907: 132)], SVL 80.0 mm. **Type locality:** China [Taiwan: Bangkimtsing (Chihshan or Wanluan)].

Rana kosempensis Werner, 1913, Mitt. Naturhist. Mus. Hamburg, 30: 48. **Syntypes:** 4 specimens in BMNH; (NHMW) 20841 (Häupl *et al.*, 1994: 32); (ZMH) A0027-28 (Hallermann, 1998: 199); (MCZ) 13247 (Barbour *et* Loveridge, 1929: 328). **Type locality:** China [Taiwan: Kosempo (Chiahsien)].

Rana (*Hylorana*) *swinhoana* - Boulenger, 1920, Rec. Indian Mus., Calcutta, 20: 127, 192.

Hylorana swinhoana - Deckert, 1938, Sitzungsber. Ges. Naturforsch. Freunde Berlin, 1938: 144.

Rana taiwaniana Otsu, 1973, Quart. J. Taiwan Mus., Taipei, 26: 114. **Holotype:** Mus. Yamagata Univ., Sect. Zool. I-1, 206, by original designation. **Type locality:** China (Taiwan: Shanlin Chiti, north side of Mt. Ali); alt. 1600 m. Synonymy by Lue *et* Lai, 1990, Amph. Taiwan: 1-110; Matsui, 1994, Zool. J. Linn. Soc., 111: 385-415 (undiscussed); Matsui, 2005, Curr. Herpetol., Kyoto, 24: 1-6 (who redescribed the holotype).

Rana narina swinhoana - Wang *et* Chan, 1977, Quart. J. Taiwan Mus., Taipei, 30: 329-339.

Rana narina - Sichuan Biol. Res. Inst. (Hu, Ye *et* Fei), 1977, Syst. Keys Chinese Amph., Beijing: 41 (Taiwan, China).

Rana (*Hylarana*) *swinhoana*: Dubois, 1986, Alytes, Paris, 5 (1-2): 42, by implication.

Pelophylax narina - Fei, Ye *et* Huang, 1990, Key to Chinese Amphibia, Chongqing: 133 (Taiwan, China; not Stejneger, 1901).

Odorrana swinhoana - Fei, Ye *et* Huang, 1990, Key to Chinese Amphibia, Chongqing: 149.

Rana (*Eburana*) *swinhoana*: Dubois, 1992, Bull. Mens. Soc. Linn., Lyon, 61 (10): 328.

Amolops (*Amolops*) *taiwanianus* - Dubois, 1992, Bull. Mens. Soc. Linn., Lyon, 61 (10): 321.

Odorrana (*Odorrana*) *taiwaniana* - Fei, Ye, Huang, Jiang *et* Xie, 2005, An Illustrated Key to Chinese Amphibians, Chengdu: 126.

Huia swinhoana - Frost, Grant, Faivovich, Bain, Haas, Haddad, de Sá, Channing, Wilkinson, Donnellan, Raxworthy, Campbell, Blotto, Moler, Drewes, Nussbaum, Lynch, Green *et* Wheeler, 2006, Bull. Amer. Mus. Nat. Hist., New York, 297: 368.

Eburana swinhoana - Fei, Ye *et* Jiang, 2010, Herpetol. Sinica, Nanjing, 12: 36. See comment under Ranidae.

中文别名（**Common name**）：斯文豪氏赤蛙

分布（**Distribution**）：台湾（TW）；国外：日本

其他文献（**Reference**）：刘承钊和胡淑琴，1961；胡淑琴等，1977；田婉淑和江耀明，1986；叶昌媛等，1993；Zhao and Adler，1993；费梁，1999；费梁等，2005, 2009b, 2012；向高世等，2009；Jiang et al., 2014；江建平等，2016

48. 腺蛙属 *Glandirana* Fei, Ye *et* Huang, 1990

Glandirana Fei, Ye *et* Huang, 1990, Key to Chinese Amphibia, Chongqing: 146. **Type species:** *Rana minima* Ting *et* Tsai, 1979, by original designation.

（240）小腺蛙 *Glandirana minima* (Ting *et* Tsai, 1979)

Rana minimus Ting *et* Tsai, 1979, Acta Zootaxon. Sinica, Beijing, 4 (3): 297-300. **Holotype:** (FNU) 58001, ♂, SVL 25.2 mm, by original designation. **Type locality:** China [Fujian: Fuqing（福清）, Vicinity of Lingshi Monastery]; alt. 300 m.

Glandirana minima - Fei, Ye *et* Huang, 1990, Key to Chinese Amphibia, Chongqing: 147.

Rana (*Glandirana*) *minima* -Dubois, 1992, Bull. Mens. Soc. Linn., Lyon, 61 (10): 328.

中文别名（**Common name**）：小山蛙

分布（**Distribution**）：福建（FJ）；国外：无

其他文献（**Reference**）：田婉淑和江耀明，1986；叶昌媛等，1993；Zhao and Adler, 1993；费梁，1999；费梁等，2005，2009b, 2010, 2012；Jiang *et al.*, 2014；江建平等，2016

49. 水蛙属 *Hylarana* Tschudi, 1838

Hylarana Tschudi, 1838, Classif. Batr.: 37. **Type species:** *Hyla erythraea* Schlegel, 1827, by monotypy.

Limnodytes Duméril *et* Bibron, 1841, Erpét. Gén., 8: 510. Substitute name for *Hylarana* Tschudi, 1838.

Zoodioctes Gistel, 1848, Naturgesch. Thierr.: xi. Substitute name for *Hylarana* Tschudi, 1838.

Hylorana - Günther, 1864, Rept. Brit. India, London: 425. Incorrect subsequent spelling of *Hylarana* Tschudi, 1838.

Tenuirana Fei, Ye *et* Huang, 1990, Key to Chinese Amphibia, Chongqing: 139. **Type species:** *Rana taipehensis* van Denburgh, 1909, by original designation. Coined as a subgenus of *Hylarana*. Considered a subjective synonymy of *Hylarana* by Ohler *et* Mallick, 2003 "2002", Hamadryad, 27: 62.

（241）长趾水蛙 *Hylarana macrodactyla* Günther, 1858

Hylarana macrodactyla Günther, 1858, Arch. Naturgesch., 24: 323. **Syntypes:** BMNH (6 specimens), by original designation. **Type locality:** China [Hong Kong (香港)] by Günther, 1859 "1858", Cat. Batr. Sal. Coll. Brit. Mus., London: 72; Boulenger, 1882, Catal. Batrach. Salient. Ecaud. Coll. Brit. Mus., London, Ed. 2: 55; restricted to Hong Kong by Gee *et* Boring, 1929, Peking Nat. Hist. Bull., Peking, 4: 31; Taylor, 1962, Univ. Kansas Sci. Bull., 43: 421-423.

Rana trivittata Hallowell, 1861 "1860", Proc. Acad. Nat. Sci. Philad., 12: 504. **Holotype:** Deposition not stated; presumably originally in ANSP or USNM. **Type locality:** China [Hong Kong (香港)].

Hylorana macrodactyla - Günther, 1864, Rept. Brit. India, London: 424.

Hylorana subcoerulea Cope, 1868, Proc. Acad. Nat. Sci. Philad., 20: 139. **Syntypes:** (MCZ) 624-626.

Rana macrodactyla - Boulenger, 1882, Catal. Batrach. Salient. Ecaud. Coll. Brit. Mus., London, Ed. 2: 54.

Rana (*Hylorana*) *macrodactyla* -Boulenger, 1882, *In*: Mason, 1882, Burma, Ed. 2: 499.

Rana (*Limnodytes*) *macrodactyla* - Bourret, 1927, Fauna Indochine, Vert., 3: 264.

Rana (*Hylarana*) *macrodactyla* - Bourret, 1941, Ann. Bull. Gén. Instr. Publ., Hanoi, 1941: 26.

Hylarana (*Tenuirana*) *macrodactyla* - Fei, Ye *et* Huang, 1990, Key to Chinese Amphibia, Chongqing: 143.

Hylarana macrodactyla - Song, Jiang, Zou *et* Shi, 2002, Herpetol. Sinica, Nanjing, 9: 71.

Rana (*Hylarana*) *macrodactyla* - Ohler *et* Mallick, 2003 "2002", Hamadryad, 27: 65.

Hylarana (*Hylarana*) *macrodactyla* - Fei, Hu, Ye *et* Huang, 2009, Fauna Sinica, Amphibia, Vol. 3: 1186.

中文别名（**Common name**）：长趾蛙、长趾纤蛙

分布（**Distribution**）：江西（JX）、福建（FJ）、广东（GD）、广西（GX）、海南（HI）、香港（HK）、澳门（MC）；国外：越南、缅甸、泰国、柬埔寨

其他文献（**Reference**）：刘承钊和胡淑琴，1961；胡淑琴等，1977；田婉淑和江耀明，1986；叶昌媛等，1993；Zhao and Adler, 1993；费梁，1999；费梁等，2005，2010, 2012；杨大同和饶定齐，2008；史海涛等，2011；Jiang *et al.*, 2014；莫运明等，2014；江建平等，2016

（242）台北水蛙 *Hylarana taipehensis* (van Denburgh, 1909)

Rana taipehensis van Denburgh, 1909, Proc. California Acad. Sci., Ser. 4, 3: 56. **Holotype:** (CAS) 18007, by original designation. **Type locality:** China [Taiwan: Taipei (台北)].

Hylarana taipehensis - Bourret, 1937, Ann. Bull. Gén. Instr. Publ., Hanoi, 1937 (4): 33; Song, Jiang, Zou *et* Shi, 2002, Herpetol. Sinica, Nanjing, 9: 71.

Rana (*Hylarana*) *taipehensis* - Dubois, 1987 "1986", Alytes, Paris, 5 (1-2): 42, by implication; Dubois, 1992, Bull. Mens. Soc. Linn., Lyon, 61 (10): 328.

Hylarana (*Tenuirana*) *taipehensis* - Fei, Ye *et* Huang, 1990, Key to Chinese Amphibia, Chongqing: 139; Ye, Fei *et* Hu, 1993, Rare and Economic Amph. China: 244.

中文别名（**Common name**）：台北蛙、台北纤蛙、台北赤蛙

分布（**Distribution**）：湖南（HN）、贵州（GZ）、云南（YN）、福建（FJ）、台湾（TW）、广东（GD）、广西（GX）、海南（HI）、香港（HK）；国外：越南、柬埔寨

其他文献（**Reference**）：刘承钊和胡淑琴，1961；胡淑琴等，1977；田婉淑和江耀明，1986；叶昌媛等，1993；Zhao and Adler, 1993；费梁，1999；费梁等，2005，2009b, 2010, 2012；杨大同和饶定齐，2008；史海涛等，2011；Jiang *et al.*, 2014；莫运明等，2014；沈猷慧等，2014；江建平等，2016

50. 胫腺蛙属 *Liuhurana* Fei, Ye, Jiang, Dubois *et* Ohler, 2010

Liuhurana Fei, Ye, Jiang, Dubois *et* Ohler, 2010, *In*: Fei, Ye *et* Jiang, 2010, Herpetol. Sinica, Nanjing, 12: 23. **Type species:** *Rana shuchinae* Liu, 1950.

（243）胫腺蛙 *Liuhurana shuchinae* (Liu, 1950)

Rana shuchinae Liu, 1950, Fieldiana: Zool. Mem., Chicago, 2:

313-315. **Holotype:** (FMNH) 55871, "young adult", SVL 39 mm; (CIB) 1010, ♀, SVL 39.0 mm (examined by Fei *et* Ye, 1997), by original designation. **Type locality:** China [Sichuan: Zhaojue (昭觉), Jiefanggou]; alt. 10 000 ft.

Rana (*Rana*) *shuchinae* - Liu *et* Hu, 1961, Tailless Amph. China, Peking: 138.

Rana (*Pelophylax*) *shuchinae* - Dubois, 1992, Bull. Mens. Soc. Linn., Lyon, 61 (10): 332.

Pelophylax shuchinae - Fei, 1999, Atlas of Amphibians of China, Zhengzhou: 166-167.

Hylarana shuchinae - Chen, Murphy, Lathrop, Ngo, Orlov, Ho *et* Somorjai, 2005, Herpetol. J., 15: 237, by implication.

Liuhurana shuchinae - Fei, Ye *et* Jiang, 2010, Herpetol. Sinica, Nanjing, 12: 37.

Rana (*Liuhurana*) *shuchinae* - Yuan, Zhou, Chen, Poyarkov, Chen, Jang-Liaw, Chou, Matzke, Iizuka, Min, Kuzmin, Zhang, Cannatella, Hillis *et* Che, 2016, Syst. Biol., 65: 835.

中文别名（**Common name**）：胫腺侧褶蛙

分布（**Distribution**）：四川（SC）、云南（YN）；国外：无

其他文献（**Reference**）：刘承钊和胡淑琴，1961；胡淑琴等，1977；田婉淑和江耀明，1986；费梁等，1990，2005，2009b，2010，2012；叶昌媛等，1993；Zhao and Adler，1993；杨大同和饶定齐，2008；Jiang et al.，2014；江建平等，2016

51. 琴蛙属 *Nidirana* Dubois, 1992

Nidirana Dubois, 1992, Bull. Mens. Soc. Linn., Lyon, 61 (10): 324. **Type species:** *Rana psaltes* Kuramoto, 1985, by original designation. Originally proposed as a subgenus of *Rana*. Recognition as a genus by Chen, Murphy, Lathrop, Ngo, Orlov, Ho *et* Somorjai, 2005, Herpetol. J., 15: 237.

（244）弹琴蛙 *Nidirana adenopleura* (Boulenger, 1909)

Rana adenopleura Boulenger, 1909, Ann. Mag. Nat. Hist., London, Ser. 8, 4: 492. **Syntypes:** BMNH "Several specimens", SVL 55 mm. **Type locality:** China [Taiwan: Nantou (南投), Fuhacho Village]; alt. 4000 ft.

Rana (*Hylorana*) *adenopleura* - Boulenger, 1920, Rec. Indian Mus., Calcutta, 20: 127-130.

Rana caldwelli Schmidt, 1925, Amer. Mus. Novit., New York, 175: 2. **Holotype:** (AMNH) 18485, by original designation. **Type locality:** China [Fujian: probably near Nanping (南平)].

Hylorana adenopleura - Deckert, 1938, Sitzungsber. Ges. Naturforsch. Freunde Berlin, 1938: 144.

Rana (*Hylarana*) *adenopleura* - Dubois, 1987 "1986", Alytes, Paris, 5 (1-2): 42, by implication.

Hylarana (*Hylarana*) *adenopleura* - Fei, Ye *et* Huang, 1990, Key to Chinese Amphibia, Chongqing: 140.

Rana (*Nidirana*) *adenopleura* - Dubois, 1992, Bull. Mens. Soc. Linn., Lyon, 61 (10): 324.

Hylarana adenopleura - Jiang *et* Zhou, 2001, Acta Zool. Sinica, Beijing, 47 (1): 41.

Hylarana (*Nidirana*) *adenopleura* - Fei, Ye, Huang, Jiang *et* Xie, 2005, An Illustrated Key to Chinese Amphibians, Chengdu: 120.

Nidirana adenopleura - Chen, Murphy, Lathrop, Ngo, Orlov, Ho *et* Somorjai, 2005, Herpetol. J., 15: 237.

Babina adenopleura - Frost, Grant, Faivovich, Bain, Haas, Haddad, de Sá, Channing, Wilkinson, Donnellan, Raxworthy, Campbell, Blotto, Moler, Drewes, Nussbaum, Lynch, Green *et* Wheeler, 2006, Bull. Amer. Mus. Nat. Hist., New York, 297: 368.

中文别名（**Common name**）：弹琴水蛙、腹斑蛙

分布（**Distribution**）：安徽（AH）、浙江（ZJ）、江西（JX）、湖南（HN）、贵州（GZ）、福建（FJ）、台湾（TW）、广东（GD）、广西（GX）；国外：越南

其他文献（**Reference**）：刘承钊和胡淑琴，1961；胡淑琴等，1977；田婉淑和江耀明，1986；叶昌媛等，1993；Zhao and Adler，1993；费梁，1999；费梁等，2005，2009b，2010，2012；杨大同和饶定齐，2008；向高世等，2009；Jiang et al.，2014；莫运明等，2014；沈猷慧等，2014；江建平等，2016

（245）仙琴蛙 *Nidirana daunchina* (Chang, 1933)

Rana musica Chang *et* Hsu, 1932, Contr. Biol. Lab. Sci. Soc. China (Zool.), 8 (5): 157. **Holotype:** (formerly Biol. Lab. Sci. Soc. China) 6085, ♀, Lost in WWII. Neotype designated (indirectly as *Rana daunchina* Chang, 1933) by Fei *et* Ye, 2009, *In*: Fei, Hu, Ye *et* Huang, 2009, Fauna Sinica, Amphibia, Vol. 3: 1161 as (CIB) 638899. **Type locality:** China [Sichuan: Mt. Emei (峨眉山), Hongchunping temple]; alt. 1300 m. name preoccupied by *Rana musica* Linnaeus, 1766.

Rana daunchina Chang, 1933, China J. Sci. Arts, Shanghai, 18: 209 (being a replacement name for *Rana musica* Chang *et* Hsu, 1932). **Neotype:** (CIB) 638899, ♂, SVL 45.0 mm. **Neotype locality:** China [Sichuan: Mt. Emei (峨眉山)]; alt. 1900 m; present designated by Fei *et* Ye, 2009b.

Rana (*Hylarana*) *daunchina* - Dubois, 1987 "1986", Alytes, Paris, 5 (1-2): 42, by implication.

Hylarana (*Hylarana*) *daunchina* - Fei, Ye *et* Huang, 1990, Key to Chinese Amphibia, Chongqing: 140.

Rana (*Nidirana*) *daunchina*- Dubois, 1992, Bull. Mens. Soc. Linn., Lyon, 61 (10): 324.

Hylarana (*Nidirana*) *daunchina* - Fei, Ye, Huang, Jiang *et* Xie, 2005, An Illustrated Key to Chinese Amphibians, Chengdu: 119.

Nidirana daunchina - Chen, Murphy, Lathrop, Ngo, Orlov, Ho *et* Somorjai, 2005, Herpetol. J., 15: 237.

Babina daunchina - Frost, Grant, Faivovich, Bain, Haas, Haddad, de Sá, Channing, Wilkinson, Donnellan, Raxworthy, Campbell, Blotto, Moler, Drewes, Nussbaum,

Lynch, Green *et* Wheeler, 2006, Bull. Amer. Mus. Nat. Hist., New York, 297: 368.

中文别名（Common name）：无

分布（Distribution）：四川（SC）、重庆（CQ）、贵州（GZ）、云南（YN）；国外：无

其他文献（Reference）：刘承钊和胡淑琴，1961；胡淑琴等，1977；田婉淑和江耀明，1986；叶昌媛等，1993；Zhao and Adler，1993；费梁，1999；杨大同和饶定齐，2008；费梁等，2009b，2010，2012；Jiang *et al.*, 2014；江建平等，2016

（246）海南琴蛙 *Nidirana hainanensis* (Fei, Ye *et* Jiang, 2007)

Rana adenopleura - Liu, Hu, Fei *et* Huang, 1973, Acta Zool. Sinica, Beijing, 19 (4): 395 [Mt. Diaoluo (吊罗山), Hainan, China].

Hylarana (*Hylarana*) *adenopleura* - Fei, Ye *et* Huang, 1990, Key to Chinese Amphibia, Chongqing: 141 (Hainan, China).

Hylarana (*Nidirana*) *hainanensis* Fei, Ye *et* Jiang, 2007, Herpetol. Sinica, Nanjing, 11: 38-41. **Holotype:** (CIB) 64 II 3347, ♂, SVL 33.5 mm, by original designation. **Type locality:** China [Hainan: Lingshui (陵水), Mt. Diaoluo (吊罗山)]; alt. 340 m.

Babina hainanensis - Frost, 2010, Amph. Spec. World, Lawrence, Vers. 5.4. By implication of statement in original publication relating this species to *Babina adenopleura*.

Nidirana hainanensis - Lyu, Zeng, Wang, Lin, Liu *et* Wang, 2017, Amphibia-Reptilia, 38: 494.

中文别名（Common name）：无

分布（Distribution）：海南（HI）；国外：无

其他文献（Reference）：胡淑琴等，1977；田婉淑和江耀明，1986；叶昌媛，1993；Zhao and Adler，1993；费梁，1999；费梁等，2005，2009b，2010，2012；史海涛等，2011；Jiang *et al.*, 2014；江建平等，2016

（247）林琴蛙 *Nidirana lini* (Chou, 1999)

Rana lini Chou, 1999, Herpetologica, Austin, 55 (3): 389-400. **Holotype:** (MNS) 3258, field no. 7599. ♂, SVL 53.5 mm. **Type locality:** China [Yunnan: Jiangcheng (江城), 8 km N Jiangcheng]; alt. 1400 m.

Hylarana (*Nidirana*) *lini* - Fei, Ye, Huang, Jiang *et* Xie, 2005, An Illustrated Key to Chinese Amphibians, Chengdu: 120.

Nidirana lini - Chen, Murphy, Lathrop, Ngo, Orlov, Ho *et* Somorjai, 2005, Herpetol. J., 15: 237; Fei, Ye *et* Jiang, 2010, Herpetol. Sinica, Nanjing, 12: 35; Lyu, Zeng, Wang, Lin, Liu *et* Wang, 2017, Amphibia-Reptilia, 38: 494.

Babina lini - Frost, Grant, Faivovich, Bain, Haas, Haddad, de Sá, Channing, Wilkinson, Donnellan, Raxworthy, Campbell, Blotto, Moler, Drewes, Nussbaum, Lynch, Green *et* Wheeler, 2006, Bull. Amer. Mus. Nat. Hist., New York, 297: 368.

中文别名（Common name）：无

分布（Distribution）：云南（YN）；国外：越南、老挝、泰国

其他文献（Reference）：费梁等，2005，2009b，2010，2012；杨大同和饶定齐，2008；Jiang *et al.*, 2014；江建平等，2016

（248）南昆山琴蛙 *Nidirana nankunensis* Lyu, Zeng, Wang, Lin, Liu *et* Wang, 2017

Nidirana nankunensis Lyu, Zeng, Wang, Lin, Liu *et* Wang, 2017, Amphibia-Reptilia, 38: 495. **Holotype.** (SYS) a005719, by original designation. **Type locality:** China [Guangdong: Longmen (龙门), Mt. Nankun]; 23°38′12″N, 113°51′15″E; alt. 506 m.

中文别名（Common name）：无

分布（Distribution）：广东（GD）；国外：无

其他文献（Reference）：无

（249）竖琴蛙 *Nidirana okinavana* (Boettger, 1895)

Rana okinavana Boettger, 1895, Zool. Anz., Leipzig, 18: 266. also described by Boettger, 1895, Ber. Offenb. Ver. Naturk., Frankfurt, 1895: 103. **Syntypes:** (total of 3 specimens) SMF (2 specimens), Bremen Mus.; (SMF) 5830 [formerly (SMF) 1047.3a] designated lectotype by Mertens, 1967, Senckenb. Biol., 48 (A): 45. **Type locality:** Ryukyu Islands: Okinawa; given by Boettger, 1895, Ber. Offenbach. Ver. Naturkd., 1895: 104. Matsui, 2007, Zool. Sci., Tokyo, 24: 203, regarded the type locality as erroneous, most likely actually somewhere in the Yaemama Islands.

Rana (*Rana*) *okinavana* - Boulenger, 1920, Rec. Indian Mus., Calcutta, 20: 9; Nakamura *et* Ueno, 1963, Japan. Rept. Amph. Color: 40 (based on misidentified material).

Rana psaltes Kuramoto, 1985, Herpetologica, Austin, 41: 150. **Holotype:** (FUE) 80320, by original designation. **Type locality:** Ryukyu Islands: Iriomote Island, near the Kampira Falls (Urauchi River); 24°21′N, 123°49′E. Synonymy by Matsui, 2007, Zool. Sci., Tokyo, 24: 199-204.

Rana (*Hylarana*) *psaltis* - Maeda *et* Matsui, 1990, Frogs Toads Japan, Ed. 2: 127. Incorrect subsequent spelling of the species name.

Rana (*Nidirana*) *psaltes* - Dubois, 1992, Bull. Mens. Soc. Linn., Lyon, 61 (10): 324.

Hylarana (*Nidirana*) *psaltes* - Fei, Ye, Huang, Jiang *et* Xie, 2005, An Illustrated Key to Chinese Amphibians, Chengdu: 119.

Nidirana psaltes - Chen, Murphy, Lathrop, Ngo, Orlov, Ho *et* Somorjai, 2005, Herpetol. J., 15: 237.

Babina psaltes - Frost, Grant, Faivovich, Bain, Haas, Haddad, de Sá, Channing, Wilkinson, Donnellan, Raxworthy, Campbell, Blotto, Moler, Drewes, Nussbaum, Lynch, Green *et* Wheeler, 2006, Bull. Amer. Mus. Nat. Hist., New York, 297: 368.

Babina okinavana - Frost, 2007, Amph. Spec. World, Lawrence, Vers. 5.1. By implication of the nomenclatural change suggested by Matsui, 2007, Zool. Sci., Tokyo, 24: 199-204.

Babina okinavana - Fei, Ye *et* Jiang, 2010, Herpetol. Sinica, Nanjing, 12: 35.

Nidirana okinavana - Lyu, Zeng, Wang, Lin, Liu *et* Wang, 2017, Amphibia-Reptilia, 38: 493.

中文别名（**Common name**）：无

分布（**Distribution**）：台湾（TW）；国外：琉球群岛

其他文献（**Reference**）：叶昌媛等，1993；Zhao and Adler, 1993；费梁，1999；费梁等，2009b, 2010, 2012；向高世等，2009；Jiang *et al.*, 2014；江建平等，2016

52. 臭蛙属 *Odorrana* Fei, Ye *et* Huang, 1990

Odorrana Fei, Ye *et* Huang, 1990, Key to Chinese Amphibia, Chongqing: 147. **Type species:** *Rana margaretae* Liu, 1950, by original designation. Considered a subgenus of *Rana* by Dubois, 1992, Bull. Mens. Soc. Linn., Lyon, 61 (10): 329; Matsui, 1994, Zool. J. Linn. Soc., 111: 385-415.

（250）云南臭蛙 *Odorrana andersonii* (Boulenger, 1882)

Polypedates yunnanensis Anderson, 1879 "1878", Anat. Zool. Res.: Zool. Result. Exped. West Yunnan, London, 1: 843. **Syntypes:** Including BMNH (1 specimen), according to Boulenger, 1882, Catal. Batrach. Salient. Ecaud. Coll. Brit. Mus., London, Ed. 2: 55; others not traced. **Type locality:** China [Yunnan: Tengchong (腾冲), Hotha (户撒)]; alt. 4500 ft. Secondary homonym of *Rana yunnanensis* Anderson, 1879.

Rana andersonii Boulenger, 1882, Catal. Batrach. Salient. Ecaud. Coll. Brit. Mus., London, Ed. 2: 55. Replacement name for *Polypedates yunnanensis* Anderson, 1879.

Rana (Hylorana) andersonii - Boulenger, 1920, Rec. Indian Mus., Calcutta, 20: 126.

Hylarana andersonii - Bourret, 1937, Ann. Bull. Gén. Instr. Publ., Hanoi, 1937 (4): 39.

Rana (Hylarana) andersonii - Bourret, 1939, Ann. Bull. Gén. Instr. Publ., Hanoi, 1939: 15; Dubois, 1987 "1986", Alytes, Paris, 5 (1-2): 42, by implication.

Odorrana andersonii - Fei, Ye *et* Huang, 1990, Key to Chinese Amphibia, Chongqing: 149.

Rana (Odorrana) andersonii - Dubois, 1992, Bull. Mens. Soc. Linn., Lyon, 61 (10): 329.

中文别名（**Common name**）：无

分布（**Distribution**）：云南（YN）、广西（GX）；国外：越南、缅甸

其他文献（**Reference**）：刘承钊和胡淑琴，1961；胡淑琴等，1977；田婉淑和江耀明，1986；叶昌媛等，1993；Zhao and Adler, 1993；费梁，1999；费梁等，2005, 2009b, 2010, 2012；杨大同和饶定齐，2008；Jiang *et al.*, 2014；莫运明等，2014；江建平等，2016

（251）安龙臭蛙 *Odorrana anlungensis* (Liu *et* Hu, 1973)

Rana anlungensis Liu *et* Hu, 1973, *In*: Hu, Zhao *et* Liu, 1973, Acta Zool. Sinica, Beijing, 19 (2): 167-169. **Holotype:** (CIB) 63III1515, ♂, SVL 36.6 mm, by original designation. **Type locality:** China [Guizhou: Anlong (安龙), Mt. Longtou (龙头山)]; alt. 1550 m.

Rana (Hylarana) anlungensis - Dubois, 1987 "1986", Alytes, Paris, 5 (1-2): 42, by implication.

Odorrana anlungensis - Fei, Ye *et* Huang, 1990, Key to Chinese Amphibia, Chongqing: 149.

Rana (Odorrana) anlungensis - Dubois, 1992, Bull. Mens. Soc. Linn., Lyon, 61 (10): 329.

Odorrana (Odorrana) anlungensis - Fei, Ye, Huang, Jiang *et* Xie, 2005, An Illustrated Key to Chinese Amphibians, Chengdu: 130.

中文别名（**Common name**）：无

分布（**Distribution**）：贵州（GZ）；国外：无

其他文献（**Reference**）：胡淑琴等，1977；田婉淑和江耀明，1986；叶昌媛等，1993；Zhao and Adler, 1993；费梁，1999；费梁等，2009b, 2010, 2012；Jiang *et al.*, 2014；江建平等，2016

（252）藏南臭蛙 *Odorrana arunachalensis* Saikia, Sinha *et* Kharkongor, 2017

Odorrana arunachalensis Saikia, Sinha *et* Kharkongor, 2017. J. Bioresour., 4 (2): 30-41. **Holotype:** V/A/NERC/ZSI-Shillong/1296, by original designation. **Type locality:** China [Xizang: Mêdog (墨脱), Talle Valley].

中文别名（**Common name**）：无

分布（**Distribution**）：西藏（XZ）；国外：无

其他文献（**Reference**）：无

（253）北圻臭蛙 *Odorrana bacboensis* (Bain, Lathrop, Murphy, Orlov *et* Ho, 2003)

Rana (Odorrana) bacboensis Bain, Lathrop, Murphy, Orlov *et* Ho, 2003, Amer. Mus. Novit., New York, 3417: 32. **Holotype:** (ROM) 29534, by original designation. **Type locality:** Vietnam (Nghe An Province: Con Cuong District, Khe Moi River, approximately 24 km west of Con Cuong Village); 18°56′30″N, 104°48′35″E.

Odorrana bacboensis - Chen, Murphy, Lathrop, Ngo, Orlov, Ho *et* Somorjai, 2005, Herpetol. J., 15: 239.

Huia bacboensis - Frost, Grant, Faivovich, Bain, Haas, Haddad, de Sá, Channing, Wilkinson, Donnellan, Raxworthy, Campbell, Blotto, Moler, Drewes, Nussbaum, Lynch, Green *et* Wheeler, 2006, Bull. Amer. Mus. Nat. Hist., New York, 297: 368.

Odorrana bacboensis - Firstly recorded in China by Wang, Lau, Yang, Chen, Liu, Pang *et* Liu, 2015, Zootaxa, 3999: 235-254.

中文别名（**Common name**）：无

分布（**Distribution**）：云南（YN）、广西（GX）；国外：
越南

其他文献（**Reference**）：无

（254）沧源臭蛙 *Odorrana cangyuanensis* (Yang, 2008)

Rana cangyuanensis Yang, 2008, *In*: Yang *et* Rao, 2008,
Amphibia and Reptilia of Yunnan: 65. **Holotype:** (KIZ)
79 Ⅰ 086, by original designation. **Type locality:** China
[Yunnan: Cangyuan (沧源)].

Odorrana cangyuanensis - Fei, Ye *et* Jiang, 2012, Colored
Atlas of Chinese Amphibians and Their Distributions: 367.

中文别名（**Common name**）：沧源蛙

分布（**Distribution**）：云南（YN）；国外：？缅甸

其他文献（**Reference**）：Jiang *et al.*, 2014; 江建平等, 2016

（255）沙巴臭蛙 *Odorrana chapaensis* (Bourret, 1937)

Rhacophorus buergeri chapaensis Bourret, 1937, Ann. Bull.
Gén. Instr. Publ., Hanoi, 1937 (4): 44-46. **Syntypes:** (LZUH)
B.184-185 (now (MNHNP) 1948.150-151, Guibé, 1950
"1948"); (MNHNP) 1948.150 [formerly (LUZH) B.184], ♂,
SVL 73.5 mm, designated lectotype by Dubois, 1986,
Alytes, Paris, 5 (1-2): 51. **Type locality:** Vietnam (Tonkin:
Chapa).

Amolops chapaensis - Dubois, 1986, Alytes, Paris, 5 (1-2): 51.

Amolops macrorhynchus Yang, 1987, Herpetologica, Austin,
43: 96. **Holotype:** (KIZ) 77 Ⅰ 0201, ♂, SVL 80.7 mm, by
original designation. Synonymy by Dubois, 1992: 339.
Type locality: China [Yunnan: Hekou (河口), Mt. Dawei];
alt. 1700 m.

Amolops (Amolops) chapaensis - Dubois, 1992, Bull. Mens.
Soc. Linn., Lyon, 61 (10): 321.

Huia chapaensis - Frost, Grant, Faivovich, Bain, Haas, Haddad,
de Sá, Channing, Wilkinson, Donnellan, Raxworthy,
Campbell, Blotto, Moler, Drewes, Nussbaum, Lynch, Green
et Wheeler, 2006, Bull. Amer. Mus. Nat. Hist., New York,
297: 368.

Odorrana chapaensis - Ngo, Murphy, Liu, Lathrop *et* Orlov,
2006, Amphibia-Reptilia, 27: 81.

中文别名（**Common name**）：无

分布（**Distribution**）：云南（YN）；国外：越南

其他文献（**Reference**）：费梁等, 1990, 2005, 2009b, 2010,
2012; 费梁, 1999; 杨大同和饶定齐, 2008; Jiang *et al.*,
2014; 江建平等, 2016

（256）封开臭蛙 *Odorrana fengkaiensis* Wang, Lau, Yang, Chen, Liu, Pang *et* Liu, 2015

Odorrana fengkaiensis Wang, Lau, Yang, Chen, Liu, Pang *et*
Liu, 2015, Zootaxa, 3999: 241. **Holotype:** (SYS) a002265,
by original designation. **Type locality:** China [Guangdong:
Fengkai (封开), Heishiding Nature Reserve]; 23°27′40.16″N,
111°54′32.80″E; alt. 253 m.

中文别名（**Common name**）：无

分布（**Distribution**）：广东（GD）、广西（GX）；国外：
？越南

其他文献（**Reference**）：无

（257）越北臭蛙 *Odorrana geminata* Bain, Stuart, Nguyen, Che *et* Rao, 2009

Odorrana geminata Bain, Stuart, Nguyen, Che *et* Rao, 2009,
Copeia, 2009: 355. **Holotype:** (AMNH) 163782, by original
designation. **Type locality:** Vietnam (Ha Giang Province: Vi
Xuyen District, Cao Bo Commune, Mount Tay Con Linh Ⅱ,
above Tham Ve Village); near 22°46′8″N, 104°49′51″E; alt.
1420 m.

中文别名（**Common name**）：无

分布（**Distribution**）：云南（YN）、广西（GX）；国
外：越南

其他文献（**Reference**）：无

（258）无指盘臭蛙 *Odorrana grahami* (Boulenger, 1917)

Rana grahami Boulenger, 1917, Ann. Mag. Nat. Hist., Ser. 8,
20: 413-418. **Syntypes:** (BMNH), Liu *et* Hu, 1961, Tailless
Amph. China, Peking: 144-147. **Type locality:** China
[Yunnan: Kunming (昆明)].

Odorrana grahami - Fei, Ye *et* Huang, 1990, Key to Chinese
Amphibia, Chongqing: 149.

Rana (Odorrana) grahami - Dubois, 1992, Bull. Mens. Soc.
Linn., Lyon, 61 (10): 329.

Huia grahami - Frost, Grant, Faivovich, Bain, Haas, Haddad,
de Sá, Channing, Wilkinson, Donnellan, Raxworthy,
Campbell, Blotto, Moler, Drewes, Nussbaum, Lynch, Green
et Wheeler, 2006, Bull. Amer. Mus. Nat. Hist., New York,
297: 368.

中文别名（**Common name**）：无

分布（**Distribution**）：？山西（SX）、？湖南（HN）、
四川（SC）、贵州（GZ）、云南（YN）；国外：
？越南

其他文献（**Reference**）：刘承钊和胡淑琴, 1961; 胡淑琴等,
1977; 田婉淑和江耀明, 1986; 叶昌媛等, 1993; Zhao and
Adler, 1993; 樊龙锁等, 1998; 费梁, 1999; 费梁等, 2005,
2009b, 2010, 2012; 杨大同和饶定齐, 2008; Jiang *et al.*,
2014; 沈猷慧等, 2014; 江建平等, 2016

（259）大绿臭蛙 *Odorrana graminea* (Boulenger, 1899)

Rana nebulosa Hallowell, 1860, Proc. Acad. Nat. Sci. Philad.,
12: 505. **Holotype:** Young, SVL 10 lines (Nomen dubium,
Bain *et al.*, 2003). **Type locality:** China [Hong Kong
(香港)].

Rana chloronota - Boettger, 1885, Ber. Offenb. Ver. Naturk.,
Frankfurt, 26-28: 46 [Hong Kong (香港), China; not
Günther, 1875].

Rana livida - Boulenger, 1890, Fauna Brit. India, Rept. Batr.: 462 [Hong Kong（香港）, China].

Rana graminea - Boulenger, 1900 "1899", Proc. Zool. Soc. London, 1899: 958. **Syntypes:** (BMNH) 2 specimens (Pope, 1931: 554); (BMNH) 2♂♂, 1947.2.27.96-97 (Bain *et al.*, 2003). **Type locality:** China [Hainan: Mt. Five-finger（五指山）].

Rana (*Hylorana*) *graminea* - Boulenger, 1920, Rec. Indian Mus., Calcutta, 20: 127, 204.

Rana (*Hylorana*) *sinica* Ahl, 1925, Sitzungsber. Ges. Naturforsch. Freunde Berlin, 1925: 45. **Holotype:** (ZMB) 9485. **Type locality:** China [Southern China（华南）].

Rana leporipes Werner, 1930, Lingnan Sci. J., Canton, 9: 45. **Holotype:** No. 1560, ♀, SVL 90 mm. **Type locality:** China [Guangdong: Guangzhou（广州）, Mt. Longtou（龙头山）]; alt. 700 m.

Hylarana graminea - Bourret, 1939, Ann. Bull. Gén. Instr. Publ., Hanoi, 1939: 46.

Odorrana livida - Fei, Ye *et* Huang, 1990, Key to Chinese Amphibia, Chongqing: 148.

Rana (*Eburana*) *livida* - Dubois, 1992, Bull. Mens. Soc. Linn., Lyon, 61 (10): 328.

Rana (*Odorrana*) *graminea* - Bain, Lathrop, Murphy, Orlov *et* Ho, 2003, Amer. Mus. Novit., New York, 3417: 24.

Odorrana (*Odorrana*) *livida* - Fei, Ye, Huang, Jiang *et* Xie, 2005, An Illustrated Key to Chinese Amphibians, Chengdu: 128-129.

Huia graminea - Frost, Grant, Faivovich, Bain, Haas, Haddad, de Sá, Channing, Wilkinson, Donnellan, Raxworthy, Campbell, Blotto, Moler, Drewes, Nussbaum, Lynch, Green *et* Wheeler, 2006, Bull. Amer. Mus. Nat. Hist., New York, 297: 368.

Odorrana graminea - Che, Pang, Zhao, Wu, Zhao *et* Zhang, 2007, Mol. Phylogenet. Evol., 43: 1-13, by implication.

Odorrana (*Odorrana*) *graminea* - Fei, Hu, Ye *et* Huang, 2009, Fauna Sinica, Amphibia, Vol. 3: 1219.

中文别名（Common name）：大绿蛙

分布（Distribution）：河南（HEN）、陕西（SN）、安徽（AH）、浙江（ZJ）、江西（JX）、湖南（HN）、湖北（HB）、四川（SC）、重庆（CQ）、贵州（GZ）、云南（YN）、福建（FJ）、广东（GD）、广西（GX）、海南（HI）、香港（HK）；国外：越南

其他文献（Reference）：刘承钊和胡淑琴，1961；胡淑琴等，1977；田婉淑和江耀明，1986；叶昌媛等，1993；Zhao and Adler, 1993；费梁，1999；杨大同和饶定齐，2008；费梁等，2009b, 2010, 2012；史海涛等，2011；Jiang *et al.*, 2014；莫运明等，2014；沈猷慧等，2014；Xiong *et al.*, 2015；江建平等，2016

（260）海南臭蛙 *Odorrana hainanensis* Fei, Ye *et* Li, 2001

Rana andersonii - Boulenger, 1899, Proc. Zool. Soc. London, 1899: 956-962 (Hainan, China; not Boulenger, 1882).

Rana schmackeri - Pope *et* Boring, 1940, Peking Nat. Hist., Bull. 15 (1): 62-63 (Hainan, China; not Boettger, 1892).

Rana tiannanensis - Li, Qian *et* Wu, 1986, Acta Herpetol. Sinica, Chengdu, 5 (1): 71 (Hainan, China; not Yang *et* Li, 1980).

Odorrana hainanensis Fei, Ye *et* Li, 2001, Acta Zootaxon. Sinica, Beijing, 26 (4): 108. **Holotype:** (CIB) 64III3916, by original designation. **Type locality:** China [Hainan: Baisha（白沙）, Yinggeling]; 19°03′N, 109°53′E; alt. 520 m.

Huia hainanensis - Frost, Grant, Faivovich, Bain, Haas, Haddad, de Sá, Channing, Wilkinson, Donnellan, Raxworthy, Campbell, Blotto, Moler, Drewes, Nussbaum, Lynch, Green *et* Wheeler, 2006, Bull. Amer. Mus. Nat. Hist., New York, 297: 368.

中文别名（Common name）：无

分布（Distribution）：广西（GX）、海南（HI）；国外：无

其他文献（Reference）：刘承钊和胡淑琴，1961；胡淑琴等，1977；田婉淑和江耀明，1986；费梁等，1990, 2005, 2009b, 2010, 2012；叶昌媛等，1993；Zhao and Adler, 1993；费梁，1999；史海涛等，2011；Jiang *et al.*, 2014；江建平等，2016

（261）合江臭蛙 *Odorrana hejiangensis* (Deng *et* Yu, 1992)

Rana hejiangensis Deng *et* Yu, 1992, J. Sichuan Teachers College, Nanchong, 13 (1): 320-325. **Holotype:** (SNC) HE84034, ♂, SVL 56.0 mm, by original designation. **Type locality:** China [Sichuan: Hejiang（合江）, Zhihuai, Shunyangxi]; alt. 900 m.

Odorrana hejiangensis - Fei, 1999, Atlas of Amphibians. of China, Zhengzhou: 196.

Odorrana (*Odorrana*) *hejiangensis* - Fei, Ye, Huang, Jiang *et* Xie, 2005, An Illustrated Key to Chinese Amphibians, Chengdu: 131.

Huia hejiangensis - Frost, Grant, Faivovich, Bain, Haas, Haddad, de Sá, Channing, Wilkinson, Donnellan, Raxworthy, Campbell, Blotto, Moler, Drewes, Nussbaum, Lynch, Green *et* Wheeler, 2006, Bull. Amer. Mus. Nat. Hist., New York, 297: 368.

中文别名（Common name）：无

分布（Distribution）：四川（SC）、重庆（CQ）；国外：无

其他文献（Reference）：费梁等，2009b, 2010, 2012；Jiang *et al.*, 2014；江建平等，2016

（262）黄岗臭蛙 *Odorrana huanggangensis* Chen, Zhou *et* Zheng, 2010

Odorrana schmackeri - Fei, Ye *et* Huang, 1990, Key to Chinese Amphibia, Chongqing: 151.

Odorrana schmackeri - Fei, Hu, Ye *et* Huang, 2009, Fauna

Sinica, Amphibia, Vol. 3: 1283.

Odorrana huanggangensis Chen, Zhou *et* Zheng, 2010, Acta Zootaxon. Sinica, Beijing, 35 (1): 207. **Holotype:** (HNNU) 0607003, by original designation. **Type locality:** China [Fujian: Wuyishan City（武夷山市）, Wuyi Mountains National Nature Reserve]; 27°45′N, 117°41′E; alt. 734 m.

中文别名（**Common name**）：无

分布（**Distribution**）：江西（JX）、福建（FJ）；国外：无

其他文献（**Reference**）：费梁等，2012；Jiang *et al.*, 2014；江建平等，2016

（263）景东臭蛙 *Odorrana jingdongensis* Fei, Ye *et* Li, 2001

Rana andersonii - Liu, Hu *et* Yang 1960 (not Boulenger, 1882), Acta Zool. Sinica, Beijing, 12 (2): 151 [Jingdong（景东）, Yunnan, China]; Liu *et* Hu, 1961, Tailless Amph. China, Peking: 206-208 (description).

Odorrana jingdongensis Fei, Ye *et* Li, 2001, Acta Zootaxon. Sinica, Beijing, 26 (1): 111-114. **Holotype:** (CIB 581505, ♀, 90.4 mm. **Type locality:** China [Yunnan: Jingdong（景东）, Xinmin Xiang]; alt. 1480 m.

Rana (Odorrana) hmongorum Bain, Lathrop, Murphy, Orlov *et* Ho, 2003, Amer. Mus. Novit., New York, 3417: 40. **Holotype:** (ROM) 26376, by original designation. **Type locality:** Vietnam (Lao Cai Province: 5 km NW of Sa Pa Village, near Qui Ho Pass); 22°22′09″N, 103°50′14″E; alt. 1400 m. Synonymy by Ohler, 2007, Alytes, Paris, 25: 59.

Huia hmongorum - Frost, Grant, Faivovich, Bain, Haas, Haddad, de Sá, Channing, Wilkinson, Donnellan, Raxworthy, Campbell, Blotto, Moler, Drewes, Nussbaum, Lynch, Green *et* Wheeler, 2006, Bull. Amer. Mus. Nat. Hist., New York, 297: 368.

Huia jingdongensis - Frost, Grant, Faivovich, Bain, Haas, Haddad, de Sá, Channing, Wilkinson, Donnellan, Raxworthy, Campbell, Blotto, Moler, Drewes, Nussbaum, Lynch, Green *et* Wheeler, 2006, Bull. Amer. Mus. Nat. Hist., New York, 297: 368.

中文别名（**Common name**）：无

分布（**Distribution**）：云南（YN）、广西（GX）；国外：越南

其他文献（**Reference**）：费梁等，2005, 2009b, 2010, 2012；杨大同和饶定齐，2008；Jiang *et al.*, 2014；莫运明等，2014；江建平等，2016

（264）筇连臭蛙 *Odorrana junlianensis* Huang, Fei *et* Ye, 2001

Rana andersonii - Liu, Hu *et* Yang, 1960, Acta Zool. Sinica, Beijing, 14 (3): 382 (Bejie County, Kweichow Prov.); Liu *et* Hu, 1961, Tailless Amph. China, Peking: 206-208 (description); Huang *et* Chen, 1997, Cultum Herpetol.

Sinica, Guiyang, (6-7): 219-220 [Junlian（筇连）, Sichuan Prov., China].

Odorrana junlianensis Huang, Fei *et* Ye, 2001, *In*: Fei *et* Ye, 2001, Color Handbook Amph. Sichuan, Beijing: 199. **Holotype:** (CNHM) 900073, ♀, SVL 102.0 mm. **Type locality:** China [Sichuan: Junlian（筇连）, Jiefang]; alt. 680 m.

Huia junlianensis - Frost, Grant, Faivovich, Bain, Haas, Haddad, de Sá, Channing, Wilkinson, Donnellan, Raxworthy, Campbell, Blotto, Moler, Drewes, Nussbaum, Lynch, Green *et* Wheeler, 2006, Bull. Amer. Mus. Nat. Hist., New York, 297: 368.

中文别名（**Common name**）：无

分布（**Distribution**）：四川（SC）、贵州（GZ）、云南（YN）；国外：? 越南

其他文献（**Reference**）：费梁等，2005, 2009b, 2010, 2012；杨大同和饶定齐，2008；Jiang *et al.*, 2014；江建平等，2016

（265）光雾臭蛙 *Odorrana kuangwuensis* (Liu *et* Hu, 1966)

Rana kuangwuensis Liu *et* Hu, 1966, *In*: Hu, Zhao *et* Liu, 1966, Acta Zool. Sinica, Beijing, 18 (1): 77-79. **Holotype:** (CIB) 610551, ♀, SVL 71.4 mm, by original designation. **Type locality:** China [Sichuan: Nanjiang（南江）, Mt. Guangwu]; alt. 1650 m.

Rana (Hylarana) kuangwuensis: Frost, 1985, Amph. Spec. World, Lawrence: 498, by implication.

Odorrana kuangwuensis - Fei, Ye *et* Huang, 1990, Key to Chinese Amphibia, Chongqing: 150.

Rana (Odorrana) kuangwuensis - Dubois, 1992, Bull. Mens. Soc. Linn., Lyon, 61 (10): 329.

Huia kuangwuensis - Frost, Grant, Faivovich, Bain, Haas, Haddad, de Sá, Channing, Wilkinson, Donnellan, Raxworthy, Campbell, Blotto, Moler, Drewes, Nussbaum, Lynch, Green *et* Wheeler, 2006, Bull. Amer. Mus. Nat. Hist., New York, 297: 368.

中文别名（**Common name**）：无

分布（**Distribution**）：湖北（HB）、四川（SC）；国外：无

其他文献（**Reference**）：胡淑琴等，1977；田婉淑和江耀明，1986；费梁，1999；费梁等，2005, 2009b, 2010, 2012；叶昌媛等，1993；Zhao and Adler, 1993；Jiang *et al.*, 2014；江建平等，2016

（266）贵州臭蛙 *Odorrana kweichowensis* Li, Xu, Lv, Jiang, Wei *et* Wang, 2018

Odorrana kweichowensis Li, Xu, Lv, Jiang, Wei *et* Wang, 2018, PeerJ, 6: e5695 (DOI: 10.7717/peerj.5695). **Holotype:** (CIB) js20150803002, adult male, SVL 42.5 mm. **Type locality:** China [Guizhou: Jinsha（金沙）, the Lengshuihe Nature Reserve]; 27.47361°N, 106.00139°E; alt. 754 m.

中文别名（**Common name**）：无

分布（Distribution）：四川（SC）、贵州（GZ）；国外：无

其他文献（Reference）：无

（267）荔浦臭蛙 *Odorrana lipuensis* Mo, Chen, Wu, Zhang *et* Zhou, 2015

Odorrana lipuensis Mo, Chen, Wu, Zhang *et* Zhou, 2015, Asian Herpetol. Res., 6: 12. **Holotype:** (NHMG) 1306001, by original designation. **Type locality:** China [Guangxi: Lipu（荔浦）, a completely dark karst cave]; 24°38′N, 110°26′E; alt. 182 m.

中文别名（Common name）：无

分布（Distribution）：广西（GX）；国外：越南

其他文献（Reference）：无

（268）龙胜臭蛙 *Odorrana lungshengensis* (Liu *et* Hu, 1962)

Rana lungshengensis Liu *et* Hu, 1962, Acta Zool. Sinica, Beijing, 14 (Suppl.): 91-92. **Holotype:** (CIB) 603520, ♂, SVL 66.8 mm, by original designation. **Type locality:** China [Guangxi: Longsheng（龙胜）, Huaping]; alt. 900 m.

Rana (*Hylarana*) *lungshengensis* - Frost, 1985, Amph. Spec. World, Lawrence: 501.

Odorrana lungshengensis - Fei, Ye *et* Huang, 1990, Key to Chinese Amphibia, Chongqing: 150.

Rana (*Odorrana*) *lungshengensis* - Dubois, 1992, Bull. Mens. Soc. Linn., Lyon, 61 (10): 329.

Huia lungshengensis - Frost, Grant, Faivovich, Bain, Haas, Haddad, de Sá, Channing, Wilkinson, Donnellan, Raxworthy, Campbell, Blotto, Moler, Drewes, Nussbaum, Lynch, Green *et* Wheeler, 2006, Bull. Amer. Mus. Nat. Hist., New York, 297: 368.

中文别名（Common name）：无

分布（Distribution）：贵州（GZ）、广西（GX）；国外：无

其他文献（Reference）：胡淑琴等，1977；田婉淑和江耀明，1986；叶昌媛等，1993；Zhao and Adler, 1993；费梁，1999；费梁等，2005, 2009b, 2010, 2012；Jiang *et al.*, 2014；莫运明等，2014；沈猷慧等，2014；江建平等，2016

（269）大耳臭蛙 *Odorrana macrotympana* (Yang, 2008)

Rana macrotympana Yang, 2008, *In*: Yang *et* Rao, 2008, Amphibia and Reptilia Yunnan: 78. **Holotype:** (KIZ) 94001, by original designation. **Type locality:** China [Yunnan: Yingjiang（盈江）, Great Yingjiang Lake and its tributaries]; alt. 300 m.

Odorrana macrotympana - Frost, 2009, Amph. Spec. World, Lawrence, Vers. 5.3. Recommended combination due to the prior recognition of the *Rana livida* group as *Odorrana*.

中文别名（Common name）：大耳蛙

分布（Distribution）：云南（YN）；国外：？缅甸

其他文献（Reference）：费梁等，2012；Jiang *et al.*, 2014；江建平等，2016

（270）绿臭蛙 *Odorrana margaretae* (Liu, 1950)

Rana andersonii - Chang *et* Hsu, 1932, Contr. Biol. Lab. Sci. Soc. China (Zool.), 8 (5): 161-165 [Kwanhsien and Mt. Emei（峨眉山）, Szechuan, China; not Boulenger, 1882].

Rana margaretae Liu, 1950, Fieldiana: Zool. Mem., Chicago, 2: 303-309. **Holotype:** (FMNH) 49418, ♂, by original designation. **Type locality:** China [Sichuan: Dujiangyan（都江堰）, Panlungshan]; alt. 3500 ft.

Rana (*Hylarana*) *margaratae* - Frost, 1985, Amph. Spec. World, Lawrence: 504.

Odorrana margaretae - Fei, Ye *et* Huang, 1990, Key to Chinese Amphibia, Chongqing: 147.

Rana (*Odorrana*) *margaretae* - Dubois, 1992, Bull. Mens. Soc. Linn., Lyon, 61 (10): 329.

Huia margaretae - Frost, Grant, Faivovich, Bain, Haas, Haddad, de Sá, Channing, Wilkinson, Donnellan, Raxworthy, Campbell, Blotto, Moler, Drewes, Nussbaum, Lynch, Green *et* Wheeler, 2006, Bull. Amer. Mus. Nat. Hist., New York, 297: 368.

中文别名（Common name）：无

分布（Distribution）：？山西（SX）、甘肃（GS）、湖南（HN）、湖北（HB）、四川（SC）、重庆（CQ）、贵州（GZ）、广东（GD）、广西（GX）；国外：越南

其他文献（Reference）：刘承钊和胡淑琴，1961；胡淑琴等，1977；田婉淑和江耀明，1986；叶昌媛等，1993；Zhao and Adler, 1993；费梁，1999；费梁等，2005, 2009b, 2010, 2012；姚崇勇和龚大洁，2012；Jiang *et al.*, 2014；莫运明等，2014；沈猷慧等，2014；江建平等，2016

（271）南江臭蛙 *Odorrana nanjiangensis* Fei, Ye, Xie *et* Jiang, 2007

Rana schmacheri - Hu, Zhao *et* Liu, 1966, Acta Zool. Sinica, Beijing, 18 (1): 59 [Nanjiang（南江）, Sichuan, China].

Odorrana schmacheri - Fei *et* Ye, 2001, Color Handbook Amph. Sichuan, Beijing: 202 [Nanjiang（南江）, Sichuan, China].

Odorrana (*Odorrana*) *nanjiangensis* Fei, Ye, Xie *et* Jiang, 2007, Zool. Res., Kunming, 28 (5): 551-555. **Holotype:** (CIB) 610623, ♂, SVL 59.6 mm, by original designation. **Type locality:** China [Sichuan: Nanjiang（南江）]; alt. 500 m.

中文别名（Common name）：无

分布（Distribution）：陕西（SN）、甘肃（GS）、湖北（HB）、四川（SC）；国外：无

其他文献（Reference）：费梁等，2009b, 2010, 2012；Jiang *et al.*, 2014；江建平等，2016

（272）圆斑臭蛙 *Odorrana rotodora* (Yang *et* Rao, 2008)

Rana rotodora Yang *et* Rao, 2008, *In*: Yang, 2008, *In*: Yang *et* Rao, 2008, Amphibia and Reptilia of Yunnan: 79.

Holotype: Number 03199, no museum of deposit noted (presumably KIZ), by original designation. **Type locality:** China [Yunnan: Ruili (瑞丽)]; alt. 600 m.

Odorrana rotadora - Frost, 2009, Amph. Spec. World, Lawrence, Vers. 5.3. Recommended combination due to the prior recognition of the *Rana livida* group as members of *Odorrana*.

中文别名（**Common name**）：圆斑蛙

分布（**Distribution**）：云南（YN）；国外：？缅甸

其他文献（**Reference**）：杨大同和饶定齐，2008；费梁等，2012；Jiang *et al.*, 2014；江建平等，2016

（273）花臭蛙 *Odorrana schmackeri* (Boettger, 1892)

Rana schmackeri Boettger, 1892, Kat. Batr. Samml. Mus. Senck. Naturf. Ges., 1892: 11. **Holotype:** (SMF) 6241 (formerly 1054, 2a), [Mertens, 1967, Senckenb. Biol., 48 (A): 46], adult male, SVL 42 mm. **Type locality:** China [Hubei: Yichang (宜昌), Gaojiayan].

Rana andersonii - Boulenger, 1899, Proc. Zool. Soc. London, 1899: 168 [Guadun (挂墩), Fujian, China; not Boulenger, 1882]; Pope, 1931, Peking Nat. Hist. Bull., Peking, 61 (8): 559-553.

Rana (Hylorana) schmackeri - Boulenger, 1920, Rec. Indian Mus., Calcutta, 20: 126, 176 (part).

Rana melli Vogt, 1922, Arch. Nat. Berlin, ser. 88 (10): 133. **Holotype:** (ZMB) 27658. **Type locality:** China [Guangdong: Lianping (连平)]; alt. 500-900 m.

Rana (Hylarana) schmackeri - Bourret, 1942, Batr. Indochine: 306.

Odorrana schmackeri - Fei, Ye *et* Huang, 1990, Key to Chinese Amphibia, Chongqing: 151.

Rana (Odorrana) schmackeri - Dubois, 1992, Bull. Mens. Soc. Linn., Lyon, 61 (10): 329.

Huia schmackeri - Frost, Grant, Faivovich, Bain, Haas, Haddad, de Sá, Channing, Wilkinson, Donnellan, Raxworthy, Campbell, Blotto, Moler, Drewes, Nussbaum, Lynch, Green *et* Wheeler, 2006, Bull. Amer. Mus. Nat. Hist., New York, 297: 368.

中文别名（**Common name**）：无

分布（**Distribution**）：河南（HEN）、陕西（SN）、甘肃（GS）、安徽（AH）、江苏（JS）、浙江（ZJ）、江西（JX）、湖南（HN）、湖北（HB）、四川（SC）、重庆（CQ）、贵州（GZ）、广东（GD）、广西（GX）；国外：越南、？泰国

其他文献（**Reference**）：刘承钊和胡淑琴，1961；胡淑琴等，1977；田婉淑和江耀明，1986；叶昌媛等，1993；Zhao and Adler, 1993；费梁，1999；费梁等，2005，2009b，2010，2012；Jiang *et al.*, 2014；江建平等，2016

（274）天目臭蛙 *Odorrana tianmuii* Chen, Zhou *et* Zheng, 2010

Odorrana schmackeri - Fei, Ye *et* Huang, 1990, Key to

Chinese Amphibia, Chongqing: 151.

Odorrana schmackeri - Fei, Hu, Ye *et* Huang, 2009, Fauna Sinica, Amphibia, Vol. 3: 1283.

Odorrana tianmuii Chen, Zhou *et* Zheng, 2010, J. Beijing Normal Univ. (Nat. Sci.), 46: 6. **Holotype:** (HNNU) 0707091, by original designation. **Type locality:** China (Zhejiang: Mt. Tianmu National Natural Reserve); 30°19′35″N, 119°24′13″E; alt. 576 m.

中文别名（**Common name**）：花臭蛙

分布（**Distribution**）：浙江（ZJ）；国外：无

其他文献（**Reference**）：费梁等，2012；江建平等，2016

（275）滇南臭蛙 *Odorrana tiannanensis* (Yang *et* Li, 1980)

Rana tiannanensis Yang *et* Li, 1980, Zool. Res., Kunming, 1 (2): 261-264. **Holotype:** (KIZ) 77 I 0185, ♂, SVL 52.5 mm, by original designation. **Type locality:** China [Yunnan: Hekou (河口), Mt. Dawei]; alt. 1200 m.

Rana (Hylarana) tiannanensis - Frost, 1985, Amph. Spec. World, Lawrence: 517.

Odorrana tiannanensis - Fei, Ye *et* Huang, 1990, Key to Chinese Amphibia, Chongqing: 149.

Rana (Odorrana) tiannanensis - Dubois, 1992, Bull. Mens. Soc. Linn., Lyon, 61 (10): 329.

Rana (Odorrana) megatympanum Bain, Lathrop, Murphy, Orlov *et* Ho, 2003, Amer. Mus. Novit., New York, 3417: 50. **Holotype:** (ROM) 39684, by original designation. **Type locality:** Vietnam (Nghe An Province: Con Cuong District, Khe Moi River, approximately 24 km west of Con Cuong Village); 18°56′30″N, 104°48′35″E. Synonymy by Ohler, 2007, Alytes, Paris, 25: 59.

Rana tabaca Bain *et* Nguyen, 2004, Amer. Mus. Novit., New York, 3453: 17. **Holotype:** (AMNH) 163923, by original designation. **Type locality:** Vietnam (Ha Giang Province: Yen Minh District, from a stream near the Hmong Village of Khau Ria, in Du Gia commune); 22°54′27″N, 105°13′59″E; alt. 800 m. Synonymy with *Rana megatympanum* by Stuart *et* Bain, 2005, Herpetologica, Austin, 61: 478-492; with *Rana tiannanensis* by Ohler, 2007, Alytes, Paris, 25: 59.

Rana heatwolei Stuart *et* Bain, 2005, Herpetologica, Austin, 61: 487. **Holotype:** (FMNH) 258134, by original designation. **Type locality:** Laos (Phongsaly Province: Phongsaly District, on a tree root projecting from a dirt bank 2 m above a tributary of the Nam Ou River in evergreen forest in Phou Dendin National Biodiversity Conservation Area); 22°5′38″N, 102°12′50″E; alt. 600 m. Synonymy by Ohler, 2007, Alytes, Paris, 25: 59.

Huia tiannanensis - Frost, Grant, Faivovich, Bain, Haas, Haddad, de Sá, Channing, Wilkinson, Donnellan, Raxworthy, Campbell, Blotto, Moler, Drewes, Nussbaum, Lynch, Green *et* Wheeler, 2006, Bull. Amer. Mus. Nat. Hist., New York, 297: 368.

Huia megatympanum - Frost, Grant, Faivovich, Bain, Haas,

Haddad, de Sá, Channing, Wilkinson, Donnellan, Raxworthy, Campbell, Blotto, Moler, Drewes, Nussbaum, Lynch, Green *et* Wheeler, 2006, Bull. Amer. Mus. Nat. Hist., New York, 297: 368.

Huia tabaca - Frost, Grant, Faivovich, Bain, Haas, Haddad, de Sá, Channing, Wilkinson, Donnellan, Raxworthy, Campbell, Blotto, Moler, Drewes, Nussbaum, Lynch, Green *et* Wheeler, 2006, Bull. Amer. Mus. Nat. Hist., New York, 297: 368.

Odorrana heatwolei - Che, Pang, Zhao, Wu, Zhao *et* Zhang, 2007, Mol. Phylogenet. Evol., 43: 1-13, by implication.

中文别名（**Common name**）：无

分布（**Distribution**）：云南（YN）、海南（HI）；国外：老挝、越南

其他文献（**Reference**）：田婉淑和江耀明，1986；叶昌媛等，1993；Zhao and Adler, 1993；费梁，1999；费梁等，2005，2009b，2010，2012；杨大同和饶定齐，2008；史海涛等，2011；Jiang *et al.*, 2014；江建平等，2016

（276）务川臭蛙 *Odorrana wuchuanensis* (Xu, 1983)

Rana wuchuanensis Xu, 1983, *In*: Wu, Xu, Dong, Li *et* Liu, 1983, Acta Zool. Sinica, Beijing, 29 (1): 66-69. **Holotype:** (ZMC) 792238, ♂, SVL 71.0 mm, by original designation. **Type locality:** China [Guizhou: Wuchuan (务川), Baicun]; alt. 720 m.

Odorrana wuchuanensis - Fei, Ye *et* Huang, 1990, Key to Chinese Amphibia, Chongqing: 150. Incorrect subsequent spelling.

Rana (*Hylarana*) *wuchuanensis* - Dubois, 1992, Bull. Mens. Soc. Linn., Lyon, 61 (10): 329.

Huia wuchuanensis - Frost, Grant, Faivovich, Bain, Haas, Haddad, de Sá, Channing, Wilkinson, Donnellan, Raxworthy, Campbell, Blotto, Moler, Drewes, Nussbaum, Lynch, Green *et* Wheeler, 2006, Bull. Amer. Mus. Nat. Hist., New York, 297: 368.

中文别名（**Common name**）：无

分布（**Distribution**）：湖南（HN）、贵州（GZ）、广西（GX）；国外：无

其他文献（**Reference**）：叶昌媛等，1993；Zhao and Adler, 1993；费梁，1999；费梁等，2005，2009b，2010，2012；Jiang *et al.*, 2014；江建平等，2016

（277）宜章臭蛙 *Odorrana yizhangensis* Fei, Ye *et* Jiang, 2007

Rana lungshengensis - Anonymous (Fei *et* Ye), 1976, Mater. Herpetol. Res., Chengdu, 3: 28 [Mt. Mang (莽山),Yizhang (宜章), Hunan, China].

Odorrana lungshengensis - Fei, Ye *et* Huang, 1990, Key to Chinese Amphibia, Chongqing: 150 [Yizhang（宜章），Hunan, China].

Odorrana (*Odorrana*) *lungshengensis* - Fei, Ye, Huang, Jiang *et* Xie, 2005, An Illustrated Key to Chinese Amphibians,

Chengdu: 129-130.

Odorrana (*Odorrana*) *yizhangensis* Fei, Ye *et* Jiang, 2007, Acta Zootaxon. Sinica, Beijing, 32 (4): 989-992. **Holotype:** (CIB) 75 Ⅰ 0900, ♂, SVL 53.7 mm, by original designation. **Type locality:** China [Hunan: Yizhang (宜章), Mt. Mang (莽山)]; 25°24′N, 112°57′E; alt. 1200 m.

中文别名（**Common name**）：无

分布（**Distribution**）：湖南（HN）、湖北（HB）、重庆（CQ）、贵州（GZ）；国外：无

其他文献（**Reference**）：费梁等，2009b, 2010, 2012；Jiang *et al.*, 2014；沈猷慧等，2014；江建平等，2016

（278）墨脱臭蛙 *Odorrana zhaoi* Li, Lu *et* Rao, 2008

Odorrana zhaoi Li, Lu *et* Rao, 2008, Acta Zootaxon. Sinica, Beijing, 33 (3): 538. **Holotype:** (SYNU) 04 Ⅱ 6222, by original designation. **Type locality:** China [Xizang: Mêdog (墨脱), Yarang]; alt. 767 m.

中文别名（**Common name**）：无

分布（**Distribution**）：西藏（XZ）；国外：无

其他文献（**Reference**）：费梁等，2010, 2012；李丕鹏等，2010；Jiang *et al.*, 2014；江建平等，2016

53. 侧褶蛙属 *Pelophylax* Fitzinger, 1843

Pelophylax Fitzinger, 1843, Syst. Rept.: 31. **Type species:** *Rana esculenta* Linnaeus, 1758, by original designation.

（279）福建侧褶蛙 *Pelophylax fukienensis* (Pope, 1929)

Rana fukienensis Pope, 1929, Amer. Mus. Novit., New York, 352: 4-5. **Holotype:** (AMNH) 29182, ♀, SVL 72.0 mm, by original designation. **Type locality:** China [Fujian: Fuqing (福清)].

Rana lighti Taylor, 1934. Lingnan Sci. J., Canton, 13: 306- 308. **Holotype:** (UIMNH) 25051 (EHT 1044), ♂, by original designation. **Type locality:** China [Fujian: Xiamen (厦门)].

Rana plancyi fukienensis - Boring, 1938-1939, Peking Nat. Hist. Bull., Peking, 13: 102.

Pelophylax plancyi fukienensis - Fei, Ye *et* Huang, 1990, Key to Chinese Amphibia, Chongqing: 134.

Rana (*Pelophylax*) *fukienensis*: Dubois, 1992, Bull. Mens. Soc. Linn., Lyon, 61 (10): 332.

Rana czarevskyi Terentijev, 2000, *In*: Barabanov, 2000, Russ. J. Herpetol., 7: 85. **Holotype:** (ZIL) 1555, ♀, SVL 66.2 mm, by original designation. **Type locality:** China [Fujian: Fuzhou (福州)]; 26°05′N, 119°18′E.

Hylarana fukienensis - Chen, Murphy, Lathrop, Ngo, Orlov, Ho *et* Somorjai, 2005, Herpetol. J., 15: 237, by implication.

Pelophylax fukienensis - Fei, Ye, Huang, Jiang *et* Xie, 2005, An Illustrated Key to Chinese Amphibians, Chengdu: 110.

中文别名（**Common name**）：福建金线蛙

分布（**Distribution**）：江西（JX）、福建（FJ）、台湾（TW）；

国外：无

其他文献（Reference）：刘承钊和胡淑琴，1961；胡淑琴等，1977；田婉淑和江耀明，1986；叶昌媛等，1993；Zhao and Adler, 1993；费梁，1999；费梁等，2009b, 2010, 2012；Jiang *et al.*, 2014；江建平等，2016

（280）湖北侧褶蛙 *Pelophylax hubeiensis* (Fei *et* Ye, 1982)

Rana plancyi - Barbour, 1912, Mem Mus. Comp. Zool. Harvard Coll., Cambridge, 40 (4): 129 (Ichang); Schmidt, 1927, Bull. Amer. Mus. Nat. Hist., 54: 563 (Changsha, Hunan, China).

Rana hubeiensis Fei *et* Ye, 1982, Acta Zool. Sinica, Beijing, 28 (3): 293-301. **Holotype:** (CIB) 74 I 0570, ♂, SVL 43.7 mm, by original designation. **Type locality:** China [Hubei: Lichuan (利川)]; alt. 1070 m.

Rana (Rana) hubeiensis - Frost, 1985, Amph. Spec. World, Lawrence: 495, by implication.

Pelophylax hubeiensis - Fei, Ye *et* Huang, 1990, Key to Chinese Amphibia, Chongqing: 133-134.

Rana (Pelophylax) hubeiensis - Dubois, 1992, Bull. Mens. Soc. Linn., Lyon, 61 (10): 332.

Hylarana hubeiensis - Chen, Murphy, Lathrop, Ngo, Orlov, Ho *et* Somorjai, 2005, Herpetol. J., 15: 237, by implication.

中文别名（Common name）：湖北金线蛙

分布（Distribution）：河南（HEN）、安徽（AH）、江西（JX）、湖南（HN）、湖北（HB）、重庆（CQ）；国外：无

其他文献（Reference）：田婉淑和江耀明，1986；叶昌媛等，1993；Zhao and Adler, 1993；费梁，1999；费梁等，2005, 2009b, 2010, 2012；Jiang *et al.*, 2014；沈猷慧等，2014；江建平等，2016

（281）黑斜线侧褶蛙 *Pelophylax nigrolineatus* (Liu *et* Hu, 1959)

Rana nigrolineata Liu *et* Hu, 1959, Acta Zool. Sinica, Beijing, 11 (4): 516-518. **Holotype:** (CIB) 571085, ♂, SVL 50.5 mm, by original designation. **Type locality:** China [Yunnan: Mengyang (勐养)]; alt. 680 m.

Rana (Rana) nigrolineata - Liu *et* Hu, 1961, Tailless Amph. China, Peking: 138.

Pelophylax nigrolineata - Fei, Ye *et* Huang, 1990, Key to Chinese Amphibia, Chongqing: 135-136.

Rana (Pelophylax) nigrolineata - Dubois, 1992, Bull. Mens. Soc. Linn., Lyon, 61 (10): 332.

中文别名（Common name）：黑斜线蛙

分布（Distribution）：云南（YN）；国外：无

其他文献（Reference）：胡淑琴等，1977；田婉淑和江耀明，1986；叶昌媛等，1993；Zhao and Adler, 1993；费梁，1999；杨大同和饶定齐，2008；费梁等，2009b, 2010, 2012；Jiang

et al., 2014；江建平等，2016

（282）黑斑侧褶蛙 *Pelophylax nigromaculatus* (Hallowell, 1860)

Rana nigromaculata Hallowell, 1860, Proc. Acad. Nat. Sci. Philad., 12: 500. **Holotype:** Deposition not stated. **Type locality:** Japan.

Hoplobatrachus reinhardtii Peters, 1867, Monatsber. Preuss. Akad. Wiss., Berlin: 711. **Type locality:** China.

Rana nigromaculata mongolia Schmidt, 1925, Amer. Mus. Novit., New York, 175: 1. **Holotype:** (AMNH) 18149, ♂, SVL 69 mm, by original designation. **Type locality:** China [Inner Mongolia: Tumd Zuoqi (土默特左旗)].

Rana nigromaculata schybanovi Terentjev, 1927, Zool. Anz. Leipzig, 74: 83, 88. **Syntypes:** (ZIL) 1233, 1234. **Type locality:** China [North of China (中国北部)].

Rana (Rana) nigromaculata - Nakamura *et* Ueno, 1963, Japan. Rept. Amph. Color: 44.

Rana tenggerensis Zhao, Macey *et* Papenfuss, 1988, Chinese Herpetol. Res., 2 (1): 1-3. **Holotype:** (CIB) 80001, ♂, SVL 63.8 mm, by original designation. **Type locality:** China [Ningxia: Yinnan (银南), Shapotou (沙坡头)].

Pelophylax nigromaculata - Fei, Ye *et* Huang, 1990, Key to Chinese Amphibia, Chongqing: 134.

Rana (Pelophylax) nigromaculata - Dubois, 1992, Bull. Mens. Soc. Linn., Lyon, 61 (10): 332.

中文别名（Common name）：黑斑蛙

分布（Distribution）：黑龙江（HL）、吉林（JL）、辽宁（LN）、内蒙古（NM）、河北（HEB）、天津（TJ）、北京（BJ）、山西（SX）、山东（SD）、河南（HEN）、陕西（SN）、宁夏（NX）、甘肃（GS）、安徽（AH）、江苏（JS）、上海（SH）、浙江（ZJ）、江西（JX）、湖南（HN）、湖北（HB）、四川（SC）、重庆（CQ）、贵州（GZ）、? 云南（YN）、? 西藏（XZ）、福建（FJ）、广东（GD）、广西（GX）；国外：日本、韩国、朝鲜、俄罗斯

其他文献（Reference）：刘承钊和胡淑琴，1961；胡淑琴等，1977；田婉淑和江耀明，1986；叶昌媛等，1993；Zhao and Adler, 1993；费梁，1999；费梁等，2005, 2009b, 2010, 2012；杨大同和饶定齐，2008；赵文阁等，2008；Jiang *et al.*, 2014；莫运明等，2014；沈猷慧等，2014；江建平等，2016

（283）金线侧褶蛙 *Pelophylax plancyi* (Lataste, 1880)

Rana plancyi Lataste, 1880, Le Naturaliste, Paris, 2: 210; Lataste, 1880, Bull. Soc. Zool. France, Paris, 5: 64. **Type:** Not traced (Frost, 1985); (CIB) 79 I 1764, ♂, SVL 55.4 mm, present designated neotype [from Yongfeng (永丰), Beijing, China; alt. 50 m], by Fei *et* Ye (2009). **Type locality:** China [Beijing (北京)].

Rana (*Rana*) *plancyi* - Boulenger, 1920, Rec. Indian Mus., Calcutta, 20: 9.

Rana plancyi plancyi - Boring, 1938-1939, Peking Nat. Hist. Bull., Peking, 13: 102.

Pelophylax plancyi plancyi - Fei, Ye *et* Huang, 1990, Key to Chinese Amphibia, Chongqing: 134.

Rana (*Pelophylax*) *plancyi* - Dubois, 1992, Bull. Mens. Soc. Linn., Lyon, 61 (10): 332.

Pelophylax plancyi - Fei, Ye, Huang, Jiang *et* Xie, 2005, An Illustrated Key to Chinese Amphibians, Chengdu: 110.

中文别名（**Common name**）：金线蛙

分布（**Distribution**）：辽宁（LN）、河北（HEB）、天津（TJ）、北京（BJ）、山西（SX）、山东（SD）、河南（HEN）、安徽（AH）、江苏（JS）、浙江（ZJ）、？江西（JX）；国外：无

其他文献（**Reference**）：刘承钊和胡淑琴，1961；胡淑琴等，1977；田婉淑和江耀明，1986；叶昌嫒等，1993；Zhao and Adler，1993；费梁，1999；费梁等，2009b，2010，2012；Jiang *et al.*，2014；江建平等，2016

（284）中亚侧褶蛙 *Pelophylax terentievi* (Mezhzherin, 1992)

Rana ridibunda - Ma, 1979, Bowu (Nat. Hist.), Shanghai, 1979 (1): 37 (Xinyuan County, Xinjiang, China; not Pallas, 1771).

Rana (*Rana*) *ridibunda* - Frost, 1985, Amph. Spec. World, Lawrence: 512, by implication.

Pelophylax ridibunda - Fei, Ye *et* Huang, 1990, Key to Chinese Amphibia, Chongqing: 135.

Rana (*Pelophylax*) *ridibunda* - Dubois, 1992, Bull. Mens. Soc. Linn., Lyon, 61 (10): 332.

Rana terentievi Mezhzherin, 1992, Dopov. Akad. Nauk Ukr., 1992 (5): 154-157. **Holotype:** (ZIK) 25441, ♂, SVL 75.5 mm, by original designation. **Type locality:** Tajikistan (Obi-Garm); 38°43'N, 69°42'E.

Rana (*Pelophylax*) *terentievi* - Dubois *et* Ohler, 1994, Zool. Polon., 39 (3-4): 179.

Pelophylax terentievi - Fei, Ye, Huang, Jiang *et* Xie, 2005, An Illustrated Key to Chinese Amphibians, Chengdu: 111.

中文别名（**Common name**）：无

分布（**Distribution**）：新疆（XJ）；国外：塔吉克斯坦

其他文献（**Reference**）：刘承钊和胡淑琴，1961；胡淑琴等，1977；田婉淑和江耀明，1986；叶昌嫒等，1993；Zhao and Adler，1993；费梁，1999；时磊等，2007；费梁等，2009b，2010，2012；Jiang *et al.*，2014；江建平等，2016

54. 趾沟蛙属 *Pseudorana* Fei, Ye *et* Huang, 1990

Pseudorana Fei, Ye *et* Huang, 1990, Key to Chinese Amphibia, Chongqing: 136. **Type species:** *Rana weiningensis* Liu, Hu *et* Yang, 1962, by original designation.

（285）桑植趾沟蛙 *Pseudorana sangzhiensis* (Shen, 1986)

Rana sangzhiensis Shen, 1986, Acta Herpetol. Sinica, Chengdu, 5 (4): 290-294. **Holotype:** (HUNU) 82819, ♂, SVL 47.5 mm, by original designation. **Type locality:** China [Hunan: Sangzhi (桑植), Mt. Tianping]; alt. 1350 m.

Pseudorana sangzhiensis - Fei, Ye *et* Huang, 1990, Key to Chinese Amphibia, Chongqing: 137.

Rana (*Pseudorana*) *sangzhiensis* - Dubois, 1992, Bull. Mens. Soc. Linn., Lyon, 61 (10): 333.

中文别名（**Common name**）：桑植蛙

分布（**Distribution**）：湖南（HN）；国外：无

其他文献（**Reference**）：叶昌嫒等，1993；Zhao and Adler, 1993；费梁，1999；费梁等，2005，2009b，2010，2012；Jiang *et al.*，2014；沈猷慧等，2014；江建平等，2016

（286）威宁趾沟蛙 *Pseudorana weiningensis* (Liu, Hu *et* Yang, 1962)

Rana weiningensis Liu, Hu *et* Yang, 1962, Acta Zool. Sinica, Beijing, 14 (3): 387-388. **Holotype:** (CIB) 590455, ♂, SVL 37.4 mm. **Type locality:** China [Guizhou: Weining (威宁), Tuo-luo-he of Long-Chu)]; alt. 1700 m.

Pseudorana weiningensis - Fei, Ye *et* Huang, 1990, Key to Chinese Amphibia, Chongqing: 137.

Rana (*Pseudorana*) *weiningensis* - Dubois, 1992, Bull. Mens. Soc. Linn., Lyon, 61 (10): 333.

Rana weiningensis - Frost, Grant, Faivovich, Bain, Haas, Haddad, de Sá, Channing, Wilkinson, Donnellan, Raxworthy, Campbell, Blotto, Moler, Drewes, Nussbaum, Lynch, Green *et* Wheeler, 2006, Bull. Amer. Mus. Nat. Hist., New York, 297: 370.

中文别名（**Common name**）：威宁蛙

分布（**Distribution**）：四川（SC）、贵州（GZ）、云南（YN）；国外：无

其他文献（**Reference**）：胡淑琴等，1977；田婉淑和江耀明，1986；叶昌嫒等，1993；Zhao and Adler, 1993；费梁，1999；费梁等，2005，2009b，2010，2012；杨大同和饶定齐，2008；Jiang *et al.*，2014；江建平等，2016

55. 林蛙属 *Rana* Linnaeus, 1758

Rana Linnaeus, 1758, Syst. Nat., Ed. 10, 1: 210. **Type species:** *Rana temporaria* Linnaeus, 1758, by subsequent designation of Fleming, 1822, Philos. Zool., 2: 304; Fei, Ye *et* Huang, 1990, Key to Chinese Amphibia, Chongqing: 126, 129 (brown frog).

（287）黑龙江林蛙 *Rana amurensis* Boulenger, 1886

Rana amurensis Boulenger, 1886, Bull. Soc. Zool. France, Paris, 11 (4): 598. **Syntypes:** (ZMB) 9864 and (ZIL) 5095. **Type locality:** Russia (Amour: Kissakewitsch, near Khabarovsk).

Rana temporaria chensinensis - Pope *et* Boring, 1940, Peking

Nat. Hist. Bull., Peking, 15 (1): 57-58 (not of David).

Rana temporaria amurensis - Liu, 1950, Fieldiana: Zool. Mem., Chicago, 2: 279.

Rana (Rana) amurensis - Frost, 1985, Amph. Spec. World, Lawrence: 480, by implication.

Rana (Laurasiarana) amurensis - Hillis *et* Wilcox, 2005, Mol. Phylogenet. Evol., 34: 311, by implication.

中文别名（Common name）：无

分布（Distribution）：黑龙江（HL）、吉林（JL）、辽宁（LN）、内蒙古（NM）、陕西（SN）；国外：俄罗斯、蒙古国、朝鲜

其他文献（Reference）：刘承钊和胡淑琴，1961；胡淑琴等，1977；田婉淑和江耀明，1986；费梁等，1990, 2005, 2009b, 2010, 2012；叶昌媛，1993；Zhao and Adler, 1993；费梁，1999；旭日干，2001；赵文阁等，2008；李丕鹏等，2011；Jiang *et al.*, 2014；江建平等，2016

（288）田野林蛙 *Rana arvalis* Nilsson, 1842

Rana arvalis Nilsson, 1842, Skandanavisk Herpetol.: 92. **Syntypes:** ZMLU by original designation; ZMLU 1 designated lectotype by Gislén in Gislén *et* Kauri, 1959, Acta Vert., Stockholm, 1: 301. **Type locality:** Sweden (Calmare Län).

Rana arvalis altaica Kashchenko, 1899, Rezult. Altaiskoi Eksped.: 122. **Type(s):** Not stated; likely (ZISP) 2108, 2120-21; (NHMW) 14843 considered a syntype by Häupl, Tiedemann *et* Grillitsch, 1994, Kat. Wiss. Samml. Naturhist. Mus. Wien, 9: 31. **Type locality:** Russia (southwestern Siberia: Lower Ujmon, Ongudaj, Cherga *et* Altajskoe, Altai region). Synonymy by Bannikov, Darevsky, Eshchenko, Rustamov *et* Shcherbak, 1977, Operd. Zemn. I Presm. Fauny SSSR: 58; Kuzmin, 1999, Amph. Former Soviet Union: 316, 349; Yang, Zhou, Rao, Poyarkov, Kuzmin *et* Che, 2010, Zool. Res., Kunming, 31 (4): 353.

Rana altaica - Kashchenko, 1909, Ann. Mus. Zool. Acad. Impér. Sci., St. Petersbourg, 14: 129 (based on specimens of *Rana amurensis* according to Borkin in Zhao *et* Adler, 1993, Herpetology of China: 138).

Rana altaica - Firstly recorded in China by Ye, Fei *et* Xiang, 1981, Acta Herpetol. Sinica, Chengdu, 5 (18): 121.

Rana (Rana) arvalis - Dubois, 1987 "1986", Alytes, Paris, 5 (1-2): 41, by implication.

Rana (Laurasiarana) arvalis - Hillis *et* Wilcox, 2005, Mol. Phylogenet. Evol., 34: 311, by implication.

中文别名（Common name）：阿尔泰林蛙

分布（Distribution）：新疆（XJ）；国外：法国、比利时、荷兰、德国、丹麦、瑞典、挪威、芬兰、罗马尼亚、俄罗斯、哈萨克斯坦

其他文献（Reference）：费梁等，1990, 2005, 2009b, 2010, 2012；叶昌媛等，1993；Zhao and Adler, 1993；费梁，1999；时磊等，2007；Jiang *et al.*, 2014；江建平等，2016

（289）中亚林蛙 *Rana asiatica* Bedriaga, 1898

Rana temporaria var. *asiatica* Bedriaga, 1898, Wissensch. Result. Przewalski Cent. Asien Reisen, St. Petersburg, Zool., 3 (1): 17, 23. **Syntypes:** (ZIL) 1056, 1063, 1257 (5 specimens). **Type locality:** China (Xinjiang: Chuldscha, Upper Ili River and Kungess River of Mt. Tian).

Rana asiatica - Nikolskii, 1914 "1912", Trudy Troitskosavsko-Kiakht. Otd. Obstsch., 15: 33; Stejneger, 1925, Proc. U. S. Natl. Mus., Washington, 66 (25): 19.

Rana (Rana) asiatica - Dubois, 1987 "1986", Alytes, Paris, 5 (1-2): 41, by implication.

Rana (Laurasiarana) asiatica - Hillis *et* Wilcox, 2005, Mol. Phylogenet. Evol., 34: 311, by implication.

中文别名（Common name）：无

分布（Distribution）：新疆（XJ）；国外：哈萨克斯坦、吉尔吉斯斯坦

其他文献（Reference）：刘承钊和胡淑琴，1961；胡淑琴等，1977；田婉淑和江耀明，1986；叶昌媛等，1993；Zhao and Adler, 1993；费梁，1999；时磊等，2007；费梁等，2009b, 2010, 2012；Jiang *et al.*, 2014；江建平等，2016

（290）昭觉林蛙 *Rana chaochiaoensis* Liu, 1946

Rana chaochiaoensis Liu, 1946, J. West China Bord. Res. Soc., Chengdu, Ser. B, 16: 7-14. **Holotype:** 609, ♂ (Not known); **Lectotype:** (CIB) 641, ♂ (by Liu *et* Hu) SVL 54 mm (examined by Fei *et* Ye, 1997). **Type locality:** China [Sichuan: Zhaojue (昭觉)]; alt. 7200 ft.

Rana japonica chaochiaoensis - Liu *et* Hu, 1959, Acta Zool. Sinica, Beijing, 11 (4): 509.

Rana chaochiaoensis - Inger, Zhao, Shaffer *et* Wu, 1990, Fieldiana: Zool. (N. S.), 58: 10.

Rana (Rana) chaochiaoensis - Dubois, 1992, Bull. Mens. Soc. Linn., Lyon, 61 (10): 333.

Rana (Laurasiarana) chaochiaoensis - Hillis *et* Wilcox, 2005, Mol. Phylogenet. Evol., 34: 311, by implication.

中文别名（Common name）：无

分布（Distribution）：四川（SC）、贵州（GZ）、云南（YN）、广西（GX）；国外：无

其他文献（Reference）：刘承钊和胡淑琴，1961；胡淑琴等，1977；田婉淑和江耀明，1986；叶昌媛等，1993；Zhao and Adler, 1993；费梁，1999；费梁等，2009b, 2010, 2012；Jiang *et al.*, 2014；莫运明等，2014；江建平等，2016

（291）中国林蛙 *Rana chensinensis* David, 1875

Rana chensinensis David, 1875, J. Trois. Voy. Explor. Emp. Chinoise, Paris, 1: 159. **Type:** Not traced; possibly (MNHNP) 1347 (4 specimens) collected by David and labelled as *Rana temporaria* from "Mongolia" (Frost, 1985). **Type locality:** China [Shaanxi: Zhouzhi (周至), Yinjiapo]; alt. 1000 m.

Rana temporaria chensinensis - Boring, 1938 "1938-1939", Peking Nat. Hist. Bull., Peking, 13: 105; Pope *et* Boring,

1940, Peking Nat. Hist. Bull., Peking, 15 (1): 57.

Rana chensinensis - Kawamura, 1962, J. Sci. Hiroshima Univ., B-Zool., 20: 181-193; Tomasik, 1967, Przeglad Zoologiczny, 11: 367.

Rana (Rana) chensinensis - Dubois, 1987 "1986", Alytes, Paris, 5 (1-2): 41, by implication.

Rana (Laurasiarana) chensinensis - Hillis *et* Wilcox, 2005, Mol. Phylogenet. Evol., 34: 311, by implication.

中文别名（**Common name**）：无

分布（**Distribution**）：内蒙古（NM）、河北（HEB）、天津（TJ）、北京（BJ）、山西（SX）、山东（SD）、河南（HEN）、陕西（SN）、宁夏（NX）、甘肃（GS）、安徽（AH）、? 江苏（JS）、湖南（HN）、湖北（HB）、四川（SC）、重庆（CQ）；国外：蒙古国

其他文献（**Reference**）：Liu, 1950; 刘承钊和胡淑琴, 1961; 胡淑琴等, 1977; 田婉淑和江耀明, 1986; 费梁等, 1990, 2005, 2009b, 2010, 2012; 叶昌媛等, 1993; Zhao and Adler, 1993; 费梁, 1999; 旭日干, 2001; 姚崇勇和龚大洁, 2012; Jiang *et al.*, 2014; 沈猷慧等, 2014; 江建平等, 2016.

（292）峰斑林蛙 *Rana chevronta* Hu *et* Ye, 1978

Rana chevronta Hu *et* Ye, 1978, *In*: Hu, Fei *et* Ye, 1978, Mater. Herpetol. Res., Chengdu, 4: 20. **Holotype:** (CIB) 65 I 0028, by original designation. **Type locality:** China [Sichuan: Mt. Emei (峨眉山), Toudaohe]; alt. 1850 m.

Rana (Rana) chevronta - Frost, 1985, Amph. Spec. World, Lawrence: 486, by implication.

Rana (Laurasiarana) chevronta - Hillis *et* Wilcox, 2005, Mol. Phylogenet. Evol., 34: 311, by implication.

中文别名（**Common name**）：峰斑蛙

分布（**Distribution**）：四川（SC）；国外：无

其他文献（**Reference**）：田婉淑和江耀明, 1986; 费梁等, 1990, 2001, 2005, 2009b, 2010, 2012; 叶昌媛等, 1993; Zhao and Adler, 1993; 费梁, 1999; Jiang *et al.*, 2014; 江建平等, 2016

（293）朝鲜林蛙 *Rana coreana* Okada, 1928

Rana temporaria coreana Okada, 1928, Chosen Nat. Hist. Soc. J., 6: 19-20. **Holotype:** (TIU). **Type locality:** South Korea.

Rana amurensis coreana - Shannon, 1956, Herpetologica, Austin, 12: 38; Nakamura *et* Ueno, 1963, Japan. Rept. Amph. Color: 37.

Rana coreana - Tomasik, 1967, Przeglad Zoologiczny, 11: 367; Song, Matsui, Chung, Oh *et* Shao, 2006, Zool. Sci., Tokyo, 23: 219-224.

Rana kunyuensis Lu *et* Li, 2002, Acta Zootaxon. Sinica, Beijing, 27 (1): 162, 166. **Holotype:** (YT) 980601, by original designation. **Type locality:** China [Shandong: Mt. Kunyu (昆嵛山)]; 37°17′N, 121°37′E; alt. 400 m. Synonymy by Zhou, Yang, Li, Min, Fong, Dong *et* Zhou, 2015, J.

Herpetol., Oxfore (Ohio), 49: 302.

Rana (Rana) coreana - Yuan, Zhou, Chen, Poyarkov, Chen, Jang-Liaw, Chou, Matzke, Iizuka, Min, Kuzmin, Zhang, Cannatella, Hillis *et* Che, 2016, Syst. Biol., 65: 835.

中文别名（**Common name**）：无

分布（**Distribution**）：山东（SD）；国外：韩国

其他文献（**Reference**）：费梁等, 2005, 2009b, 2010, 2012; Jiang *et al.*, 2014; 江建平等, 2016

（294）徂徕林蛙 *Rana culaiensis* Li, Lu *et* Li, 2008

Rana culaiensis Li, Lu *et* Li, 2008, Asiat. Herpetol. Res., Berkeley, 11: 63. **Holotype:** (YT) 050526007, by original designation. **Type locality:** China [Shandong: Taian (泰安), Mt. Culai]; 36°02′N, 117°18′E; alt. 900 m.

Rana (Rana) culaiensis - Yuan, Zhou, Chen, Poyarkov, Chen, Jang-Liaw, Chou, Matzke, Iizuka, Min, Kuzmin, Zhang, Cannatella, Hillis *et* Che, 2016, Syst. Biol., 65: 835.

中文别名（**Common name**）：无

分布（**Distribution**）：山东（SD）；国外：无

其他文献（**Reference**）：费梁等, 2010, 2012; Jiang *et al.*, 2014; 江建平等, 2016

（295）大别山林蛙 *Rana dabieshanensis* Wang, Qian, Zhang, Guo, Pan, Wu, Wang *et* Zhang, 2017

Rana dabieshanensis Wang, Qian, Zhang, Guo, Pan, Wu, Wang *et* Zhang, 2017, ZooKeys, 724: 144. **Holotype:** (AHU) 2016R001, by original designation. **Type locality:** China [Anhui: Yuexi (岳西), Yaoluoping National Nature Reserve]; 30°58′16.92″N, 116°04′11.88″E; alt. 1150 m.

中文别名（**Common name**）：无

分布（**Distribution**）：安徽（AH）；国外：无

其他文献（**Reference**）：无

（296）东北林蛙 *Rana dybowskii* Günther, 1876

Rana dybowskii Günther, 1876, Ann. Mag. Nat. Hist., London, Ser. 4, 17: 387. **Holotype:** (BMNH) 1947.2.1.79 according to Kuzmin *et* Maslova, 2003, Adv. Amph. Res. Former Soviet Union, 8: 219. **Type locality:** Russia (Abrek Bay, near Vladivostock).

Rana zografi Terentjev, 1922, Copeia, 108: 51-52. **Syntypes:** (ZMM) A-3087 (2 specimens), according to Dunayev *et* Orlova, 1994, Russ. J. Herpetol., 1: 64. **Type locality:** Russia {Village Evseevka, Coast Province [Primorsk region (25 km Southeast of Spassk-Dal'nii)], East Siberia}. Synonymy with *Rana chensinensis* by Borkin in Dunayev *et* Orlova, 1994, Russ. J. Herpetol., 1: 64. Synonymy with *Rana dybowskii* by Kuzmin, 1999, Amph. Former Soviet Union: 355.

Rana tsuschimensis semiplicata - Terentjev, 1923, Proc. First Congr. Russ. Zool. Anat. Hist. Petrograd: 35. Incorrect spelling of *Rana tsushimensis*.

Rana temporaria dybowskii - Shannon, 1956, Herpetologica, Austin, 12: 38.

Rana chensinensis dybowskii - Ueno *et* Shibata, 1970, Mem. Nat. Sci. Mus., Tokyo, 3: 194.

Rana dybowskii - Sengoku, 1979, Japan. Rept. Amph. Color: 144.

Rana (*Rana*) *dybowskii* - Dubois, 1987 "1986", Alytes, Paris, 5 (1-2): 41-42, by implication.

Rana chensinensis changbaishanensis Wei *et* Chen, 1990, Acta Zool. Sinica, Beijing, 36 (1): 78. **Types:** Not stated, but (NWUX) 860014, according to Wei, Chen, Xu *et* Li, 1991, Acta Zootaxon. Sinica, Beijing, 16 (3): 382. **Type locality:** China [Jilin: Baihe (白河)]; alt. 970 m. Synonymy by Xie, Ye, Fei, Jiang, Zeng *et* Matsui, 1999, Acta Zootaxon. Sinica, Beijing, 24 (2): 224-231.

Rana (*Laurasiarana*) *dybowskii* - Hillis *et* Wilcox, 2005, Mol. Phylogenet. Evol., 34: 311, by implication.

中文别名（**Common name**）：蛤士蟆

分布（**Distribution**）：黑龙江（HL）、吉林（JL）、辽宁（LN）、内蒙古（NM）；国外：俄罗斯、朝鲜、日本

其他文献（**Reference**）：刘承钊和胡淑琴，1961；胡淑琴等，1977；田婉淑和江耀明，1986；费梁等，1990，2005，2009b，2010，2012；叶昌媛，1993；Zhao and Adler，1993；费梁，1999；赵文阁等，2008；李丕鹏等，2011；Jiang *et al.*，2014；江建平等，2016

（297）寒露林蛙 *Rana hanluica* Shen, Jiang *et* Yang, 2007

Rana hanluica Shen, Jiang *et* Yang, 2007, Acta Zool. Sinica, Beijing, 53 (3): 481. **Holotype:** (HNNUL) 03110509, by original designation. **Type locality:** China [Hunan: Yangmingshan Mountains (阳明山)]; alt. 860 m.

Rana (*Rana*) *hanluica* - Yuan, Zhou, Chen, Poyarkov, Chen, Jang-Liaw, Chou, Matzke, Iizuka, Min, Kuzmin, Zhang, Cannatella, Hillis *et* Che, 2016, Syst. Biol., 65: 835.

中文别名（**Common name**）：无

分布（**Distribution**）：湖南（HN）、广西（GX）；国外：无

其他文献（**Reference**）：叶昌媛等，1993；Zhao and Adler，1993；费梁等，2009，2010，2012；Jiang *et al.*，2014；沈猷慧等，2014；莫运明等，2014；江建平等，2016

（298）桓仁林蛙 *Rana huanrenensis* Liu, Zhang *et* Liu, 1993

Rana huanrensis - *in* Fei, Ye *et* Huang, 1990, Key to Chinese Amphibia, Chongqing: 131 (nomen nudum).

Rana (*Rana*) *huanrensis* - Dubois, 1992, Bull. Mens. Soc. Linn., Lyon, 61 (10): 333.

Rana huanrenensis Liu, 1993 *In*: Ye, Fei *et* Hu, 1993, Rare and Economic Amphibians of China, Chengdu: 368 (nomen nudum).

Rana huanrenensis Liu, Zhang *et* Liu, 1993, Acta Zootaxon. Sinica, Beijing, 18 (4): 493-497. **Holotype:** (LIU) 8704018, ♂, SVL 42.2 mm, by original designation. **Type locality:**

China [Liaoning: Huanren (桓仁), Balidian]; alt. 520 m.

Rana (*Laurasiarana*) *huanrensis* - Hillis *et* Wilcox, 2005, Mol. Phylogenet. Evol., 34: 311, by implication.

中文别名（**Common name**）：无

分布（**Distribution**）：吉林（JL）、辽宁（LN）；国外：朝鲜

其他文献（**Reference**）：费梁等，1990，2005，2009b，2010，2012；叶昌媛等，1993；Zhao and Adler，1993；费梁，1999；李丕鹏等，2011；Jiang *et al.*，2014；江建平等，2016

（299）借母溪林蛙 *Rana jiemuxiensis* Yan, Jiang, Chen, Fang, Jin, Li, Wang, Murphy, Che *et* Zhang, 2011

Rana jiemuxiensis Yan, Jiang, Chen, Fang, Jin, Li, Wang, Murphy, Che *et* Zhang, 2011, Asian Herpetol. Res., Ser. 2, 2: 68. **Holotype:** (KIZ) 05553, by original designation. **Type locality:** China (Hunan: Jiemuxi National Nature Reserve); 28°52′45″N, 110°24′608″E; alt. 723 m.

Rana (*Rana*) *jiemuxiensis* - Yuan, Zhou, Chen, Poyarkov, Chen, Jang-Liaw, Chou, Matzke, Iizuka, Min, Kuzmin, Zhang, Cannatella, Hillis *et* Che, 2016, Syst. Biol., 65: 835.

中文别名（**Common name**）：无

分布（**Distribution**）：湖南（HN）；国外：无

其他文献（**Reference**）：费梁等，2012；沈猷慧等，2014；江建平等，2016

（300）越南林蛙 *Rana johnsi* Smith, 1921

Rana sauteri var. *johnsi* Smith, 1921, Proc. Zool. Soc. London, 1921: 434. **Syntypes:** BMNH (6 specimens-formerly M. Smith 2638-41, 2644, 2657), by original designation. **Type locality:** Vietnam (Langbian Plateau: Sui Kat). Inger, Orlov *et* Darevsky, 1999, Fieldiana: Zool. (N. S.), 92: 14.

Hylarana sauteri johnsi - Bourret, 1939, Ann. Bull. Gén. Instr. Publ., Hanoi, 1939: 59.

Pseudorana sauteri johnsi - Fei, Ye *et* Huang, 1990, Key to Chinese Amphibia, Chongqing: 137.

Pseudorana johnsi - Jiang, Fei, Ye, Zeng, Zhen, Xie *et* Chen, 1997, Cultum Herpetol. Sinica, Guiyang, (6-7): 74.

Rana johnsi - Inger, Orlov *et* Darevsky, 1999, Fieldiana: Zool. (N. S.), 92: 14.

Rana (*Rana*) *johnsi* - Yuan, Zhou, Chen, Poyarkov, Chen, Jang-Liaw, Chou, Matzke, Iizuka, Min, Kuzmin, Zhang, Cannatella, Hillis *et* Che, 2016, Syst. Biol., 65: 835.

中文别名（**Common name**）：越南趾沟蛙

分布（**Distribution**）：湖南（HN）、广东（GD）、广西（GX）、海南（HI）；国外：越南、老挝

其他文献（**Reference**）：费梁，1999；费梁等，2005，2009b，2010，2012；叶昌媛等，1993；Zhao and Adler，1993；史海涛等，2011；Jiang *et al.*，2014；莫运明等，2014；沈猷慧等，2014；江建平等，2016

（301）高原林蛙 *Rana kukunoris* Nikolsky, 1918

Rana amurensis kukunoris Nikolsky, 1918, Fauna Rossii, Zemnovodnye: 82. **Syntypes:** (ZISP) 1500 (3 specimens), by original designation. **Type locality:** China [Qinghai: Qinghai Lake (青海湖)].

Rana weigoldi Vogt, 1924, Zool. Anz., Leipzig, 60: 339. **Syntypes:** ZMB (4 specimens), by original designation. **Type locality:** China [Sichuan: Derge (德格), Ngolo Pass]; alt. 4000 m. Synonymy with *Rana chensinensis* by Liu, 1950, Fieldiana: Zool. Mem., Chicago, 2: 280-281; with *Rana kukunoris* by Xie, Ye, Fei *et* Jiang, 2000, Acta Zootaxon. Sinica, Beijing, 25 (2): 228-235.

Rana chensinensis hongyuanensis Hu, Jiang *et* Zhao, 1985, Acta Herpetol. Sinica, Chengdu (N. S.), 4 (3): 228. **Types:** Not stated, presumably CIB. **Type locality:** China [Sichuan: Hongyuan （红原）, Mt. Hengduan]; alt. 3000-3800 m. Synonymy by Zhao *et* Adler, 1993, Herpetology of China: 141; with *Rana kukunoris* by Xie, Ye, Fei *et* Jiang, 2000, Acta Zootaxon. Sinica, Beijing, 25 (2): 228-235.

Rana chensinensis kangdingensis Wei *et* Chen, 1990, Acta Zool. Sinica, Beijing, 36 (1): 78. **Types:** Not stated, but (NWUX) 860069, according to Wei, Chen, Xu *et* Li, 1991, Acta Zootaxon. Sinica, Beijing, 16 (3): 382. **Type locality:** China [Sichuan: Kangding （康定）]; alt. 3300 m. Redescribed as new by Wei, Chen, Xu *et* Li, 1991, Acta Zootaxon. Sinica, Beijing, 16 (3): 378. Synonymy with *Rana kukunoris* by Xie, Ye, Fei *et* Jiang, 2000, Acta Zootaxon. Sinica, Beijing, 25 (2): 228-235.

Rana chensinensis lanzhouensis Wei *et* Chen, 1991, Acta Zootaxon. Sinica, Beijing, 16 (3): 377. **Holotype:** (NWUB) 860130, ♂, SVL 49 mm, by original designation. **Type locality:** China [Gansu: Yuzhong （榆中）]; alt. 1500 m. Redescribed as new by Wei, Chen, Xu *et* Li, 1991, Acta Zootaxon. Sinica, Beijing, 16 (3): 381. Synonymy with *Rana kukunoris* by Xie, Ye, Fei *et* Jiang, 2000, Acta Zootaxon. Sinica, Beijing, 25 (2): 228-235.

Rana (*Rana*) *kukunoris* - Yuan, Zhou, Chen, Poyarkov, Chen, Jang-Liaw, Chou, Matzke, Iizuka, Min, Kuzmin, Zhang, Cannatella, Hillis *et* Che, 2016, Syst. Biol., 65: 835.

中文别名（**Common name**）：无

分布（**Distribution**）：甘肃（GS）、青海（QH）、四川（SC）、西藏（XZ）；国外：无

其他文献（**Reference**）：Liu, 1950; 刘承钊和胡淑琴, 1961; 胡淑琴等, 1977; 田婉淑和江耀明, 1986; 胡淑琴, 1987; 费梁等, 1990, 2005, 2009b, 2010, 2012; 王香亭, 1991; 叶昌媛等, 1993; Zhao and Adler, 1993; 费梁, 1999; 姚崇勇和龚大洁, 2012; Jiang *et al.*, 2014; 江建平等, 2016

（302）长肢林蛙 *Rana longicrus* Stejneger, 1898

Rana longicrus Stejneger, 1898, J. Sci. Coll. Imper. Univ. Tokyo, 12: 216. **Holotype:** (TIU) 26, SVL 52 mm. **Type locality:** China [Taiwan: Taipei (台北)].

Rana (*Rana*) *longicrus* - Boulenger, 1920, Rec. Indian Mus., Calcutta, 20: 9, 95; Dubois, 1992, Bull. Mens. Soc. Linn., Lyon, 61 (10): 333.

Rana japonica longicrus - Müller *et* Hellmich, 1940, Zool. Anz., Leipzig, 130: 56.

中文别名（**Common name**）：长脚赤蛙

分布（**Distribution**）：福建（FJ）、台湾（TW）；国外：无

其他文献（**Reference**）：Zhao and Adler, 1993; 向高世等, 2009; 费梁等, 2009b, 2010, 2012; Jiang *et al.*, 2014; 江建平等, 2016

（303）栾川林蛙 *Rana luanchuanensis* Zhao *et* Yuan, 2017

Rana luanchuanensis Zhao *et* Yuan, 2017, *In*: Zhao, Yang, Wang, Li, Murphy, Che *et* Yuan, 2017, ZooKeys, 694: 101. **Holotype:** (KIZ) 016090, by original designation. **Type locality:** China [Henan: Luanchuan (栾川), Tongyi River near the village of Hanqiu]; 33.80°N, 111.80°E; alt. 810 m.

中文别名（**Common name**）：无

分布（**Distribution**）：河南（HEN）；国外：无

其他文献（**Reference**）：无

（304）猫儿山林蛙 *Rana maoershanensis* Lu, Li *et* Jiang, 2007

Rana maoershanensis Lu, Li *et* Jiang, 2007, Acta Zootaxon. Sinica, Beijing, 32 (4): 793. **Holotype:** (SYNU) 06020120, by original designation. **Type locality:** China [Guangxi: Xing'an （兴安）, Maoershan National Natural Reserve]; 25°52′N, 110°24′E; alt. 1980 m.

中文别名（**Common name**）：无

分布（**Distribution**）：广西（GX）；国外：无

其他文献（**Reference**）：费梁等, 2010, 2012; Jiang *et al.*, 2014; 莫运明等, 2014; 江建平等, 2016

（305）峨眉林蛙 *Rana omeimontis* Ye *et* Fei, 1993

Rana japonica - Boulenger, 1920, Rec. Indian Mus., Calcutta, 20: 95 (Szechuan, China); Vogt, 1924, Zool. Anz., Leipzig, 60 (11-12): 339 [Waschan （瓦山）, Szetschwan （四川）, China]; Stejneger, 1925, Proc. U. S. Natl. Mus., Washington, 66 (25): 22 [Mt. Emei (峨眉山), Szechuan, China].

Rana japonica japonica - Liu *et* Hu, 1959, Acta Zool. Sinica, Beijing, 11 (4): 509 [Mt. Emei (峨眉山), Sichuan, China].

Rana omeimontis Ye *et* Fei, 1993, *In*: Ye, Fei *et* Hu, 1993, Rare and Economic Amphibians of China, Chengdu: 218-220. **Holotype:** (CIB) 638893, ♂, SVL 65.5 mm, by original designation. **Type locality:** China [Sichuan: Mt. Emei (峨眉山)]; alt. 1400 m.

Rana (*Rana*) *omeimontis* - Yuan, Zhou, Chen, Poyarkov, Chen, Jang-Liaw, Chou, Matzke, Iizuka, Min, Kuzmin, Zhang,

Cannatella, Hillis *et* Che, 2016, Syst. Biol., 65: 835.

中文别名（Common name）：无

分布（Distribution）：甘肃（GS）、湖南（HN）、湖北（HB）、四川（SC）、重庆（CQ）、贵州（GZ）；国外：无

其他文献（Reference）：刘承钊和胡淑琴，1961；胡淑琴等，1977；田婉淑和江耀明，1986；费梁等，1990，2005，2009b，2010，2012；叶昌媛等，1993；Zhao and Adler，1993；费梁，1999；姚崇勇和龚大洁，2012；Jiang *et al.*, 2014；沈猷慧等，2014；江建平等，2016

（306）梭德氏林蛙 *Rana sauteri* Boulenger, 1909

Rana sauteri Boulenger, 1909, Ann. Mag. Nat. Hist., London, Ser. 8, 4: 493. **Syntypes:** BMNH (5 specimens), by original designation. **Type locality:** China [Taiwan: Kanshirei (观竹岭)]; alt. 2000 ft.

Rana (Hylorana) sauteri - Boulenger, 1920, Rec. Indian Mus., Calcutta, 20: 124.

Pseudorana sauteri sauteri - Fei, Ye *et* Huang, 1990, Key to Chinese Amphibia, Chongqing: 138.

Rana (Pseudorana) sauteri - Dubois, 1992, Bull. Mens. Soc. Linn., Lyon, 61 (10): 333.

Amolops (Pseudoamolops) sauteri - Jiang, Fei, Ye, Zeng, Zhen, Xie *et* Chen, 1997, Cultum Herpetol. Sinica, Guiyang, (6-7): 74.

Rana multidenticulata Chou *et* Lin, 1997, Zool. Stud., Taipei, 36: 222-229. **Holotype:** (MNS) 2802, by original designation. **Type locality:** China [Taiwan: Taichung (台中), Dayuling]; 24°11′02″N, 121°18′17″E; alt. 2560 m. Synonymy by Hsu, Lin, Wu *et* Tsai, 2011, Herpetol. J., 21: 169.

Pseudoamolops sauteri - Fei, Ye *et* Jiang, 2000, Acta Zool. Sinica, Beijing, 46 (1): 23, 25.

Pseudoamolops multidenticulatus - Fei, Ye *et* Jiang, 2000, Acta Zool. Sinica, Beijing, 46 (1): 23, 25.

Rana multidenticulata - Frost, Grant, Faivovich, Bain, Haas, Haddad, de Sá, Channing, Wilkinson, Donnellan, Raxworthy, Campbell, Blotto, Moler, Drewes, Nussbaum, Lynch, Green *et* Wheeler, 2006, Bull. Amer. Mus. Nat. Hist., New York, 297: 370.

Rana sauteri - Frost, Grant, Faivovich, Bain, Haas, Haddad, de Sá, Channing, Wilkinson, Donnellan, Raxworthy, Campbell, Blotto, Moler, Drewes, Nussbaum, Lynch, Green *et* Wheeler, 2006, Bull. Amer. Mus. Nat. Hist., New York, 297: 370.

Rana (Rana) sauteri - Yuan, Zhou, Chen, Poyarkov, Chen, Jang-Liaw, Chou, Matzke, Iizuka, Min, Kuzmin, Zhang, Cannatella, Hillis *et* Che, 2016, Syst. Biol., 65: 835.

中文别名（Common name）：台湾拟湍蛙、梭德氏赤蛙

分布（Distribution）：台湾（TW）；国外：无

其他文献（Reference）：费梁等，1990，2005，2009b，2010，2012；叶昌媛等，1993；Zhao and Adler，1993；费梁，1999；向高世等，2009；Jiang *et al.*, 2014；江建平等，2016

（307）郑氏林蛙 *Rana zhengi* Zhao, 1999

Pseudorana johnsi - Jiang, Fei, Ye, Zeng, Xie, Chen *et* Zheng, 1997, Cultum Herpetol. Sinica, Guiyang, 6-7: 67-74 [Zhangcun Village, Hongya (洪雅), Sichuan Prov., China].

Rana zhengi Zhao, 1999, Sichuan J. Zool., Chengdu, 18: cover 2. **Holotype:** (CIB) 2000 I 0003, according to the original publication and Zhao, 2000, Sichuan J. Zool., Chengdu, 19: 134. **Type locality:** China [Sichuan: Hongya (洪雅), Zhangcun Village]; alt. 1300 m.

Rana (Rana) zhengi - Yuan, Zhou, Chen, Poyarkov, Chen, Jang-Liaw, Chou, Matzke, Iizuka, Min, Kuzmin, Zhang, Cannatella, Hillis *et* Che, 2016, Syst. Biol., 65: 835.

中文别名（Common name）：明全蛙、张村蛙

分布（Distribution）：四川（SC）；国外：无

其他文献（Reference）：费梁和叶昌媛，2001；费梁等，2005，2009b，2010，2012；江建平等，2016

（308）镇海林蛙 *Rana zhenhaiensis* Ye, Fei *et* Matsui, 1995

Rana japonica - Boulenger, 1879, Bull. Soc. Zool. France, Paris, 4: 190; Boulenger, 1920, Rec. Indian Mus., Calcutta, 20: 95 [Ninpo (宁波), Zhejiang, China].

Rana japonica japonica - Liu *et* Hu, 1959, Acta Zool. Sinica, Beijing, 11 (4): 509.

Rana zhenhaiensis Ye, Fei *et* Matsui, 1995, Acta Herpetol. Sinica, Chengdu, 4-5: 83-84. **Holotype:** (CIB) 940371, by original designation. **Type locality:** China [Zhejiang: Zhenhai (镇海，现为北仑区), Chaiqiao]; 29°85′N, 121°91′E; alt. 100 m.

Rana (Rana) zhenhaiensis - Yuan, Zhou, Chen, Poyarkov, Chen, Jang-Liaw, Chou, Matzke, Iizuka, Min, Kuzmin, Zhang, Cannatella, Hillis *et* Che, 2016, Syst. Biol., 65: 835.

中文别名（Common name）：无

分布（Distribution）：安徽（AH）、江苏（JS）、上海（SH）、浙江（ZJ）、江西（JX）、湖南（HN）、湖北（HB）、福建（FJ）；国外：无

其他文献（Reference）：刘承钊和胡淑琴，1961；胡淑琴等，1977；田婉淑和江耀明，1986；叶昌媛等，1993；Zhao and Adler，1993；费梁，1999；费梁等，2009b，2010，2012；Jiang *et al.*, 2014；江建平等，2016

56. 粗皮蛙属 *Rugosa* Fei, Ye *et* Huang, 1990

Rugosa Fei, Ye *et* Huang, 1990, Key to Chinese Amphibia, Chongqing: 145-146. **Type species:** *Rana rugosa* Temminck *et* Schlegel, 1838, by original designation.

Rana (Rugosa) - Dubois, 1992, Bull. Mens. Soc. Linn., Lyon, 61 (10): 332.

（309）东北粗皮蛙 *Rugosa emeljanovi* (Nikolsky, 1913)

Rana emeljanovi Nikolsky, 1913, Ann. Mus. Zool. Acad.

Impér. Sci., St. Petersbourg, 18: 149. **Holotype:** SZKU (MUS. Univ. Kharkof), Nikolsky, 1918 and Stejneger, 1925, Pl. Ⅱ, Fig. 2 (Nikolsky, 1918); No. 1 (Kostin, 1943: 163). **Type locality:** China [Heilongjiang: Shangzhi（尚志）, Yimianpo].

Rana rugosa - Pope *et* Boring, 1940, Peking Nat. Hist. Bull., Peking, 15 (1): 51 [Imienpo (= Yimianpo), Heilongjiang, China].

Rana rugosa emeljanovi - Terentjev *et* Chernov, 1940, Terentjev and Chernov, 1940, Kratikii Opredelitel' Presmyka iushchisksia i Zemnovodnykh CCCP: 47; Kostin, 1943, Bull. Inst. Sci. Res., Manchoukuo, 7 (2): 163, 166.

Rugosa emeljanowi - Fei, Ye *et* Huang, 1990, Key to Chinese Amphibia, Chongqing: 145-146.

Rana (Rugosa) emeljanovi: Dubois, 1992, Bull. Mens. Soc. Linn., Lyon, 61 (10): 332.

Glandirana emeljanovi - Frost, Grant, Faivovich, Bain, Haas, Haddad, de Sá, Channing, Wilkinson, Donnellan, Raxworthy, Campbell, Blotto, Moler, Drewes, Nussbaum, Lynch, Green *et* Wheeler, 2006, Bull. Amer. Mus. Nat. Hist., New York, 297: 368.

中文别名（Common name）：无

分布（Distribution）：黑龙江（HL）、吉林（JL）、辽宁（LN）；国外：俄罗斯、朝鲜

其他文献（Reference）：刘承钊和胡淑琴，1961；胡淑琴等，1977；田婉淑和江耀明，1986；叶昌媛等，1993；Zhao and Adler, 1993；费梁，1999；费梁等，2005, 2009b, 2010, 2012；赵文阁等，2008；李丕鹏等，2011；Jiang *et al.*, 2014；江建平等，2016

（310）天台粗皮蛙 *Rugosa tientaiensis* (Chang, 1933)

Rana tientaiensis Chang, 1933, Peking Nat. Hist. Bull., Peking, 8 (1): 79-80. **Holotype:** SVL 41 mm, Lost (Frost, 1985: 518). **Type locality:** China [Zhejiang: Tiantai（天台）, east-central Chekiang]; alt. 3000 ft. **Neotype:** (CIB) 740065, ♂, SVL 42.3 mm, present designated neotype by Fei *et* Ye, **Neotype locality:** China [Zhejiang: Tiantai（天台）].

Rana rugosa - Pope *et* Boring, 1940, Peking Nat. Hist. Bull., Peking, 15 (1): 51 (not Temminck *et* Schlegel, 1838, Chekiang and Anhwei, China).

Rana (Rana) tientaiensis - Dubois, 1986, Alytes, Paris, 5 (1-2): 42.

Rugosa tientaiensis - Fei, Ye *et* Huang, 1990, Key to Chinese Amphibia, Chongqing: 146.

Rana (Rugosa) tientaiensis - Dubois, 1992, Bull. Mens. Soc. Linn., Lyon, 61 (10): 332.

Glandirana tientaiensis - Frost, Grant, Faivovich, Bain, Haas, Haddad, de Sá, Channing, Wilkinson, Donnellan, Raxworthy, Campbell, Blotto, Moler, Drewes, Nussbaum, Lynch, Green *et* Wheeler, 2006, Bull. Amer. Mus. Nat. Hist., New York, 297: 368.

中文别名（Common name）：天台蛙

分布（Distribution）：安徽（AH）、浙江（ZJ）；国外：无

其他文献（Reference）：刘承钊和胡淑琴，1961；胡淑琴等，1977；田婉淑和江耀明，1986；叶昌媛等，1993；Zhao and Adler, 1993；费梁，1999；费梁等，2005, 2009b, 2010, 2012；Jiang *et al.*, 2014；江建平等，2016

57. 肱腺蛙属 *Sylvirana* Dubois, 1992

Sylvirana Dubois, 1992, Bull. Mens. Soc. Linn., Lyon, 61 (10): 326. **Type species:** *Lymnodytes nigrovittatus* Blyth, 1855, by original designation. Proposed as a subgenus of *Rana*.

Sylvirana - Frost, Grant, Faivovich, Bain, Haas, Haddad, de Sá, Channing, Wilkinson, Donnellan, Raxworthy, Campbell, Blotto, Moler, Drewes, Nussbaum, Lynch, Green *et* Wheeler, 2006, Bull. Amer. Mus. Nat. Hist., New York, 297: 248; Oliver, Prendini, Kraus *et* Raxworthy, 2015, Mol. Phylogenet. Evol., 90: 188. Recognition as a genus.

（311）版纳水蛙 *Sylvirana bannanica* (Rao *et* Yang, 1997)

Rana bannanica Rao *et* Yang, 1997, Zool. Res., Kunming, 18 (2): 157-161. **Holotype:** (KIZ) 94001, ♂, SVL 43 mm, by original designation. **Type locality:** China [Yunnan: Xishuangbanna（西双版纳）, Mo-han (China-Laos border)]; alt. 850 m.

Hylarana (Hylarana) bannanica - Fei, Ye, Huang, Jiang *et* Xie, 2005, An Illustrated Key to Chinese Amphibians, Chengdu: 118.

Sylvirana bannanica - Frost, Grant, Faivovich, Bain, Haas, Haddad, de Sá, Channing, Wilkinson, Donnellan, Raxworthy, Campbell, Blotto, Moler, Drewes, Nussbaum, Lynch, Green *et* Wheeler, 2006, Bull. Amer. Mus. Nat. Hist., New York, 297: 370.

中文别名（Common name）：版纳蛙、版纳肱腺蛙

分布（Distribution）：云南（YN）、广西（GX）；国外：老挝

其他文献（Reference）：叶昌媛等，1993；Zhao and Adler, 1993；费梁，1999；杨大同和饶定齐，2008；费梁等，2009b, 2010, 2012；Jiang *et al.*, 2014；莫运明等，2014；江建平等，2016

（312）肘腺水蛙 *Sylvirana cubitalis* (Smith, 1917)

Rana cubitalis Smith, 1917, J. Nat. Hist. Soc. Siam, Bangkok, 2: 277. **Holotype:** (BMNH) 1947.2.2.35, according to Ohler, 2007, Alytes, Paris, 25: 67. **Type locality:** Thailand (Siam: Doi Nga Chang. Collected on the banks of a small stream); alt. 500 m.

Rana (Hylorana) cubitalis - Boulenger, 1920, Rec. Indian Mus., Calcutta, 20: 124.

Rana (Hylarana) cubitalis - Bourret, 1942, Batr. Indochine: 316-317.

Rana (Sylvirana) cubitalis - Dubois, 1992, Bull. Mens. Soc. Linn., Lyon, 61 (10): 326.

Sylvirana cubitalis - Frost, Grant, Faivovich, Bain, Haas, Haddad, de Sá, Channing, Wilkinson, Donnellan, Raxworthy, Campbell, Blotto, Moler, Drewes, Nussbaum, Lynch, Green *et* Wheeler, 2006, Bull. Amer. Mus. Nat. Hist., New York, 297: 370.

中文别名（**Common name**）：肘腺蛙

分布（**Distribution**）：云南（YN）；国外：老挝、泰国

其他文献（**Reference**）：杨大同和饶定齐，2008；费梁等，2009b，2010，2012；Jiang *et al.*, 2014；江建平等，2016

（313）河口水蛙 *Sylvirana hekouensis* (Fei, Ye *et* Jiang, 2008)

Rana nigrovittata - Liu, Hu *et* Yang, 1960, Acta Zool. Sinica, Beijing, 12 (2): 151 [Hekou (河口), Yunnan, China].

Hylarana (Hylarana) nigrovittata - Fei, Ye *et* Huang, 1990, Key to Chinese Amphibia, Chongqing: 140 [Hekou (河口), Yunnan, China].

Sylvirana nigrovittata - Frost, Grant, Faivovich, Bain, Haas, Haddad, de Sá, Channing, Wilkinson, Donnellan, Raxworthy, Campbell, Blotto, Moler, Drewes, Nussbaum, Lynch, Green *et* Wheeler, 2006, Bull. Amer. Mus. Nat. Hist., New York, 297: 370.

Hylarana (Sylvirana) hekouensis Fei, Ye *et* Jiang, 2008, *In*: Fei, Ye, Jiang *et* Xie, 2008, Acta Zootaxon. Sinica, Beijing, 33 (1): 199-201. **Holotype:** (CIB) 89001, ♂, SVL 41.0 mm, by original designation. **Type locality:** China [Yunnan: Hekou (河口), Nanxi]; 22.52°N, 103.98°E; alt. 170 m.

中文别名（**Common name**）：黑带蛙、河口肛腺蛙

分布（**Distribution**）：云南（YN）、广西（GX）；国外：？越南

其他文献（**Reference**）：费梁等，2009b，2010，2012；Jiang *et al.*, 2014；江建平等，2016

（314）阔褶水蛙 *Sylvirana latouchii* (Boulenger, 1899)

Rana latouchii Boulenger, 1899, Proc. Zool. Soc. London, 1899: 167-168. **Syntypes:** (BMNH) (2 specimens). **Type locality:** China [Fujian: Wuyishan City（武夷山市）, Guadun]; alt. 3000-4000 ft.

Rana (Hylorana) latouchii - Boulenger, 1920, Rec. Indian Mus., Calcutta, 20: 123, 136-138.

Hylorana latouchii - Deckert, 1938, Sitzungsber. Ges. Naturforsch. Freunde Berlin, 1938: 144.

Rana spinulosa Liu *et* Hu, 1961, Tailless Amph. China, Peking: 190-191 (Mt. Yaoshan, Guangxi, China; not Smith, 1923).

Rana (Hylarana) latouchii: Frost, 1985, Amph. Spec. World, Lawrence: 499.

Hylarana (Hylarana) latouchii - Fei, Ye *et* Huang, 1990, Key to Chinese Amphibia, Chongqing: 140.

Rana (Sylvirana) latouchii - Dubois, 1992, Bull. Mens. Soc. Linn., Lyon, 61 (10): 326.

Sylvirana latouchii - Frost, Grant, Faivovich, Bain, Haas, Haddad, de Sá, Channing, Wilkinson, Donnellan, Raxworthy, Campbell, Blotto, Moler, Drewes, Nussbaum, Lynch, Green *et* Wheeler, 2006, Bull. Amer. Mus. Nat. Hist., New York, 297: 370.

中文别名（**Common name**）：阔褶蛙、拉都西氏赤蛙

分布（**Distribution**）：安徽（AH）、江苏（JS）、浙江（ZJ）、江西（JX）、湖南（HN）、湖北（HB）、贵州（GZ）、云南（YN）、福建（FJ）、台湾（TW）、广东（GD）、广西（GX）、香港（HK）；国外：无

其他文献（**Reference**）：刘承钊和胡淑琴，1961；胡淑琴等，1977；田婉淑和江耀明，1986；叶昌媛等，1993；Zhao and Adler, 1993；吕光洋等，1999；费梁，1999；费梁等，2005，2009b，2010，2012；杨大同和饶定齐，2008；向高世等，2009；Jiang *et al.*, 2014；莫运明等，2014；沈猷慧等，2014；江建平等，2016

（315）茅索水蛙 *Sylvirana maosonensis* (Bourret, 1937)

Hylarana maosonensis Bourret, 1937, Ann. Bull. Gén. Instr. Publ., Hanoi, 1937 (4): 36. **Syntypes:** (MNHNP) 38.46-53, 48.140-143 (formerly in LZUH) (according to Guibé, 1950 "1948", Cat. Types Amph. Mus. Natl. Hist. Nat.: 42), (CAS-SU) 6392, FMNH (2 specimens, according to Marx, 1976, Fieldiana: Zool., Chicago, 69: 54). **Type locality:** Vietnam [Lang Son: Mao-Son (= Mau Son)].

Rana (Hylarana) maosonensis - Bourret, 1942, Batr. Indochine: 351.

Rana (Sylvirana) maosonensis - Dubois, 1992, Bull. Mens. Soc. Linn., Lyon, 61 (10): 326.

Sylvirana maosonensis - Frost, Grant, Faivovich, Bain, Haas, Haddad, de Sá, Channing, Wilkinson, Donnellan, Raxworthy, Campbell, Blotto, Moler, Drewes, Nussbaum, Lynch, Green *et* Wheeler, 2006, Bull. Amer. Mus. Nat. Hist., New York, 297: 370.

Hylarana (Sylvirana) maosonensis - Firstly recorded in China by Jiang, Mo, Xie *et* Ye, 2007, Herpetol. Sinica, Nanjing, 11: 5-8 (Fangcheng, Guangxi, China).

中文别名（**Common name**）：无

分布（**Distribution**）：广西（GX）；国外：越南、老挝

其他文献（**Reference**）：刘承钊和胡淑琴，1961；胡淑琴等，1977；田婉淑和江耀明，1986；叶昌媛等，1993；Zhao and Adler, 1993；费梁，1999；费梁等，2009b，2010，2012；Jiang *et al.*, 2014；莫运明等，2014；江建平等，2016

（316）勐腊水蛙 *Sylvirana menglaensis* (Fei, Ye *et* Xie, 2008)

Rana nigrovittata - Liu *et* Hu, 1959, Acta Zool. Sinica, Beijing, 11 (4): 519 [Mengyang (勐养) and Puwen of Jinghong (景洪), Yunnan, China].

Hylarana (Hylarana) nigrovittata - Fei, Ye *et* Huang, 1990, Key to Chinese Amphibia, Chongqing: 140 [Cangyuan (沧

源), Menglian (孟连) and Xishuangbanna (西双版纳), Yunnan, China].

Sylvirana nigrovittata - Frost, Grant, Faivovich, Bain, Haas, Haddad, de Sá, Channing, Wilkinson, Donnellan, Raxworthy, Campbell, Blotto, Moler, Drewes, Nussbaum, Lynch, Green *et* Wheeler, 2006, Bull. Amer. Mus. Nat. Hist., New York, 297: 370.

Hylarana (Sylvirana) menglaensis Fei, Ye *et* Xie, 2008, *In*: Fei, Ye, Jiang *et* Xie, 2008, Acta Zootaxon. Sinica, Beijing, 33 (1): 201-204. **Holotype:** (CIB) 890166, ♂, SVL 43.7 mm, by original designation. **Type locality:** China [Yunnan: Mengla (勐腊), Zhushihe]; 21.48°N, 101.56°E; alt. 1000 m.

中文别名（Common name）：黑带水蛙

分布（Distribution）：云南（YN）；国外：？越南、？老挝

其他文献（Reference）：刘承钊和胡淑琴，1961；胡淑琴等，1977；田婉淑和江耀明，1986；叶昌媛等，1993；Zhao and Adler，1993；费梁，1999；费梁等，2005，2009b，2010，2012；Jiang *et al.*，2014；江建平等，2016

（317）黑耳水蛙 *Sylvirana nigrotympanica* (Dubois, 1992)

Rana varians - Liu *et* Hu, 1959, Acta Zool. Sinica, Beijing, 11 (4): 518-519 [Youleshan, Mengyang (勐养), Yunnan, China].

Hylarana (Hylarana) varians - Fei, Ye *et* Huang, 1990, Key to Chinese Amphibia, Chongqing: 139 (Yunnan, Guangdong, Hainan, Guangxi, China).

Rana (Sylvirana) nigrotympanica Dubois, 1992, Bull. Mens. Soc. Linn., Lyon, 61 (10): 326, 341 (description and diagnosis, see Liu *et* Hu, 1959: 518-519). **Holotype:** adult female represented in pl. Ⅱ, fig. 4: 1. in Liu *et* Hu, 1959; (CIB) 571162, ♀, SVL 61.0 mm (examined by Fei *et* Ye, 1997). **Type locality:** Not designated beyond "China". China [Yunnan: Jinghong (景洪), Youleshan in Mengyang (勐养)]; alt. 760 m.

Hylarana (Hylarana) nigrotympanica - Fei, 1999, Atlas of Amphibians of China, Zhengzhou: 72.

Sylvirana nigrotympanica - Frost, Grant, Faivovich, Bain, Haas, Haddad, de Sá, Channing, Wilkinson, Donnellan, Raxworthy, Campbell, Blotto, Moler, Drewes, Nussbaum, Lynch, Green *et* Wheeler, 2006, Bull. Amer. Mus. Nat. Hist., New York, 297: 370.

中文别名（Common name）：黑耳蛙

分布（Distribution）：云南（YN）、广东（GD）、广西（GX）、海南（HI）；国外：老挝、缅甸

其他文献（Reference）：刘承钊和胡淑琴，1961；胡淑琴等，1977；田婉淑和江耀明，1986；叶昌媛等，1993；Zhao and Adler，1993；费梁等，2005，2009b，2010，2012；杨大同和饶定齐，2008；史海涛等，2011；Jiang *et al.*，2014；莫运明等，2014；江建平等，2016

（318）细刺水蛙 *Sylvirana spinulosa* (Smith, 1923)

Rana (Hylarana) spinulosa Smith, 1923, J. Nat. Hist. Soc. Siam, Bangkok, 6: 207. **Holotype:** BMNH (formerly M. Smith 6889), by original designation. **Type locality:** China [Hainan: Dongfang (东方)]; 19°14′31″N, 110°27′50″E; alt. 200 m.

Rana spinulosa - Pope, 1931, Bull. Amer. Mus. Nat. Hist., New York, 61 (8): 408.

Hylarana (Hylarana) spinulosa - Fei, Ye *et* Huang, 1990, Key to Chinese Amphibia, Chongqing: 140.

Rana (Sylvirana) spinulosa - Dubois, 1992, Bull. Mens. Soc. Linn., Lyon, 61 (10): 326.

Hylarana spinulosa - Song, Jiang, Zou *et* Shi, 2002, Herpetol. Sinica, Nanjing, 9: 71.

Sylvirana spinulosa - Frost, Grant, Faivovich, Bain, Haas, Haddad, de Sá, Channing, Wilkinson, Donnellan, Raxworthy, Campbell, Blotto, Moler, Drewes, Nussbaum, Lynch, Green *et* Wheeler, 2006, Bull. Amer. Mus. Nat. Hist., New York, 297: 370; Fei, Ye *et* Jiang, 2010, Herpetol. Sinica, Nanjing, 12: 34; Oliver, Prendini, Kraus *et* Raxworthy, 2015, Mol. Phylogenet. Evol., 90: 191.

中文别名（Common name）：细刺蛙

分布（Distribution）：海南（HI）；国外：无

其他文献（Reference）：刘承钊和胡淑琴，1961；胡淑琴等，1977；田婉淑和江耀明，1986；叶昌媛等，1993；Zhao and Adler，1993；费梁，1999；费梁等，2005，2009b，2012；史海涛等，2011；Jiang *et al.*，2014；江建平等，2016

（十）树蛙科 **Rhacophoridae Hoffman, 1932 (1858)**

Rhacophoridae Hoffman, 1932, S. Afr. J. Sci., 29: 581. **Type genus:** *Rhacophorus* Kuhl *et* van Hasselt, 1822.

瀑蛙亚科 Buergeriinae Channing, 1989

Buergeriinae Channing, 1989, S. Afr. J. Zool., 24: 127. **Type genus:** *Buergeria* Tschudi, 1838.

Buergeriini - Dubois, 1992, Bull. Mens. Soc. Linn., Lyon, 61 (10): 335.

58. 溪树蛙属 *Buergeria* Tschudi, 1838

Bürgeria Tschudi, 1838, Classif. Batr.: 34, 75. **Type species:** *Hyla bürgeri* Temminck *et* Schlegel, 1838, by subsequent designation of Stejneger, 1907, Bull. U. S. Natl. Mus., Washington, 58: 143.

Dendricus Gistel, 1848, Naturgesch. Thierr.: viii. Substitute name for *Buergeria* Tschudi, 1838.

Buergeria - Stejneger, 1907, Bull. U. S. Natl. Mus., Washington, 58: 143. Justified emendation.

（319）日本溪树蛙 *Buergeria japonica* (Hallowell, 1860)

Ixalus japonicus Hallowell, 1860, Proc. Acad. Nat. Sci. Philad., 12: 501. **Syntypes:** (MCZ) 2602, (USNM) 7313 (5 specimens); (USNM) 7313a, ♀, designated lectotype (as type) by Stejneger, 1907, Bull. U. S. Natl. Mus., Washington, 58: 157. **Type locality:** Japan (Oshima, Amami, northern Riu Kius).

Rana macropus Boulenger, 1886, Proc. Zool. Soc. London, 1886: 414. Replacement name for *Ixalus japonicus* Hallowell, 1861, preoccupied in *Rana*.

Polypedates japonicus - Stejneger, 1907, Bull. U. S. Natl. Mus., Washington, 58: 155.

Rhacophorus (*Rhacophorus*) *japonicus* - Ahl, 1931, Das Tierreich, Berlin, 55: 111.

Buergeria japonica - Liem, 1970, Fieldiana: Zool., Chicago, 57: 90.

中文别名（Common name）： 日本树蛙

分布（Distribution）： 台湾（TW）；国外：日本

其他文献（Reference）： 刘承钊和胡淑琴, 1961；胡淑琴等, 1977；田婉淑和江耀明, 1986；费梁等, 1990, 2005, 2009a, 2010, 2012；叶昌媛等, 1993；Zhao and Adler, 1993；费梁, 1999；向高世等, 2009；Jiang *et al.*, 2014；江建平等, 2016

（320）台湾溪树蛙 *Buergeria otai* Wang, Hsiao, Lee, Tseng, Lin, Komaki *et* Lin, 2017

Buergeria otai Wang, Hsiao, Lee, Tseng, Lin, Komaki *et* Lin, 2017, PLoS One, 12 (9: e0184005): 15. **Holotype:** (MNS) 19819, by original designation. **Type locality:** China [Taiwan: Pingdong（屏东）, Donggang Stream]; 22.626340°N, 120.643342°E; alt. 90 m.

中文别名（Common name）： 无

分布（Distribution）： 台湾（TW）；国外：无

其他文献（Reference）： 无

（321）海南溪树蛙 *Buergeria oxycephala* (Boulenger, 1899)

Rhacophorus oxycephalus Boulenger, 1899, Proc. Zool. Soc. London, 1899: 959-962. **Syntypes:** BMNH (4 specimens). **Type locality:** China [Hainan: Mt. Five-finger（五指山）].

Polypedates oxycephalus - Gee *et* Boring, 1929, Peking Nat. Hist. Bull., Peiping (= Beijing), 4 (2): 36.

Rhacophorus (*Rhacophorus*) *oxycephalus* - Ahl, 1931, Das Tierreich, Berlin, 55: 117.

Rhaccophorus buergeri oxycephalus - Wolf, 1936, Bull. Raffles Mus., Singapore, 12: 168.

Buergeria oxycephalus - Liem, 1970, Fieldiana: Zool., Chicago, 57: 90 (tentative arrangement).

中文别名（Common name）： 无

分布（Distribution）： 海南（HI）；国外：无

其他文献（Reference）： 刘承钊和胡淑琴, 1961；胡淑琴等, 1977；田婉淑和江耀明, 1986；费梁等, 1990, 2005, 2009a, 2010, 2012；叶昌媛等, 1993；Zhao and Adler, 1993；费梁, 1999；史海涛等, 2011；Jiang *et al.*, 2014；江建平等, 2016

（322）壮溪树蛙 *Buergeria robusta* (Boulenger, 1909)

Rhacophorus robustus Boulenger, 1909, Ann. Mag. Nat. Hist., London, Ser. 8, 4: 494. **Syntypes:** (BMNH), (MCZ) 15412 (Frost, 2004). **Type locality:** China (Taiwan: Kankau, Alikang *et* Kosempo).

Polypedates robustus - Stejneger, 1910, Proc. U. S. Natl. Mus., Washington, 38 (1731): 97.

Rhacophorus (*Rhacophorus*) *robustus* - Ahl, 1931, Das Tierreich, Berlin, 55: 111.

Buergeria robusta - Liem, 1970, Fieldiana: Zool., Chicago, 57: 90.

中文别名（Common name）： 褐树蛙

分布（Distribution）： 台湾（TW）；国外：无

其他文献（Reference）： 刘承钊和胡淑琴, 1961；胡淑琴等, 1977；田婉淑和江耀明, 1986；费梁等, 1990, 2005, 2009a, 2010, 2012；叶昌媛等, 1993；Zhao and Adler, 1993；费梁, 1999；向高世等, 2009；Jiang *et al.*, 2014；江建平等, 2016

树蛙亚科 Rhacophorinae Hoffman, 1932 (1858)

Polypedatidae Günther, 1858, Proc. Zool. Soc. London, 1858: 346. **Type genus:** *Polypedates* Tschudi, 1838.

Polypedatina - Mivart, 1869, Proc. Zool. Soc. London, 1869: 292.

Polypedatinae - Boulenger, 1888, Proc. Zool. Soc. London, 1888: 205.

Polypedatidae - Noble, 1927, Ann. New York Acad. Sci., 30: 105.

Rhacophoridae Hoffman, 1932, S. Afr. J. Sci., 29: 581. **Type genus:** *Rhacophorus* Kuhl *et* van Hasselt, 1822.

Rhacophorinae - Laurent, 1943, Bull. Mus. R. Hist. Nat. Belg., 19: 16.

Racophoridae - Hellmich, 1957, Veröff. Zool. Staatssamml. München, 5: 28. Incorrect subsequent spelling.

Philautinae Dubois, 1981, Monit. Zool. Ital. (N. S.), Suppl., 15: 258. **Type genus:** *Philautus* Gistel, 1848. Synonymy by Channing, 1989, S. Afr. J. Zool., 24: 116-131.

Philautini - Dubois, 1987 "1986", Alytes, Paris, 5 (1-2): 34, 69; Dubois, 1992, Bull. Mens. Soc. Linn., Lyon, 61 (10): 335.

Rhacophorini - Dubois, 1992, Bull. Mens. Soc. Linn., Lyon, 61 (10): 336.

59. 螳臂树蛙属 *Chiromantis* Peters, 1854

Chiromantis Peters, 1854, Ber. Bekannt. Verhandl. K. Preuss. Akad. Wiss. Berlin, 1854: 626. **Type species:** *Chiromantis xerampelina* Peters, 1854, by monotypy.

Chirixalus Boulenger, 1893, Ann. Mus. Civ. Stor. Nat. Genova, Ser. 2, 13: 340. **Type species:** *Chirixalus doriae* Boulenger, 1893, by monotypy. Synonymy by Frost, Grant, Faivovich,

Bain, Haas, Haddad, de Sá, Channing, Wilkinson, Donnellan, Raxworthy, Campbell, Blotto, Moler, Drewes, Nussbaum, Lynch, Green *et* Wheeler, 2006, Bull. Amer. Mus. Nat. Hist., New York, 297: 246.

（323）背条螳臂树蛙 *Chiromantis doriae* (Boulenger, 1893)

Chirixalus doriae Boulenger, 1893, Ann. Mus. Civ. Stor. Nat. Genova, Ser. 2, 13: 341. **Syntypes:** Original 6 specimens according to Hallermann, 2006, Mitt. Hamburg. Zool. Mus. Inst., 103: 139, including MSNG, (NHMW) 16556 (according to Häupl *et* Tiedemann, 1978, Kat. Wiss. Samml. Naturhist. Mus. Wien, 2: 15, and Häupl, Tiedemann *et* Grillitsch, 1994, Kat. Wiss. Samml. Naturhist. Mus. Wien, 9: 19), and BMNH; (MSNG) 29426A designated lectotype by Capocaccia, 1957, Ann. Mus. Civ. Stor. Nat. Genova, Ser. 3, 69: 217; lectotype now lost according to Hallermann, 2006, Mitt. Hamburg. Zool. Mus. Inst., 103: 139. **Type locality:** Myanmar [District of the Karin Bia-po (5 specimens) and Thao (1 specimen)]; data associated with NHMW syntype is Karin-Gebirge, Myanmar; restricted to Karin Bia-po by lectotype designation. Hallermann, 2006, Mitt. Hamburg. Zool. Mus. Inst., 103: 139, doubted that status of the NHMW specimen and suggested that (ZMH) A03145 is a syntype.

Philautus doriae - Cochran, 1927, Proc. Biol. Soc. Washington, 40: 179, by implication.

Philautus doriae - Firstly recorded in China by Pope, 1931, Bull. Amer. Mus. Nat. Hist., New York, 61 (8): 582.

Rhacophorus (Chirixalus) doriae - Ahl, 1931, Das Tierreich, Berlin, 55: 56, 105.

Chirixalus doriae - Bourret, 1942, Batr. Indochine: 476.

Chiromantis doriae - Frost, Grant, Faivovich, Bain, Haas, Haddad, de Sá, Channing, Wilkinson, Donnellan, Raxworthy, Campbell, Blotto, Moler, Drewes, Nussbaum, Lynch, Green *et* Wheeler, 2006, Bull. Amer. Mus. Nat. Hist., New York, 297: 367.

中文别名（**Common name**）：背条跳树蛙

分布（**Distribution**）：云南（YN）、广东（GD）、海南（HI）、香港（HK）；国外：印度、孟加拉国、缅甸、泰国、老挝、柬埔寨、越南

其他文献（**Reference**）：刘承钊和胡淑琴，1961；胡淑琴等，1977；田婉淑和江耀明，1986；费梁等，1990, 2009a, 2010, 2012；叶昌媛等，1993；Zhao and Adler, 1993；费梁，1999；杨大同和饶定齐，2008；史海涛等，2011；Jiang *et al.*, 2014；江建平等，2016

60. 费树蛙属 *Feihyla* Frost, Grant, Faivovich, Bain, Haas, Haddad, de Sá, Channing, Wilkinson, Donnellan, Raxworthy, Campbell, Blotto, Moler, Drewes, Nussbaum, Lynch, Green *et* Wheeler, 2006

Feihyla Frost, Grant, Faivovich, Bain, Haas, Haddad, de Sá,

Channing, Wilkinson, Donnellan, Raxworthy, Campbell, Blotto, Moler, Drewes, Nussbaum, Lynch, Green *et* Wheeler, 2006, Bull. Amer. Mus. Nat. Hist., New York, 297: 246. **Type species:** *Philautus palpebralis* Smith, 1924, by original designation.

（324）抚华费树蛙 *Feihyla fuhua* Fei, Ye *et* Jiang, 2010

Philautus palpebralis Smith, 1924, Proc. Zool. Soc. London, 1924: 233. **Holotype:** (BMNH) (formerly M. Smith 2589, by original designation) (Frost, 2004). **Type locality:** Vietnam [Southern Annam: Langbian Peaks].

Rhacophorus (Chirixalus) palpebralis - Ahl, 1931, Das Tierreich, Berlin, 55: 104.

Chirixalus palpebralis - Bourret, 1939, Ann. Bull. Gén. Instr. Publ., Hanoi, 4: 60.

Philautus palpebralis - Firstly recorded in China (Yunnan) by Liu, Hu *et* Yang, 1960, Acta Zool. Sinica, Beijing, 12 (2): 169-170; Fei, 1999, Atlas Amph. China: 256.

Feihyla palpebralis - Frost, Grant, Faivovich, Bain, Haas, Haddad, de Sá, Channing, Wilkinson, Donnellan, Raxworthy, Campbell, Blotto, Moler, Drewes, Nussbaum, Lynch, Green *et* Wheeler, 2006, Bull. Amer. Mus. Nat. Hist., New York, 297: 367.

Aquixalus palpebralis - Fei, Hu, Ye *et* Huang, 2009, Fauna Snica, Amphibia, Vol. 2: 699-703.

Feihyla fuhua Fei, Ye *et* Jiang, 2010, Acta Zootaxon. Sinica, Beijing, 35 (2): 413. **Holotype:** (CIB) 584168, by original designation. **Type locality:** China [Yunnan: Pingbian (屏边), Qiangjinxiang]; 22.58°N, 103.41°E; alt. 1040 m.

中文别名（**Common name**）：白颊小树蛙、白颊水树蛙

分布（**Distribution**）：云南（YN）、广西（GX）；国外：越南

其他文献（**Reference**）：刘承钊和胡淑琴，1961；胡淑琴等，1977；田婉淑和江耀明，1986；费梁等，1990, 2009a, 2010, 2012；叶昌媛等，1993；Zhao and Adler, 1993；费梁，1999；Jiang *et al.*, 2014；江建平等，2016

（325）侧条费树蛙 *Feihyla vittatus* (Boulenger, 1887)

Ixalus vittatus Boulenger, 1887, Ann. Mus. Civ. Stor. Nat. Genova, Ser. 2, 5: 421. **Syntypes:** BMNH (2 specimens), MSNG; (MSNG) 29397 designated lectotype by Capocaccia, 1957, Ann. Mus. Civ. Stor. Nat. Genova, Ser. 3, 69: 217. **Type locality:** Myanmar (Bhamò).

Philautus vittatus - Smith, 1924, Rec. Indian Mus., Calcutta, 26: 140; Smith, 1924, Proc. Zool. Soc. London, 1924: 225.

Philautus vittatus - Firstly recorded in China by Pope, 1931, Bull. Amer. Mus. Nat. Hist., New York, 61 (8): 583.

Rhacophorus (Philautus) vittatus - Ahl, 1931, Das Tierreich, Berlin, 55: 55, 90.

Chirixalus vittatus - Liem, 1970, Fieldiana: Zool., Chicago, 57: 95.

Chiromantis vittatus - Frost, Grant, Faivovich, Bain, Haas,

Haddad, de Sá, Channing, Wilkinson, Donnellan, Raxworthy, Campbell, Blotto, Moler, Drewes, Nussbaum, Lynch, Green *et* Wheeler, 2006, Bull. Amer. Mus. Nat. Hist., New York, 297: 367; Pyron *et* Wiens, 2011, Mol. Phylogenet. Evol., 61: 543-583.

Feihyla vittata - Li, Li, Klaus, Rao, Hillis *et* Zhang, 2013, Proc. Natl. Acad. Sci. USA, 110: 3441-3446 (supplemental data).

中文别名（**Common name**）：侧条跳树蛙

分布（**Distribution**）：浙江（ZJ）、云南（YN）、西藏（XZ）、福建（FJ）、广东（GD）、广西（GX）、海南（HI）；国外：印度、缅甸、泰国、柬埔寨、老挝、越南

其他文献（**Reference**）：刘承钊和胡淑琴，1961；胡淑琴等，1977；田婉淑和江耀明，1986；费梁等，1990，2009a，2010，2012；叶昌媛等，1993；Zhao and Adler，1993；费梁，1999；杨大同和饶定齐，2008；李丕鹏等，2010；史海涛等，2011；Jiang *et al.*，2014；莫运明等，2014；江建平等，2016

61. 纤树蛙属 *Gracixalus* Delorme, Dubois, Grosjean *et* Ohler, 2005

Gracixalus Delorme, Dubois, Grosjean *et* Ohler, 2005, Bull. Mens. Soc. Linn., Lyon, 74: 166. **Type species:** *Philautus gracilipes* Bourret, 1937, by original designation. Coined as a subgenus of *Aquixalus* Delorme, Dubois, Grosjean *et* Ohler, 2005.

Gracixalus - Li, Che, Bain, Zhao *et* Zhang, 2008, Mol. Phylogenet. Evol., 48: 302-312. Treatment as a genus.

（326）黑眼睑纤树蛙 *Gracixalus gracilipes* (Bourret, 1937)

Philautus gracilipes Bourret, 1937, Ann. Bull. Gén. Instr. Publ., Hanoi, 1937: 6, 52. **Holotype:** (MNHNP) 1948.156 [formerly (LSNUH) B167], according to Guibé, 1950 "1948", Cat. Types Amph. Mus. Natl. Hist. Nat.: 51. **Type locality:** Vietnam (Lao Cai Province: Chapa).

Philautus gracilipes - Firstly recorded in China by Liu, Hu *et* Yang, 1960, Acta Zool. Sinica, Beijing, 12 (2): 170-171.

Philautus (Philautus) gracilipes - Bossuyt *et* Dubois, 2001, Zeylanica, 6 (1): 48.

Chirixalus gracilipes - Bain *et* Nguyen, 2004, Amer. Mus. Novit., New York, 3453: 11-12.

Aquixalus (Gracixalus) gracilipes - Delorme, Dubois, Grosjean *et* Ohler, 2005, Bull. Mens. Soc. Linn., Lyon, 74: 166.

Gracixalus gracilipes - Li, Che, Bain, Zhao *et* Zhang, 2008, Mol. Phylogenet. Evol., 48: 310.

中文别名（**Common name**）：黑眼睑水树蛙、黑眼睑小树蛙

分布（**Distribution**）：云南（YN）、广东（GD）、广西（GX）；国外：越南、泰国

其他文献（**Reference**）：刘承钊和胡淑琴，1961；胡淑琴等，1977；田婉淑和江耀明，1986；费梁等，1990，2009a，2010，2012；叶昌媛等，1993；Zhao and Adler，1993；费梁，1999；杨大同和饶定齐，2008；Jiang *et al.*，2014；莫运明等，2014；江建平等，2016

（327）广东纤树蛙 *Gracixalus guangdongensis* Wang, Zeng, Lyu, Liu *et* Wang, 2018

Gracixalus guangdongensis Wang, Zeng, Lyu, Liu *et* Wang, 2018, Zootaxa, 4420 (2), 251-269. **Holotype:** (SYS) a005724, adult male, SVL 30.2 mm. **Type locality:** China [Guangdong: Maoming (茂名), Dawuling Forest Station in Nanling Nature Reserve]; 22°17′31.27″N, 111°12′50.42″E; alt. 1600 m.

中文别名（**Common name**）：无

分布（**Distribution**）：广东（GD）；国外：无

其他文献（**Reference**）：无

（328）井冈纤树蛙 *Gracixalus jinggangensis* Zeng, Zhao, Chen, Chen, Zhang *et* Wang, 2017

Gracixalus jinggangensis Zeng, Zhao, Chen, Chen, Zhang *et* Wang, 2017, Zootaxa, 4250 (2): 171-185. **Holotype:** (SYS) a004811, by original designation. **Type locality:** China [Jiangxi: Mt. Jinggang（井冈山）]; 26°29′28.53″N, 114°04′32.94″E; alt. 1208 m.

中文别名（**Common name**）：无

分布（**Distribution**）：江西（JX）；国外：无

其他文献（**Reference**）：无

（329）金秀纤树蛙 *Gracixalus jinxiuensis* (Hu, 1978)

Philautus jinxiuensis Hu, 1978, *In*: Hu, Fei *et* Ye, 1978, Mater. Herpetol. Res., Chengdu, 4: 20. **Holotype:** (CIB) 660386, ♀, by original designation. SVL 30.2 mm. Redescribed by Hu *et* Tian *In*: Hu, Tian *et* Wu, 1981, Acta Herpetol. Sinica, Chengdu, 5 (17): 116. **Type locality:** China [Guangxi: Jinxiu (金秀), Mt. Dayao (大瑶山)]; alt. 1350 m.

Philautus (Philautus) jinxiuensis - Bossuyt *et* Dubois, 2001, Zeylanica, 6 (1): 55.

Gracixalus jinxiuensis - Yu, Rao, Zhang *et* Yang, 2009, Mol. Phylogenet. Evol., 50: 578.

Aquixalus jinxiuensis - Fei, Hu, Ye *et* Huang, 2009, Fauna Sinica, Amphibia, Vol. 2: 683.

中文别名（**Common name**）：金秀小树蛙、金秀水树蛙

分布（**Distribution**）：湖南（HN）、云南（YN）、广西（GX）；国外：越南

其他文献（**Reference**）：田婉淑和江耀明，1986；费梁等，1990，2010，2012；叶昌媛等，1993；Zhao and Adler，1993；费梁，1999；杨大同和饶定齐，2008；Jiang *et al.*，2014；沈猷慧等，2014；莫运明等，2014；江建平等，2016

（330）墨脱纤树蛙 *Gracixalus medogensis* (Ye *et* Hu, 1984)

Philautus medogensis Ye *et* Hu, 1984, Acta Herpetol. Sinica, Chengdu, 3 (4): 67-69. **Holotype:** (CIB) 73 II 0051, ♂, SVL

26.5 mm, by original designation. **Type locality:** China [Xizang: Mêdog (墨脱)]; alt. 1500 m.

Philautus (Philautus) medogensis - Bossuyt *et* Dubois, 2001, Zeylanica, 6 (1): 55.

Aquixalus medogensis - Fei, Hu, Ye *et* Huang, 2009, Fauna Sinica, Amphibia, Vol. 2: 686.

Gracixalus medogensis - Li, Che, Murphy, Zhao, Zhao, Rao *et* Zhang, 2009, Mol. Phylogenet. Evol., 53: 520.

中文别名（**Common name**）：墨脱小树蛙、墨脱水树蛙

分布（**Distribution**）：西藏（XZ）；国外：无

其他文献（**Reference**）：费梁等，1990，2005，2010，2012；叶昌媛等，1993；Zhao and Adler，1993；费梁，1999；李丕鹏等，2010；Jiang *et al.*,2014；江建平等，2016

（331）弄岗纤树蛙 *Gracixalus nonggangensis* Mo, Zhang, Luo, Zhou *et* Chen, 2013

Gracixalus nonggangensis Mo, Zhang, Luo, Zhou *et* Chen, 2013, Zootaxa, 3616: 64. **Holotype:** (GXNHM) 200809044, by original designation. **Type locality:** China [Guangxi: Longzhou County （龙州）, Nonggang National Nature Reserve]; 22.5233°N, 106.9523°E; alt. 216 m.

中文别名（**Common name**）：无

分布（**Distribution**）：广西（GX）；国外：无

其他文献（**Reference**）：莫运明等，2014；江建平等，2016

（332）田林纤树蛙 *Gracixalus tianlinensis* Chen, Bei, Liao, Zhou *et* Mo, 2018

Gracixalus tianlinensis Chen, Bei, Liao, Zhou *et* Mo, 2018, Asian Herpetol. Res., 9 (2): 74-84. **Holotype:** (NHMG) 1706002, adult male, SVL 33.6 mm. **Type locality:** China [Guangxi: Tianlin （田林）, Cenwanglaoshan National Nature Reserve]; 24.4883°N, 106.3947°E; alt. 1858 m.

中文别名（**Common name**）：无

分布（**Distribution**）：广西（GX）；国外：无

其他文献（**Reference**）：无

62. 黄树蛙属 *Huangixalus* Fei, Ye *et* Jiang, 2012

Huangixalus Fei, Ye *et* Jiang, 2012, Colored Atlas of Chinese Amphibians and Their Distributions: 598. **Type species:** *Rhacophorus translineatus* Wu, 1977, by original designation. Provisionally retained in the synonymy of *Rhacophorus* because its recognition would render *Rhacophorus paraphyletic* (DRF).

（333）横纹黄树蛙 *Huangixalus translineatus* (Wu, 1977)

Rhacophorus translineatus Wu, 1977, *In*: Sichuan Institute of Biology Herpetology Department (Fei, Hu, Ye *et* Wu), 1977, Acta Zool. Sinica, Beijing, 23 (1): 59-60. **Holotype:** (CIB) 73 II 0031, ♂, SVL 55.0 mm (examined by Fei ard Ye,

1997), by original designation. **Type locality:** China [Xizang: Mêdog (墨脱)]; alt. 1500 m.

Rhacophorus (Leptomantis) translineatus - Dubois, 1986, Alytes, Paris, 5 (1-2): 76.

Huangixalus translineatus - Fei, Ye *et* Jiang, 2012, Colored Atlas of Chinese Amphibians and Their Distributions: 598.

中文别名（**Common name**）：横纹树蛙

分布（**Distribution**）：西藏（XZ）；国外：无

其他文献（**Reference**）：田婉淑和江耀明，1986；胡淑琴，1987；费梁等，1990，2005，2009a，2010；叶昌媛等，1993；Zhao and Adler，1993；费梁，1999；李丕鹏等，2010；Jiang *et al.*,2014；江建平等，2016

63. 原指树蛙属 *Kurixalus* Ye, Fei *et* Dubois, 1999

Kurixalus Ye, Fei *et* Dubois, 1999, *In*: Fei, 1999, Atlas of Amphibians of China, Zhengzhou: 383. **Type species:** *Rana eiffingeri* Boettger, 1895, by original designation.

Aquixalus Delorme, Dubois, Grosjean *et* Ohler, 2005, Bull. Mens. Soc. Linn., Lyon, 74: 166. **Type species:** *Philautus odontotarsus* Ye *et* Fei, 1993, by original designation. Synonymy with *Kurixalus* by Li, Che, Bain, Zhao *et* Zhang, 2008, Mol. Phylogenet. Evol., 48: 310; Yu, Rao, Zhang *et* Yang, 2009, Mol. Phylogenet. Evol., 50: 571-579.

（334）绿眼原指树蛙 *Kurixalus berylliniris* Wu, Huang, Tsai, Li, Jhang *et* Wu, 2016

Kurixalus berylliniris Wu, Huang, Tsai, Li, Jhang *et* Wu, 2016, ZooKeys, 557: 126. **Holotype:** (ASIZAM) 0053, by original designation. **Type locality:** China [Taiwan: Taitung （台东）, Ligia timber trail]; 22°49′26.79″N, 121°00′35.45″E; alt. 1250 m.

中文别名（**Common name**）：无

分布（**Distribution**）：台湾（TW）；国外：无

其他文献（**Reference**）：无

（335）琉球原指树蛙 *Kurixalus eiffingeri* (Boettger, 1895)

Polypedates burgerii - Hallowell, 1860, Proc. Phila. Acad.: 501 [Loo Choo Islands]. (not of Schlegel).

Rana eiffingeri Boettger, 1895, Zool. Anz., Leipzig, 18: 267-268. **Holotype:** (SMF) 6737 (Frost, 1985: 538; formerly 1074a), ♀, SVL 35.0 mm, by original designation. **Type locality:** Japan (either and more probably, from Okinawa, of the middle group, or from Ohoshima, of the northern group in Liukiu Islands).

Polypedates eiffingeri - Stejneger, 1907, Bull. U. S. Natl. Mus., Washington, 58: 153.

Rhacophorus eiffingeri - Boulenger, 1909, Ann. Mag. Nat. Hist., London, Ser. 8, 4: 495.

Rhacophorus pollicaris Werner, 1914 "1913", Mitt. Naturhist.

Mus. Hamburg, 30: 50. **Syntypes:** (NHMW) 22881-82, according to Häupl *et* Tiedemann, 1978, Kat. Wiss. Samml. Naturhist. Mus. Wien, 2: 28, and Häupl, Tiedemann *et* Grillitsch, 1994, Kat. Wiss. Samml. Naturhist. Mus. Wien, 9: 34, ZMH (1 specimen), lost, according to Hallermann, 1998, Mitt. Hamburg. Zool. Mus. Inst., 95: 212. **Type locality:** China (Taiwan: Kuantzuling and Maobu or Wucheng). Synonymy by Zhao *et* Adler, 1993, Herpetology of China: 152.

Rhacophorus (*Rhacophorus*) *eiffingeri* - Ahl, 1931, Das Tierreich, Berlin, 55: 128.

Rhacophorus (*Rhacophorus*) *pollicaris* - Ahl, 1931, Das Tierreich, Berlin, 55: 129.

Rhacophorus iriomotensis Okada *et* Matsui, 1964, Acta Herpetol. Japon., 1: 1. **Holotype:** USA Medical General Laboratory (disposition not known). **Type locality:** Ryukyu Islands: upper Nakama River in Iriomotejima. Synonymy by Kuramoto, 1973 "1972", Bull. Fukuoka Univ. Educ. (Nat. Sci.), 22: 145.

Chirixalus eiffingeri - Liem, 1970, Fieldiana: Zool., Chicago, 57: 95; Fei, Ye *et* Huang, 1990, Key to Chinese Amphibia, Chongqing: 182.

Buergeria pollicaris - Liem, 1970, Fieldiana: Zool., Chicago, 57: 90.

Kurixalus eiffingeri -Ye, Fei *et* Dubois, 1999, *In*: Fei, 1999, Atlas of Amphibians of China, Zhengzhou: 264.

中文别名（**Common name**）：琉球树蛙、艾氏树蛙

分布（**Distribution**）：台湾（TW）；国外：日本、琉球群岛

其他文献（**Reference**）：胡淑琴等，1977；田婉淑和江耀明，1986；费梁等，1990，2005，2009a，2010，2012；叶昌媛等，1993；Zhao and Adler, 1993；向高世等，2009；Jiang *et al.*, 2014；江建平等，2016

（336）海南原指树蛙 *Kurixalus hainanus* (Zhao, Wang *et* Shi, 2005)

Philautus odontotarsus - Ye *et* Fei, 1993, *In*: Ye, Fei *et* Hu, 1993, Rare and Economic Amphibians of China, Chengdu: 320-322. **Holotype:** (CIB) 57311, ♂, SVL 30.8 mm, by original designation. **Type locality:** China [Yunnan: Mengla (勐腊), Laiyang He in Mengyang (勐养)].

Rhacophorus hainanus Zhao, Wang *et* Shi, 2005, *In*: Zhao, Wang, Shi, Wu *et* Zhao, 2005, Sichuan J. Zool., Chengdu, 24 (3): 297. **Holotype:** (HAINNU) A0229, by original designation. **Type locality:** China [Hainan: Lingshui (陵水), Mt. Diaoluo (吊罗山)]; alt. 710 m.

Kurixalus hainanus - Li, Che, Bain, Zhao *et* Zhang, 2008, Mol. Phylogenet. Evol., 48: 310, by implication.

Aquixalus hainanus - Fei, Hu, Ye *et* Huang, 2009, Fauna Sinica, Amphibia, Vol. 2: 692.

中文别名（**Common name**）：海南树蛙、海南水树蛙

分布（**Distribution**）：海南（HI）；国外：无

其他文献（**Reference**）：费梁等，1990，2005，2010，2012；Zhao and Adler, 1993；史海涛等，2011；Jiang *et al.*, 2014；江建平等，2016

（337）面天原指树蛙 *Kurixalus idiootocus* (Kuramoto *et* Wang, 1987)

Chirixalus idiootocus Kuramoto *et* Wang, 1987, Copeia, 1987 (4): 932. **Holotype:** (TUM) A1010, ♂, SVL 24.9 mm, by original designation. **Type locality:** China [Taiwan: Taipei (台北), near Sanshengkong Temple in southern slope of Mt. Mientien]; alt. 500 m.

Philautus idiootocus - Fei, 1999, Atlas of Amphibians of China, Zhengzhou: 252.

Chirixalus idiootocus - Bossuyt *et* Dubois, 2001, Zeylanica, 6 (1): 57.

Kurixalus idiootocus - Wilkinson, Drewes *et* Tatum, 2002, Mol. Phylogenet. Evol., 24: 272.

Aquixalus (*Aquixalus*) *idiootocus* - Delorme, Dubois, Grosjean *et* Ohler, 2005, Bull. Mens. Soc. Linn., Lyon, 74: 166.

Aquixalus idiootocus - Fei, Hu, Ye *et* Huang, 2009, Fauna Sinica, Amphibia, Vol. 2: 671.

中文别名（**Common name**）：面天小树蛙、面天水树蛙、面天树蛙

分布（**Distribution**）：台湾（TW）；国外：无

其他文献（**Reference**）：费梁等，1990，2009a，2010，2012；叶昌媛等，1993；Zhao and Adler, 1993；向高世等，2009；Jiang *et al.*, 2014；江建平等，2016

（338）吻原指树蛙 *Kurixalus naso* (Annandale, 1912)

Rhacophorus naso Annandale, 1912, Rec. Indian Mus., Calcutta, 8: 12. **Holotype:** (ZSI) 16929, ♀, SVL 43 mm, by original designation. **Type locality:** China [Xizang: Mêdog (墨脱), Egar stream between Renging and Rotung].

Rhacophorus (*Rhacophorus*) *naso* - Ahl, 1931, Das Tierreich, Berlin, 55: 139.

Polypedates naso - Fei, Ye *et* Huang, 1990, Key to Chinese Amphibia, Chongqing: 184.

Aquixalus (*Aquixalus*) *naso* - Delorme, Dubois, Grosjean *et* Ohler, 2005, Bull. Mens. Soc. Linn., Lyon, 74: 166.

Kurixalus naso - Li, Che, Bain, Zhao *et* Zhang, 2008, Mol. Phylogenet. Evol., 48: 310, by implication.

Aquixalus naso - Fei, Hu, Ye *et* Huang, 2009, Fauna Sinica, Amphibia, Vol. 2: 671.

中文别名（**Common name**）：吻泛树蛙、吻树蛙、吻水树蛙

分布（**Distribution**）：西藏（XZ）；国外：印度

其他文献（**Reference**）：刘承钊和胡淑琴，1961；胡淑琴等，1977；田婉淑和江耀明，1986；叶昌媛等，1993；Zhao and Adler, 1993；费梁，1999；费梁等，2005，2009a，2010，

2012；李丕鹏等，2010；Jiang *et al.*，2014；江建平等，2016

（339）锯腿原指树蛙 *Kurixalus odontotarsus* (Ye *et* Fei, 1993)

Rhacophorus cavirostris - Liu *et* Hu, 1959, Acta Zool. Sinica, Beijing, 11 (4): 526-527 [Mengyang (勐养) of Mengla (勐腊), not Günther, 1869].

Philautus cavirostris - Jiang, Hu *et* Zhao, 1987, Acta Herpetol. Sinica, Chengdu, 6 (1): 32.

Philautus odontotarsus Ye *et* Fei, 1993, *In*: Ye, Fei *et* Hu, 1993, Rare and Economic Amphibians of China, Chengdu: 320-322. **Holotype:** (CIB) 57311, ♂, SVL 30.8 mm, by original designation. **Type locality:** China [Yunnan: Mengla (勐腊), Laiyang He of Mengyang (勐养)].

Philautus (Philautus) odontotarsus - Bossuyt *et* Dubois, 2001, Zeylanica, 6 (1): 59.

Aquixalus (Aquixalus) odontotarsus - Delorme, Dubois, Grosjean *et* Ohler, 2005, Bull. Mens. Soc. Linn., Lyon, 74: 166.

Kurixalus odontotarsus - Li, Che, Bain, Zhao *et* Zhang, 2008, Mol. Phylogenet. Evol., 48: 310.

Aquixalus odontotarsus - Fei, Hu, Ye *et* Huang, 2009, Fauna Sinica, Amphibia, Vol. 2: 678.

中文别名（**Common name**）：锯腿小树蛙、锯腿水树蛙

分布（**Distribution**）：贵州（GZ）、云南（YN）、西藏（XZ）、广东（GD）、广西（GX）；国外：越南、老挝

其他文献（**Reference**）：叶昌媛等，1993；Zhao and Adler, 1993；费梁，1999；费梁等，2005, 2010, 2012；杨大同和饶定齐，2008；李丕鹏等，2010；莫运明等，2014；江建平等，2016

（340）王氏原指树蛙 *Kurixalus wangi* Wu, Huang, Tsai, Li, Jhang *et* Wu, 2016

Kurixalus wangi Wu, Huang, Tsai, Li, Jhang *et* Wu, 2016, ZooKeys, 557: 134. **Holotype:** (ASIZAM) 0055, by original designation. **Type locality:** China [Taiwan: Pingdong (屏东), Shouka timber trail]; 22°14′41.12″N, 120°49′50.14″E; alt. 400 m.

中文别名（**Common name**）：无

分布（**Distribution**）：台湾（TW）；国外：无

其他文献（**Reference**）：无

（341）杨氏原指树蛙 *Kurixalus yangi* Yu, Hui, Rao *et* Yang, 2018

Kurixalus yangi Yu, Hui, Rao *et* Yang, 2018, ZooKeys, 770: 211-226 (2018). **Holotype:** (KIZ) 14102911, an adult male, SVL 32.2 mm. **Type locality:** China [Yunnan: Yingjiang (盈江), Nabang]; 24°46′12.03″N, 97°34′28.03″E; alt. 354 m.

中文别名（**Common name**）：无

分布（**Distribution**）：云南（YN）；国外：无

其他文献（**Reference**）：无

64. 刘树蛙属 *Liuixalus* Li, Che, Bain, Zhao *et* Zhang, 2008

Liuixalus Li, Che, Bain, Zhao *et* Zhang, 2008, Mol. Phylogenet. Evol., 48: 311. **Type species:** *Philautus romeri* Smith, 1953, by original designation.

（342）费氏刘树蛙 *Liuixalus feii* Yang, Rao *et* Wang, 2015

Liuixalus feii Yang, Rao *et* Wang, 2015, Zootaxa, 3990: 251. **Holotype.** (SYS) a002389, by original designation. **Type locality:** China [Guangdong: Fengkai (封开), Heishiding Nature Reserve]; 23°27′10.4″N, 111°53′15.4″E; alt. 550 m (350-800 m).

中文别名（**Common name**）：无

分布（**Distribution**）：广东（GD）、广西（GX）；国外：越南

其他文献（**Reference**）：无

（343）海南刘树蛙 *Liuixalus hainanus* (Liu *et* Wu, 2004)

Philautus hainanus Liu *et* Wu, 2004, *In*: Liu, Wang, Lü, Zhao, Che *et* Wu, 2004, Sichuan J. Zool., Chengdu, 23 (4): 203-204. **Holotype:** (SCUM) 041017, ♂, SVL 18.2 mm, by original designation. **Type locality:** China [Hainan: Mt. Diaoluo (吊罗山)]; alt. 710 m.

Liuixalus hainanus - Li, Che, Murphy, Zhao, Zhao, Rao *et* Zhang, 2009, Mol. Phylogenet. Evol., 53: 511.

中文别名（**Common name**）：海南小树蛙

分布（**Distribution**）：海南（HI）；国外：无

其他文献（**Reference**）：费梁等，2009b, 2010, 2012；史海涛等，2011；Jiang *et al.*，2014；江建平等，2016

（344）金秀刘树蛙 *Liuixalus jinxiuensis* Li, Mo, Jiang, Xie *et* Jiang, 2015

Liuixalus jinxiuensis Li, Mo, Jiang, Xie *et* Jiang, 2015, *In*: Qin, Mo, Jiang, Cai, Xie, Jiang, Murphy, Li *et* Wang, 2015, PLoS One, 10 (8: e0136134): 17. **Holotype:** (GXNM) 200804109, by original designation. **Type locality:** China [Guangxi: Jinxiu (金秀), Mt. Dayao (大瑶山)]; 24°06.019′N, 110°14.291′E; alt. 1163 m.

中文别名（**Common name**）：无

分布（**Distribution**）：广西（GX）；国外：无

其他文献（**Reference**）：无

（345）肯氏刘树蛙 *Liuixalus kempii* (Annandale, 1912)

Megalophrys kempii Annandale, 1912, Rec. Indian Mus., Calcutta, 8: 20. **Holotype:** (ZSIC) 17013, by original designation. **Type locality:** China [Xizang: Mêdog (墨脱), Upper Rotung]; alt. 2000 ft.

Panophrys kempii - Rao *et* Yang, 1997, Asiat. Herpetol. Res.,

Berkeley, 7: 98-99. Tentative combination. Based on specimens of *Xenophrys* sp.

Megophrys (Xenophrys) kempii - Dubois *et* Ohler, 1998, Dumerilia, Paris, 4 (1): 14. Based on specimens of *Xenophrys* sp.

Megophrys kempii - Fei, 1999, Atlas of Amphibians of China, Zhengzhou: 116. Based on specimens of *Xenophrys* sp.

Xenophrys kempii - Ohler, 2003, Alytes, Paris, 21: 23, by implication. Based on specimens of *Xenophrys* sp.

Philautus kempii - Delorme, Dubois, Grosjean *et* Ohler, 2006, Alytes, Paris, 24: 17.

Aquixalus kempii - Fei, Hu, Ye *et* Huang, 2009, Fauna Sinica, Amphibia, Vol. 2: 717.

Liuixalus kempii - Fei, Ye *et* Jiang, 2012, Colored Atlas of Chinese Amphibians and Their Distributions: 512.

中文别名（**Common name**）：肯氏异角蟾、肯氏小树蛙

分布（**Distribution**）：西藏（XZ）；国外：印度

其他文献（**Reference**）：刘承钊和胡淑琴，1961；胡淑琴等，1977；胡淑琴，1987；田婉淑和江耀明，1986；费梁等，1990，2005；叶昌媛等，1993；Zhao and Adler，1993；费梁，1999；李丕鹏等，2010；Jiang *et al.*，2014；江建平等，2016

（346）眼斑刘树蛙 *Liuixalus ocellatus* (Liu *et* Hu, 1973)

Philautus ocellatus Liu *et* Hu, 1973, *In*: Liu, Hu, Fei *et* Huang, 1973, Acta Zool. Sinica, Beijing, 19 (4): 393-394. **Holotype:** (CIB) 64Ⅲ1371, ♂, SVL 19.0 mm, by original designation. **Type locality:** China [Hainan: Mt. Five-finger (五指山)]; alt. 700 m.

Philautus (Philautus) ocellatus - Bossuyt *et* Dubois, 2001, Zeylanica, 6 (1): 53.

Aquixalus ocellatus - Fei, Hu, Ye *et* Huang, 2009, Fauna Sinica, Amphibia, Vol. 2: 695.

Liuixalus ocellatus - Li, Che, Murphy, Zhao, Zhao, Rao *et* Zhang, 2009, Mol. Phylogenet. Evol., 53: 511.

中文别名（**Common name**）：眼斑小树蛙

分布（**Distribution**）：广东（GD）、广西（GX）、海南（HI）；国外：无

其他文献（**Reference**）：胡淑琴等，1977；田婉淑和江耀明，1986；费梁等，1990，2005，2010，2012；叶昌媛等，1993；Zhao and Adler，1993；费梁，1999；史海涛等，2011；Jiang *et al.*，2014；江建平等，2016

（347）罗默刘树蛙 *Liuixalus romeri* (Smith, 1953)

Philautus romeri Smith, 1953, Ann. Mag. Nat. Hist., London, Ser. 12, 6: 477-478. **Holotype:** (BMNH) 1952.1.6.65, ♂, SVL 18.0 mm, by original designation. **Type locality:** China [Hong Kong (香港): Lantau Island (南丫岛)].

Chirixalus romeri - Bossuyt *et* Dubois, 2001, Zeylanica, 6 (1): 7, 53.

Chiromantis romeri - Frost, Grant, Faivovich, Bain, Haas, Haddad, de Sá, Channing, Wilkinson, Donnellan, Raxworthy, Campbell, Blotto, Moler, Drewes, Nussbaum, Lynch, Green *et* Wheeler, 2006, Bull. Amer. Mus. Nat. Hist., New York, 297: 367.

Liuixalus romeri - Li, Che, Bain, Zhao *et* Zhang, 2008, Mol. Phylogenet. Evol., 48: 311.

Aquixalus romeri - Fei, Hu, Ye *et* Huang, 2009, Fauna Sinica, Amphibia, Vol. 2: 703.

中文别名（**Common name**）：罗默小树蛙

分布（**Distribution**）：香港（HK）；国外：无

其他文献（**Reference**）：刘承钊和胡淑琴，1961；胡淑琴等，1977；田婉淑和江耀明，1986；费梁等，1990，2005，2010，2012；叶昌媛，1993；Zhao and Adler，1993；Karsen *et al.*，1998；费梁，1999；Jiang *et al.*，2014；江建平等，2016

（348）十万大山刘树蛙 *Liuixalus shiwandashan* Li, Mo, Jiang, Xie *et* Jiang, 2015

Liuixalus shiwandashan Li, Mo, Jiang, Xie *et* Jiang, 2015, *In*: Qin, Mo, Jiang, Cai, Xie, Jiang, Murphy, Li *et* Wang, 2015, PLoS One, 10 (8: e0136134): 6. **Holotype:** (CIB) 101052, by original designation. **Type locality:** China [Guangxi: Mt. Shiwanda（十万大山）]; 21.72064°N, 107.5427°E; alt. 937 m.

中文别名（**Common name**）：无

分布（**Distribution**）：广西（GX）；国外：无

其他文献（**Reference**）：无

65. 棱鼻树蛙属 *Nasutixalus* Jiang, Yan, Wang *et* Che, 2016

Nasutixalus Jiang, Yan, Wang *et* Che, 2016, *In*: Jiang, Yan, Wang, Zou, Li *et* Che, 2016, Zool. Res., Kunming, 37 (1): 16. **Type species:** *Nasutixalus medogensis* Jiang, Yan, Wang *et* Che, 2016. Published 18 January 2016.

Frankixalus Biju, Senevirathne, Garg, Mahony, Kamei, Thomas, Shouche, Raxworthy, Meegaskumbura *et* Van Bocxlaer, 2016, PLoS One, 11 (1: e0145727): 6. **Type species:** *Polypedates jerdonii* Günther, 1876. Published 20 January 2016. Synonym by Sivongxay, Davankham, Phimmachak, Phoumixay *et* Stuart, 2016, Zootaxa, 4147: 439-440.

（349）墨脱棱鼻树蛙 *Nasutixalus medogensis* Jiang, Wang, Yan *et* Che, 2016

Nasutixalus medogensis Jiang, Wang, Yan *et* Che, 2016, *In*: Jiang, Yan, Wang, Zou, Li *et* Che, 2016, Zool. Res., Kunming, 37 (1): 16. **Holotype:** (KIZ) 016395, by original designation. **Type locality:** China [Xizang: Mêdog (墨脱), Gelin in Beibeng]; 29.21665°N, 95.17571°E; alt. 1619 m.

中文别名（**Common name**）：无

分布（**Distribution**）：西藏（XZ）；国外：无

其他文献（**Reference**）：无

（350）盈江棱鼻树蛙 *Nasutixalus yingjiangensis* Yang et Chan, 2018

Nasutixalus yingjiangensis Yang et Chan, 2018, Zootaxa, 4388: 194. **Holotype:** (SYS) a005802, by original designation. **Type locality:** China [Yunnan: Yingjiang (盈江), inside a small tree hole on a small tree (*Tetradium glabrifolium*, ca. 13 cm in diameter at breast height) in a montane evergreen broadleaf forest at Tongbiguan Town].

中文别名（Common name）： 无

分布（Distribution）： 云南（YN）；国外：无

其他文献（Reference）： 无

66. 泛树蛙属 *Polypedates* Tschudi, 1838

Polypedates Tschudi, 1838, Classif. Batr.: 75. **Type species:** *Hyla leucomystax* Gravenhorst, 1829, by subsequent designation of Fitzinger, 1843, Syst. Rept.: 31.

Polypedotes Tschudi, 1838, Classif. Batr.: 34. Alternative original spelling.

Trachyhyas Fitzinger, 1843, Syst. Rept.: 31. **Type species:** *Polypedates rugosus* Duméril et Bibron, 1841, by original designation. Synonymy with *Polypedates* by Günther, 1859 "1858", Cat. Batr. Sal. Coll. Brit. Mus., London: 78, by implication; by Stejneger, 1907, Bull. U. S. Natl. Mus., Washington, 58: 143.

（351）布氏泛树蛙 *Polypedates braueri* Vogt, 1911

Rhacophorus braueri Vogt, 1911, Sitzungsber. Ges. Naturforsch. Freunde Berlin, 1911: 180. **Holotype:** ZMB. **Type locality:** China [Taiwan (台湾)].

Rhacophorus (Rhacophorus) baueri - Ahl, 1931, Das Tierreich, Berlin, 55: 137.

Polypedates baueri - Kuraishi, Matsui, Ota et Chen, 2011, Zootaxa, 2744: 53-61.

中文别名（Common name）： 无

分布（Distribution）： 河南（HEN）、陕西（SN）、甘肃（GS）、安徽（AH）、江苏（JS）、上海（SH）、浙江（ZJ）、江西（JX）、湖南（HN）、湖北（HB）、四川（SC）、重庆（CQ）、贵州（GZ）、云南（YN）、福建（FJ）、台湾（TW）；国外：日本

其他文献（Reference）： 刘承钊和胡淑琴，1961；胡淑琴等，1977；田婉淑和江耀明，1986；费梁等，1990, 2005, 2009a, 2010, 2012；叶昌媛等，1993；Zhao and Adler, 1993；费梁，1999；向高世等，2009；Jiang et al., 2014；江建平等，2016

（352）凹顶泛树蛙 *Polypedates impresus* Yang, 2008

Polypedates impresus Yang, 2008, *In*: Yang et Rao, 2008, Amphibia and Reptilia of Yunnan: 109. **Holotype:** Number 01092, by original designation, institution of deposit not noted (presumably KIZ). **Type locality:** China [Yunnan: Pu'er (普洱), Nuozdu River Crossing]; alt. 850 m.

中文别名（Common name）： 无

分布（Distribution）： 贵州（GZ）、云南（YN）；国外：无

其他文献（Reference）： Jiang et al., 2014；江建平等，2016

（353）斑腿泛树蛙 *Polypedates megacephalus* Hallowell, 1860

Polypedates megacephalus Hallowell, 1861 "1860", Proc. Acad. Nat. Sci. Philad., 12: 507. **Holotype:** Presumably ANSP or USNM but likely now lost. **Type locality:** China [Hong Kong (香港)].

Polypedates maculatus var. *unicolor* Müller, 1878, Verh. Naturforsch. Ges. Basel, 6: 585. **Types:** NHMB. **Type locality:** China (nomen nudum). Synonymy by Stejneger, 1925, Proc. U. S. Natl. Mus., Washington, 66 (25): 30; Zhao et Adler, 1993, Herpetology of China: 156.

Rhacophorus leucomystax megacephalus - Stejneger, 1925, Proc. U. S. Natl. Mus., Washington, 66 (25): 30; Pope, 1931, Bull. Amer. Mus. Nat. Hist., New York, 61 (8): 574; Inger, 1966, Fieldiana: Zool., Chicago, 52: 308.

Polypedates megacephalus - Matsui, Seto et Utsunomiya, 1986, J. Herpetol., Oxfore (Ohio), 20: 483-489.

Rhacophorus (Rhacophorus) leucomystax megacephalus - Dubois, 1987 "1986", Alytes, Paris, 5 (1-2): 81.

中文别名（Common name）： 斑腿树蛙

分布（Distribution）： 云南（YN）、西藏（XZ）、广东（GD）、广西（GX）、海南（HI）、香港（HK）、澳门（MC）；国外：印度、泰国、越南

其他文献（Reference）： 刘承钊和胡淑琴，1961；胡淑琴等，1977；田婉淑和江耀明，1986；胡淑琴，1987；费梁等，1990, 2005, 2009a, 2010, 2012；叶昌媛等，1993；Zhao and Adler, 1993；Karsen et al., 1998；费梁，1999；杨大同和饶定齐，2008；李丕鹏等，2010；黎振昌等，2011；史海涛等，2011；Jiang et al., 2014；莫运明等，2014；江建平等，2016

（354）无声囊泛树蛙 *Polypedates mutus* (Smith, 1940)

Rhacophorus mutus Smith, 1940, Rec. Indian Mus., Calcutta, 42 (3): 473. **Syntypes:** (BMNH) 1940.6.1.3-4 (Frost, 1985; 541); Liu, Hu et Yang, 1960, Acta Zool. Sinica, Beijing, 12 (2): 166-168. **Type locality:** Burma (Chang Yang).

Polypedates mutus - Inger, 1985, *In*: Frost, 1985, Amph. Spec. World, Lawrence: 541; Fei, Ye et Huang, 1990, Key to Chinese Amphibia, Chongqing: 184; Ye, Fei et Hu, 1993, Rare and Economic Amph. China: 326.

Rhacophorus mutus - Tian, Jiang, Wu, Hu, Zhao et Huang, 1986, Handb. Chinese Amph. Rept.: 64.

Rhacophorus (Rhacophorus) mutus - Dubois, 1987 "1986", Alytes, Paris, 5 (1-2): 77.

中文别名（Common name）： 无声囊树蛙

分布（Distribution）： 贵州（GZ）、云南（YN）、广东（GD）、广西（GX）、海南（HI）；国外：缅甸、泰国、

老挝、越南

其他文献（Reference）：刘承钊和胡淑琴，1961；胡淑琴等，1977；田婉淑和江耀明，1986；叶昌媛等，1993；Zhao and Adler，1993；费梁，1999；杨大同和饶定齐，2008；费梁等，2009a，2010，2012；黎振昌等，2011；Jiang *et al.*，2014；莫运明等，2014；江建平等，2016

67. 饶氏小树蛙属 *Raorchestes* Biju, Shouche, Dubois, Dutta *et* Bossuyt, 2010

Raorchestes Biju, Shouche, Dubois, Dutta *et* Bossuyt, 2010, Curr. Sci., Bangalore, 98: 1120. **Type species:** *Ixalus glandulosus* Jerdon, 1854, by original designation.

（355）陇川小树蛙 *Raorchestes longchuanensis* (Yang *et* Li, 1978)

Philautus longchuanensis Yang *et* Li, 1978, *In*: Yang, Su *et* Li, 1978, Amph. and Rept. Gaoligongshan, Kunming, 8: 37-38. **Syntypes:** (KIZ) 4♂♂, Yangjiang；13♂♂, Longchuan (陇川), Yunnan Prov., China; alt. 1350-1600 m.

Philautus longchuanensis Yang *et* Li, 1979, *In*: Yang, Su *et* Li, 1979, Acta Zootaxon. Sinica, Beijing, 4 (2): 186. **Lectotype (Holotype):** (KIZ) 74 II 0046, ♂, SVL 20 mm (examined by Xie F, 2001) (redescription). **Type locality:** China [Yunnan: Longchuan (陇川)；Guangdong]; alt. 1600 m.

Philautus (*Philautus*) *longchuanensis* - Bossuyt *et* Dubois, 2001, Zeylanica, 6 (1): 55.

Aquixalus longchuanensis - Fei, Hu, Ye *et* Huang, 2009, Fauna Sinica, Amphibia, Vol. 2: 717.

Pseudophilautus longchuanensis - Li, Che, Murphy, Zhao, Zhao, Rao *et* Zhang, 2009, Mol. Phylogenet. Evol., 53: 511.

Raorchestes longchuanensis - Biju, Shouche, Dubois, Dutta *et* Bossuyt, 2010, Curr. Sci., Bangalore, 98: 1120, by implication.

Liuixalus longchuanensis - Fei, Ye *et* Jiang, 2012, Colored Atlas of Chinese Amphibians and Their Distributions: 512.

Raorchestes longchuanensis - Li, Li, Klaus, Rao, Hillis *et* Zhang, 2013, PNAS, 110 (9): 3441-3446.

中文别名（Common name）：无

分布（Distribution）：云南（YN）；国外：越南

其他文献（Reference）：田婉淑和江耀明，1986；费梁等，1990，2005，2010；叶昌媛等，1993；Zhao and Adler，1993；费梁，1999；杨大同和饶定齐，2008；Jiang *et al.*，2014；江建平等，2016

（356）勐腊小树蛙 *Raorchestes menglaensis* (Kou, 1990)

Philautus menglaensis Kou, 1990, *In*: Zhao, 1990, From Water onto Land, Beijing: 210. **Holotype:** (YU) A845090, ♂, SVL 17.5 mm, by original designation. **Type locality:** China [Yunnan: Mengla (勐腊), Zhushihe]; alt. 900 m.

Philautus (*Philautus*) *menglaensis* - Bossuyt *et* Dubois, 2001, Zeylanica, 6 (1): 59.

Kirtixalus menglaensis - Yu, Rao, Zhang *et* Yang, 2009, Mol. Phylogenet. Evol., 50: 578.

Aquixalus menglaensis - Fei, Hu, Ye *et* Huang, 2009, Fauna Sinica, Amphibia, Vol. 2: 722.

Pseudophilautus menglaensis - Li, Che, Murphy, Zhao, Zhao, Rao *et* Zhang, 2009, Mol. Phylogenet. Evol., 53: 519.

Raorchestes menglaensis - Biju, Shouche, Dubois, Dutta *et* Bossuyt, 2010, Curr. Sci., Bangalore, 98: 1120, by implication.

Liuixalus menglaensis - Fei, Ye *et* Jiang, 2012, Colored Atlas of Chinese Amphibians and Their Distributions: 513.

中文别名（Common name）：无

分布（Distribution）：云南（YN）；国外：越南

其他文献（Reference）：叶昌媛等，1993；Zhao and Adler，1993；费梁，1999；费梁等，2005，2010；杨大同和饶定齐，2008；Jiang *et al.*，2014；江建平等，2016

68. 树蛙属 *Rhacophorus* Kuhl *et* van Hasselt, 1822

Rhacophorus Kuhl *et* van Hasselt, 1822, Algemeene Konst-en Letter-Bode, 7: 104. **Type species:** *Rhacophorus moschatus* Kuhl *et* van Hasselt, 1822 (= *Hyla reinwardtii* Schlegel, 1840), by monotypy (see comments by Dubois, 1989 "1988", Alytes, Paris, 7: 101-104; Ohler *et* Dubois, 2006, Alytes, Paris, 23: 123-132).

Leptomantis Peters, 1867, Monatsber. Preuss. Akad. Wiss., Berlin: 32. **Type species:** *Leptomantis bimaculata* Peters, 1867, by monotypy. Synonymy by Ahl, 1931, Das Tierreich, Berlin, 55: 52; Harvey, Pemberton *et* Smith, 2002, Herpetol. Monogr., 16: 48.

（357）诸罗树蛙 *Rhacophorus arvalis* Lue, Lai *et* Chen, 1995

Rhacophorus arvalis Lue, Lai *et* Chen, 1995, J. Herpetol., Oxfore (Ohio), 29 (3): 338-345. **Holotype:** (TNUB) 169001, ♂, SVL 48.3 mm, by original designation. **Type locality:** China [Taiwan: Chiai (嘉义), Minhsiung]; alt. 50 m.

中文别名（Common name）：无

分布（Distribution）：台湾（TW）；国外：无

其他文献（Reference）：费梁，1999；吕光洋等，1999；费梁等，2005，2009a，2010，2012；向高世等，2009；Jiang *et al.*，2014；江建平等，2016

（358）橙腹树蛙 *Rhacophorus aurantiventris* Lue, Lai *et* Chen, 1994

Rhacophorus aurantiventris Lue, Lai *et* Chen, 1994, Herpetologica, Austin, 50 (3): 303-308. **Holotype:** (TNUB) 168801, ♂, SVL 52.1 mm, by original designation. **Type locality:** China [Taiwan: Taipei (台北) and Ilan (宜兰),

Hapen Natural Reserve]; alt. 800 m.

中文别名（Common name）：无

分布（Distribution）：台湾（TW）；国外：无

其他文献（Reference）：吕光洋等，1999；费梁，1999；费梁等，2005，2009b，2010，2012；向高世等，2009；Jiang *et al.*, 2014；江建平等，2016

（359）双斑树蛙 *Rhacophorus bipunctatus* Ahl, 1927

Rhacophorus bimaculatus Boulenger, 1882, Catal. Batrach. Salient. Ecaud. Coll. Brit. Mus., London, Ed. 2: 90. **Syntypes:** (BM) and (MNHN) 6254, SVL 39 mm (Guibe, 1950: 50); Annandale, 1912, Rec. Indian Mus., Calcutta, 8: 12. **Type locality:** India (Assam: Khasi Hills).

Rhacophorus bipunctatus Ahl, 1927, Sitzungsber. Ges. Naturforsch. Freunde Berlin, 1927: 46. **Syntypes:** Same as for *Rhacophorus bimaculatus* Boulenger, 1882. **Type locality:** Same as *Rhacophorus bimaculatus* Boulenger, 1882. Replacement name for *Rhacophorus bimaculatus* Boulenger, 1882; Inger, 1985, *In*: Frost, 1985, Amph. Spec. World, Lawrence: 543.

Rhacophorus (*Rhacophorus*) *bipunctatus* - Ahl, 1931, Das Tierreich, Berlin, 55: 168.

Rhacophorus reinwardtii bipunctatus - Wolf, 1936, Bull. Raffles Mus., Singapore, 12: 214.

中文别名（Common name）：无

分布（Distribution）：西藏（XZ）；国外：印度、缅甸、泰国、柬埔寨、老挝、越南、马来西亚

其他文献（Reference）：刘承钊和胡淑琴，1961；胡淑琴等，1977；田婉淑和江耀明，1986；胡淑琴，1987；费梁等，1990，2005，2009a，2010，2012；叶昌媛等，1993；Zhao and Adler, 1993；费梁，1999；李丕鹏等，2010；Jiang *et al.*, 2014；江建平等，2016

（360）缅甸树蛙 *Rhacophorus burmanus* (Andersson, 1939)

Polypedates (*Rhacophorus*) *dennysii burmana* Andersson, 1939 "1938", Ark. Zool., Stockholm, 30A (23): 1. **Holotype:** (NHRM) 1858, according to Ohler, 2009, Herpetozoa, Wien, 21: 179-182, who redescribed the type. **Type locality:** Burma (a little village of Kambaiti situation in North of Eastern Burma near the border of China in a highland 2000 m above th sea-level and overgrown with dense bamboo-jungles and primeval forests).

Rhacophorus taronensis Smith, 1940, Rec. Indian Mus., Calcutta, 42 (3): 473. **Holotype:** (BMNH) 1940.6.1.39, by original designation. **Type locality:** Burma (Northern part: Patsarlamdam); 27°38′N, 98°10′E. Synonymy by Ohler, 2009, Herpetozoa, Wien, 21: 179-182.

Rhacophorus gongshanensis Yang et Su, 1984, Acta Herpetol. Sinica, Chengdu, 3 (3): 51-53. **Holotype:** (KIZ) 810485, ♂, SVL 69 mm, by original designation. **Type locality:** China [Yunnan: Baoshan（宝山），Pumansao]; alt. 1880 m.

Synonymy with *Rhacophorus taronensis* by Wilkinson *et* Rao, 2004, Proc. California Acad. Sci., Ser. 4, 55: 451.

Polypedates gongshanensis - Fei, Ye *et* Huang, 1990, Key to Chinese Amphibia, Chongqing: 185.

中文别名（Common name）：无

分布（Distribution）：云南（YN）、西藏（XZ）；国外：缅甸、孟加拉国、印度

其他文献（Reference）：田婉淑和江耀明，1986；杨大同，1991；叶昌媛等，1993；Zhao and Adler, 1993；费梁，1999；费梁等，2005，2009a，2010，2012；杨大同和饶定齐，2008；Jiang *et al.*, 2014；江建平等，2016

（361）经甫树蛙 *Rhacophorus chenfui* Liu, 1945

Rhacophorus chenfui Liu, 1945, J. West China Bord. Res. Soc., Chengdu, Ser. B, 15: 35-37. **Holotype:** (CIB) 528, ♀, SVL 48.0 mm (measured by Fei *et* Ye, 1997), by original designation. **Type locality:** China [Sichuan: Mt. Emei (峨眉山), Huideng si]; alt. 3850 ft.

Rhacophorus (*Rhacophorus*) *chenfui* - Dubois, 1986, Alytes, Paris, 5 (1-2): 77.

Polypedates chenfui - Jiang, Hu *et* Zhao, 1987, Acta Herpetol. Sinica, Chengdu, 6 (1): 34.

中文别名（Common name）：经甫泛树蛙

分布（Distribution）：江西（JX）、湖南（HN）、湖北（HB）、四川（SC）、重庆（CQ）、贵州（GZ）、福建（FJ）；国外：无

其他文献（Reference）：Liu, 1950；刘承钊和胡淑琴，1961；胡淑琴等，1977；田婉淑和江耀明，1986；费梁等，1990，2005，2009a，2010，2012；叶昌媛等，1993；Zhao and Adler, 1993；费梁，1999；Jiang *et al.*, 2014；沈猷慧等，2014；江建平等，2016

（362）大树蛙 *Rhacophorus dennysi* Blanford, 1881

Rhacophorus dennysi Blanford, 1881, Proc. Zool. Soc. London, 1881: 224. **Type:** RMNH [according to Stejneger, 1925, Proc. U. S. Natl. Mus., Washington, 66 (25): 31]. **Type locality:** China (Probably southern).

Rhacophorus exiguus Boettger, 1894, Ber. Senckenb. Naturf. Ges., Frankfurt am Main, 1894: 148. **Holotype:** (SMF) 6987 [Mertens, 1967, Senckenb. Biol., 48 (A): 49], by original designation. **Type locality:** China [Zhejiang: Beilun (北仑)].

Polypedates dennysi - Stejneger, 1925, Proc. U. S. Natl. Mus., Washington, 66 (25): 31; Liem, 1970, Fieldiana: Zool., Chicago, 57: 98.

Hyla albotaeniata Vogt, 1927, Zool. Anz., Leipzig, 69: 287. **Holotype:** (ZMB) 24118; Young, SVL 29 mm (Pope, 1931: 462). **Type locality:** China [South of China (中国南部)].

Polypedates feyi Chen, 1929, China J. Sci. Arts, Shanghai, 10: 198. **Holotype:** Sun Yat-sen Univ. Collection 1205, by original designation. **Type locality:** China [Guangxi: Mt. Yao (瑶山)].

Rhacophorus (*Rhacophorus*) *dennysii* - Ahl, 1931, Das Tierreich, Berlin, 55: 162.

Rhacophorus nigropalmatus dennysii - Wolf, 1936, Bull. Raffles Mus., Singapore, 12: 201.

中文别名（**Common name**）：大泛树蛙

分布（**Distribution**）：河南（HEN）、安徽（AH）、浙江（ZJ）、江西（JX）、湖南（HN）、湖北（HB）、重庆（CQ）、贵州（GZ）、福建（FJ）、广东（GD）、广西（GX）、海南（HI）；国外：缅甸、越南、老挝

其他文献（**Reference**）：刘承钊和胡淑琴，1961；胡淑琴等，1977；田婉淑和江耀明，1986；费梁等，1990，2005，2009a，2010，2012；叶昌媛等，1993；Zhao and Adler，1993；费梁，1999；黎振昌等，2011；史海涛等，2011；Jiang *et al.*，2014；莫运明等，2014；沈猷慧等，2014；江建平等，2016

（363）绿背树蛙 *Rhacophorus dorsoviridis* Bourret, 1937

Rhacophorus schlegelii dorsoviridis Bourret, 1937, Ann. Bull. Gén. Instr. Publ., Hanoi, 1937: 47. **Holotype:** (MNHNP) 1948.149 [formerly (LSNUH) B.143], according to Guibé, 1950 "1948", Cat. Types Amph. Mus. Natl. Hist. Nat.: 52. **Type locality:** Vietnam [Lao Cai: Chapa (= Sa Pa)].

Polypedates dorsoviridis - Orlov, Lathrop, Murphy *et* Ho, 2001, Russ. J. Herpetol., 8: 25.

Rhacophorus dorsoviridis - Rao, Wilkinson *et* Liu, 2006, Zootaxa, 1258: 17, by implication.

Rhacophorus dorsoviridis - Firstly recorded in China by Zhang, Jiang *et* Hou, 2011, Acta Zootaxon. Sinica, Beijing, 36 (4): 986-989.

中文别名（**Common name**）：无

分布（**Distribution**）：云南（YN）；国外：越南

其他文献（**Reference**）：费梁等，2012；江建平等，2016

（364）屏边树蛙 *Rhacophorus duboisi* Ohler, Marquis, Swan *et* Grosjean, 2000

Rhacophorus duboisi Ohler, Marquis, Swan *et* Grosjean, 2000, Herpetozoa, Wien, 13: 81. **Holotype:** (MNHNP) 1999.5971, by original designation. **Type locality:** Vietnam (Lao Cai: Sa Pa, in a pond on the edge of montane forest in Fan Si Pan mountain range); 22°16′N, 103°50′E; alt. 1900 m.

Polypedates pingbianensis Kou, Hu *et* Gao, 2001, Acta Zootaxon. Sinica, Beijing, 26 (2): 229, 233. **Holotype:** (CIB) 654003, by original designation. **Type locality:** China [Yunnan: Pingbian（屏边），nature conservation region]; 22°9′N, 103°6′E; alt. 1950 m. Synonymy with *Rhacophorus omeimontis* by Fei, Hu, Ye *et* Huang, 2009, Fauna Sinica, Amphibia, Vol. 2: 812. Synonymy with *Rhacophorus duboisi* by Orlov, Murphy, Ananjeva, Ryabov *et* Ho, 2002, Russ. J. Herpetol., 9: 95; Li, Li, Murphy, Rao *et* Zhang, 2012, Zool. Scripta, 41: 557-570.

Polypedates duboisi - Orlov, Murphy, Ananjeva, Ryabov *et* Ho,

2002, Russ. J. Herpetol., 9: 95.

Rhacophorus pingbianensis - Rao, Wilkinson *et* Liu, 2006, Zootaxa, 1258: 17, by implication.

Polypedates spinus Yang, 2008, *In*: Yang *et* Rao, 2008, Amphibia and Reptilia of Yunnan: 111. **Holotype:** Number 03199, no institutional deposit noted, by original designation (presumably KIZ). **Type locality:** China [Yunnan: Lüchun (绿春), Huang Lian Shan]; alt. 1780 m. Synonymy by Li, Li, Murphy, Rao *et* Zhang, 2012, Zool. Scripta, 41: 557-570.

中文别名（**Common name**）：屏边泛树蛙、棘皮泛树蛙

分布（**Distribution**）：云南（YN）；国外：越南

其他文献（**Reference**）：费梁等，2009a；江建平等，2016

（365）宝兴树蛙 *Rhacophorus dugritei* (David, 1871)

Polypedates dugritei David, 1872 "1871", Nouv. Arch. Mus. Natl. Hist. Nat., Paris, 7: 95. **Type:** Not traced; (MNHNP) 1994.2641, ♂, SVL 42.0 mm; (MNHNP) 1994.2361, ♀, SVL 55.92 mm; (MNHNP) 1994.2362, ♀, SVL 59.24 mm; (MNHNP) 5563, ♂, SVL 39.8 mm (Bain *et* Fruong, 2004: 29); Jiang, Hu *et* Zhao, 1987, Acta Herpetol. Sinica, Chengdu, 6 (1): 34. **Type locality:** China [Sichuan: Baoxing (宝兴)].

Polypedates davidi Sauvage, 1877, Bull. Soc. Philomath., Paris, Ser. 7, 1: 117. **Syntypes:** (MNHNP) 5563-64 (Guibé, 1950 "1948": 51). **Type locality:** China [Sichuan: Baoxing (宝兴)]; alt. below 1000 m.

Rhacophorus davidi - Boulenger, 1882, Catal. Batrach. Salient. Ecuad. Coll. Brit. Mus., London, Ed. 2: 83.

Hyla monticola Barbour, 1912, Mem. Mus. Comp. Zool. Harvard Coll., Cambridge, 40 (4): 127. **Holotype:** (MCZ) 2553, by original designation. **Type locality:** China [Sichuan: Washan (Mt. Wa, 瓦山) in western Sichuan]; alt. 10 500 ft.

Rhacophorus pleurostictus batangensis Vogt, 1924, Zool. Anz., Leipzig, 60 (11-12): 341. **Syntypes:** ZMB? [19 specimens; paratype, (USNM) 72741, Cochran, 1961: 77; (ZSI) 20389, Chanda *et al.*, 2000: 114]. **Type locality:** China [Sichuan: Batang (巴塘)].

Rhaophorus (*Rhacophorus*) *davidi* - Ahl, 1931, Das Tierreich, Berlin, 55: 114.

Rhacophorus schlegelii davidi - Wolf, 1936, Bull. Raffles Mus., Singapore, 12: 195.

Rhacophorus dugritei - Liu, 1950, Fieldiana: Zool. Mem., Chicago, 2: 370.

Rhacophorus bambusicola - Liu, 1950, Fieldiana: Zool. Mme., Chicago, 2: 373.

Rhacophorus (*Rhacophorus*) *dugritei* - Dubois, 1986, Alytes, Paris, 5 (1-2): 77.

中文别名（**Common name**）：宝兴泛树蛙

分布（**Distribution**）：四川（SC）；国外：？老挝、？缅甸

其他文献（Reference）：刘承钊和胡淑琴，1961；胡淑琴等，1977；田婉淑和江耀明，1986；费梁等，1990, 2005, 2009a, 2010, 2012；叶昌媛等，1993；Zhao and Adler, 1993；费梁，1999；费梁和叶昌媛，2001；Jiang et al., 2014；江建平等，2016

（366）棕褶树蛙 *Rhacophorus feae* Boulenger, 1893

Rhacophorus feae Boulenger, 1893, Ann. Mus. Civ. Stor. Nat. Genova, Ser. 2, 13: 338. **Syntypes:** MNSNG and BMNH (3 specimens); **Lectotype:** (MNSNG) 29415, designated by Capocaccia, 1957, Ann. Mus. Civ. Stor. Nat. Genova, Ser. 3, 69: 216; Liu, Hu et Yang, 1960, Acta Zool. Sinica, Beijing, 12 (2): 168-169. **Type locality:** Burma (Thao).

Rhacophorus (*Rhacophorus*) *feae* - Ahl, 1931, Das Tierreich, Berlin, 55: 157.

Rhacophorus nigropalmatus feae - Wolf, 1936, Bull. Raffles Mus., Singapore, 12: 202.

Polypedates feae - Liem, 1970, Fieldiana: Zool., Chicago, 57: 98.

中文别名（Common name）：棕褶泛树蛙

分布（Distribution）：云南（YN）；国外：缅甸、泰国、老挝、越南

其他文献（Reference）：刘承钊和胡淑琴，1961；胡淑琴等，1977；田婉淑和江耀明，1986；费梁等，1990, 2005, 2009a, 2010, 2012；叶昌媛等，1993；Zhao and Adler, 1993；费梁，1999；杨大同和饶定齐，2008；Jiang et al., 2014；江建平等，2016

（367）巫溪树蛙 *Rhacophorus hongchibaensis* Li, Liu, Chen, Wu et al., 2012

Rhacophorus hongchibaensis Li, Liu, Chen, Wu, Murphy, Zhao, Wang et Zhang, 2012, Zool. J. Linn. Soc., 165: 150. **Holotype:** (CIB) 97687, by original designation. **Type locality:** China [Chongqing: Wuxi (巫溪), Hongchiba]; 31°32′26.92″N, 109°03′51.19″E; alt. 1747 m.

中文别名（Common name）：宝兴树蛙

分布（Distribution）：重庆（CQ）；国外：无

其他文献（Reference）：刘承钊和胡淑琴，1961；胡淑琴等，1977；田婉淑和江耀明，1986；费梁等，1990, 2005, 2010, 2012；叶昌媛等，1993；Zhao and Adler, 1993；费梁，1999；Jiang et al., 2014；江建平等，2016

（368）昭觉树蛙 *Rhacophorus hui* Liu, 1945

Rhacophorus hui Liu, 1945, J. West China Bord. Res. Soc., Chengdu, Ser. B, 15: 37. **Holotype:** (CIB) 648, by original designation. **Type locality:** China [Sichuan: Zhaojue (昭觉) Yan-wo-tang]; alt. 1100 ft.

Polypedates zhaojuensis Wu et Zheng, 1994, Sichuan J. Zool., Chengdu, 13: 156. **Holotype:** (CIB) 6883, by original designation. **Type locality:** China [Sichuan: Zhaojue (昭觉)]. Type locality refined to Qiliba, Zhaojue County,

Sichuan, China by Li, Wu et Zhao, 2006, Sichuan J. Zool., Chengdu, 25: 12, who made the synonymy.

中文别名（Common name）：无

分布（Distribution）：四川（SC）；国外：无

其他文献（Reference）：Liu, 1950; 刘承钊和胡淑琴，1961；胡淑琴等，1977；田婉淑和江耀明，1986；费梁等，1990, 2005, 2009a, 2010, 2012；叶昌媛等，1993；Zhao and Adler, 1993；费梁，1999；Jiang et al., 2014；江建平等，2016

（369）洪佛树蛙 *Rhacophorus hungfuensis* Liu et Hu, 1961

Rhacophorus hungfuensis Liu et Hu, 1961, Tailless Amph. China, Peking: 269-271. **Holotype:** (CIB) 570960, ♂, SVL 36 mm, by original designation. **Type locality:** China [Sichuan: Dujiangyan (都江堰), Hongfoshan].

Rhacophorus (*Rhacophorus*) *hungfuensis* - Dubois, 1986, Alytes, Paris, 5 (1-2): 77.

Polypedates hungfuensis - Jiang, Hu et Zhao, 1987, Acta Herpetol. Sinica, Chengdu, 6 (1): 34.

中文别名（Common name）：无

分布（Distribution）：四川（SC）；国外：无

其他文献（Reference）：胡淑琴等，1977；田婉淑和江耀明，1986；费梁等，1990, 2005, 2009a, 2010, 2012；叶昌媛等，1993；Zhao and Adler, 1993；费梁，1999；费梁和叶昌媛，2001；Jiang et al., 2014；江建平等，2016

（370）黑蹼树蛙 *Rhacophorus kio* Ohler et Delorme, 2006

Rhacophorus reinwardtii - Firstly recorded in China by Liu et Hu, 1959, Acta Zool. Sinica, Beijing, 11 (4): 524-525.

Rhacophorus kio Ohler et Delorme, 2006, C. R. Biologies., 329: 90-95. **Holotype:** (MNHNP) 2004.0411, ♂, SVL 70.5 mm, by original designation. **Type locality:** Laos (Phongsaly: Buon Tai, Long Nai, Nam Lan Forest Conservation Area).

中文别名（Common name）：无

分布（Distribution）：云南（YN）、广西（GX）；国外：印度、泰国、老挝、柬埔寨、越南

其他文献（Reference）：刘承钊和胡淑琴，1961；胡淑琴等，1977；田婉淑和江耀明，1986；费梁等，1990, 2005, 2009a, 2010, 2012；叶昌媛等，1993；Zhao and Adler, 1993；费梁，1999；Jiang et al., 2014；江建平等，2016

（371）老山树蛙 *Rhacophorus laoshan* Mo, Jiang, Xie et Ohler, 2008

Rhacophorus laoshan Mo, Jiang, Xie et Ohler, 2008, Asiat. Herpetol. Res., Berkeley, 11: 83-90. **Holotype:** (GXNM) 2005081, ♂, SVL 35.4 mm, by original designation. **Type locality:** China [Guangxi: Tianlin (田林), Cenwanglaoshan National Nature Reserve]; 24°29′1.98″N, 106°24′8.22″E; alt. 1389 m.

中文别名（Common name）：无

分布（Distribution）：广西（GX）；国外：无

其他文献（Reference）：费梁等，2009b, 2010, 2012; Jiang *et al.*, 2014; 莫运明等，2014; 江建平等，2016

（372）白线树蛙 *Rhacophorus leucofasciatus* Liu *et* Hu, 1962

Rhacophorus leucofasciatus Liu *et* Hu, 1962, Acta Zool. Sinica, Beijing, 14 (Suppl.): 95. **Holotype:** (CIB) 602417, ♂, SVL 48.2 mm, by original designation. **Type locality:** China [Guangxi: Jinxiu (金秀), Luodan in Mt. Yaoshan].

中文别名（Common name）：无

分布（Distribution）：重庆（CQ）、贵州（GZ）、广西（GX）；国外：无

其他文献（Reference）：胡淑琴等，1977; 田婉淑和江耀明，1986; 费梁等，1990, 2005, 2009b, 2010, 2012; 叶昌媛等，1993; Zhao and Adler, 1993; 费梁，1999; Jiang *et al.*, 2014; 莫运明等，2014; 江建平等，2016

（373）丽水树蛙 *Rhacophorus lishuiensis* Liu, Wang *et* Jiang, 2017

Rhacophorus lishuiensis Liu, Wang *et* Jiang, 2017, *In*: Liu, Wang, Jiang, Chen, Zhou, Xu *et* Wu, 2017, Chinese J. Zool., Beijing, 52 (3), 361-372. **Holotype:** (WYF) 11032, by original designation. **Type locality:** China [Zhejiang: Lishui (丽水), Fengyang Forest Station in Liandu]; 28°11′51.72″N, 119°49′2.28″E; alt. 1100 m.

中文别名（Common name）：无

分布（Distribution）：浙江（ZJ）；国外：无

其他文献（Reference）：无

（374）侏树蛙 *Rhacophorus minimus* Rao, Wilkinson *et* Liu, 2006

Rhacophorus hungfuensis - Liu *et* Hu, 1962, Acta Zool. Sinica, Beijing, 14 (Suppl.): 73, 75 [Jinxiu (金秀), Guangxi, China; not Liu *et* Hu, 1961: 269].

Rhacophorus minimus Rao, Wilkinson *et* Liu, 2006, Zootaxa, 1258: 17-31. **Holotype:** (KIZ) 2003GXJX0021, ♀, by original designation. **Type locality:** China [Guangxi: Jinxiu (金秀), a small village at the 16 km marker from the town of Jinxiu on the road from jinxiu to Mengshan in Mt. Dayao (大瑶山)]; 24°08′32.2″N, 110°14′26.4″E; alt. 900 m.

中文别名（Common name）：无

分布（Distribution）：广西（GX）；国外：无

其他文献（Reference）：费梁等，2009a, 2010, 2012; Jiang *et al.*, 2014; 莫运明等，2014; 江建平等，2016

（375）台湾树蛙 *Rhacophorus moltrechti* Boulenger, 1908

Rhacophorus moltrechti Boulenger, 1908, Ann. Mag. Nat. Hist., London, Ser. 8, 2: 221. **Syntypes:** BMNH (2 females specimens), SVL 45 mm. **Type locality:** China [Taiwan: Nantou (南投), Jihyehtan].

Polypedates moltrechti - Stejneger, 1910, Proc. U. S. Natl. Mus., Washington, 38 (1731): 97.

Rhacophorus (*Rhacophorus*) *moltrechti* - Ahl, 1931, Das Tierreich, Berlin, 55: 152.

Rhacophorus schlegelii moltrechti - Wolf, 1936, Bull. Raffles Mus., Singapore, 12: 193.

中文别名（Common name）：无

分布（Distribution）：台湾（TW）；国外：无

其他文献（Reference）：胡淑琴等，1977; 田婉淑和江耀明，1986; 费梁等，1990, 2009a, 2010, 2012; 叶昌媛等，1993; Zhao and Adler, 1993; 费梁，1999; 吕光洋等，1999; 向高世等，2009; Jiang *et al.*, 2014; 江建平等，2016

（376）黑点树蛙 *Rhacophorus nigropunctatus* Liu, Hu *et* Yang, 1962

Rhacophorus nigropunctatus Liu, Hu *et* Yang, 1962, Acta Zool. Sinica, Beijing, 14 (3): 388-390. **Holotype:** (CIB) 590405, ♂, SVL 36.5 mm, by original designation. **Type locality:** China [Guizhou: Weining (威宁), Long-jie; alt. 2134 m.

Polypedates nigropunctatus - Jiang, Hu *et* Zhao, 1987, Acta Herpetol. Sinica, Chengdu, 6 (1): 34; Frost, 2004, Amph. Spec. World, Lawrence, Vers. 3.0.

中文别名（Common name）：无

分布（Distribution）：安徽（AH）、湖南（HN）、重庆（CQ）、贵州（GZ）、云南（YN）；国外：无

其他文献（Reference）：胡淑琴等，1977; 田婉淑和江耀明，1986; 费梁等，1990, 2005, 2009a, 2010, 2012; 叶昌媛等，1993; Zhao and Adler, 1993; 费梁，1999; 杨大同和饶定齐，2008; Jiang *et al.*, 2014; 沈猷慧等，2014; 江建平等，2016

（377）峨眉树蛙 *Rhacophorus omeimontis* (Stejneger, 1924)

Polypedates omeimontis Stejneger, 1924, Occas. Pap. Boston Soc. Nat. Hist., 5: 120. **Holotype:** (USNM) 66548, ♂, SVL 63 mm, by original designation. **Type locality:** China [Sichuan: Mt. Emei (峨眉山), Xinkai Si].

Rhacophorus schlegelii omeimontis - Wolf, 1936, Bull. Raffles Mus., Singapore, 12: 195.

Rhacophorus omeimontis - Liu, 1950, Fieldiana: Zool. Mem., Chicago, 2: 379-388.

中文别名（Common name）：峨眉泛树蛙

分布（Distribution）：湖南（HN）、湖北（HB）、四川（SC）、重庆（CQ）、贵州（GZ）、广西（GX）；国外：越南

其他文献（Reference）：刘承钊和胡淑琴，1961; 胡淑琴等，1977; 田婉淑和江耀明，1986; 费梁等，1990, 2005, 2009a, 2010, 2012; 叶昌媛，1993; Zhao and Adler, 1993; 费梁，1999; Jiang *et al.*, 2014; 莫运明等，2014; 沈猷慧等，2014; 江建平等，2016

（378）平龙树蛙 *Rhacophorus pinglongensis* Mo, Chen, Liao *et* Zhou, 2016

Rhacophorus pinglongensis Mo, Chen, Liao *et* Zhou, 2016, Asian Herpetol. Res., 7: 141. **Holotype:** (NHMG) 200903002, by original designation. **Type locality:** China (Guangxi: Shiwandashan National Nature Reserve); 22.457°N, 107.043°E; alt. 530 m.

中文别名（Common name）：无

分布（Distribution）：广西（GX）；国外：无

其他文献（Reference）：无

（379）翡翠树蛙 *Rhacophorus prasinatus* Mou, Risch *et* Lue, 1983

Rhacophorus prasinatus Mou, Risch *et* Lue, 1983, Alytes, Paris, 2 (4): 155-162. **Holotype:** (TNUB) 054901, ♂, SVL 55.5 mm, by original designation. **Type locality:** China [Taiwan: Taipei (台北), Hou-K'eng-tzu in Shih-ting area]; alt. 220 m.

Rhacophorus (*Rhacophorus*) *prasinatus* - Dubois, 1986, Alytes, Paris, 5 (1-2): 77.

Polypedates prasinatus - Chou, 1993, Asiat. Herpetol. Res., Berkeley, 5: 11-13.

中文别名（Common name）：无

分布（Distribution）：台湾（TW）；国外：无

其他文献（Reference）：田婉淑和江耀明，1986；费梁等，1990, 2005, 2009a, 2010, 2012；叶昌媛等，1993；Zhao and Adler, 1993；费梁, 1999；吕光洋等, 1999；向高世等, 2009；Jiang *et al.*, 2014；江建平等, 2016

（380）红蹼树蛙 *Rhacophorus rhodopus* Liu *et* Hu, 1959

Rhacophorus rhodopus Liu *et* Hu, 1959, Acta Zool. Sinica, Beijing, 11 (4): 525-526. **Holotype:** (CIB) 571171, ♂, SVL 37 mm, by original designation. **Type locality:** China [Yunnan: Jinghong (景洪), Mengyang (勐养)]; alt. 680 m.

Rhacophorus namdaphaensis Sarkar *et* Sanyal, 1985, Rec. Zool. Surv. India, 81: 290. **Holotype:** (ZSIC) A7180, by original designation. **Type locality:** India ("Arunachal Pradesh": Namdapha camp, from a wild banana plant at ca. 58 km. from Miao, Tirap district); alt. 350 m. Synonymy by Bordoloi, Bortamuli *et* Ohler, 2007, Zootaxa, 1653: 5-6.

Rhacophorus (*Rhacophorus*) *rhodopus* - Dubois, 1986, Alytes, Paris, 5 (1-2): 77.

中文别名（Common name）：无

分布（Distribution）：云南（YN）、西藏（XZ）、广西（GX）、海南（HI）；国外：印度、缅甸、泰国、老挝、越南

其他文献（Reference）：刘承钊和胡淑琴, 1961；胡淑琴等, 1977；田婉淑和江耀明, 1986；胡淑琴, 1987；费梁等, 1990, 2005, 2009a, 2010, 2012；叶昌媛等, 1993；Zhao and Adler, 1993；费梁, 1999；杨大同和饶定齐, 2008；李丕鹏等, 2010；史海涛等, 2011；Jiang *et al.*, 2014；莫运明等, 2014；江建平等, 2016

（381）白颌大树蛙 *Rhacophorus smaragdinus* (Blyth, 1852)

Polypedates smaragdinus Blyth, 1852, J. Asiat. Soc. Bengal, Calcutta, 21: 355. **Syntypes:** Not stated, but (ZSI) 10282-285, according to Ohler *et* Deuti, 2018, Zootaxa, 4375: 278, who designated (ZSI) 10282 as lectotype. **Type locality:** India (Asám: Naga hills). Considered a possible senior synonym of *Rana livida* by Boulenger, 1882, Catal. Batrach. Salient. Ecaud. Coll. Brit. Mus., London, Ed. 2: 69; Boulenger, 1890, Fauna Brit. India, Rept. Batr.: 462; Boulenger, 1920, Rec. Indian Mus., Calcutta, 20: 214; Bourret, 1942, Batr. Indochine: 371. Considered a nomen dubium, likely within the *Rana livida* group, by Bain, Lathrop, Murphy, Orlov *et* Ho, 2003, Amer. Mus. Novit., New York, 3417: 3, who discussed the history of this name. Identified by Ohler *et* Deuti, 2018, Zootaxa, 4375: 273-280.

Rhacophorus maximus Günther, 1858, Arch. Naturgesch., 24: 325. **Syntypes:** BMNH (4 specimens) according to Günther, 1859 "1858", Cat. Batr. Sal. Coll. Brit. Mus., London: 83. (BMNH) 43.7.21.59 (Afghanistan) and 58.8.2.24 (Nepal) according to Dutta, 1997, Amph. India Sri Lanka: 104. **Type locality:** Nepal and "Afghanistan" (the latter outside of know range; presumed to be in error). Type locality restricted to Khasia by Anderson, 1871, Proc. Zool. Soc. London, 1871: 210, this in error as this is not one of the original type localities unless Anderson's intention was to correct the data associated with one or more of the types. Synonymy by Ohler *et* Deuti, 2018, Zootaxa, 4375: 278.

Rhacophorus gigas Jerdon, 1870, Proc. Asiat. Soc. Bengal, Calcutta, 1870: 84. **Types:** including (ZSIC) 10300 according to Ohler *et* Deuti, 2018, Zootaxa, 4375: 279. **Type locality:** India (Sikkim and Khasi Hills). Synonymy with *Rhacophorus maximus* by Boulenger, 1882, Catal. Batrach. Salient. Ecaud. Coll. Brit. Mus., London, Ed. 2: 88; Boulenger, 1890, Fauna Brit. India, Rept. Batr.: 472; Wolf, 1936, Bull. Raffles Mus., Singapore, 12: 203. Synonymy with *Rhacophorus smaragdinus* by Ohler *et* Deuti, 2018, Zootaxa, 4375: 279.

Rhacophorus (*Rhacophorus*) *maximus* - Ahl, 1931, Das Tierreich, Berlin, 55: 169; Dubois, 1987 "1986", Alytes, Paris, 5 (1-2): 77.

Rhacophorus nigropalmatus maximus - Wolf, 1936, Bull. Raffles Mus., Singapore, 12: 203.

Rhacophorus maximus - Inger, 1966, Fieldiana: Zool., Chicago, 52: 321.

Rhacophorus smaragdinus - Ohler *et* Deuti, 2018, Zootaxa, 4375: 273.

中文别名（Common name）：无

分布（Distribution）：云南（YN）、西藏（XZ）；国外：尼泊尔、印度、不丹、孟加拉国、缅甸、泰国、老挝、越南

其他文献（Reference）：刘承钊和胡淑琴，1961；胡淑琴等，1977；田婉淑和江耀明，1986；费梁等，1990，2005，2009a，2010，2012；叶昌媛等，1993；Zhao and Adler，1993；费梁，1999；杨大同和饶定齐，2008；李丕鹏等，2010；Jiang *et al.*，2014；江建平等，2016

（382）台北树蛙 *Rhacophorus taipeianus* Liang *et* Wang, 1978

Rhacophorus taipeianus Liang *et* Wang, 1978, Quart. J. Taiwan Mus., Taipei, 31: 186. **Holotype:** (TUMA) 0801, by original designation. **Type locality:** China [Taiwan: Taipei (台北), Shu-lin]; alt. 50 m.

Rhacophorus (*Rhacophorus*) *taipeianus*: Dubois, 1986, Alytes, Paris, 5 (1-2): 77.

中文别名（Common name）：无

分布（Distribution）：台湾（TW）；国外：无

其他文献（Reference）：田婉淑和江耀明，1986；费梁等，1990，2005，2009a，2010，2012；叶昌媛等，1993；Zhao and Adler，1993；费梁，1999；吕光洋等，1999；向高世等，2009；Jiang *et al.*，2014；江建平等，2016

（383）圆疣树蛙 *Rhacophorus tuberculatus* (Anderson, 1871)

Polypedates tuberculatus Anderson, 1871, J. Asiat. Soc. Bengal, Calcutta, 40 (2): 26. **Type(s):** not traced (Frost, 1985: 548). **Syntypes:** (ZSIC) 10152-10156 (Sclater, 1892: 16, Chanda, Das *et* Dubois, 2000: 113). **Type locality:** India [Assam: Seebsaugor (Sibsagar)].

Rhacophorus tuberculatus - Boulenger, 1882, Catal. Batrach. Salient. Ecaud. Coll. Brit. Mus., London, Ed. 2: 86.

Rhacophorus (*Rhacophorus*) *tuberculatus* - Ahl, 1931, Das Tierreich, Berlin, 55: 156.

Rhacophorus schlegelii tuberculatus - Wolf, 1936, Bull. Raffles Mus., Singapore, 12: 197.

中文别名（Common name）：无

分布（Distribution）：西藏（XZ）；国外：印度

其他文献（Reference）：胡淑琴等，1977；田婉淑和江耀明，1986；胡淑琴，1987；费梁等，1990，2005，2009a，2010，2012；叶昌媛等，1993；Zhao and Adler，1993；费梁，1999；李丕鹏等，2010；Jiang *et al.*，2014；江建平等，2016

（384）疣足树蛙 *Rhacophorus verrucopus* Huang, 1983

Rhacophorus sp., Sichuan Institute of Biology Herpetology Department (Fei, Hu, Ye *et* Wu), 1977, Acta Zool. Sinica, Beijing, 23 (1): 56.

Rhacophorus verrucopus Huang, 1983, Acta Herpetol. Sinica, Chengdu, 2 (4): 63-65. **Holotype:** (NWPIB) 770689, ♂, SVL 37.0 mm, by original designation. **Type locality:** China [Xizang: Mêdog (墨脱), Beibeng]; alt. 850 m.

Rhacophorus (*Rhacophorus*) *verrucopus* - Dubois, 1986, Alytes, Paris, 5 (1-2): 77.

中文别名（Common name）：无

分布（Distribution）：西藏（XZ）；国外：无

其他文献（Reference）：田婉淑和江耀明，1986；胡淑琴，1987；费梁等，1990，2005，2009a，2010，2012；叶昌媛等，1993；Zhao and Adler，1993；费梁，1999；李丕鹏等，2010；Jiang *et al.*，2014；江建平等，2016

（385）利川树蛙 *Rhacophorus wui* Li, Liu, Chen, Wu *et al.*, 2012

Rhacophorus dugritei - Fei, Hu, Ye *et* Huang, 2009, Fauna Sinica, Amphibia, Vol. 2: 843-850.

Rhacophorus wui Li, Liu, Chen, Wu, Murphy, Zhao, Wang *et* Zhang, 2012, Zool. J. Linn. Soc., 165: 154. **Holotype:** (CIB) 97685, by original designation. **Type locality:** China [Hubei: Lichuan (利川), Hanchi]; 30°31′30.94″N, 109°05′39.05″E; alt. 1913 m.

中文别名（Common name）：宝兴树蛙

分布（Distribution）：湖北（HB）；国外：无

其他文献（Reference）：刘承钊和胡淑琴，1961；胡淑琴等，1977；田婉淑和江耀明，1986；费梁等，1990，2005，2009a，2010，2012；叶昌媛等，1993；Zhao and Adler，1993；费梁，1999；Jiang *et al.*，2014；江建平等，2016

（386）瑶山树蛙 *Rhacophorus yaoshanensis* Liu *et* Hu, 1962

Rhacophorus yaoshanensis Liu *et* Hu, 1962, Acta Zool. Sinica, Beijing, 14 (Suppl.): 96-97. **Holotype:** (CIB) 620016, ♂, SVL 33.2 mm, by original designation. **Type locality:** China [Guangxi: Jinxiu (金秀), Ling-ban in Mt. Dayao (大瑶山)].

Rhacophorus (*Rhacophorus*) *yaoshanensis* - Dubois, 1986, Alytes, Paris, 5 (1-2): 77.

中文别名（Common name）：无

分布（Distribution）：广西（GX）；国外：无

其他文献（Reference）：胡淑琴等，1977；田婉淑和江耀明，1986；费梁等，1990，2005，2009a，2010，2012；叶昌媛等，1993；Zhao and Adler，1993；费梁，1999；张玉霞和温业棠，2000；Jiang *et al.*，2014；莫运明等，2014；江建平等，2016

（387）鹦哥岭树蛙 *Rhacophorus yinggelingensis* Chou, Lau *et* Chan, 2007

Rhacophorus yinggelingensis Chou, Lau *et* Chan, 2007, Raffles Bull. Zool., 55 (1): 157-165. **Holotype:** (MNS) 4091, ♂, SVL 43.4 mm, by original designation. **Type locality:** China [Hainan: Baisha (白沙), Mahuoling of Yinggeling]; 18°57′23.4″N, 109°23′02.1″E; alt. 1300 m.

中文别名（Common name）：无

分布（Distribution）：海南（HI）；国外：无

其他文献（Reference）：费梁等，2009a，2010，2012；史海涛等，2011；Jiang et al., 2014；江建平等，2016

（388）大别山树蛙 *Rhacophorus zhoukaiyae* Pan, Zhang *et* Zhang, 2017

Rhacophorus dennsyi - Fei, Hu, Ye *et* Huang, 2009, Fauna Sinica, Amphibia, Vol. 2: 789-795.

Rhacophorus zhoukaiyae Pan, Zhang *et* Zhang, 2017, *In*: Pan, Zhang, Wang, Wu, Kang, Qian, Li, Zhang, Chen, Rao, Jiang *et* Zhang, 2017, Asian Herpetol. Res., 8 (1): 1-13. **Holotype:** AHU-RhaDb-150420-01, by original designation. **Type locality:** China [Anhui: Jinzhai（金寨），Qianping]; 31.2953°N, 115.7252°E; alt. 781 m.

中文别名（Common name）：大树蛙

分布（Distribution）：安徽（AH）；国外：无

其他文献（Reference）：陈壁辉，1991

69. 棱皮树蛙属 *Theloderma* Tschudi, 1838

Theloderma Tschudi, 1838, Classif. Batr.: 32, 75. **Type species:** *Theloderma leporosa* Tschudi, 1838, by monotypy.

Phrynoderma Boulenger, 1893, Ann. Mus. Civ. Stor. Nat. Genova, Ser. 2, 13: 341. **Type species:** *Phrynoderma asperum* Boulenger, 1893, by monotypy. Synonymy by Taylor, 1962, Univ. Kansas Sci. Bull., 43: 519.

Stelladerma Poyarkov, Orlov, Moiseeva, Pawangkhanant, Ruangsuwan, Vassilieva, Galoyan, Nguyen *et* Gogoleva, 2015, Russ. J. Herpetol., 22: 256. **Type species:** *Theloderma stellatum* Taylor, 1962. Coined as a subgenus of *Theloderma*.

（389）白斑棱皮树蛙 *Theloderma albopunctatum* (Liu *et* Hu, 1962)

Philautus albopunctatus Liu *et* Hu, 1962, Acta Zool. Sinica, Beijing, 14 (Suppl.): 99-100. **Holotype:** (CIB) 601686, ♂, SVL 32.5 mm, by original designation. **Type locality:** China [Guangxi: Jinxiu（金秀），Yangliuchong in Mt. Dayao（大瑶山）]; alt. 1350 m.

Philautus (*Philautus*) *albopunctatus* - Bossuyt *et* Dubois, 2001, Zeylanica, 6 (1): 53.

Aquixalus albopunctatus - Fei, Hu, Ye *et* Huang, 2009, Fauna Sinica, Amphibia, Vol. 2: 705.

Liuixalus albopunctatus - Hertwig, Das, Schweizer, Brown *et* Haas, 2012, Zool. Scripta, 41: 29-46.

Theloderma (*Theloderma*) *albopunctatum* - Poyarkov, Orlov, Moiseeva, Pawangkhanant, Ruangsuwan, Vassilieva, Galoyan, Nguyen *et* Gogoleva, 2015, Russ. J. Herpetol., 22: 241.

中文别名（Common name）：白斑小树蛙

分布（Distribution）：云南（YN）、广西（GX）、海南

（HI）；国外：越南、老挝

其他文献（Reference）：胡淑琴等，1977；田婉淑和江耀明，1986；费梁等，1990，2005，2010，2012；叶昌媛等，1993；Zhao and Adler, 1993；费梁，1999；杨大同和饶定齐，2008；史海涛等，2011；Jiang et al., 2014；莫运明等，2014；江建平等，2016

（390）背崩棱皮树蛙 *Theloderma baibungensis* Jiang, Fei *et* Huang, 2009

Aquixalus baibungensis Jiang, Fei *et* Huang, 2009, *In*: Fei, Hu, Ye *et* Huang, 2009, Fauna Sinica, Amphibia, Vol. 2: 710. **Holotype:** (CIB) 20030147, by original designation. **Type locality:** China [Xizang: Mêdog（墨脱），Baibung]; 29.11°N, 95.10°E; alt. 850 m.

Theloderma baibengensis - Frost, 2010, Amph. Spec. World, Lawrence, Vers. 5.4. Provisional placement based on statement of relationship to *Philautus albopunctatus*. Incorrect subsequent spelling of species name.

Aquixalus baibungensis - Fei, Ye *et* Jiang, 2010, Colored Atlas of Chinese Amphibians, Chengdu: 426.

Theloderma (*Theloderma*) *baibengense* - Poyarkov, Orlov, Moiseeva, Pawangkhanant, Ruangsuwan, Vassilieva, Galoyan, Nguyen *et* Gogoleva, 2015, Russ. J. Herpetol., 22: 276. Gender correction; incorrect subsequent spelling.

中文别名（Common name）：背崩水树蛙

分布（Distribution）：西藏（XZ）；国外：无

其他文献（Reference）：费梁等，2012；Jiang et al., 2014；江建平等，2016

（391）双色棱皮树蛙 *Theloderma bicolor* (Bourret, 1937)

Rhacophorus leprosus bicolor Bourret, 1937, Ann. Bull. Gén. Instr. Publ., Hanoi, 1937: 42. **Syntypes:** (4 specimens) including (MNHNP) 1938.62, 48.152-153 (formerly LZUH), according to Guibé, 1950 "1948", Cat. Types Amph. Mus. Natl. Hist. Nat.: 52. **Type locality:** Vietnam (Lao Cai: Sa Pa).

Theloderma bicolor - Liem, 1970, Fieldiana: Zool., Chicago, 57: 94.

Theloderma bicolor - R. Inger, 1985, *In*: Frost, 1985, Amph. Spec. World, Lawrence: 549; Orlov, Murphy, Ananjeva, Ryabov *et* Ho, 2002, Russ. J. Herpetol., 9: 98.

Theloderma (*Theloderma*) *bicolor* - Poyarkov, Orlov, Moiseeva, Pawangkhanant, Ruangsuwan, Vassilieva, Galoyan, Nguyen *et* Gogoleva, 2015, Russ. J. Herpetol., 22: 276.

Theloderma bicolor - Firstly recorde in China by Hou, Yu, Chen, Liao, Zhang, Chen, Li *et* Orlov, 2017, Russ. J. Herpetol., 24 (2): 99-127.

中文别名（Common name）：无

分布（Distribution）：云南（YN）；国外：越南

其他文献（Reference）：无

（392）北部湾棱皮树蛙 *Theloderma corticale* (Boulenger, 1903)

Rhacophorus corticalis Boulenger, 1903, Ann. Mag. Nat. Hist., London, Ser. 7, 12: 188. **Syntypes:** BMNH (4 specimens), by original designation. **Type locality:** Vietnam (Lang Song: Tonkin, Man-son Mountains); alt. 3000-4000 ft.

Rhacophorus fruhstorferi Ahl, 1927, Sitzungsber. Ges. Naturforsch. Freunde Berlin, 1927: 44. Synonymy by Wolf, 1936, Bull. Raffles Mus., Singapore, 12: 157.

Rhacophorus (Rhacophorus) corticalis - Ahl, 1931, Das Tierreich, Berlin, 55: 111.

Rhacophorus (Rhacophorus) fruhstorferi - Ahl, 1931, Das Tierreich, Berlin, 55: 142.

Rhacophorus (Rhacophorus) leprosus corticalis - Wolf, 1936, Bull. Raffles Mus., Singapore, 12: 157.

Rhacophorus leprosus kwangsiensis Liu et Hu, 1962, Acta Zool. Sinica, Beijing, 14 (Suppl.): 92, 104. **Types:** (CIB) 601687, by original designation. **Type locality:** China [Guangxi: Mt. Yao (瑶山), Yangliuchong]; alt. 1350 m. Type locality corrected to Xiangluchong, Yaoshan, Guangxi, China, synonym by Hou, Yu, Chen, Liao, Zhang, Chen, Li et Orlov, 2017, Russ. J. Herpetol., 24: 104, and Chen, Liao, Zhou, Mo et Huang, 2018, Zootaxa, 4379: 484.

Theloderma corticalis - Liem, 1970, Fieldiana: Zool., Chicago, 57: 94.

Theloderma kwangsiensis - Fei, Ye et Huang, 1990, Key to Chinese Amphibia, Chongqing: 183.

Theloderma (Theloderma) kwangsiense - Poyarkov, Orlov, Moiseeva, Pawangkhanant, Ruangsuwan, Vassilieva, Galoyan, Nguyen et Gogoleva, 2015, Russ. J. Herpetol., 22: 276.

Theloderma (Theloderma) corticale - Poyarkov, Orlov, Moiseeva, Pawangkhanant, Ruangsuwan, Vassilieva, Galoyan, Nguyen et Gogoleva, 2015, Russ. J. Herpetol., 22: 276.

中文别名（**Common name**）：广西棱皮树蛙

分布（**Distribution**）：广东（GD）、广西（GX）、海南（HI）；国外：越南、老挝

其他文献（**Reference**）：胡淑琴等，1977；田婉淑和江耀明，1986；叶昌媛等，1993；Zhao and Adler, 1993；费梁，1999；费梁等，2005, 2009a, 2010, 2012；史海涛等，2011；Jiang et al., 2014；莫运明等，2014；江建平等，2016

（393）印支棱皮树蛙 *Theloderma gordoni* Taylor, 1962

Theloderma gordoni Taylor, 1962, Univ. Kansas Sci. Bull., 43: 511. **Holotype:** (EHT) 33741, by original designation; now (FMNH) 172248 according to Inger, 1985, *In*: Frost, 1985, Amph. Spec. World, Lawrence: 550. **Type locality:** Thailand (Chiang Mai: Doi Suthep); alt. 4000 ft.

Theloderma (Theloderma) gordoni - Poyarkov, Orlov, Moiseeva, Pawangkhanant, Ruangsuwan, Vassilieva, Galoyan, Nguyen et Gogoleva, 2015, Russ. J. Herpetol., 22: 276.

Theloderma gordoni - Firstly recorded in China by Qi, Yu, Lei, Fan, Zhang, Dong, Li, Orlov et Hou, 2018; Russ. J. Herpetol., 25 (1): 43-55.

中文别名（**Common name**）：无

分布（**Distribution**）：云南（YN）；国外：泰国、越南、? 老挝

其他文献（**Reference**）：无

（394）棘棱皮树蛙 *Theloderma moloch* (Annandale, 1912)

Phrynoderma moloch Annandale, 1912, Rec. Indian Mus., Calcutta, 8: 18. **Syntypes:** (ZSIC) 16951-52, by original designation. **Type locality:** China [Xizang: Mêdog (墨脱), Upper Renging]; alt. 2150 ft.

Rhacophorus (Phrynoderma) moloch - Ahl, 1931, Das Tierreich, Berlin, 55: 60.

Rhacophorus (Rhacophorus) leprosus moloch - Wolf, 1936, Bull. Raffles Mus., Singapore, 12: 158.

Nyctixalus moloch - Dubois, 1981, Monit. Zool. Ital. (N. S.), Suppl., 15: 257. Provisional transfer to *Nyctixalus*.

Theloderma moloch - Inger, 1985, *In*: Frost, 1985, Amph. Spec. World, Lawrence: 550.

中文别名（**Common name**）：无

分布（**Distribution**）：西藏（XZ）；国外：无

其他文献（**Reference**）：刘承钊和胡淑琴，1961；胡淑琴等，1977；田婉淑和江耀明，1986；胡淑琴，1987；费梁等，1990, 2005, 2009a, 2010, 2012；叶昌媛等，1993；Zhao and Adler, 1993；费梁，1999；李丕鹏等，2010；Jiang et al., 2014；江建平等，2016

（395）红吸盘棱皮树蛙 *Theloderma rhododiscus* (Liu et Hu, 1962)

Philautus rhododiscus Liu et Hu, 1962, Acta Zool. Sinica, Beijing, 14 (Suppl.): 98-99. **Holotype:** (CIB) 601818, ♂, SVL 26.5 mm, by original designation. **Type locality:** China [Guangxi: Jinxiu (金秀), Yangliuchong in Mt. Dayao (大瑶山)]; alt. 1350 m.

Philautus (Philautus) rhododiscus - Bossuyt et Dubois, 2001, Zeylanica, 6 (1): 53.

Theloderma rhododiscus - Yu, Rao, Yang et Zhang, 2007, Zool. Res., Kunming, 28 (4): 437-442.

Aquixalus rhododiscus - Fei, Hu, Ye et Huang, 2009, Fauna Sinica, Amphibia, Vol. 2: 725.

Theloderma (Theloderma) rhododiscum - Poyarkov, Orlov, Moiseeva, Pawangkhanant, Ruangsuwan, Vassilieva, Galoyan, Nguyen et Gogoleva, 2015, Russ. J. Herpetol., 22: 276.

中文别名（**Common name**）：红吸盘小树蛙、红吸盘水树蛙

分布（**Distribution**）：湖南（HN）、福建（FJ）、广东（GD）、广西（GX）；国外：越南

其他文献（**Reference**）：胡淑琴等，1977；田婉淑和江耀明，1986；费梁等，1990，2005，2010，2012；叶昌媛等，1993；Zhao and Adler, 1993；费梁，1999；黎振昌等，2011；Jiang *et al.*, 2014；莫运明等，2014；江建平等，2016

二、有尾目 Caudata Fischer von Waldheim, 1813

（十一）隐鳃鲵科 Cryptobranchidae Fitzinger, 1826

Cryptobranchidea Fitzinger, 1826, Neue Class. Rept.: 42. **Type genus:** *Cryptobranchus* Leuckart, 1821, by implicit etymological designation (in the original publication it is elaborately stated to be a family).

Tritonides Tschudi, 1838, Classif. Batr.: 26, 61. **Type genus:** *Megalobatrachus* Tschudi, 1837 (= *Andrias* Tschudi, 1837).

Andriadina Bonaparte, 1840, Mem. R. Acad. Sci. Torino, 2(2): 395. **Type genus:** *Andrias* Tschudi, 1837.

Megalobatrachidae Fitzinger, 1843, Syst. Rept.: 34. **Type genus:** *Magalobatrachus* Tschudi, 1837 (= *Andrias* Tschudi, 1837).

Andriadidae - Bonaparte, 1845, Specchio Gen. Sist. Erp. Anfibiol. Ittiolog.: 6.

Sieboldiidae Bonaparte, 1850, Conspect. Syst. Herpetol. Amph.: 1. **Type genus:** *Sieboldia* Bonaparte in Gray, 1838.

Cryptobranchidae - Cope, 1889, Bull. U. S. Natl. Mus., Washington, 34: 33, 36.

Megalobatrachinae - Kuhn, 1965, Die Amph.: 99.

Cryptobranchinae - Regal, 1966, Evolution, 20: 405.

Cryptobranchoidia - Dubois, 2005, Alytes, Paris, 23: 17. Epifamily.

70. 大鲵属 *Andrias* Tschudi, 1837

Andrias Tschudi, 1837, Neues Jahrb. Mineral. Geogn. Geol. Palaeont., 5: 545. **Type species:** *Salamandra scheuchzeri* Holl, 1831 (a fossil species).

Megalobatrachus Tschudi, 1837, Neues Jahrb. Mineral. Geogn. Geol. Palaeont., 5: 547. **Type species:** *Megalobatrachus sieboldii* Tschudi, 1837 (= *Triton japonicus* Temminck, 1836), by monotypy. Synonymy with *Andrias* Tschudi by Brame, 1967.

Sieboldia Bonaparte, 1838, *In*: Gray, 1838, Ann. Mag. Nat. Hist., London, 1: 413. **Type species:** *Megalobatrachus sieboldii* Tschudi, 1837.

Sieboldia Agassiz, 1838, *In*: Tschudi, 1838, Classif. Batr.: 1 (typographic error of *Sieboldia* Bonaparte in Gray, 1838).

Hydrosalamandra Leuckart, 1840, Froriep's Neue Notizen, 13 (2): 20. **Type species:** *Megalobatrachus sieboldii* Tschudi, 1837, by original designation.

Tritomegas Duméril, Bibron *et* Duméril, 1854, Erpét. Gén., 9: 163. **Type species:** *Megalobatrachus sieboldii* Tschudi, 1837, by monotypy.

Sieboldiana Ishikawa, 1904, Proc. Nat. Hist., Tokyo Imp. Mus., 1 (2): 21 (unjustified emendation).

Plicagnathus Cook, 1917, Bull. Geol. Soc. Am., 28: 213. **Type species:** *Plicagnathus matthewi* Cook, 1917, by monotypy. Synonymy with *Andrias* by Meszoely, 1966, Am. Midl. Nat., 75: 495-515.

（396）中国大鲵 *Andrias davidianus* (Blanchard, 1871)

Sieboldia davidiana Blanchard, 1871, Compt. Rend. Hebd. Séances Acad. Sci., Paris, 73: 79. **Holotype:** (MNHNP) 7613 (from Thibet oriental, Frost, 1985). **Type locality:** China [Sichuan: Jiangyou（江油）, Zhongba].

Sieboldia davidi David, 1875, J. Trois. Voy. Explor. Emp. Chinoise, Paris, 1: 326 (unjustified emendation).

Megalobatrachus maximus - Boulenger, 1882, Catal. Batrach. Grad., Batr. Apoda Coll. Brit. Mus., Ed. 2: 80 (part, China; not of Schlegel 1837).

Megalobatrachus japonicus - Barbour, 1912, Mem. Mus. Comp. Zool. Harvard Coll., Cambridge, 40 (4): 125.

Cryptobranchus maximus - Stanley, 1915, J. N. China Asiat. Soc., 44: 14.

Megalobatrachus sligoi Boulenger, 1924, Proc. Zool. Soc. London, 1924: 173. **Type locality:** China (?Hong Kong).

Megalobatrachus japonicus davidi - Chang, 1935, Bull. Soc. Zool. France, Paris, 60: 350.

Megalobatrachus japonicus davidianus - Pope *et* Boring, 1940, Peking Nat. Hist. Bull., Peking, 15 (1): 18.

Megalobatrachus davidianus - Liu, 1950, Fieldiana: Zool. Mem., Chicago, 2: 69.

Andrias scheuchzeri davidianus - Westphal, 1958, Palaeontographica Abt. A. 110: 36.

Andrias davidianus - Brame, 1967, Herpeton (J. Southwest Herpetol. Soc.), California, 2: 5.

Andrias scheuchzeri - Estes, 1981, Handbuck Paläoherpetologie, part 2: 14.

Cryptobranchus davidianus - Naylor, 1981, Copeia, 1981: 76-86.

中文别名（Common name）： 娃娃鱼

分布（Distribution）： 河北（HEB）、山西（SX）、山东（SD）、河南（HEN）、陕西（SN）、甘肃（GS）、青海（QH）、新疆（XJ）、安徽（AH）、江苏（JS）、上海（SH）、浙江（ZJ）、江西（JX）、湖南（HN）、湖北（HB）、四川（SC）、重庆（CQ）、贵州（GZ）、云南（YN）、福建（FJ）、广东（GD）、广西（GX）、? 香港（HK）；国外：日本（引入）

其他文献（**Reference**）：胡淑琴等，1977；田婉淑和江耀明，1986；费梁等，1990，2005，2006，2010，2012；叶昌媛等，1993；Zhao and Adler, 1993；费梁，1999；Jiang *et al.*, 2014；

江建平等, 2016; Fei and Ye, 2016; Yan *et al.*, 2018; Turvey *et al.*, 2018

（十二）小鲵科 Hynobiidae Cope, 1859 (1856)

Molgina Bonaparte, 1850, Conspect. Syst. Herpetol. Amphibiol.: 1. **Type genus:** *Molge* Bonaparte, 1839 (= *Hynobius* Tschudi, 1838).

Molgidae Gray, 1850, Cat. Spec. Amph. Coll. Brit. Mus., Batr. Grad.: 14. **Type genus:** *Molge* Bonaparte, 1839 (= *Hynobius* Tschudi, 1838).

Ellipsoglossidae Hallowell, 1856, Proc. Acad. Nat. Sci. Philad., 8 (1856): 11. **Type genus:** *Ellipsoglossa* Duméril, Bibron *et* Duméril, 1854, by etymological designation.

Hynobiinae Cope, 1859, Proc. Acad. Nat. Sci. Philad., 11: 125. **Type genus:** *Hynobius* Tschudi, 1838, by implicit etymological designation.

Hynobiidae - Cope, 1866, J. Acad. Nat. Sci. Philad., (2) 6: 107.

Molgida - Knauer, 1878, Naturgesch. Lurche: 97.

Geyeriellinae Brame, 1958, List World's Fossil Caudata: 5. **Type genus:** *Geyeriella* Herre, 1950. Unavailable name due to being distributed by mimeograph.

Hynobiinae - Regal, 1966, Evolution, 20: 405.

Protohynobiinae Fei *et* Ye, 2000, Cultum Herpetol. Sinica, Guiyang, 8: 64. **Type genus:** *Protohynobius* Fei *et* Ye, 2000. Synonymy by Peng, Zhang, Xiong, Gu, Zeng *et* Zou, 2010, Mol. Phylogenet. Evol., 56: 257.

Onychodactylinae Dubois *et* Raffaëlli, 2012, Alytes, Paris, 28: 77-161. **Type genus:** *Onychodactylus* Tschudi, 1838.

Hynobiini - Dubois *et* Raffaëlli, 2012, Alytes, Paris, 28: 77-161. Explicit tribe.

Hynobiini - Dubois *et* Raffaëlli, 2012, Alytes, Paris, 28: 77-161. Explicit tribe.

Hynobiina - Dubois *et* Raffaëlli, 2012, Alytes, Paris, 28: 77-161. Explicit subtribe.

Protohynobiina - Dubois *et* Raffaëlli, 2012, Alytes, Paris, 28: 77-161. Explicit subtribe.

Salamandrellini Dubois *et* Raffaëlli, 2012, Alytes, Paris, 28: 77-161. **Type genus:** *Salamandrella* Dybowski, 1870. Explicit tribe.

Pachyhynobiini Dubois *et* Raffaëlli, 2012, Alytes, Paris, 28: 77-161. **Type genus:** *Pachyhynobius* Fei, Qu *et* Wu, 1983. Explicit tribe.

Ranodontini Dubois *et* Raffaëlli, 2012, Alytes, Paris, 28: 77-161. **Type genus:** *Ranodon* Kessler, 1866. Explicit tribe.

71. 山溪鲵属 *Batrachuperus* Boulenger, 1878

Desmodactylus David, 1873 "1872", J. North China Br. Roy. Asiat. Soc. (N. S.), 7: 226. **Type species:** *Desmodactylus pinchonii* David, 1872 "1871", by monotypy. Synonymy

by Stejneger, 1925, Proc. U. S. Natl. Mus., Washington, 66 (25): 5.

Batrachuperus Boulenger, 1878, Bull. Soc. Zool. France, Paris, 3: 71. **Type species:** *Salamandrella sinensis* Sauvage, 1876 (= *Dermodactylus pinchonii* David, 1872 "1871"), by monotypy.

Batrachyperus - Boulenger, 1882, Cat. Batr. Grad. Batr. Apoda Coll. Brit. Mus., Ed. 2: 37 (unjustified emendation).

Tibetuperus Dubois *et* Raffaëlli, 2012, Alytes, Paris, 28: 77-161. **Type species:** *Batrachuperus yenyuanensis* Liu, 1950. Coined as a subgenus of *Batrachuperus*.

（397）弱唇褶山溪鲵 *Batrachuperus cochranae* Liu, 1950

Batrachuperus cochranae Liu, 1950, Fieldiana: Zool. Mem., 2: 101-102. **Holotype:** (FMNH) 49378, ♂, TOL 140 mm, SVL 70.0 mm, by original designation. Resurrected a distinct species by Fei *et* Ye, 2001: 88. **Type locality:** China [Sichuan: Baoxing (宝兴), Lianghekou]; alt. 12 500 ft.

中文别名（Common name）： 羌活鱼、杉木鱼

分布（Distribution）： 四川（SC）；国外：无

其他文献（Reference）： 胡淑琴等, 1977; 田婉淑和江耀明, 1986; 费梁等, 1990, 2005, 2006, 2010, 2012; 叶昌媛等, 1993; Zhao and Adler, 1993; 费梁, 1999; Fu and Zeng, 2008; Jiang *et al.*, 2014; Fei and Ye, 2016; 江建平等, 2016

（398）龙洞山溪鲵 *Batrachuperus londongensis* Liu *et* Tian, 1978

Batrchuperus longdongensis Sichuan Biol. Res. Inst. (Hu, Ye *et* Fei), 1977, Syst. Keys Chinese Amph., Beijing: 11 (nomen nudum).

Batrachuperus londongensis Liu *et* Tian, 1978, *In*: Liu, Hu, Tian *et* Wu, 1978, Mater. Herpetol. Res., Chengdu, 4: 18. **Holotype:** (CIB) 65 I 0013, ♂, by original designation. **Type locality:** China [Sichuan: Mt. Emei (峨眉山), Longdong]; alt. 1300 m.

Batrachuperus longdongensis - Liu *et* Tian, 1983, *In*: Fei, Ye *et* Tian, 1983, Acta Zootaxon. Sinica, Beijing, 8 (2): 210-211. **Holotype:** (CIB) 65 I 0013, ♂, TOL 265 mm, SVL 129 mm (redescription with variant spelling of species name). **Type locality:** China [Sichuan: Mt. Emei (峨眉山), Longdong]; alt. 1300 m.

中文别名（Common name）： 无

分布（Distribution）： 四川（SC）；国外：无

其他文献（Reference）： 田婉淑和江耀明, 1986; 费梁等, 1990, 2005, 2006, 2010, 2012; 叶昌媛等, 1993; Zhao and Adler, 1993; 费梁, 1999; Fu and Zeng, 2008; Jiang *et al.*, 2014; Fei and Ye, 2016; 江建平等, 2016

（399）山溪鲵 *Batrachuperus pinchonii* (David, 1871)

Dermodactylus pinchonii David, 1872 "1871", Nouv. Arch. Mus. Natl. Hist. Nat., Paris, 7: 95. **Syntypes:** (MNHNP)

5060 (4 specimens) and 5061 (4 specimens), (USNM) 10995 (Frost, 1985). (MNHNP) 5060 rejected as types by Thireau, 1986. **Type locality:** China [Sichuan: Baoxing (宝兴)].

Desmodactylus pinchonii - David, 1873 "1872", J. North China Br. Roy. Asiat. Soc. (N. S.), 7: 226 (unjustified emendation).

Salamandrella sinensis Sauvage, 1876, L'Institute, Paris (N. S.), 4 (189): 275. **Syntypes:** (MNHNP) 5061 [4 specimens (Thireau, 1986)], (BM) 1946.9.6.57-58. **Type locality:** China [Sichuan: Baoxing (宝兴)].

Batrachuperus sinensis - Boulenger, 1878, Bull. Soc. Zool. France, Paris, 3: 72.

Batrachuperus pinchonii - Stejneger, 1925, Proc. U. S. Natl. Mus., Washington, 66 (25): 5.

中文别名（Common name）：羌活鱼、杉木鱼

分布（Distribution）：四川（SC）、？贵州（GZ）、云南（YN）；国外：无

其他文献（Reference）：Liu, 1950; 胡淑琴等, 1977; 田婉淑和江耀明, 1986; 费梁等, 1990, 2005, 2006, 2010, 2012; 叶昌媛等, 1993; Zhao and Adler, 1993; 费梁, 1999; Fu and Zeng, 2008; Jiang *et al.*, 2014; Fei and Ye, 2016; 江建平等, 2016

（400）西藏山溪鲵 *Batrachuperus tibetanus* Schmidt, 1925

Sallamandrella keyserlingii - Bedriaga, 1898, Wissensch. Result. Przewalski Cent. Asien. Reisen, St. Petersburg Zool., 3 (1): 3 (Ksernzo and Lumbu Rivers in Szechuan Prov., China).

Batrachuperus tibetanus Schmidt, 1925, Amer. Mus. Novit., New York, 157: 5. **Holotype:** (FMNH) 5900, adult female", by original designation. **Type locality:** China (near the Tibetan border of Kansu, southwest of Titao, 9000 ft altitude in Huang River drainage).

Batrachuperus tibetanus Schmidt, 1927, Amer. Bull. Mus. Nat. Hist., 54: 554-555. **Holotype:** (FMNH) 5900, adult female, SVL 85 mm, TL 80 mm, redescription. **Type locality:** China (Tibetan border of Kansu, at about latitude 33°N, elevation 9000 ft).

Batrachuperus thibetina - Chang *et* Mangven, 1936, Contr. Etude Morph. Biol. Syst. Amph. Urodeles Chine: 1-136 (incorrct subseqent spelling).

Batrachuperus karlschmidti Liu, 1950, Fieldiana: Zool. Mem., 2: 87-96. **Holotype:** (FMNH) 49379, ♀, TOL 166 mm, SVL 84.0 mm, by original designation. **Type locality:** China [Sichuan: Luhohsien (炉霍), Chiala; alt. 11 000 ft.

Batrachuperus taibaiensis Song, Zeng, Wu, Liu *et* Fu, 2001, Asiat. Herpetol. Res., Berkeley, 9: 6. **Holotype:** (NIEA) 860122, by original designation. **Type locality:** China [Shaanxi: Zhouzhi (周至), upper stream of Heihe River, near Hua Er Ping Village]; 3.85°N, 107.82°E. Synonymy by Fei *et*

Ye, 2016, Amph. China, 1: 249.

中文别名（Common name）：杉木鱼、羌活鱼

分布（Distribution）：陕西（SN）、甘肃（GS）、青海（QH）、四川（SC）、重庆（CQ）、西藏（XZ）；国外：无

其他文献（Reference）：胡淑琴等, 1977; 田婉淑和江耀明, 1986; 费梁等, 1990, 2005, 2006, 2010, 2012; 王香亭, 1991; 叶昌媛等, 1993; Zhao and Adler, 1993; 费梁, 1999; Fu and Zeng, 2008; 姚崇勇和龚大洁, 2012; Jiang *et al.*, 2014; Fei and Ye, 2016; 江建平等, 2016

（401）盐源山溪鲵 *Batrachuperus yenyuanensis* Liu, 1950

Batrachuperus yenyuanensis Liu, 1950, Fieldiana: Zool. Mem., Chicago, 2: 99-101. **Holotype:** (FMNH) 49370, ♂, TOL 168.0 mm, SVL 79.0 mm, by original designation. **Type locality:** China [Sichuan: Yanyuan (盐源), Mt. Bailing]; alt. 14 500 ft.

中文别名（Common name）：杉木鱼、羌活鱼

分布（Distribution）：四川（SC）；国外：无

其他文献（Reference）：胡淑琴等, 1977; 田婉淑和江耀明, 1986; 费梁等, 1990, 2005, 2006, 2010, 2012; 叶昌媛等, 1993; Zhao and Adler, 1993; 费梁, 1999; Jiang *et al.*, 2014; Fei and Ye, 2016; 江建平等, 2016

72. 小鲵属 *Hynobius* Tschudi, 1838

Hynobius Tschudi, 1838, Classif. Batr.: 60, 94. **Type species:** *Salamandra nebulosa* Temminck *et* Schlegel, 1938, by monotypy.

Pseudosalamandra Tschudi, 1838, Classif. Batr.: 56, 91. **Type species:** *Salamandra naevia* Temminck *et* Schlegel, 1838, by monotypy.

Molge Bonaparte, 1839, Iconograph. Fauna Ital., 2 (Fasc. 26): no page. **Type species:** *Salamandra nebulosa* Temminck *et* Schlegel, 1838 (not *Molge* Merrem 1820, Syst. Amph.: 185).

Hydroscopes Gistel, 1848, Naturgesch. Thierr.: 11 (replacement for *Pseudosalamandra* Tachudi, 1838).

Ellipsoglossa Duméril, Bibron *et* Duméril, 1854, Erpét. Gén., 9: 97. **Type species:** *Salamandra naevia* Temminck *et* Schlegel, 1838, by Subsequeut designation of Dunn, 1923.

Pachypalaminus Thompson, 1912, Proc. California Acad. Sci., Ser. 4, 3: 183. **Type species:** *Pachypalaminus boulengeri* Thompson, 1912, by original designation.

Satobius Adler *et* Zhao, 1990, Asiat. Herpetol. Res., Berkeley, 3: 37-45 (41). **Type species:** *Hynobius retardatus* Dunn, 1923, by original designation. Synonymy by Matsui, Sato, Tanabe *et* Hayashi, 1992, Herpetologica, Austin, 48: 408.

Poyarius Dubois *et* Raffaëlli, 2012, Alytes, Paris, 28: 77-161. **Type species:** *Hynobius formosanus* Maki, 1922, by original designation. Coined as a subgenus of *Hynobius*.

Makihynobius Fei, Ye *et* Jiang, 2012, Colored Atlas of Chinese Amphibians and Their Distributions: 593. **Type species** *Salamandrella sonani* Maki, 1922. Coined as a subgenus of *Hynobius*, identical in content to *Poyarius*.

（402）安吉小鲵 *Hynobius amjiensis* Gu, 1991

Hynobius amjiensis Gu, 1991, Animal Sci. Res., Beijing: 39-43. **Holotype:** (HTC) 90301, ♂, TOL 166 mm, SVL 83.5 mm, by original designation. **Type locality:** China [Zhejiang: Anji (安吉), Mt. Longwang Nature Reserve]; alt. 1300 m.

Hynobius (*Hynobius*) *amjiensis* - Dubois *et* Raffaëlli, 2012, Alytes, Paris, 28: 77-161.

中文别名（**Common name**）：无

分布（**Distribution**）：安徽（AH）、浙江（ZJ）；国外：无

其他文献（**Reference**）：叶昌媛等，1993；Zhao and Adler, 1993；费梁，1999；费梁等，2005, 2006, 2010, 2012；Jiang *et al.*, 2014；Fei and Ye, 2016；江建平等, 2016

（403）阿里山小鲵 *Hynobius arisanensis* Maki, 1922

Hynobius arisanensis Maki, 1922, Zool. Mag., Tokyo, 34: 637. **Syntypes:** 2 specimens, deposition not stated but presumably TIU according to Brame, 1972, Checklist Living & Fossil Salamand. World (Unpubl. MS): 6. **Type locality:** China [Taiwan: Arisan (阿里山) in Taichu-shu]; alt. 6600 ft, according to Maki, 1928, Annot. Zool. Japon., Tokyo, 11: 133.

Hynobius (*Poyarius*) *arisanensis* - Dubois *et* Raffaëlli, 2012, Alytes, Paris, 28: 77-161.

Hynobius (*Makihynobius*) *arisanensis* - Fei, Ye *et* Jiang, 2012, Colored Atlas of Chinese Amphibians and Their Distributions: 44.

中文别名（**Common name**）：阿里山山椒鱼

分布（**Distribution**）：台湾（TW）；国外：无

其他文献（**Reference**）：胡淑琴等，1977；田婉淑和江耀明，1986；费梁等，1990, 2005, 2006, 2010；叶昌媛等，1993；Zhao and Adler, 1993；费梁，1999；吕光洋等，1999；向高世等，2009；Jiang *et al.*, 2014；Fei and Ye, 2016；江建平等, 2016

（404）中国小鲵 *Hynobius chinensis* Günther, 1889

Hynobius chinensis Günther, 1889, Ann. Mag. Nat. Hist., London, Ser. 6, 4: 222. **Syntypes:** (BMNH) 1946.9.6.54-55 (formerly 1889.6.25-26); (BMNH) 1946.9.6.54, TOL 85 mm, SVL 46 mm, designated lectotype by Adler *et* Zhao, 1990, Asiat. Herpetol. Res., Berkeley, 3: 38. **Type locality:** China [Hubei: Yichang (宜昌)]; alt. 140 m.

Hynobius (*Hynobius*) *chinensis* - Dubois *et* Raffaëlli, 2012, Alytes, Paris, 28: 77-161.

中文别名（**Common name**）：无

分布（**Distribution**）：湖北（HB）；国外：无

其他文献（**Reference**）：胡淑琴等，1977；田婉淑和江耀明，1986；费梁等，1990, 2005, 2006, 2010, 2012；叶昌媛等，1993；Zhao and Adler, 1993；费梁，1999；Jiang *et al.*, 2014；Fei and Ye, 2016；江建平等, 2016

（405）台湾小鲵 *Hynobius formosanus* Maki, 1922

Hynobius formosanus Maki, 1922, Zool. Mag., Tokyo, 34: 637. **Type(s):** Not designated (Frost, 1985); lost during the World War Ⅱ (Lai *et* Lue, 2000). **Type locality:** China [Taiwan: Nantou (南投), Oiwake in Musha]; alt. 7000 ft.

Hynobius sonani - Dunn, 1923, Proc. Amer. Acad. Arts. Sci., Boston, 58 (13): 479 (part).

Pseudosalamandra sonani - Tago, 1931, Salamanders Japan: 197-199 (part).

Hynobius (*Poyarius*) *formosanus* - Dubois *et* Raffaëlli, 2012, Alytes, Paris, 28: 77-161.

Hynobius (*Makihynobius*) *formosanus* - Fei, Ye *et* Jiang, 2012, Colored Atlas of Chinese Amphibians and Their Distributions: 45.

中文别名（**Common name**）：台湾山椒鱼

分布（**Distribution**）：台湾（TW）；国外：无

其他文献（**Reference**）：胡淑琴等，1977；田婉淑和江耀明，1986；费梁等，1990, 2005, 2006, 2010；叶昌媛等，1993；Zhao and Adler, 1993；费梁，1999；吕光洋等，1999；向高世等，2010；Jiang *et al.*, 2014；Fei and Ye, 2016；江建平等, 2016

（406）观雾小鲵 *Hynobius fuca* Lai *et* Lue, 2008

Hynobius fuca Lai *et* Lue, 2008, Herpetologica, Austin, 64: 75. **Holotype:** (TNUB) 201742, by original designation. **Type locality:** China [Taiwan: Hsinchu (新竹), Guanwu]; 24°30′N, 121°05′E; alt. 1522 m.

Hynobius (*Poyarius*) *fucus* - Dubois *et* Raffaëlli, 2012, Alytes, Paris, 28: 77-161. Change in gender.

Hynobius (*Makihynobius*) *fuca* - Fei, Ye *et* Jiang, 2012, Colored Atlas of Chinese Amphibians and Their Distributions: 46.

中文别名（**Common name**）：观雾山椒鱼

分布（**Distribution**）：台湾（TW）；国外：无

其他文献（**Reference**）：费梁等，2010；Jiang *et al.*, 2014；Fei and Ye, 2016；江建平等, 2016

（407）南湖小鲵 *Hynobius glacialis* Lai *et* Lue, 2008

Hynobius glacialis Lai *et* Lue, 2008, Herpetologica, Austin, 64: 73. **Holotype:** (TNUB) 201676, by original designation. **Type locality:** China [Taiwan: Taichung (台中), Nanhu Lodge of Mt. Nanhu]; 24°24′N, 121°25′E; alt. 3536 m.

Hynobius (*Poyarius*) *glacialis* - Dubois *et* Raffaëlli, 2012, Alytes, Paris, 28: 77-161.

Hynobius (*Makihynobius*) *glacialis* - Fei, Ye *et* Jiang, 2012,

Colored Atlas of Chinese Amphibians and Their Distributions: 47.

中文别名（Common name）：南湖山椒鱼

分布（Distribution）：台湾（TW）；国外：无

其他文献（Reference）：费梁等，2010; Jiang *et al.*, 2014; Fei and Ye, 2016; 江建平等，2016

（408）挂榜山小鲵 *Hynobius guabangshanensis* Shen, 2004

Hynobius guabangshanensis Shen, 2004, *In*: Shen, Deng *et* Wang, 2004, Acta Zool. Sinica, Beijing, 50 (2): 209. **Holotype:** (HNNUL) 02112404., by original designation. **Type locality:** China [Hunan: Qiyang (祁阳), Tree Farm in Mt. Guabang]; 26°37′08″N, 111°56′01″E; alt. 720 m.

Hynobius (*Hynobius*) *guabangshanensis* - Dubois *et* Raffaëlli, 2012, Alytes, Paris, 28: 77-161.

中文别名（Common name）：无

分布（Distribution）：湖南（HN）；国外：无

其他文献（Reference）：费梁等，2010, 2012; Jiang *et al.*, 2014; 沈猷慧等，2014; Fei and Ye, 2016; 江建平等，2016

（409）东北小鲵 *Hynobius leechii* Boulenger, 1887

Hynobius leechii Boulenger, 1887, Ann. Mag. Nat. Hist., London, Ser. 5, 19: 67. **Holotype:** (BMNH) 1946.9.6.53 (formerly 1886.12.8.14) (Frost, 1985: 564), TOL 83 mm (Boulenger, 1887: 67). **Type Locality:** Korea (Wŏnsan).

Hynobius mantchuricus Mori, 1927, China J. Sci. Arts, Shanghai, 6: 205-206. **Holotype:** No number of type specimen TOL 93.0 mm, by original designation. **Type locality:** China [Liaoning: Xiongyue (熊岳)].

Hynobius leechii leechii - Mori, 1928, Chosen Nat. Hist. Soc. J., 6: 47, 53.

Hynobius mantschuriensis - Gee *et* Boing, 1929-30, Peking Nat. Hist. Bull., Peking, 4 (2): 18, error for *Hynobius mantchuricus* Mori, 1927.

Hynobius manchuricus Kurashige, 1932, Annot. Zool. Japon., Tokyo, 13: 327. **Type locality:** China (Liaoning: Benxi, Hu Shan).

Hynobius kurashigei Sowerby, 1932, China J. Sci. Arts, Shanghai, 17: 237 (substitute name for *Hynobius manchuricus* Kurashige, 1932).

Hynobius (*Hynobius*) *leechii* - Dubois *et* Raffaëlli, 2012, Alytes, Paris, 28: 77-161.

中文别名（Common name）：无

分布（Distribution）：黑龙江（HL）、吉林（JL）、辽宁（LN）；国外：朝鲜、韩国

其他文献（Reference）：胡淑琴等，1977; 田婉淑和江耀明，1986; 费梁等，1990, 2005, 2006, 2010, 2012; 叶昌媛等，1993; Zhao and Adler, 1993; 费梁，1999; 赵文阁等，2008; Jiang *et al.*, 2014; Fei and Ye, 2016; 江建平等，2016

（410）猫儿山小鲵 *Hynobius maoershanensis* Zhou, Jiang *et* Jiang, 2006

Hynobius maoershanensis Zhou, Jiang *et* Jiang, 2006, Acta Zootaxon. Sinica, Beijing, 31 (3): 670-674. **Holotype:** (GXMES) 05111001, by original designation. **Type locality:** China [Guangxi: Xing'an (兴安)]; 25°52′N, 110°24′E; alt. 2015 m.

Hynobius (*Hynobius*) *maoershanensis* - Dubois *et* Raffaëlli, 2012, Alytes, Paris, 28: 77-161.

中文别名（Common name）：无

分布（Distribution）：广西（GX）；国外：无

其他文献（Reference）：费梁等，2010, 2012; Jiang *et al.*, 2014; 莫运明等，2014; Fei and Ye, 2016; 江建平等，2016

（411）楚南小鲵 *Hynobius sonani* (Maki, 1922)

Salamandrella sonani Maki, 1922, Zool. Mag., Tokyo, 34: 636. **Type(s):** Not designated (Frost, 1985); lost during the World War II (Lai *et* Lue, 2000). **Type locality:** China [Taiwan: Nantou (南投), Mt. Nenggao]; alt. 10 000 ft.

Hynobius sonani - Dunn, 1923, Proc. Amer. Acad. Arts. Sci., Boston, 58 (13): 479-480.

Pseudosalamandra sonani - Tago, 1929, Zool. Mag., Tokyo, 41: 431 (part).

Hynobius sonani - Okada, 1934, Copeia, 1934: 18.

Hynobius (*Poyarius*) *sonani* - Dubois *et* Raffaëlli, 2012, Alytes, Paris, 28: 77-161.

Hynobius (*Makihynobius*) *sonani* - Fei, Ye *et* Jiang, 2012, Colored Atlas of Chinese Amphibians and Their Distributions: 48.

中文别名（Common name）：楚南氏山椒鱼

分布（Distribution）：台湾（TW）；国外：无

其他文献（Reference）：胡淑琴等，1977; 田婉淑和江耀明，1986; 费梁等，1990, 2005, 2006, 2010; 叶昌媛等，1993; Zhao and Adler, 1993; 费梁，1999; 吕光洋等，1999; 向高世等，2009; Jiang *et al.*, 2014; Fei and Ye, 2016; 江建平等，2016

（412）义乌小鲵 *Hynobius yiwuensis* Cai, 1985

Hynobius chinensis - Boring *et* Chang, 1933, Peking Nat. Hist. Bull., Peking, 8 (1): 65 (Wenling, Chekiang, China).

Hynobius yiwuensis Cai, 1985, Acta Herpetol. Sinica, Chengdu, 4 (2): 109-114. **Holotype:** (ZMNH) 780049, ♂, TOL 123 mm, SVL 65.0 mm, by original designation. **Type locality:** China [Zhejiang: Yiwu (义乌), Dachen]; alt. 140 m.

Hynobius (*Hynobius*) *yiwuensis* - Dubois *et* Raffaëlli, 2012, Alytes, Paris, 28: 77-161.

中文别名（Common name）：无

分布（Distribution）：浙江（ZJ）；国外：无

其他文献（Reference）：费梁等，1990, 2005, 2006, 2010, 2012; 叶昌媛等，1993; Zhao and Adler, 1993; 费梁，1999; Jiang *et al.*, 2014; Fei and Ye, 2016; 江建平等, 2016

73. 巴鲵属 *Liua* Zhao *et* Hu, 1983

Liua Zhao *et* Hu, 1983, Acta Herpetol. Sinica, Chengdu (N. S.), 2 (2): 30. **Type species:** *Hynobius wushanensis* Liu, Hu *et* Yang, 1960 (= *Hynobius shihi* Liu, 1950), by original designation.

Liuia - Zhao, 1985, *In*: Frost, 1985, Amph. Spec. World, Lawrence: 565. Incorrect subsequent spelling.

Liua - Kuzmin, 1999, Amph. Former Soviet Union: 116. Treatment as a subgenus of *Ranodon*.

Tsinpa Dubois *et* Raffaëlli, 2012, Alytes, Paris, 28: 159. **Type species:** *Ranodon tsinpaensis* Liu *et* Hu, 1966, by original designation.

（413）巫山巴鲵 *Liua shihi* (Liu, 1950)

Hynobius shihi Liu, 1950, Fieldiana: Zool. Mem., Chicago, 2: 77-80. **Holotype:** (FMNH) 49384, ♀, TOL 131 mm, SVL 69.0 mm, by original designation. **Type locality:** China [Chongqing: Wushan (巫山), Chihsinling].

Ranodon wushanensis Liu, Hu *et* Yang, 1960, Acta Zool. Sinica, Beijing, 12 (2): 278-286. **Holotype:** (CIB) 571598 (not 571589, examined by Fei *et* Ye), ♂, TOL 193 mm, SVL 91.0 mm, by original designation. **Type locality:** China [Chongqing: Wushan (巫山), Guanyang]; alt. 1680 m.

Ranodon shihi - Risch *et* Thorn, 1981, Bull. Soc. Hist. Nat., 117 (1-4): 171-174.

Liua wushanensis - Zhao *et* Hu, 1983, Acta Herpetol. Sinica, Chengdu (N. S.), 2 (2): 30.

Liua shihi - Zhao, 1984, Acta Herpetol. Sinica, Chengdu (N. S.), 3 (1): 40.

Ranodon (*Liua*) *shihi* - Kuzmin, 1999, Amph. Former Soviet Union: 116.

中文别名（**Common name**）：无

分布（**Distribution**）：？河南（HEN）、陕西（SN）、湖北（HB）、四川（SC）、重庆（CQ）；国外：无

其他文献（**Reference**）：胡淑琴等, 1977; 田婉淑和江耀明, 1986; 费梁等, 1990, 2005, 2006, 2010, 2012; 叶昌媛等, 1993; Zhao and Adler, 1993; 费梁, 1999; Jiang *et al.*, 2014; Fei and Ye, 2016; 江建平等, 2016

（414）秦巴巴鲵 *Liua tsinpaensis* (Liu *et* Hu, 1966)

Ranodon tsinpaensis Liu *et* Hu, 1966, *In*: Hu, Zhao *et* Liu, 1966, Acta Zool. Sinica, Beijing, 18 (1): 65-72. **Holotype:** (CIB) 623293, ♂, TOL 134.3 mm, SVL 66.8 mm., by original designation. **Type locality:** China [Shaanxi: Zhouzhi (周至), Houzhenzi]; alt. 1830 m.

Pseudohynobius tsinpaensis - Fei *et* Ye, 1983, Acta Herpetol. Sinica, Chengdu, 2 (4): 33-37.

Ranodon (*Pseudohynobius*) *tsinpaensis* - Kuzmin, 1999, Amph. Former Soviet Union: 79.

Ranodon tsinpaensis - Kuzmin *et* Thiesmeier, 2001, Adv. Amph. Res. Former Soviet Union, 6: 102.

Liua tsinpaensis - Zhang, Chen, Zhou, Liu, Wang, Papenfuss, Wake *et* Qu, 2006, Proc. Natl. Acad. Sci. USA, 103: 7361.

Tsinpa tsinpaensis - Dubois *et* Raffaëlli, 2012, Alytes, Paris, 28: 159.

中文别名（**Common name**）：秦巴北鲵

分布（**Distribution**）：河南（HEN）、陕西（SN）、四川（SC）、重庆（CQ）；国外：无

其他文献（**Reference**）：胡淑琴等, 1977; 田婉淑和江耀明, 1986; 费梁等, 1990, 2005, 2006, 2010, 2012; 叶昌媛等, 1993; Zhao and Adler, 1993; 费梁, 1999; Jiang *et al.*, 2014; Fei and Ye, 2016; 江建平等, 2016

74. 爪鲵属 *Onychodactylus* Tschudi, 1838

Onychodactylus Tschudi, 1838, Classif. Batr.: 57, 92. **Type species:** *Onychodactylus schlegeli* Tschudi, 1838 (= *Salamandra japonicus* Houttuyn, 1782).

Dactylonyx Bonaparte, 1839, Iconograph. Fauna Ital., 2 (Fasc. 26): unnumbered. Manuscript name credited to Bibron and provided as a synonym of *Onychodactylus* Tschudi, 1838.

Onychopus Duméril, Bibron *et* Duméril, 1854, Erpét. Gén., 9: 113. Substitute name for *Onychodactylus* Tschudi, 1838.

Geomolge Boulenger, 1886, Proc. Zool. Soc. London, 1886: 416. **Type species:** *Geomolge fischeri* Boulenger, 1886, by monotypy. Synonymy by Dunn, 1918, Bull. Mus. Comp. Zool. Harvard Coll., Cambridge, 62: 454.

（415）吉林爪鲵 *Onychodactylus zhangyapingi* Che, Poyarkov, Li *et* Yan, 2012

Onychodactylus fischeri - Chang *et* Mangven, 1936, Contr. Etude Morph. Biol. Syst. Amph. Urodeles Chine: 71-72; Fei, Hu, Ye *et* Huang, 2006, Fauna Sinica, Amphibia, Vol. 1: 201-205.

Onychodactylus zhangyapingi Che, Poyarkov, Li *et* Yan, 2012, *In*: Poyarkov, Che, Min, Kuro-o, Yan, Li, Iizuka *et* Vieites, 2012, Zootaxa, 3465: 82. **Holotype:** (KIZ) 06075, by original designation. **Type locality:** China [Jilin: Linjiang (临江), Heisonggou]; 41°28′N, 126°35′E; alt. 330 m.

Onychodactylus (*Onychodactylus*) *zhangyapini* - Dubois *et* Raffaëlli, 2012, Alytes, Paris, 28: 77-161.

中文别名（**Common name**）：爪鲵

分布（**Distribution**）：吉林（JL）；国外：朝鲜

其他文献（**Reference**）：胡淑琴等, 1977; 田婉淑和江耀明, 1986; 季达明等, 1987; 费梁等, 1990, 2005, 2010, 2012; 叶昌媛等, 1993; Zhao and Adler, 1993; 费梁, 1999; Jiang *et al.*, 2014; Fei and Ye, 2016; 江建平等, 2016

（416）辽宁爪鲵 *Onychodactylus zhaoermii* Che, Poyarkov *et* Yan, 2012

Onychodactylus fischeri - Chang *et* Mangven, 1936, Contr.

Etude Morph. Biol. Syst. Amph. Urodeles Chine: 71-72; Fei, Hu, Ye *et* Huang, 2006, Fauna Sinica, Amphibia, Vol. 1: 201-205.

Onychodactylus zhaoermii Che, Poyarkov *et* Yan, 2012, *In*: Poyarkov, Che, Min, Kuro-o, Yan, Li, Iizuka *et* Vieites, 2012, Zootaxa, 3465: 70. **Holotype:** (KIZ) 06130, by original designation. **Type locality:** China [Liaoning: Xiuyan County (岫岩), Huashan Village]; 40°28′N, 123°16′E; alt. 542 m.

Onychodactylus (*Onychodactylus*) *zhaoermii* - Dubois *et* Raffaëlli, 2012, Alytes, Paris, 28: 77-161.

中文别名（**Common name**）：爪鲵

分布（**Distribution**）：辽宁（LN）；国外：无

其他文献（**Reference**）：胡淑琴等，1977；田婉淑和江耀明，1986；季达明等，1987；费梁等，1990，2005，2010，2012；叶昌媛等，1993；Zhao and Adler，1993；费梁，1999；Jiang *et al.*，2014；Fei and Ye，2016；江建平等，2016

75. 肥鲵属 *Pachyhynobius* Fei, Qu *et* Wu, 1983

Pachyhynobius Fei, Qu *et* Wu, 1983, Amph. Res., Chengdu, 1: 1. **Type species:** *Pachyhynobius shangchengensis* Fei, Qu *et* Wu, 1983, by original designation.

Pachyhynobius Fei, Qu *et* Wu, 1985, Zool. Res., Kunming, 6 (4): 399-404. **Type species:** *Pachyhynobius shangchengensis* Fei, Qu *et* Wu, 1983 (redescription).

Xenobius Zhang *et* Hu, 1985, Acta Herpetol. Sinica, Chengdu, 4 (1): 36-40. **Type species:** *Xenobius melanonychus* Zhang *et* Hu, 1985, by original designation. Synonymy by Zhao *et al.*, 1988 (studies on Chinese Salamanders).

Sinobius Dubois, 1987, Alytes, Paris, 6 (1-2): 10, which is a replacement name for *Xenobius* Zhang *et* Hu, 1985 (preoccupied by *Xenobius* Borgmeier, 1931, Coleoptera).

（417）商城肥鲵 *Pachyhynobius shangchengensis* Fei, Qu *et* Wu, 1983

Pachyhynobius shangchengensis Fei, Qu *et* Wu, 1983, Amph. Res., Chengdu, 1: 1. **Holotype:** (HNNU) 00227, ♂, TOL 165.0 mm, SVL 96.0 mm. **Type locality:** China [Henan: Shangcheng (商城), Huangbaishan]; alt. 780 m.

Xenobius melanonychus Zhang *et* Hu, 1985, Acta Herpetol. Sinica, Chengdu, 4 (1): 36-40. **Holotype:** (CIB) 840010, ♂, TOL 199.0 mm, SVL 114.5 mm, by original designation. Synonymy by Zhao *et al.*, 1988. **Type locality:** China [Anhui: Jinzhai (金寨), Baimazhai Tree Farm]; alt. 950 m.

Sinobius melanonychus - Dubois, 1987, Alytes, Paris, 6 (1-2): 10.

Hynobius yunanicus Chen, Qu *et* Niu, 2001, Acta Zootaxon. Sinica, Beijing, 26 (3): 383-387. **Holotype:** (HENNU) 99082403, by original designation. **Type locality:** China [Henan: Shangcheng (商城), brook in mountain]. Synonymy by Xiong, Qin, Zeng, Zhao *et* Qing, 2007, J. Herpetol.,

Oxfore (Ohio), 41: 664-671, and Nishikawa, Jiang, Matsui, Mo, Chen, Kim, Tominaga *et* Yoshikawa, 2010, Zootaxa, 2426: 65-67.

中文别名（**Common name**）：无

分布（**Distribution**）：河南（HEN）、安徽（AH）、湖北（HB）；国外：无

其他文献（**Reference**）：田婉淑和江耀明，1986；费梁等，1990，2005，2006，2010，2012；叶昌媛等，1993；Zhao and Adler，1993；费梁，1999；Jiang *et al.*，2014；Fei and Ye，2016；江建平等，2016

76. 原鲵属 *Protohynobius* Fei *et* Ye, 2000

Protohynobius Fei *et* Ye, 2000, Cultum Herpetol. Sinica, Guiyang, 8: 65, 70. **Type species:** *Protohynobius puxiongensis* Fei *et* Ye, 2000, by original designation. Synonymy of *Pseudohynobius* by Peng, Zhang, Xiong, Gu, Zeng *et* Zou, 2010, Mol. Phylogenet. Evol., 56: 257.

（418）普雄原鲵 *Protohynobius puxiongensis* Fei *et* Ye, 2000

Protohynobius puxiongensis Fei *et* Ye, 2000, Cultum Herpetol. Sinica, Guiyang, 8: 64-70. **Holotype:** (CIB) 65Ⅱ0220, ♂, TOL 133.0 mm, SVL 71.4 mm., by original designation. **Type locality:** China [Sichuan: Yuexi (越西), Puxiong]; alt. 2900 m.

Pseudohynobius puxiongensis - Peng, Zhang, Xiong, Gu, Zeng *et* Zou, 2010, Mol. Phylogenet. Evol., 56: 257.

Pseudohynobius (*Protohynobius*) *puxiongensis* - Dubois *et* Raffaëlli, 2012, Alytes, Paris, 28: 77-161.

中文别名（**Common name**）：无

分布（**Distribution**）：四川（SC）；国外：无

其他文献（**Reference**）：费梁等，2005，2006，2010，2012；Jiang *et al.*，2014；Fei and Ye，2016；江建平等，2016

77. 拟小鲵属 *Pseudohynobius* Fei *et* Ye, 1983

Pseudohynobius Fei *et* Ye, 1983, Amph. Res., Chengdu, 2: 1. **Type species:** *Hynobius flavomaculatus* Hu *et* Fei, 1978, by original designation.

Pseudohynobius Fei *et* Ye, 1983, Acta Herpetol. Sinica, Chengdu, 2 (4): 31-37. **Type species:** *Hynobius flavomaculatus* Hu *et* Fei, 1978 (redescription).

Ranodon (*Pseudohynobius*): Kuzmin, 1999, Amph. Former Soviet Union: 79.

（419）黄斑拟小鲵 *Pseudohynobius flavomaculatus* (Hu *et* Fei, 1978)

Hynobius flavomaculatus Hu *et* Fei, 1978, *In*: Hu, Fei *et* Ye, 1978, Mater. Herpetol. Res., Chengdu, 4: 20. **Holotype:** (CIB) 770041, ♂, by original designation. **Type locality:**

China [Hubei: Lichuan (利川), Hanchi]; alt. 1830 m.

Hynobius flavomaculatus - Fei *et* Ye, 1982, Acta Zootaxon. Sinica, Beijing, 7 (2): 225. **Holotype:** (CIB) 79 Ⅰ 0107, ♂, TOL 175 mm, SVL 88.0 mm. **Type locality:** China [Hubei: Lichuan (利川), Hanchi]; alt. 1845 m (redescription).

Pseudohynobius flavomaculatus - Fei *et* Ye, 1983, Amph. Res., Chengdu, 2: 1.

Ranodon flavomaculatus - Zhao *et* Hu, 1983, Acta Herpetol. Sinica, Chengdu (N. S.), 2 (2): 29-35, by implication.

Ranodon (Pseudohynobius) flavomaculatus - Kuzmin, 1999, Amph. Former Soviet Union: 79.

Pseudohynobius (Pseudohynobius) flavomaculatus - Dubois *et* Raffaëlli, 2012, Alytes, Paris, 28: 77-161.

中文别名（**Common name**）：黄斑小鲵、黄斑北鲵

分布（**Distribution**）：湖南（HN）、湖北（HB）、重庆（CQ）；国外：无

其他文献（**Reference**）：田婉淑和江耀明，1986；费梁等，1990，2005，2006，2010，2012；叶昌媛等，1993；Zhao and Adler，1993；费梁，1999；Jiang *et al.*，2014；沈猷慧等，2014；Fei and Ye，2016；江建平等，2016

（420）贵州拟小鲵 *Pseudohynobius guizhouensis* Li, Tian *et* Gu, 2010

Pseudohynobius guizhouensis Li, Tian *et* Gu, 2010, Acta Zootaxon. Sinica, Beijing, 35 (2): 407-412. **Holotype:** (LTHC) 0711005, ♂, TOL 170 mm, SVL 91.5 mm, by original designation. **Type locality:** China [Guizhou: Guiding (贵定), Yanxia Town]; 26°12′N, 107°30′E; alt. 1650 m.

Pseudohynobius (Pseudohynobius) guizhouensis - Dubois *et* Raffaëlli, 2012, Alytes, Paris, 28: 77-161.

中文别名（**Common name**）：无

分布（**Distribution**）：贵州（GZ）；国外：无

其他文献（**Reference**）：费梁等，2012；Jiang *et al.*，2014；Fei and Ye，2016；江建平等，2016

（421）金佛拟小鲵 *Pseudohynobius jinfo* Wei, Xiong, Hou *et* Zeng, 2009

Hynobius flavomaculatus - Fei, Ye *et* Huang, 1990, Key to Chinese Amphibia, Chongqing: 46.

Pseudohynobius jinfo Wei, Xiong, Hou *et* Zeng, 2009, *In*: Wei, Xiong, and *et* Zeng, 2009, Zootaxa, 2149: 62-68. **Holotype:** (CIB) 85290, ♂, TOL 198.7 mm, SVL 112.6 mm, by original designation. **Type locality:** China [Chongqing: Nanchuan (南川), a spring pond nearby the Phoenix-Temple in montane region of Mt. Jinfo]; 28°50′N, 107°20′E; alt. 2150 m.

Pseudohynobius (Pseudohynobius) jinfo - Dubois *et* Raffaëlli, 2012, Alytes, Paris, 28: 77-161.

中文别名（**Common name**）：黄斑小鲵、黄斑拟小鲵

分布（**Distribution**）：重庆（CQ）；国外：无

其他文献（**Reference**）：费梁等，2010，2012；Jiang *et al.*，2014；

Fei and Ye，2016；江建平等，2016

（422）宽阔水拟小鲵 *Pseudohynobius kuankuoshuiensis* Xu *et* Zeng, 2007

Hynobius flavomaculatus - Wu, Dong *et* Shi, 1986, Fauna-Amphibians of Guizhou: 14 (Kuankuoshui, Suiyang, Guizhou, China).

Pseudohynobius kuankuoshuiensis Xu *et* Zeng, 2007, *In*: Xu, Zeng *et* Fu, 2007, Acta Zootaxon. Sinica, Beijing, 32 (1): 230-233. **Holotype:** (ZMC) 7504023, ♀, TOL 150.4 mm, SVL 89.0 mm, by original designation. **Type locality:** China [Guizhou: Suiyang (绥阳), Kuankuoshui]; 28°12′N, 107°10′E.

Pseudohynobius (Pseudohynobius) kuankuoshuiensis - Dubois *et* Raffaëlli, 2012, Alytes, Paris, 28: 77-161.

中文别名（**Common name**）：黄斑拟小鲵

分布（**Distribution**）：贵州（GZ）；国外：无

其他文献（**Reference**）：费梁等，2010，2012；Jiang *et al.*，2014；Fei and Ye，2016；江建平等，2016

（423）水城拟小鲵 *Pseudohynobius shuichengensis* Tian, Li *et* Gu, 1998

Pseudohynobius shuichengensis Tian, Li *et* Gu, 1998, *In*: Tian, Li, Sun *et* Gu, 1998, J. Liupanshui Teacher's Coll., 1998 (4): 9-13. **Holotype:** (LTHC) 9460080, ♂, TOL 195.7 mm, SVL 103.0 mm, by original designation. **Type locality:** China [Guizhou: Shuicheng (水城)]; 26°34′N, 104°48′E; alt. 1810-1820 m.

Pseudohynobius (Pseudohynobius) shuichengensis - Dubois *et* Raffaëlli, 2012, Alytes, Paris, 28: 77-161.

中文别名（**Common name**）：无

分布（**Distribution**）：贵州（GZ）；国外：无

其他文献（**Reference**）：费梁等，2010，2012；Jiang *et al.*，2014；Fei and Ye，2016；江建平等，2016

78. 北鲵属 *Ranodon* Kessler, 1866

Ranodon Kessler, 1866, Bull. Soc. Imp. Nat. Moscou, 39: 126-131. **Type species:** *Ranodon sibiricus* Kessler, 1866.

Triton (Ranodon): Sauvage, 1877, Bull. Soc. Philomath., Paris, Ser. 7, 1: 3.

Ranidens Boulenger, 1882, Cat. Batr. Grad. Brit. Mus., London, Ed. 2: 36 (unjustified emendation of *Ranodon* Kessler, 1866).

（424）新疆北鲵 *Ranodon sibiricus* Kessler, 1866

Ranodon sibiricus Kessler, 1866, Bull. Soc. Imp. Nat. Moscou, 39: 126-131. **Syntypes:** (ZMM = ZMMU) A-34 (two specimens); (ZMM) A-34, ♂, designated lectotype by Dunayev *et* Orlova, 1994, Russ. J. Herpetol., 1: 60-68. **Type locality:** China [Xinjiang: Kuldzha (库兹哈) (= Guljia)], by Dunayev *et* Orlova, 1994, Russ. J. Herpetol., 1: 60-68, who corrected it to environs of Kuldzha of China.

Triton (*Ranodon*) *sibiricus* - Günther, 1867, Zool. Rec., 3: 117-130.

Ranidens sibiricus - Boulenger, 1882, Cat. Batr. Grad. Batr. Apoda. Coll. Brit. Mus., Ed. 2: 36.

Ranodon kozhevnikovi Nikolski, 1918, Fauna Russia, Amph. Petrograd: 251. **Holotype:** (ZMM) A-713, according to Dunayev *et* Orlova, 1994, Russ. J. Herpetol., 1: 61. **Type locality:** Uzbekistan (Tashkent), probably in error accoding to comments by Dunayev *et* Orlova, 1994, Russ. J. Herpetol., 1: 61.

Ranodon (*Ranodon*) *sibiricus* - Kuzmin, 1999, Amph. Former Soviet Union: 79.

中文别名（Common name）： 无

分布（Distribution）： 新疆（XJ）；国外：哈萨克斯坦

其他文献（Reference）： 胡淑琴等, 1977；田婉淑和江耀明, 1986；叶昌媛等, 1993；Zhao and Adler, 1993；费梁, 1999；费梁等, 2006, 2010, 2012；Jiang *et al.*, 2014；江建平等, 2016

79. 极北鲵属 *Salamandrella* Dybowski, 1870

Salamandrella Dybowski, 1870, Verh. Zool. Bot. Ges. Wien, 20: 237-242. **Type species:** *Salamandrella keyserlingii* Dybowski, 1870.

Isodactylium Strauch, 1870, Mem. Acad. Imp. Sci. St. Pétersbourg, Ser. 7, 16 (4): 1-110. **Type species:** *Isodactylium schrenckii* Strauch, 1870 [= *Hynobius keyserlingii* (Dybowski, 1870)], by original designation.

（425）极北鲵 *Salamandrella keyserlingii* Dybowski, 1870

Salamandrella keyserlingii Dybowski, 1870, Verh. Zool. Bot. Ges. Wien, 20: 237. **Type(s):** Not traced. **Syntypes:** (ZIL = ZISP) 1482 (4 specimens), collected by Dybowski at the type locality and received from the Warsaw Museum in 1871 are probably from the type series (Frost, 1985: 567). **Type locality:** Russia (southern Siberia: southwestern corner of Lake Baikal, Meadows of the Kultushknaya and Pakhabikha River valleys).

Isodactylium schrenckii Strauch, 1870, Mem. Acad. Imp. Sci. St. Pétersbourg, Ser. 7, 16 (4): 56. **Holotype:** Not stated. **Type locality:** Russia (Ost-Siberien, am Ussuri, an der Schilke und am Baikal-see).

Isodactylium wosnessenskyi Strauch, 1870, Mem. Acad. Imp. Sci. St. Pétersbourg, Ser. 7, 16 (4): 58. **Syntypes:** (ZIL = ZISP) 121, 123, 127, (ZMB) 6875 (lost according to Bauer, Good *et* Günther, 1993: 299). **Type locality:** Russia [Kamtschatka (= Kamchatka Peninsulae), bei Jawina an der Mündung des Bolscheretsk auf Lapatka].

Hynobius keyserlingii - Boulenger, 1910, Batr. Principal Eur.: 49.

Salamandrella keyserlingii scvorzovi Pavlov, 1932, Publ. Mus. Hoang ho Pai ho Tien Tsin, Tianjin, 11: 4. **Type locality:** China [Heilongjiang: Mao eull shan (sic)].

Salamandrella keyserlingii var. *sodei-campi* Kostin, 1933, Ann. Culb. Nat. Sci. Geogr. Y. M. C. A., Harbin, 1: 174, 178. **Type locality:** China [Heilongjiang: Harbin (哈尔滨), Soda Steppe].

Salamandrella keyserlingii var. *kostini* Pavlov, 1934, Publ. Mus. Hoang ho Pai Ho Tien Tsin, Tianjin, 32: 6. **Type locality:** China (North of NE China).

Salamandrella keyserlingii var. *austeri* Pavlov, 1934, Publ. Mus. Hoang ho Pai ho Tien Tsin, Tianjin, 32: 6. **Type locality:** China (North of NE China).

Salamandrella keyserlingii var. *dilutiores* Pavlov, 1934, Publ. Mus. Hoang ho Pai ho Tien Tsin, Tianjin, 32: 6. **Type locality:** China (North of NE China).

中文别名（Common name）： 无

分布（Distribution）： 黑龙江（HL）、吉林（JL）、辽宁（LN）、内蒙古（NM）、？河南（HEN）；国外：俄罗斯、蒙古国、朝鲜半岛、日本

其他文献（Reference）： 刘承钊和胡淑琴, 1961；胡淑琴等, 1977；田婉淑和江耀明, 1986；叶昌媛等, 1993；Zhao and Adler, 1993；费梁, 1999；费梁等, 2009, 2010, 2012；Jiang *et al.*, 2014；Fei and Ye, 2016；江建平等, 2016

（十三）蝾螈科 Salamandridae Goldfuss, 1820

Salamandridae Goldfuss, 1820, Handbuch Zool., 2: 129. **Type genus:** *Salamandra* Laurenti, 1768, by etymological designation.

Salamandroidea - Fitzinger, 1826, Neue Class. Rept.: 41. Explicit family.

Tritonidae Boie, 1828, Isis von Oken, 21: 363. **Type genus:** *Triton* Laurenti, 1768.

Salamandrina - Hemprich, 1829, Grundniss Naturgesch. Höhere Lehr., Ed. 2: xix.

Tritones Tschudi, 1838, Classif. Batr.: 26. **Type genus:** *Triton* Laurenti, 1768.

Tritonides Tschudi, 1838, Classif. Batr.: 26. **Type genus:** Unknown.

Pleurodelina Bonaparte, 1839, Iconograph. Fauna Ital., 2 (26): unnumbered. Bonaparte, 1840, Nuovi Ann. Sci. Nat., Bologna, 4: 11. **Type genus:** *Pleurodeles* Michahelles, 1830.

Salamandrinae - Fitzinger, 1843, Syst. Rept.: 33.

Seiranotina Gray, 1850, Cat. Spec. Amph. Coll. Brit. Mus., Batr. Grad.: 29. **Type genus:** *Seiranota* Barnes, 1826 (= *Salamandrina* Fitzinger, 1826). Synonymy Boulenger, 1882.

Pleurodelidae Bonaparte, 1850, Conspect. Syst. Herpetol.

Amph.: 1. **Type genus:** *Pleurodeles* Michahelles, 1830. Synonymy Boulenger, 1882.

Bradybatina Bonaparte, 1850, Conspect. Syst. Herpetol. Amph.: 1. **Type genus:** *Bradybates* Tschudi, 1838: 56.

Tritonina Bonaparte, 1850, Conspect. Syst. Herpetol. Amph.: 1. **Type genus:** *Triton* Laurenti, 1768 (= *Triturus* Rafinesque, 1815).

Geotritonidae Bonaparte, 1850, Conspect. Syst. Herpetol. Amph.: 1. **Type genus:** *Geotriton* Bonaparte, 1832 (= *Triturus* Rafinesque, 1815).

Triturinae Brame, 1957, List World's Recent Caudata: 9. **Type genus:** *Triturus* Rafinesque, 1815.

Salamandroidia - Dubois, 2005, Alytes, Paris, 23: 19. Epifamily.

Salamandrininae - Dubois *et* Raffaëlli, 2009, Alytes, Paris, 26: 64.

Salamandroidae - Dubois *et* Raffaëlli, 2012, Alytes, Paris, 28: 148. Epifamily.

80. 蝾螈属 *Cynops* Tschudi, 1838

Cynops Tschudi, 1838, Classif. Batr.: 94. **Type species:** *Salamandra subcristatus* Temminck *et* Schlegel, 1838 (= *Molge pyrrhogaster* H. Boie, 1826).

Cynotriton Dubois *et* Raffaëlli, 2011, Alytes, Paris, 27: 152. **Type species:** *Triton* (*Cynops*) *orientalis* David, 1875, by original designation. Coined as a subgenus of *Hypselotriton*.

（426）呈贡蝾螈 *Cynops chenggongensis* Kou *et* Xing, 1983

Cynops chenggongensis Kou *et* Xing, 1983, Acta Herpetol. Sinica, Chengdu, 2 (4): 51-54. **Holotype:** (YU) A824037, ♀, TOL 99.0 mm, SVL 57.0 mm, by original designation. **Type locality:** China [Yunnan: Chenggong (呈贡)]; alt. 1940 m.

中文别名（**Common name**）：无

分布（**Distribution**）：云南（YN）；国外：无

其他文献（**Reference**）：田婉淑和江耀明, 1986; 费梁等, 1990, 2005, 2006, 2010, 2012; 叶昌媛等, 1993; Zhao and Adler, 1993; 费梁, 1999; 杨大同和饶定齐, 2008; Jiang *et al.*, 2014; Fei and Ye, 2016; 江建平等, 2016

（427）蓝尾蝾螈 *Cynops cyanurus* Liu, Hu *et* Yang, 1962

Cynops cyanurus Liu, Hu *et* Yang, 1962, Acta Zool. Sinica, Beijing, 14 (3): 385-386. **Holotype:** (CIB) 591200, ♂, TOL 75.0 mm, SVL 43.4 mm, by original designation. **Type locality:** China [Guizhou: Shuicheng (水城), Dewu]; alt. 1790 m.

Cynops cyanurus chuxiongensis Fei *et* Ye, 1983, Acta Herpetol. Sinica, Chengdu, 2 (4): 55-58. **Holotype:** (CIB) 800257, ♂, TOL 96.4 mm, SVL 54.4 mm, by original designation. **Type locality:** China [Yunnan: Chuxiong (楚雄)]; alt. 2400 m.

Cynops cyanurus yunnanensis Yang, 1983, Zool. Res., Kunming, 4 (2): 124. **Holotype:** (KIZ) 75 II 0530, ♂, TOL 85.0 mm, SVL 47.0 mm, by original designation. **Type locality:** China [Yunnan: Jingdong (景东), Mt. Wuliang]; alt. 2600 m.

Hypselotriton (*Hypselotriton*) *cyanurus* - Dubois *et* Raffaëlli, 2009, Alytes, Paris, 26: 45.

Hypselotriton (*Hypselotriton*) *cyanurus cyanurus* - Dubois *et* Raffaëlli, 2009, Alytes, Paris, 26: 65.

中文别名（**Common name**）：无

分布（**Distribution**）：贵州（GZ）、云南（YN）；国外：无

其他文献（**Reference**）：胡淑琴等, 1977; 田婉淑和江耀明, 1986; 伍律等, 1988; 费梁等, 1990, 2005, 2006, 2010, 2012; 叶昌媛等, 1993; Zhao and Adler, 1993; 费梁, 1999; 杨大同和饶定齐, 2008; Jiang *et al.*, 2014; Fei and Ye, 2016; 江建平等, 2016

（428）福鼎蝾螈 *Cynops fudingensis* Wu, Wang, Jiang *et* Hanken, 2010

Cynops fudingensis Wu, Wang, Jiang *et* Hanken, 2010, Zootaxa, 2346: 48. **Holotype:** (CIB) 97879, ♀, ToL 79.7 mm, SVL 40.1 mm, by original designation. **Type locality:** China [Fujian: Fuding (福鼎), near Mt. Taimu]; 27°07′N, 120°10′E; alt. 718 m.

Hypselotriton (*Cynotriton*) *fudingensis* - Dubois *et* Raffaëlli, 2011, Alytes, Paris, 27: 152.

中文别名（**Common name**）：无

分布（**Distribution**）：福建（FJ）；国外：无

其他文献（**Reference**）：费梁等, 2012; Jiang *et al.*, 2014; Fei and Ye, 2016; 江建平等, 2016

（429）灰蓝蝾螈 *Cynops glaucus* Yuan, Jiang, Ding, Zhang *et* Che, 2013

Cynops glaucus Yuan, Jiang, Ding, Zhang *et* Che, 2013, Asian Herpetol. Res., Ser. 2, 4: 120. **Holotype:** (KIZ) 09791, ♂, TOL 71.2 mm, SVL 35.5 mm, by original designation. **Type locality:** China [Guangdong: Wuhua (五华), Meiguang Village in Mt. Lianhua]; 23.67°N, 115.80°E; alt. 742 m.

Hypselotriton (*Cynotriton*) *glaucus* - Raffaëlli, 2013, Urodeles du Monde, 2nd Ed.: 157.

中文别名（**Common name**）：无

分布（**Distribution**）：广东（GD）；国外：无

其他文献（**Reference**）：Fei and Ye, 2016

（430）东方蝾螈 *Cynops orientalis* (David, 1875)

Triton (*Cynops*) *orientalis* David, 1873 "1872", J. North China Br. Roy. Asiat. Soc. (N. S.), 7: 226 (nomen nudum) (Thireau, 1986: 52).

Triton orientalis David, 1875, J. Trois. Voy. Explor. Emp. Chinoise, Paris, 1: 32. **Syntypes:** (MNHNP) 4763, 2 specimens (Thireau, 1986: 51). **Type locality:** China [Zhejiang: Quzhou (衢州), Tché-san] (Pope, 1931).

Molge pyrrhogastra - Boulenger, 1882, Cat. Batr. Grad. S. Cauda. Batr. Apoda Coll. Brit. Mus., London, Ed. 2: 19 [Kiukiang (九江), Kiangsi (江西), China; not Boie, 1826)].

Triton pyrrhogaster orientalis - Wolterstorff, 1906, Zool. Anz., Leipzig, 30: 558 (Chee-chow and Wusüeh, Hupeh).

Diemictylus orientalis - Stejneger, 1907, Bull. U. S. Natl. Mus., Washington, 58: 20 [Chekiang (浙江), Kiangsi (江西) and Hupeh (湖北), China].

Diemictylus pyrrhogaster - Gee. 1919, J. North China Br. Roy. Asiat. Soc., 50: 184 [Soochow (苏州), Kiangsu (江苏), China; not Boie, 1826].

Triturus orientalis - Stejneger, 1925, Proc. U. S. Natl. Mus., Washington, 66 (25): 3 [Nanking (南京), Jiangsu, China].

Cynops orientalis - Wolterstorff *et* Herre, 1935, Arch. Naturg., Leipzig (n. f.), 4 (2): 224.

中文别名（**Common name**）：无

分布（**Distribution**）：河南（HEN）、安徽（AH）、江苏（JS）、浙江（ZJ）、江西（JX）、湖南（HN）、福建（FJ）；国外：无

其他文献（**Reference**）：胡淑琴等，1977；田婉淑和江耀明，1986；费梁等，1990，2005，2006，2010，2012；叶昌媛等，1993；Zhao and Adler, 1993；费梁，1999；Jiang *et al.*, 2014；Fei and Ye, 2016；江建平等，2016

（431）潮汕蝾螈 *Cynops orphicus* Risch, 1983

Pachytriton brevipes - Pope *et* Boring, 1940, Peking Nat. Hist. Bull., Peking, 15 (1): 22 (part); Gressitt, 1941, Philippine J. Sci., 75 (1): 5.

Cynops orphicus Risch, 1983, Alytes, Paris, 2 (2): 45-52. **Holotype:** (MVZ) 22474, ♂, by original designation. **Type locality:** China [Guangdong: Shantou (汕头), Dayang]; alt. 640 m.

Hypselotriton (Pingia) orphicus - Dubois *et* Raffaëlli, 2009, Alytes, Paris, 26: 45, 65.

Hypselotriton (Cynotriton) orphicus - Dubois *et* Raffaëlli, 2011, Alytes, Paris, 27: 152.

中文别名（**Common name**）：无

分布（**Distribution**）：广东（GD）；国外：无

其他文献（**Reference**）：田婉淑和江耀明，1986；费梁等，1990，2005，2006，2010，2012；叶昌媛等，1993；Zhao and Adler, 1993；费梁，1999；Jiang *et al.*, 2014；Fei and Ye, 2016；江建平等，2016

81. 棘螈属 *Echinotriton* Nussbaum *et* Brodie, 1982

Echinotriton Nussbaum *et* Brodie, 1982, Herpetologica, Austin, 38 (2): 321. **Type species:** *Tylototriton andersoni* Boulenger, 1892, by original designation.

Tylototriton (Echinotriton) - Zhao *et* Hu, 1984, Studies on Chinese Tailed Amphibians, Chengdu: 16.

Pleurodeles (Tylototriton) - Risch, 1985, J. Bengal Nat. Hist. Soc. (N. S.), 4: 142.

Pleurodeles (Echinotriton) - Dubois, 1986, Alytes, Paris, 5 (1-2): 11.

（432）琉球棘螈 *Echinotriton andersoni* (Boulenger, 1892)

Tylototriton andersoni Boulenger, 1892, Ann. Mag. Nat. Hist., London, Ser. 6, 10: 304. **Holotype:** (BMNH) 1947.9.5.89 (formerly, 1892.7.14.50) (Frost, 1985: 616), ♀, TOL 144 mm; (BMNH) 1892.9.3.30 (Stejneger, 1907, Bull. U. S. Natl. Mus., Washington, 58: 12). **Type locality:** Ryukyu Islands (Okinawa).

Echinotriton andersoni - Nussbaum *et* Brodie, 1982, Herpetologica, Austin, 38 (2): 321.

Tylototriton (Echinotriton) andersoni - Zhao *et* Hu, 1984, Studies on Chinese Tailed Amphibians, Chengdu: 16.

Pleurodeles (Tylototrion) andersoni - Risch, 1985, J. Bengal Nat. Hist. Soc. (N. S.), 4: 142.

Pleurodeles (Echinotriton) andersoni - Dubois, 1987 "1986", Alytes, Paris, 5 (1-2): 11.

中文别名（**Common name**）：无

分布（**Distribution**）：台湾（TW）；国外：琉球群岛

其他文献（**Reference**）：Chang and Mangven, 1936；胡淑琴等，1977；田婉淑和江耀明，1986；费梁等，1990，2005，2006，2010，2012；叶昌媛等，1993；Zhao and Adler, 1993；费梁，1999；吕光洋等，1999；向高世等，2009；Jiang *et al.*, 2014；Fei and Ye, 2016；江建平等，2016

（433）镇海棘螈 *Echinotriton chinhaiensis* (Chang, 1932)

Tylototriton chinhaiensis Chang, 1932, Contrib. Biol. Lab. Sci. Soc., China, Nanking, Zool. Ser., 8 (7): 201. **Holotype:** (BL) H121, ♀ (Lost); **Neotype:** (ZMNH) 780381, ♂, TOL 114.5 mm, SVL 67.5 mm. By designation of Cai *et* Fei, 1984, Acta Herpetol. Sinica, Chengdu, 3 (1): 71-78. **Type locality:** China [Zhejiang: Beilun (北仑), Chenwuan; neotype from Ruiyansi, near Chenwuan, Zhejiang Prov., China]; alt. 140 m.

Echinotriton chinhaiensis - Nussbaum *et* Brodie, 1982, Herpetologica, Austin, 38 (2): 322.

Tylototriton (Echinotriton) chinhaiensis - Zhao *et* Hu, 1984, Studies on Chinese Tailed Amphibians, Chengdu: 16.

Pleurodeles (Tylototriton) chinhaiensis - Risch, 1985, J. Bengal Nat. Hist. Soc. (N. S.), 4: 142.

Pleurodeles (Echinotriton) chinhaiensis - Dubois, 1986, Alytes, Paris, 5 (1-2): 11.

中文别名（**Common name**）：无

分布（**Distribution**）：浙江（ZJ）；国外：无

其他文献（**Reference**）：胡淑琴等，1977；田婉淑和江耀明，

1986；费梁等，1990，2005，2006，2010，2012；黄美华等，1990；叶昌媛等，1993；Zhao and Adler, 1993；费梁，1999；Jiang *et al.*, 2014；Fei and Ye, 2016；江建平等，2016

（434）高山棘螈 *Echinotriton maxiquadratus* Hou, Wu, Yang, Zheng, Yuan *et* Li, 2014

Echinotriton maxiquadratus Hou, Wu, Yang, Zheng, Yuan *et* Li, 2014, Zootaxa, 3895: 89-102. **Holotype:** SY20131101ENT, ♀, TOL 129.5 mm, SVL 85.7 mm, by original designation. **Type locality:** China [Guangdong: Pingyuan（平远）, under rocks on a mountain], probably at boundary region of Jiangxi, Fujian and Guangdong.

中文别名（**Common name**）：无

分布（**Distribution**）：广东（GD）；国外：无

其他文献（**Reference**）：无

82. 滇螈属 *Hypselotriton* Wolterstorff, 1934

Hypselotriton Wolterstorff, 1934, Zool. Anz., Leipzig, 108: 257. **Type species:** *Molge wolterstorffi* Boulenger, 1905, by original designation. Synonymy as *Cynops* Tschudi, 1838 by Zhao *et* Hu, 1984, Studies on Chinese Tailed Amphibians, Chengdu: 21.

（435）滇螈 *Hypselotriton wolterstorffi* (Boulenger, 1905)

Molge wolterstorffi Boulenger, 1905, Proc. Zool. Soc. London, 1905: 277. **Syntypes:** (BMNH) 1946.9.6.30-34 (formerly 1905.30.51-59). **Type locality:** China [Yunnan: Kunming（昆明）]; alt. 6000 ft.

Triturus wolterstorffi - Dunn, 1918, Bull. Mus. Comp. Zool. Harvard Coll., Cambridge, 62: 451.

Triton (Cynops) wolterstorffi - Wolterstorff, 1925, Abh. Ber. Mus. Nat. Heimatkd. Magdeburg, 4: 292.

Hypselotriton wolterstorffi - Wolterstorff, 1934, Zool. Anz., Leipzig, 108: 259.

Cynops wolterstorffi - Chang, 1935, Bull. Soc. Zool. France, Paris, 60: 426.

Triturus wolterstorffi - Liu, 1950, Fieldiana: Zool. Mem., Chicago, 2: 109.

Cynops (Hypselotriton) wolterstorffi - Scholz, 1995, Acta Biol. Benrodis, 7: 25-75.

Hypselotriton (Hypselotriton) wolterstorffi - Dubois *et* Raffaëlli, 2009, Alytes, Paris, 26: 45.

中文别名（**Common name**）：无

分布（**Distribution**）：云南（YN）；国外：无

其他文献（**Reference**）：Liu, 1950；胡淑琴等，1977；田婉淑和江耀明，1986；费梁等，1990，2005，2006；010，2012；叶昌媛等，1993；Zhao and Adler, 1993；费梁，1999；杨大同和饶定齐，2008；Jiang *et al.*, 2014；Fei and Ye, 2016；江建平等，2016

83. 凉螈属 *Liangshantriton* Fei, Ye *et* Jiang, 2012

Liangshantriton Fei, Ye *et* Jiang, 2012, Colored Atlas of Chinese Amphibians and Their Distributions: 44. **Type species:** *Tylototriton taliangensis* Liu, 1950.

（436）大凉螈 *Liangshantriton taliangensis* (Liu, 1950)

Tylototriton taliangensis Liu, 1950, Fieldiana: Zool. Mem., Chicago, 2: 106-107. **Holotype:** (FMNH) 49388, ♂, TOL 178 mm, SVL 81 mm, by original designation. **Type locality:** China [Sichuan: Shimian（石棉）, Pusakang]; alt. 8700 ft.

Tylototriton (Tylototriton) taliangensis - Zhao *et* Hu, 1984, Studies on Chinese Tailed Amphibians, Chengdu: 9.

Pleurodeles (Tylototriton) taliangensis - Risch, 1985, J. Bengal Nat. Hist. Soc. (N. S.), 4: 141.

Liangshantriton taliangensis - Fei, Ye *et* Jiang, 2012, Colored Atlas of Chinese Amphibians and Their Distributions: 44.

中文别名（**Common name**）：大凉疣螈

分布（**Distribution**）：四川（SC）；国外：无

其他文献（**Reference**）：胡淑琴等，1977；田婉淑和江耀明，1986；费梁等，1990，2005，2006，2010；叶昌媛等，1993；Zhao and Adler, 1993；费梁，1999；Jiang *et al.*, 2014；Fei and Ye, 2016；江建平等，2016

84. 肥螈属 *Pachytriton* Boulenger, 1878

Pachytriton Boulenger, 1878, Bull. Soc. Zool. France, Paris, 3: 71-72. **Type species:** *Triton brevipes* Sauvage, 1877, by monotypy.

Pingia Chang, 1935, Bull. Soc. Zool. France, Paris, 60: 424-427. **Type species:** *Pachytriton granulosus* Chang, 1933, by monotypy. Synonymy by implication of Nishikawa, Jiang, Matsui *et* Mo, 2011, Zool. Sci., Tokyo, 28: 453-461.

（437）南方肥螈 *Pachytriton airobranchiatus* Li, Yuan, Li *et* Wu, 2018

Pachytriton airobranchiatus Li, Yuan, Li *et* Wu, 2018, Zootaxa, 4399: 212. **Holotype:** (SWFUYZY) 0301, by original designation. **Type locality:** China [Guangdong: Huidong（惠东）, Mt. Lianhua]; 23.0674°N, 115.2364°E; alt. 980 m.

中文别名（**Common name**）：无

分布（**Distribution**）：广东（GD）；国外：无

其他文献（**Reference**）：无

（438）弓斑肥螈 *Pachytriton archospotus* Shen, Shen *et* Mo, 2008

Pachytriton archospotus Shen, Shen *et* Mo, 2008, Acta Zool. Sinica, Beijing, 56 (4): 645-652. **Holotype:** (HNNUL)

870526511, ♂, TOL 166.3 mm, SVL 89.0 mm, by original designation. **Type locality:** China [Hunan: Guidong (桂东), Qiyunshan]; 25°24′N, 114°0′E; alt. 1250 m.

中文别名（Common name）：无

分布（Distribution）：江西（JX）、湖南（HN）、广东（GD）；国外：无

其他文献（Reference）：费梁等, 2010, 2012; Jiang *et al.*, 2014; 沈猷慧等, 2014; Fei and Ye, 2016; 江建平等, 2016

（439）黑斑肥螈 *Pachytriton brevipes* (Sauvage, 1876)

Cynops chinensis David, 1875, J. Trois. Voy. Explor. Emp. Chinoise, Paris, 2: 231-239. **Syntypes:** (MNHNP) originally 14 specimens, including (MNHNP) 5072 (4 specimens, Thireau, 1986: 24), (BMHN) 1946.9.5.87 (formerly 1882.7.14.50) (Frost, 2004). **Type locality:** China [Jiangxi: Wuyuan (婺源), Tsitou (溪头乡)] (Pope, 1931: 433).

Triton brevipes Sauvage, 1876, L'Institute, Paris (N. S.), 4 (189): 275. Replacement name for *Cynops chinensis* David, 1875 (Thireau, 1986: 22).

Pachytriton brevipes - Boulenger, 1878, Bull. Soc. Zool. France, Paris, 3: 71-72.

中文别名（Common name）：无

分布（Distribution）：浙江（ZJ）、江西（JX）、福建（FJ）；国外：无

其他文献（Reference）：Chang and Mangven, 1936; 胡淑琴等, 1977; 田婉淑和江耀明, 1986; 费梁等, 1990, 2005, 2006, 2010, 2012; 叶昌媛等, 1993; Zhao and Adler, 1993; 费梁, 1999; Jiang *et al.*, 2014; Fei and Ye, 2016; 江建平等, 2016

（440）张氏肥螈 *Pachytriton changi* Nishikawa, Matsui *et* Jiang, 2012

Pachytriton changi Nishikawa, Matsui *et* Jiang, 2012, Curr. Herpetol., Kyoto, 31: 24. **Holotype:** (KUHE) 39832, ♂, TOL 172.7 mm, SVL 84.2 mm, by original designation. **Type locality:** China (specimens came from pet trade).

中文别名（Common name）：无

分布（Distribution）：? 江西（JX）、? 湖南（HN）、? 福建（FJ）、? 广东（GD）；国外：无

其他文献（Reference）：费梁等, 2012; Jiang *et al.*, 2014; Fei and Ye, 2016

（441）费氏肥螈 *Pachytriton feii* Nishikawa, Jiang *et* Matsui, 2011

Pachytriton brevipes - Pope *et* Boring, 1940, Peking Nat. Hist. Bull., Peking, 15 (1): 22 (Anhui, China).

Pachytriton brevipes labiatus - Sichuan Institute of Biology (Zhao *et* Wu), 1974, Materials Herpetol. Research, Chengdu, 2: 51 [Mt. Huang (黄山) and Taiping of Shexian (歙县), Anhui Prov., China].

Pachytriton labiatus - Fei, Hu, Ye *et* Huang, 2006, Fauna

Sinica, Amphibia, Vol. 1: 319 [Shexian (歙县), Anhui Prov., China].

Pachytriton feii Nishikawa, Jiang *et* Matsui, 2011, Curr. Herpetol., Kyoto, 30: 24. **Holotype:** (CIB) 200805012, ♂, TOL 149.2 mm, SVL 79.2 mm, by original designation. **Type locality:** China [Anhui: Mt. Huang (黄山), Tangkou]; 30°06′N, 118°10′E; alt. 670 m.

中文别名（Common name）：黑斑肥螈

分布（Distribution）：河南（HEN）、安徽（AH）；国外：无

其他文献（Reference）：费梁等, 2012; Jiang *et al.*, 2014; Fei and Ye, 2016; 江建平等, 2016

（442）秉志肥螈 *Pachytriton granulosus* Chang, 1933

Pachytriton granulosus Chang, 1933, Contrib. Biol. Lab. Sci. Soc., China, Nanking, Zool. Ser., 9: 320. **Holotype:** Biol. Lab., Sci. Soc. China H124, a juvenile, ♂, TOL 87.0 mm, SVL 44.0 mm, by original designation. Type lost (Ye *et* Fei, 1978: 39), Neotype HM2008z0001, ♂, from Mt. Longwang, Zhejiang Prov., China, by Hou, Zhou, Li *et* Lü, 2009, Sichuan J. Zool., Chengdu, 28: 16. **Type locality:** China [Zhejiang: Tiantai (天台), a river in Jietouzhen].

Pingia granulosa - Chang, 1935, Bull. Soc. Zool. France, Paris, 60: 425.

Hypselotriton (Pingia) granulosus - Dubois *et* Raffaëlli, 2009, Alytes, Paris, 26: 32, 46, 65.

Pachytriton granulosus - Nishikawa, Jiang, Matsui *et* Chen, 2009, Current Herpetology, 28 (2): 49-64.

中文别名（Common name）：无

分布（Distribution）：浙江（ZJ）；国外：无

其他文献（Reference）：黄美华等, 1990; 费梁等, 2012; Jiang *et al.*, 2014; Fei and Ye, 2016; 江建平等, 2016

（443）瑶山肥螈 *Pachytriton inexpectatus* Nishikawa, Jiang, Matsui *et* Mo, 2011

Pachytriton brevipes - Pope *et* Boring, 1940, Peking Nat. Hist. Bull., Peking, 15 (1): 22; Liu *et* Hu, 1962, Acta Zool. Sinica, Beijing, 14 (Suppl.): 74 (Mt. Yaoshan and Longsheng, of Guangxi, China).

Pachytriton brevipes labiatus - Hu, Zhao *et* Liu, 1973, Acta Zool. Sinica, Beijing, 19 (2): 152 [Leishan (雷山), Guizhou, China].

Pachytriton labiatus - Zhao *et* Hu, 1984, Studies on Chinese Tailed Amphibians, Chengdu: 1-68 + 3 pl.

Pachytriton inexpectatus Nishikawa, Jiang, Matsui *et* Mo, 2011, Zool. Sci., Tokyo, 28: 458. **Holotype:** (CIB) BX20081006, ♂, TOL 196.9 mm, SVL 99.1 mm, by original designation. **Type locality:** China [Guangxi: Jinxiu (金秀), Mt. Dayao (大瑶山)]; 24°5′N, 110°13′E; alt. 1140 m.

中文别名（Common name）：无斑肥螈

分布（Distribution）：湖南（HN）、贵州（GZ）、广东（GD）、广西（GX）；国外：无

其他文献（Reference）：胡淑琴等，1977；田婉淑和江耀明，1986；伍律等，1988；费梁等，1990，2005，2006，2010，2012；叶昌媛等，1993；Zhao and Adler，1993；费梁，1999；Jiang *et al.*, 2014；莫运明等，2014；沈猷慧等，2014；Fei and Ye，2016；江建平等，2016

（444）莫氏肥螈 *Pachytriton moi* Nishikawa, Jiang *et* Matsui, 2011

Pachytriton labiatus - Fei, Hu, Ye *et* Huang, 2006, Fauna Sinica, Amphibia, Vol. 1: 319-323.

Pachytriton moi Nishikawa, Jiang *et* Matsui, 2011, Curr. Herpetol., Kyoto, 30: 25. **Holotype:** (CIB) GX20070009, TOL 190.9 mm, SVL 105.4 mm, by original designation. **Type locality:** China [Guangxi: Longsheng（龙胜）, Chujiang Station in Huaping National Nature Reserve]; 25°36′N, 109°54′E; alt. 922 m.

中文别名（Common name）：无

分布（Distribution）：广西（GX）；国外：无

其他文献（Reference）：费梁等，2012；Jiang *et al.*, 2014；莫运明等，2014；Fei and Ye，2016；江建平等，2016

（445）贺州肥螈 *Pachytriton wuguanfui* Yuan, Zhang *et* Che, 2016

Pachytriton labiatus - Fei, Hu, Ye *et* Huang, 2006, Fauna Sinica, Amphibia, Vol. 1: 319-323.

Pachytriton wuguanfui Yuan, Zhang *et* Che, 2016, Zootaxa, 4085: 227. **Holotype:** (KIZ) 08758, by original designation. **Type locality:** China [Guangxi: Hezhou City（贺州）, Mt. Gupo]; 24.64°N, 111.53°E; alt. 1202 m.

中文别名（Common name）：无

分布（Distribution）：广西（GX）；国外：无

其他文献（Reference）：无

（446）黄斑肥螈 *Pachytriton xanthospilos* Wu, Wang *et* Hanken, 2012

Pachytriton xanthospilos Wu, Wang *et* Hanken, 2012, Zootaxa, 3388: 8. **Holotype:** (CIB) 97902, by original designation. **Type locality:** China [Hunan: Yizhang（宜章）, Mangshan National Forest Park in Mt. Mang]; 24.93°N, 112.97°E; alt. 1375 m.

中文别名（Common name）：无

分布（Distribution）：湖南（HN）、广东（GD）、广西（GX）；国外：无

其他文献（Reference）：莫运明等，2014；沈猷慧等，2014；Fei and Ye，2016；江建平等，2016

85. 瘰螈属 *Paramesotriton* Chang, 1935

Mesotriton Bourret, 1934, Ann. Bull. Gén. Instr. Publ., Hanoi, 1934: 83. **Type species:** *Mesotriton deloustali* Bourret, 1934, by monotypy. Preoccupied by *Mesotriton* Bolkay, 1927.

Paramesotriton Chang, 1935, Bull. Mus. Natl. Hist. Nat., Paris, Ser. 2, 7: 95. Also published by Chang, 1935, Bull. Soc. Zool. France, Paris, 60: 425. Replacement name for *Mesotriton* Bourret, 1934.

Trituroides Chang, 1935, Bull. Soc. Zool. France, Paris, 60: 425. **Type species:** *Cynops chinensis* Gray, 1859, by monotypy. Synonymy (with *Paramesotriton*) by Freytag, 1962, Mitt. Zool. Mus. Berlin, 38: 451-459.

Allomesotriton Freytag, 1983, Zool. Abh. Staatl. Mus. Tierkd. Dresden, 39: 47. **Type species:** *Trituroides caudopunctatus* Liu *et* Hu, 1973, by original designation.

Paramesotriton (*Allomesotriton*) - Pang, Jiang *et* Hu, 1992, *In*: Jiang, 1992, Collect. Pap. Herpetol.: 89.

Paramesotriton (*Karstotriton*) Fei *et* Ye, 2016, Amph. China, 1: 360. **Type species:** *Paramesotriton zhijinensis* Li, Tian *et* Gu, 2008, by original designation.

（447）橙脊瘰螈 *Paramesotriton aurantius* Yuan, Wu, Zhou *et* Che, 2016

Paramesotriton aurantius Yuan, Wu, Zhou *et* Che, 2016, Zootaxa, 4205: 556. **Holotype:** (KIZ) 026210, by original designation. **Type locality:** China [Fujian: Zherong（柘荣）, Jiulongjin]; 27.20°N, 119.99°E; alt. 832 m.

中文别名（Common name）：无

分布（Distribution）：福建（FJ）；国外：无

其他文献（Reference）：无

（448）尾斑瘰螈 *Paramesotriton caudopunctatus* (Liu *et* Hu, 1973)

Trituroides caudopunctatus Liu *et* Hu, 1973, *In*: Hu, Zhao *et* Liu, 1973, Acta Zool. Sinica, Beijing, 19 (2): 160-163. **Holotype:** (CIB) 63Ⅱ0303, ♂, TOL 143.0 mm, SVL 77.0 mm, by original designation. **Type locality:** China [Guizhou: Leishan（雷山）, Fangxiang]; alt. 1158 m.

Paramesotriton caudopunctatus - Bischoff *et* Böhme, 1980, Salamandra, 16: 139.

Paramesotriton caudomaculatus Seidel, 1981, Aquarium, Minder, 15: 481. **Syntypes:** ZFMK; (ZFMK) 38536 designated lectotype by Böhme *et* Bischoff, 1984, Bonn. Zool. Monogr., 19: 174. **Type locality:** Unknown. Synonymy by Böhme *et* Bischoff, 1984, Bonn. Zool. Monogr., 19: 174.

Allomesotriton caudopunctatus - Freytag, 1983, Zool. Abh. Staatl. Mus. Tierkd. Dresden, 39: 47.

Paramesotriton (*Allomesotriton*) *caudopunctatus* - Pang, Jiang *et* Hu, 1992, *In*: Jiang, 1992, Collect. Pap. Herpetol.: 89.

中文别名（Common name）：无

分布（Distribution）：湖南（HN）、贵州（GZ）、广西（GX）；国外：无

其他文献（Reference）：胡淑琴等，1977；田婉淑和江耀明，1986；伍律等，1988；费梁等，1990, 2005, 2006, 2010, 2012；叶昌媛等，1993；Zhao and Adler, 1993；费梁，1999；Jiang *et al.*, 2014；莫运明等，2014；沈猷慧等，2014；Fei and Ye, 2016；江建平等，2016

（449）中国瘰螈 *Paramesotriton chinensis* (Gray, 1859)

Cynops chinensis Gray, 1859, Proc. Zool. Soc. London, 1859: 229. **Syntypes:** Not stated, but (BMNH) 1947.9.6.14-15 (formerly 59.11.18.8-9) by museum records; (BMNH) 1947.9.6.15 designated lectotype by Myers *et* Leviton, 1962, Occas. Pap. Div. Syst. Biol. Stanford Univ., 10: 1. **Type locality:** China [Zhejiang: Ningbo（宁波）, a river in Northeastern Coast of Ningbo].

Triton chinensis - Strauch, 1870, Mem. Acad. Imp. Sci. St. Pétersbourg, Ser. 7, 16 (4): 51.

Molge sinensis - Boulenger, 1882, Cat. Batr. Grad. Batr. Apoda Coll. Brit. Mus., Ed. 2: 20.

Diemictylus sinensis - Stejneger, 1907, Bull. U. S. Natl. Mus., Washington, 58: 20.

Triturus sinensis - Dunn, 1918, Bull. Mus. Comp. Zool. Harvard Coll., Cambridge, 62: 448.

Triton (Cynops) chinensis - Wolterstorff, 1925, Abh. Ber. Mus. Nat. Heimatkd. Magdeburg, 4: 292. Based on *Paramesotriton hongkongensis*.

Trituroides chinensis - Chang, 1935, Bull. Soc. Zool. France, Paris, 60: 425.

Triturus sinensis boringi Herre, 1939, Abh. Ber. Mus. Nat. Heimatkd. Magdeburg, 7: 84-85. **Holotype:** MM; destroyed in W. W. II. **Type locality:** China [Zhejiang: Taizhou（台州）].

Paramesotriton chinensis - Freytag, 1962, Mitt. Zool. Mus. Berlin, 38: 451-459.

Paramesotriton chinensis chinensis - Fei, Ye *et* Huang, 1990, Key to Chinese Amphibia, Chongqing: 61-62.

Paramesotriton (Paramesotriton) chinensis - Pang, Jiang *et* Hu, 1992, *In*: Jiang, 1992, Collect. Pap. Herpetol.: 98.

Triturus sinensis boringae - Michels *et* Bauer, 2004, Bonn. Zool. Beitr., 52: 84 (unjustified emendation according to Dubois, 2007, Zootaxa, 1550: 67).

中文别名（**Common name**）：无

分布（**Distribution**）：安徽（AH）、浙江（ZJ）、江西（JX）、福建（FJ）；国外：无

其他文献（**Reference**）：胡淑琴等，1977；田婉淑和江耀明，1986；叶昌媛等，1993；Zhao and Adler, 1993；费梁，1999；费梁等，2005, 2006, 2010, 2012；Jiang *et al.*, 2014；Fei and Ye, 2016；江建平等，2016

（450）越南瘰螈 *Paramesotriton deloustali* (Bourret, 1934)

Mesotriton deloustali Bourret, 1934, Ann. Bull. Gén. Instr. Publ., Hanoi, 1934: 84. **Syntypes:** Not stated; (LZUH) 226, 228, 257, and 287 according to Brame, 1972, Checklist Living & Fossil Salamand. World (Unpubl. MS): 66. **Type locality:** Vietnam (Vinh Phuc: Tam Dao, the torrent of the hill station); alt. 900 m.

Pachytriton deloustali - Chang, 1935, Bull. Mus. Natl. Hist. Nat., Paris, Ser. 2, 7: 95.

Paramesotriton deloustali - Chang, 1935, Bull. Soc. Zool. France, Paris, 60: 425.

Paramesotriton (Paramesotriton) deloustali - Dubois *et* Raffaëlli, 2009, Alytes, Paris, 26: 49, 65.

Paramesotriton deloustali - Newly recorded in China by Zhang, Han, Ye, Ni, Li, Yao *et* Xu, 2017, Conservation Genetics Resources: 1-4.

中文别名（**Common name**）：无

分布（**Distribution**）：云南（YN）；国外：越南

其他文献（**Reference**）：无

（451）富钟瘰螈 *Paramesotriton fuzhongensis* Wen, 1989

Paramesotriton fuzhongensis Wen, 1989, Chinese Herpetol. Res., 2: 15. **Holotype:** (GXMU) 81-021, ♂, TOL 166 mm, SVL 88 mm, by original designation. **Type locality:** China [Guangxi: Zhongshan（钟山）, Wanggao in Gupo Hill]; 24°35′N, 111°25′E; alt. 400 m.

Paramesotriton (Paramesotriton) chinensis - Pang, Jiang *et* Hu, 1992, *In*: Jiang, 1992, Collect. Pap. Herpetol.: 89-100.

Paramesotriton (Paramesotriton) fuzhongensis - Dubois *et* Raffaëlli, 2009, Alytes, Paris, 26: 49, 65.

中文别名（**Common name**）：无

分布（**Distribution**）：湖南（HN）、广西（GX）；国外：无

其他文献（**Reference**）：叶昌媛等，1993；Zhao and Adler, 1993；费梁等，2006, 2010, 2012；Jiang *et al.*, 2014；莫运明等，2014；沈猷慧等，2014；Fei and Ye, 2016；江建平等，2016

（452）广西瘰螈 *Paramesotriton guangxiensis* (Huang, Tang *et* Tang, 1983)

Trituroides guangxiensis Huang, Tang *et* Tang, 1983, Acta Herpetol. Sinica, Chengdu, 2 (2): 37. **Holotype:** (FU) 81501, ♂, TOL 132.2 mm, SVL 72.1 mm, by original designation. **Type locality:** China [Guangxi: Ningming（宁明）, Mingjiang in Paiyang shan]; alt. 478 m.

Paramesotriton guangxiensis - Zhao *et* Hu, 1984, Studies on Chinese Tailed Amphibians, Chengdu: 10.

Paramesotriton (Paramesotriton) guangxiensis - Dubois *et* Raffaëlli, 2009, Alytes, Paris, 26: 49, 65.

中文别名（**Common name**）：无

分布（**Distribution**）：广西（GX）；国外：越南

其他文献（**Reference**）：田婉淑和江耀明，1986；费梁等，1990, 2005, 2006, 2010, 2012；叶昌媛等，1993；Zhao and

Adler, 1993; 费梁, 1999; 张玉霞和温业棠, 2000; Jiang *et al.*, 2014; 莫运明等, 2014; Fei and Ye, 2016; 江建平等, 2016

（453）香港瘰螈 *Paramesotriton hongkongensis* (Myers *et* Leviton, 1962)

Trituroides hongkongensis Myers *et* Leviton, 1962, Occas. Pap. Div. Syst. Biol. Stanford Univ., 10: 1-4. **Holotype:** (CAS-SU) 6378, ♂, TOL 114 mm, SVL 63 mm, by original designation. **Type locality:** China [Hong Kong (香港): Hong Kong Island (香港岛), a mountain stream on the Peak].

Paramesotriton hongkongensis - Freytag, 1962, Mitt. Zool. Mus. Berlin, 38: 451-459.

Paramesotriton chinensis hongkongensis - Fei, Ye *et* Huang, 1990, Key to Chinese Amphibia, Chongqing: 61-62.

Paramesotriton (Paramesotriton) hongkongensis - Dubois *et* Raffaëlli, 2009, Alytes, Paris, 26: 1-85.

中文别名（**Common name**）：无

分布（**Distribution**）：广东（GD）、香港（HK）；国外：无

其他文献（**Reference**）：胡淑琴等, 1977; 田婉淑和江耀明, 1986; 费梁等, 1990, 2005, 2006, 2010, 2012; 叶昌媛等, 1993; Zhao and Adler, 1993; Karsen *et al.*, 1998; 费梁, 1999; Jiang *et al.*, 2014; Fei and Ye, 2016; 江建平等, 2016

（454）无斑瘰螈 *Paramesotriton labiatus* (Unterstein, 1930)

Molge labiatum Unterstein, 1930, Sitz. Ges. Naturf. Freunde, Berlin, 1930 (8-10): 313. **Syntypes:** ZMB (4 specimens) (Pope *et* Boring, 1940; 22). **Lectotype:** (ZMB) 34087, ♂, by designation of Bauer, Good *et* Günther, 1993, Mitt. Zool. Mus. Berlin, 69: 296. **Type locality:** China [Guangxi: Jinxiu (金秀), Mt. Dayao (大瑶山)]; alt. 1500 m.

Pachytriton brevipes labiatus - Hu, Zhao *et* Liu, 1973, Acta Zool. Sinica, Beijing, 19 (2): 149-178. Presumably based on specimens of *Pachytrion inexpectatus*.

Pachytriton labiatus - Zhao *et* Hu, 1984, Studies on Chinese Tailed Amphibians, Chengdu: 10. Presumably based on specimens of *Pachytrion inexpectatus*.

Pachytriton labiatus - Zhao, Hu, Jiang *et* Yang, 1988, Studies on Chinese Salamanders: 16-18.

Paramesotriton ermizhaoi Wu, Rovito, Papenfuss *et* Hanken, 2009, Zootaxa, 2060: 64. **Holotype:** (CIB) 88141, by original designation. **Type locality:** China [Guangxi: Jinxiu (金秀), Mt. Dayao （大瑶山)]; 24°07′N, 110°13′E; alt. 881 m. Synonymy by Nishikawa, Jiang, Matsui *et* Mo, 2011, Zool. Sci., Tokyo, 28: 458.

Paramesotriton labiatus - Nishikawa, Jiang, Matsui *et* Mo, 2011, Zool. Sci., Tokyo, 28: 457.

Paramesotriton (Paramesotriton) labiatus - Raffaëlli, 2013, Urodeles du Monde, 2nd Ed.: 163.

中文别名（**Common name**）：无斑肥螈

分布（**Distribution**）：广西（GX）；国外：无

其他文献（**Reference**）：胡淑琴等, 1977; 田婉淑和江耀明, 1986; 费梁等, 1990, 2005, 2006, 2010, 2012; 叶昌媛等, 1993; Zhao and Adler, 1993; 费梁, 1999; Jiang *et al.*, 2014; 莫运明等, 2014; Fei and Ye, 2016; 江建平等, 2016

（455）龙里瘰螈 *Paramesotriton longliensis* Li, Tian, Gu *et* Xiong, 2008

Paramesotriton longliensis Li, Tian, Gu *et* Xiong, 2008, Zool. Res., Kunming, 29 (3): 313. **Holotype:** (LTHC) 0705015, ♂, TOL 118.0 mm, SVL 69.8 mm, by original designation. **Type locality:** China [Guizhou: Longli (龙里), Shuichang Village]; 26°26′57.4″N, 107°00′0.1″E; alt. 1142 m.

Paramesotriton (Paramesotriton) longliensis - Dubois *et* Raffaëlli, 2009, Alytes, Paris, 26: 49, 65.

Paramesotriton (Allomesotriton) longliensis - Gu, Wang, Chen, Tian *et* Li, 2012, Zootaxa, 3150: 59.

Paramesotriton (Karstotriton) longliensis - Fei *et* Ye, 2016, Amph. China, 1: 362.

中文别名（**Common name**）：无

分布（**Distribution**）：湖北（HB）、重庆（CQ）、贵州（GZ）；国外：无

其他文献（**Reference**）：费梁等, 2010, 2012; Jiang *et al.*, 2014; 江建平等, 2016

（456）茂兰瘰螈 *Paramesotriton maolanensis* Gu, Chen, Tian, Li *et* Ran, 2012

Paramesotriton (Allomesotriton) maolanensis Gu, Chen, Tian, Li *et* Ran, 2012, Zootaxa, 3510: 41. **Holotype:** (GZNU) 2006030001, ♂, TOL 187.2 mm, SVL 92.0 mm, by original designation. **Type locality:** China [Guizhou: Libo (荔波), Wengang]; 25°40′N, 107°53′E; alt. 817 m.

Paramesotriton (Karstotriton) maolanensis - Fei *et* Ye, 2016, Amph. China, 1: 364.

中文别名（**Common name**）：无

分布（**Distribution**）：贵州（GZ）；国外：无

其他文献（**Reference**）：江建平等, 2016

（457）七溪岭瘰螈 *Paramesotriton qixilingensis* Yuan, Zhao, Jiang, Hou, He, Murphy *et* Che, 2014

Paramesotriton qixilingensis Yuan, Zhao, Jiang, Hou, He, Murphy *et* Che, 2014, Asian Herpetol. Res., 5: 67-79. **Holotype:** (KIZ) 022289, ♀, TOL 139.8 mm, SVL 66.8 mm [measurements noted as holotype (KIZ) 09791 by authors], by original designation. **Type locality:** China [Jiangxi: Yongxing (永兴), Qixiling Nature Reserve in Mt. Shenyuan]; 26.75°N, 114.17°E; alt. 194 m.

中文别名（**Common name**）：无

分布（**Distribution**）：江西（JX）；国外：无

其他文献（**Reference**）：无

（458）武陵瘰螈 *Paramesotriton wulingensis* **Wang, Tian** *et* **Gu, 2013**

Paramesotriton caudopunctatus - Wu, Dong *et* Xu, 1988, Amphibia Fauna-Guizhou: 21 (Jiangkou, Guizhou, China); Xie, He *et* Wen, 2004, Sichuan J. Zool., Chengdu, 23 (3): 215-216 (Youyang, Chongqing, China).

Paramesotriton wulingensis Wang, Tian *et* Gu, 2013, Acta Zootaxon. Sinica, Beijing, 38 (2): 388-397. **Holotype:** (LPS) 20110719, ♂, TOL 133.7 mm, SVL 71.5 mm, by original designation. **Type locality:** China [Chongqing: Youyang (酉阳)]; 29°18′N, 108°57′E.

Paramesotriton (Paramesotriton) wulingensis - Raffaëlli, 2013, Urodeles du Monde, 2nd Ed.: 164.

中文别名（Common name）： 无

分布（Distribution）： 重庆（CQ）、贵州（GZ）；国外：无

其他文献（Reference）： Fei and Ye, 2016；江建平等, 2016

（459）云雾瘰螈 *Paramesotriton yunwuensis* **Wu, Jiang** *et* **Hanken, 2010**

Paramesotriton yunwuensis Wu, Jiang *et* Hanken, 2010, Zootaxa, 494: 51. **Holotype:** (CIB) 97854, ♂, TOL 186.0 mm, SVL 100.8 mm, by original designation. **Type locality:** China [Guangdong: Luoding (罗定), pool along a montane stream near Nanchong Village]; 22°37′N, 111°10′E; alt. 525 m.

Paramesotriton (Paramesotriton) yunwuensis - Raffaëlli, 2013, Urodeles du Monde, 2nd Ed.: 162.

中文别名（Common name）： 无

分布（Distribution）： 广东（GD）；国外：无

其他文献（Reference）： 费梁等, 2012；Jiang *et al.*, 2014；Fei and Ye, 2016；江建平等, 2016

（460）织金瘰螈 *Paramesotriton zhijinensis* **Li, Tian** *et* **Gu, 2008**

Paramesotriton zhijinensis Li, Tian *et* Gu, 2008, Acta Zootaxon. Sinica, Beijing, 33 (2): 410-413. **Holotype:** (LTHC) 0705123, ♂, TOL 111.5 mm, SVL 64.0 mm, by original designation. **Type locality:** China [Guizhou: Zhijin (织金), Shuangyantang]; 26°39′N, 105°45′E; alt. 1310 m (April publication data-DRF).

Paramesotriton zhijinensis Zhao, Che, Zhou, Chen, Zhao *et* Zhang, 2008, Zootaxa, 1775: 51-60. **Holotype:** (BJC) 20070129001, ♀, TOL 142.5 mm, SVL 71.9 mm, by original designation. **Type locality:** China [Guizhou: Zhijin (织金), Shuangyan Pond]; 26°40′N, 105°46′E; alt. 1310 m (May publication date-DRF).

Paramesotriton (Paramesotriton) zhijinensis - Dubois *et* Raffaëlli, 2009, Alytes, Paris, 26: 1-85.

Paramesotriton (Allomesotriton) zhijinensis - Gu, Wang, Chen, Tian *et* Li, 2012, Zootaxa, 3150: 59-68.

Paramesotriton (Karstotriton) zhiinensis - Fei *et* Ye, 2016,

Amph. China, 1: 362.

中文别名（Common name）： 无

分布（Distribution）： 贵州（GZ）；国外：无

其他文献（Reference）： 费梁等, 2012；Jiang *et al.*, 2014；江建平等, 2016

86. 疣螈属 *Tylototriton* Anderson, 1871

Tylototriton Anderson, 1871, Proc. Zool. Soc. London, 1871: 423. **Type species:** *Tylototriton verrucosus* Anderson, 1871, by monotypy.

Triturus (Tylototriton) - Boulenger, 1878, Bull. Soc. Zool. France, Paris, 3: 308.

Glossolega Cope, 1889, Bull. U. S. Natl. Mus., Washington, 34: 201 (in part).

Pleurodeles (Tylototriton): Risch, 1985, J. Bengal Nat. Hist. Soc. (N. S.), 4: 142.

Tylototriton (Qiantriton) - Fei, Ye *et* Jiang, 2012, Colored Atlas of Chinese Amphibians and Their Distributions: 78, 594. **Type species:** *Tylototriton kweichowensis* Fang *et* Chang, 1932, by original designation.

（461）贵州疣螈 *Tylototriton kweichowensis* **Fang** *et* **Chang, 1932**

Tylototriton kweichowensis Fang *et* Chang, 1932, Sinensia, Nanking, 2 (9): 112-117. **Holotype:** (MMNH) 4664; TOL 155.8 mm (loss, M. L. Y. Chang, pers. Comm., 1973). **Type locality:** China [Guizhou: Dading (大定), Kung-chi-shan]; alt. 2000 m. **Neotype:** (CIB) 590307, ♂, TOL 166 mm, SVL 84.8 mm, designated by Fei *et* Ye, **Neotype locality:** China [Guizhou: Weining (威宁), Longjie]; alt. 7350 ft.

Tylototriton (Tylototriton) kweichowensis - Zhao *et* Hu, 1984, Studies on Chinese Tailed Amphibians, Chengdu: 9.

Pleurodeles (Tylototriton) kweichowensis - Risch, 1985, J. Bengal Nat. Hist. Soc. (N. S.), 4: 141.

Tylototriton (Qiantriton) kweichowensis - Fei, Ye *et* Jiang, 2012, Colored Atlas of Chinese Amphibians and Their Distributions: 78.

中文别名（Common name）： 无

分布（Distribution）： 贵州（GZ）、云南（YN）；国外：无

其他文献（Reference）： 胡淑琴等, 1977；田婉淑和江耀明, 1986；费梁等, 1990, 2005, 2006, 2010, 2012；叶昌媛等, 1993；Zhao and Adler, 1993；费梁, 1999；杨大同和饶定齐, 2008；Jiang *et al.*, 2014；Fei and Ye, 2016；江建平等, 2016

（462）川南疣螈 *Tylototriton pseudoverrucosus* **Hou, Gu, Zhang, Zeng, Li** *et* **Lü, 2012**

Tylototriton (Tylototriton) pseudoverrucosus Hou, Gu, Zhang, Zeng, Li *et* Lü, 2012, *In*: Hou, Li *et* Lü, 2012, J. Huangshan Univ., 14: 61-65. **Holotype:** (SYNY) HM20110901-NT001,

♂, TOL 187.0 mm, by original designation. **Type locality:** China [Sichuan: Ningnan (宁南)].

中文别名（**Common name**）：无

分布（**Distribution**）：四川（SC）；国外：无

其他文献（**Reference**）：Fei and Ye, 2016；江建平等, 2016

（463）丽色疣螈 *Tylototriton pulcherrima* Hou, Zhang, Li *et* Lü, 2012

Tylototriton (*Tylototriton*) *verrucosus pulcherrima* Hou, Zhang, Li *et* Lü, 2012, *In*: Hou, Li *et* Lü, 2012, J. Huangshan Univ., 14: 63. **Holotype:** (SYNU) HM2012501-NT001, ♂, TOL 137.0 mm, by original designation. **Type locality:** China [Yunnan: Lüchun (绿春)].

Tylototriton pulcherrima - Fei, Ye *et* Jiang, 2012, Colored Atlas of Chinese Amphibians and Their Distributions: 81.

Tylototriton (*Tylototriton*) *pulcherrima* - Raffaëlli, 2013, Urodeles du Monde, 2nd Ed.: 183.

中文别名（**Common name**）：无

分布（**Distribution**）：云南（YN）；国外：越南

其他文献（**Reference**）：杨大同, 1991；叶昌媛等, 1993；Zhao and Adler, 1993；费梁, 1999；费梁等, 2005, 2006, 2010, 2012；杨大同和饶定齐, 2008；Jiang *et al.*, 2014；Fei and Ye, 2016；江建平等, 2016

（464）红瘰疣螈 *Tylototriton shanjing* Nussbaum, Brodie *et* Yang, 1995

Tylototriton verrucosus - Liu, Hu *et* Yang, 1960, Acta Zool. Sinica, Beijing, 12 (2): 149-150 [Jingdong (景东), Yunnan, China].

Tylototriton shanjing Nussbaum, Brodie *et* Yang, 1995, Herpetologica, Austin, 51: 265. **Holotype:** (KIZ) Ⅱ 0731 Ⅴ.27, ♀, TOL 170.3 mm, SVL 88.9 mm, by original designation. **Type locality:** China [Yunnan: Jingdong (景东), Dingpa]; alt. 2150 m.

Tylototriton verrucosus shanjing - Yang, 2008, *In*: Yang *et* Rao, 2008, Amphibia and Reptilia of Yunnan: 19.

Tylototriton (*Tylototriton*) *shanjing* - Dubois *et* Raffaëlli, 2009, Alytes, Paris, 26: 68.

中文别名（**Common name**）：无

分布（**Distribution**）：云南（YN）、? 广西（GX）；国外：无

其他文献（**Reference**）：叶昌媛等, 1993；Zhao and Adler, 1993；费梁, 1999；费梁等, 2006, 2010, 2012；Jiang *et al.*, 2014；Fei and Ye, 2016；江建平等, 2016

（465）棕黑疣螈 *Tylototriton verrucosus* Anderson, 1871

Tylototriton verrucosus Anderson, 1871, Proc. Zool. Soc. London, 1871: 423. **Types:** Not designated athough syntypes evident. Sclater, 1892, List Batr. Indian Mus.: 36, considered (ZSIC) 10397, 11396, 10366-81 to be syntypes,

as is (BMNH) 1874.6.1.3 (according to Fei, Hu, Ye *et* Huang, 2006, Fauna Sinica, Amphibia, Vol. 1: 280); see discussion by Nussbaum, Brodie *et* Yang, 1995, Herpetologica, Austin, 51: 264, who designated as neotype (KIZ) 74Ⅱ0061 Ⅵ.6, ♂, SVL 68.5 mm. **Type locality:** China [Yunnan: Tengchong (腾冲), Nantin in Momien, and Longchuan (陇川), Hotha (户撒)]. **Neotype locality:** China [Yunnan: Longchuan (陇川), Gongwa]; alt. 1600 m.

Triturus (*Tylototriton*) *verrucosus* - Boulenger, 1878, Bull. Soc. Zool. France, Paris, 3: 308.

Tylotriton verrucosus - Boettger, 1885, Ber. Offenb. Ver. Naturk., Frankfurt, 24-25: 165.

Glossolega verrucosa - Cope, 1889, Bull. U. S. Natl. Mus., Washington, 34: 201.

Tylototriton (*Tylototriton*) *verrucosus* - Zhao *et* Hu, 1984, Studies on Chinese Tailed Amphibians, Chengdu: 9.

Pleurodeles (*Tylototriton*) *verrucosus* - Risch, 1985, J. Bengal Nat. Hist. Soc. (N. S.), 4: 141.

Tylototriton verrucosus verrucosus - Yang, 2008, *In*: Yang *et* Rao, 2008, Amphibia and Reptilia of Yunnan: 19.

Tylototriton (*Tylototriton*) *verrucosus* - Dubois *et* Raffaëlli, 2009, Alytes, Paris, 26: 68.

Tylototriton (*Tylototriton*) *verrucosus verrucosus* - Hou, Li *et* Lü, 2012, J. Huangshan Univ., 14: 63.

中文别名（**Common name**）：无

分布（**Distribution**）：云南（YN）、西藏（XZ）；国外：无

其他文献（**Reference**）：胡淑琴等, 1977；田婉淑和江耀明, 1986；费梁等, 1990, 2005, 2006, 2010, 2012；叶昌媛等, 1993；Zhao and Adler, 1993；费梁, 1999；Jiang *et al.*, 2014；Fei and Ye, 2016；江建平等, 2016

（466）滇南疣螈 *Tylototriton yangi* Hou, Zhang, Zhou, Li *et* Lü, 2012

Tylototriton (*Tylototriton*) *yangi* Hou, Zhang, Zhou, Li *et* Lü, 2012, *In*: Hou, Li *et* Lü, 2012, J. Huangshan Univ., 14: 64. **Holotype:** (SYNY) HM20070801-NT001, ♂, TOL 126.6 mm, by original designation. **Type locality:** China [Yunnan: Gejiu (个旧)].

Tylototriton daweishanensis Zhao, Rao, Liu, Li *et* Yuan, 2012, J. West China Forest. Sci., 41: 88. **Holotype:** Rao D.-q. collection 000020, ♀, TOL 151.1 mm, SVL 83.0 mm, by original designation; now in KIZ. **Type locality:** China [Yunnan: Pingbian (屏边), Mt. Dawei]. Synonymy by Nishikawa, Rao, Matsui *et* Eto, 2015, Curr. Herpetol., Kyoto, 34: 67.

中文别名（**Common name**）：无

分布（**Distribution**）：云南（YN）；国外：无

其他文献（**Reference**）：杨大同和饶定齐, 2008；Fei and Ye, 2016；江建平等, 2016

87. 瑶螈属 *Yaotriton* Dubois *et* Raffaëlli, 2009

Tylototriton Anderson, 1871, Proc. Zool. Soc. London, 1871: 423. **Type species:** *Tylototriton verrucosus* Anderson, 1871, by monotypy.

Triturus (*Tylototriton*) - Boulenger, 1878, Bull. Soc. Zool. France, Paris, 3: 308.

Glossolega Cope, 1889, Bull. U. S. Natl. Mus., Washington, 34: 201 (in part).

Pleurodeles (*Tylototriton*): Risch, 1985, J. Bengal Nat. Hist. Soc. (N. S.), 4: 142.

Tylototriton (*Yaotriton*) - Dubois *et* Raffaëlli, 2009, Alytes, Paris, 26: 59. **Type species:** *Tylototriton asperrimus* Unterstein, 1930, by original designation.

Yaotriton - Fei, Ye *et* Jiang, 2012, Colored Atlas of Chinese Amphibians and Their Distributions: 87.

（467）安徽瑶螈 *Yaotriton anhuiensis* (Qian, Sun, Li, Guo, Pan, Kang, Wang, Jiang, Wu *et* Zhang, 2017)

Tylototriton asperrimus - Chen, 1991, Fauna of Anhui: 39.

Tylototriton wenxianensis - Fei, Ye, Huang, Jiang *et* Xie, 2005, An Illustrated Key to Chinese Amphibians, Chengdu: 42 [Yuexi (岳西), Anhui, China].

Tylototriton anhuiensis Qian, Sun, Li, Guo, Pan, Kang, Wang, Jiang, Wu *et* Zhang, 2017, Asian Herpetol. Res., 8 (3): 151-164. **Holotype:** AHU-13-EE-006, ♂, TOL 134.5 mm, SVL 69.9 mm, by original designation. **Type locality:** China [Anhui: Yuexi (岳西), Yaoluoping National Nature Reserve]; 30°59′22.19″N, 116°06′13.66″E; alt. 1166 m.

Yaotriton anhuiensis - Wang, Nishikawa, Matsui, Nguyen, Xie, Li, Khatiwada, Zhang, Gong, Mo, Wei, Chen, Shen, Yang, Xiong *et* Jiang, 2018, PeerJ, 6: e4384 (DOI: 10.7717/peerj. 4384, by implication).

中文别名（**Common name**）：细痣疣螈、文县疣螈

分布（**Distribution**）：安徽（AH）；国外：无

其他文献（**Reference**）：无

（468）细痣瑶螈 *Yaotriton asperrimus* (Unterstein, 1930)

Tylototriton asperrimus Unterstein, 1930, Sitz. Ges. Naturf. Freunde, Berlin, 1930 (8-10): 313-315. **Type:** ZMB (apparently lost or destroyed in World War Ⅱ (Frost, 1985: 616). **Syntypes:** ZMB (2 specimens); (ZMB) 34089, ♀, designated lectotype by Bauer, Good *et* Günther, 1993, Mitt. Zool. Mus. Berlin, 69: 285-306 (298). **Type locality:** China [Guangxi: Jinxiu (金秀), Mt. Dayao (大瑶山)].

Tylototriton asperrimus asperrimus - Fei, Ye *et* Yang, 1984, Acta Zool. Sinica, Beijing, 30 (1): 85-91.

Tylototriton (*Echinotriton*) *asperrimus* - Zhao *et* Hu, 1984, Studies on Chinese Tailed Amphibians, Chengdu: 9.

Pleurodeles (*Tylototriton*) *asperrimus* - Risch, 1985, J. Bengal Nat. Hist. Soc. (N. S.), 4: 142.

Pleurodeles (*Echinotriton*) *asperrimus* - Dubois, 1986, Alytes, Paris, 5 (1-2): 11.

Echinotriton asperrimus - Zhao, 1990, From Water onto Land, Beijing: 219.

Tylototriton (*Yaotriton*) *asperrimus* - Dubois *et* Raffaëlli, 2009, Alytes, Paris, 26: 1-85.

Yaotriton asperrimus - Fei, Ye *et* Jiang, 2012, Colored Atlas of Chinese Amphibians and Their Distributions: 88.

中文别名（**Common name**）：无

分布（**Distribution**）：广东（GD）、广西（GX）；国外：越南

其他文献（**Reference**）：Wang *et al.*, 2018

（469）宽脊瑶螈 *Yaotriton broadoridgus* (Shen, Jiang *et* Mo, 2012)

Tylototriton asperrimus - Shen, 1989, Chinese Wildlife, (6): 77 [Sangzhi (桑植), Hunan, China].

Tylototriton wenxianensis - Fei, Ye, Huang, Jiang *et* Xie, 2005, An Illustrated Key to Chinese Amphibians, Chengdu: 42 [Sangzhi (桑植), Hunan, China].

Tylototriton broadoridgus Shen, Jiang *et* Mo, 2012, Asian Herpetol. Res., Ser. 2, 3: 26. **Holotype:** (HNUL) 840513527, by original designation. **Type locality:** China [Hunan: Sangzhi (桑植), Liaoyewan in the Mt. Tianping]; 29°49′N, 110°9′E.

Tylototriton (*Yaotriton*) *broadoridgus* - Hou, Li *et* Lü, 2012, J. Huangshan Univ., 14: 62.

Yaotriton broadoridgus - Fei, Ye *et* Jiang, 2012, Colored Atlas of Chinese Amphibians and Their Distributions.: 87.

中文别名（**Common name**）：细痣疣螈、文县疣螈

分布（**Distribution**）：湖南（HN）、湖北（HB）；国外：无

其他文献（**Reference**）：费梁等，1990，2006，2010；叶昌媛等，1993；Zhao and Adler，1993；费梁，1999；Jiang *et al.*, 2014；沈猷慧等，2014；Fei and Ye，2016；江建平等，2016

（470）大别瑶螈 *Yaotriton dabienicus* (Chen, Wang *et* Tao, 2010)

Tylototriton wenxianensis dabienicus Chen, Wang *et* Tao, 2010, Acta Zootaxon. Sinica, Beijing, 35 (3): 666-670. **Holotype:** (HNNU) 0908N095, ♀, TOL 161.9 mm, SVL 86.6, by original designation. **Type locality:** China [Henan: Shangcheng (商城), Huangbaishan National Forest Park]; 31°24′N, 115°20′E; alt. 698 m.

Tylototriton dabienicus - Shen, Jiang *et* Mo, 2012, Asian Herpetol. Res., Ser. 2, 3: 26.

Yaotriton dabienicus - Fei, Ye *et* Jiang, 2012, Colored Atlas of Chinese Amphibians and Their Distributions: 90.

Tylototriton (*Yaotriton*) *dabienicus* - Raffaëlli, 2013, Urodeles du Monde, 2nd Ed.: 187.

中文别名（**Common name**）：文县疣螈大别山亚种、大别山疣螈

分布（Distribution）：河南（HEN）；国外：无

其他文献（Reference）：Jiang et al., 2014; Fei and Ye, 2016; 江建平等, 2016

（471）海南瑶螈 *Yaotriton hainanensis* (Fei, Ye *et* Yang, 1984)

Tylototriton asperrimus - Liu, Hu, Fei *et* Huang, 1973, Acta Zool. Sinica, Beijing, 19 (4): 386, 396 (Mt. Five-finger, Hainan, China).

Tylototriton hainanensis Fei, Ye *et* Yang, 1984, Acta Zool. Sinica, Beijing, 30 (1): 85-89. **Holotype:** (CIB) 64Ⅲ1379, ♂, TOL 137.7 mm, SVL 73.2 mm, by original designation. **Type locality:** China [Hainan: Mt. Five-finger (五指山), Nalong]; alt. 770 m.

Pleurodeles (*Tylototrion*) *hainanensis* - Risch, 1985, J. Bengal Nat. Hist. Soc. (N. S.), 4: 142.

Pleurodeles (*Echinotriton*) *hainanensis* - Dubois, 1987 "1986", Alytes, Paris, 5 (1-2): 11.

Tylototriton (*Yaotriton*) *hainanensis* - Dubois *et* Raffaëlli, 2009, Alytes, Paris, 26: 68.

Yaotriton hainanensis - Fei, Ye *et* Jiang, 2012, Colored Atlas of Chinese Amphibians and Their Distributions: 91.

中文别名（Common name）：海南疣螈

分布（Distribution）：海南（HI）；国外：无

其他文献（Reference）：田婉淑和江耀明, 1986; 费梁等, 1990, 2005, 2006, 2010; 叶昌媛等, 1993; Zhao and Adler, 1993; 费梁, 1999; 史海涛等, 2011; Jiang et al., 2014; Fei and Ye, 2016; 江建平等, 2016

（472）浏阳瑶螈 *Yaotriton liuyangensis* (Yang, Jiang, Shen *et* Fei, 2014)

Tylototriton liuyangensis Yang, Jiang, Shen *et* Fei, 2014, Asian Herpetol. Res., 5: 4. **Holotype:** (HNUL) 11053108, ♂, TOL 130.7 mm, SVL 74.3 mm, by original designation. **Type locality:** China [Hunan: Liuyang (浏阳), Chuandiwo in Liuyang Daweishan Provincial Nature Reserve]; 28°25′N, 114°06′E; alt. 1386 m.

Yaotriton anhuiensis - Wang, Nishikawa, Matsui, Nguyen, Xie, Li, Khatiwada, Zhang, Gong, Mo, Wei, Chen, Shen, Yang, Xiong *et* Jiang, 2018, PeerJ, 6: e4384 (DOI: 10.7717/peerj. 4384, by implication).

中文别名（Common name）：无

分布（Distribution）：湖南（HN）；国外：无

其他文献（Reference）：沈猷慧等, 2014; Fei and Ye, 2016; 江建平等, 2016

（473）莽山瑶螈 *Yaotriton lizhenchangi* (Hou, Zhang, Jiang, Li *et* Lü, 2012)

Tylototriton (*Yaotrion*) *lizhengchangi* Hou, Zhang, Jiang, Li *et* Lü, 2012, *In*: Hou, Li *et* Lü, 2012, J. Huangshan Univ., 14: 62. **Holotype:** (SYNY) HM20090501-NT001, ♂, TOL 173.0 mm, by original designation. **Type locality:** China

[Hunan: Yizhang (宜章), Mangshan National Nature Reserve].

Yaotriton lizhengchangi - Fei, Ye *et* Jiang, 2012, Colored Atlas of Chinese Amphibians and Their Distributions: 92.

中文别名（Common name）：无

分布（Distribution）：湖南（HN）；国外：无

其他文献（Reference）：Jiang et al., 2014; 沈猷慧等, 2014; Fei and Ye, 2016; 江建平等, 2016

（474）文县瑶螈 *Yaotriton wenxianensis* (Fei, Ye *et* Yang, 1984)

Tylototriton wenxianensis Fei, Ye *et* Yang, 1984, Acta Zool. Sinica, Beijing, 30 (1): 89-90. **Holotype:** (CIB) 638164, ♂, TOL 130.2 mm, SVL 73.6 mm, by original designation. **Type locality:** China [Gansu: Wenxian (文县)]; alt. 946 m.

Tylototriton asperrimus pingwuensis Deng *et* Yu, 1984, Acta Herpetol. Sinica, Chengdu (N. S.), 3 (2): 75-77. **Holotype:** (NTC) 74005, ♂, TOL 131.0 mm, SVL 68.0 mm, by original designation. Synonymy by Zhao *et* Hu, 1984. **Type locality:** China [Sichuan: Pingwu (平武), Gaozhuang Tree Farm]; alt. 1400 m.

Pleurodeles (*Tylototrion*) *asperrimus wenxianensis* - Risch, 1985, J. Bengal Nat. Hist. Soc. (N. S.), 4: 142.

Echinotriton asperrimus wenxianensis - Zhao *et* Adler, 1993, Herpetology of China: 112.

Tylototriton wenxianensis - Ye, Fei *et* Hu, 1993, Rare and Economic Amph. China: 80.

Tylototriton (*Yaotriton*) *wenxianensis* - Dubois *et* Raffaëlli, 2009, Alytes, Paris, 26: 68.

Tylototriton wenxianensis wenxianensis - Chen, Wang *et* Tao, 2010, Acta Zootaxon. Sinica, Beijing, 35 (3): 666, by implication.

Yaotriton wenxianensis - Fei, Ye *et* Jiang, 2012, Colored Atlas of Chinese Amphibians and Their Distributions: 94.

中文别名（Common name）：无

分布（Distribution）：甘肃（GS）、四川（SC）、重庆（CQ）、贵州（GZ）；国外：无

其他文献（Reference）：费梁等, 1990, 2005, 2006, 2010; 费梁, 1999; Jiang et al., 2014; Fei and Ye, 2016; 江建平等, 2016

三、蚓螈目　Gymnophiona Müller, 1832

（十四）鱼螈科　Ichthyophiidae Taylor, 1968

Epicria Fitzinger, 1843, Syst. Rept.: 34. **Type genus:** *Epicrium* Wagler, 1828. Suppressed for purposes of priority but not homonymy in favor of Ichthyophiidae Taylor, 1968, by Opinion 1604, Anonymous, 1990, Bull. Zool. Nomencl., 47: 166.

Ichthyophiidae Taylor, 1968, Caecilians of the World: 46. **Type genus:** *Ichthyophis* Fitzinger, 1826. Placed on Official List of Family-group Names in Zoology by Opinion 1604, Anonymous, 1990, Bull. Zool. Nomencl., 47: 166-167.

Uraeotyphlinae Nussbaum, 1979, Occas. Pap. Mus. Zool. Univ. Michigan, 687: 14. **Type genus:** *Uraeotyphlus* Peters, 1880 "1879". Synonymy by Frost, Grant, Faivovich, Bain, Haas, Haddad, de Sá, Channing, Wilkinson, Donnellan, Raxworthy, Campbell, Blotto, Moler, Drewes, Nussbaum, Lynch, Green *et* Wheeler, 2006, Bull. Amer. Mus. Nat. Hist., New York, 297: 166.

Epicriidae - Dubois, 1984, Alytes, Paris, 3: 113; Lescure, Renous *et* Gasc, 1986, Mem. Soc. Zool. France, 43: 154.

Epicriumidae - Anonymous, 1993, Bull. Zool. Nomencl., 50: 37-49.

88. 鱼螈属 *Ichthyophis* Fitzinger, 1826

Ichthyophis Fitzinger, 1826, Neue Class. Rept.: 36, 63. **Type species:** *Caecilia glutinosus* Linnaeus, 1759, by monotypy. Placed on Official List of Generic Names in Zoology by Opinion 1604, Anonymous, 1990, Bull. Zool. Nomencl., 47: 166.

Epicrium Wagler, 1828, Isis von Oken, 21: 743. **Type species:** *Caecilia hypocyanea* Boie, 1827, by designation of Opinion 1749, Anonymous, 1993, Bull. Zool. Nomencl., 50: 261. Synonymy by Duméril *et* Bibron, 1841, Erpét. Gén., 8: 285.

Suppressed for purposes of priority but not homonymy by Opinion 1604, Anonymous, 1990, Bull. Zool. Nomencl., 47: 166. Subsequently, placed on the Official List of Generic Names in Zoology by Opinion 1749, Anonymous, 1993, Bull. Zool. Nomencl., 50: 261-263.

Caudacaecilia Taylor, 1968, Caecilians of the World: 47, 165. **Type species:** *Ichthyophis nigroflavus* Taylor, 1960, by original designation. Synonymy by Nishikawa, Matsui, Yong, Ahmad, Yambun Imbun, Belabut, Sudin, Hamidy, Orlov, Ota, Yoshikawa, Tominaga *et* Shimada, 2012, Mol. Phylogenet. Evol., 63: 718.

（475）版纳鱼螈 *Ichthyophis bannanicus* Yang, 1984

Ichthyophis bannanica Yang, 1984, Acta Herpetol. Sinica, Chengdu (N. S.), 3 (2): 73-75. **Holotype:** (KIZ) 74001, ♀, TOL 417 mm, SVL 411 mm, by original designation. **Type locality:** China [Yunnan: Mengla (勐腊), Xishuangbanna (西双版纳)]; alt. 600 m.

Ichthyophis bannanicus - Ye, Fei *et* Hu, 1993, Rare and Economic Amph. China: 21.

中文别名（Common name）： 无

分布（Distribution）： 云南（YN）、广东（GD）、广西（GX）；国外：越南

其他文献（Reference）： 田婉淑和江耀明，1986；费梁等，1990, 2005, 2006, 2010, 2012；Zhao and Adler, 1993；费梁，1999；杨大同和饶定齐，2008；黎振昌等，2011；Jiang *et al.*, 2014；莫运明等，2014；Fei and Ye, 2016；江建平等，2016

第二部分　外来物种 Alien Species

（一）卵齿蟾科 Eleutherodactylidae Lutz, 1954

Eleutherodactylinae Lutz, 1954, Mem. Oswaldo Cruz, Rio de Janeiro, 52: 157. **Type genus:** *Eleutherodactylus* Duméril *et* Bibron, 1841. Synonymy with Brachycephalina Günther, 1858, by Dubois, 2005, Alytes, Paris, 23: 11; Frost, Grant, Faivovich, Bain, Haas, Haddad, de Sá, Channing, Wilkinson, Donnellan, Raxworthy, Campbell, Blotto, Moler, Drewes, Nussbaum, Lynch, Green *et* Wheeler, 2006, Bull. Amer. Mus. Nat. Hist., New York, 297: 197.

Eleutherodactylini - Lynch, 1969, Final PhD Exam, Program: 3; Lynch, 1971, Misc. Publ. Mus. Nat. Hist. Univ. Kansas, 53: 142.

Eleutherodactylinae - Laurent, 1980 "1979", Bull. Soc. Zool. France, Paris, 104: 418; Hedges, Duellman *et* Heinicke, 2008, Zootaxa, 1737: 49.

Eleutherodactylidae - Hedges, Duellman *et* Heinicke, 2008, Zootaxa, 1737: 47.

Eleutherodactyloidia - Fouquette *et* Dubois, 2014, Checklist N. A. Amph. Rept.: 273. Explicit epifamily, coined to be equivalent of the suprafamilial unranked taxon *Terrarana* Hedges, Duellman *et* Heinicke, 2008, Zootaxa, 1737: 21.

1. 卵齿蛙属 *Eleutherodactylus* Duméril *et* Bibron, 1841

Eleutherodactylus Duméril *et* Bibron, 1841, Erpét. Gén., 8: 620. **Type species:** *Hylodes martinicensis* Tschudi, 1838, by monotypy. Placed on Official List of Generic Names in Zoology by Opinion 1104, Anonymous, 1978, Bull. Zool. Nomencl., 34: 223.

（1）温室卵齿蛙 *Eleutherodactylus planirostris* (Cope, 1862)

Hylodes planirostris Cope, 1862, Proc. Acad. Nat. Sci. Philad., 14: 153. **Type(s):** Mus. Salem (= Peabody Essex Museum), now lost. **Type locality:** Bahamas (New Providence Island).

Eleutherodactylus planirostris - Stejneger, 1904, Annu. Rep. U. S. Natl. Mus., 1902: 582-583, by implication.

Eleutherodactylus ricordii planirostris - Shreve, 1945, Copeia, 1945: 117.

Eleutherodactylus planirostris planirostris - Schwartz, 1965, Stud. Fauna Curaçao and other Caribb. Is., 22: 100.

Eleutherodactylus (*Euhyas*) *planirostris* - Hedges, 1989, in Woods, 1989, Biogeograph. W. Indies: 325.

Euhyas planirostris - Frost, Grant, Faivovich, Bain, Haas, Haddad, de Sá, Channing, Wilkinson, Donnellan, Raxworthy, Campbell, Blotto, Moler, Drewes, Nussbaum, Lynch, Green *et* Wheeler, 2006, Bull. Amer. Mus. Nat. Hist., New York, 297: 361.

中文别名（**Common name**）：无

分布（**Distribution**）：全国各省（自治区、直辖市）宠物市场均有出售。有报道在香港可能有野外自然种群

其他文献（**Reference**）：无

（二）负子蟾科 Pipidae Gray, 1825

Piprina Gray, 1825, Ann. Philos., London, Ser. 2, 10: 214. **Type genus:** *Pipra* Laurent (= *Pipa* Laurenti, 1768). Incorrect original spelling.

Pipidae - Swainson, 1839, Nat. Hist. Fishes Amph. Rept., 2: 88.

2. 爪蟾属 *Xenopus* Wagler, 1827

Xenopus Wagler, 1827, Isis von Oken, 20: 726. **Type species:** *Xenopus boiei* Wagler, 1827 (= *Bufo laevis* Daudin, 1802), by monotypy.

（2）爪蟾 *Xenopus laevis* (Daudin, 1802)

Bufo laevis Daudin, 1802 "An. XI", Hist. Nat. Rain. Gren. Crap., Quarto: 85. **Type(s):** Including frog figured on page 82, pl. 30, fig. 1 of the original, and noted to be in the MNHNP; no longer in existence according to Poynton, 1964, Ann. Natal Mus., 17: 31. **Type locality:** Unknown.

Pipa laevis - Merrem, 1820, Tent. Syst. Amph.: 180.

Engystoma laevis - Fitzinger, 1826, Neue Class. Rept.: 40.

Dactylethra laevis - Cuvier, 1829, Regne Animal., Ed. 2, 2: 107, by implication.

Xenopus laevis - Steindachner, 1867, Reise Österreichischen Fregatte Novara, Zool., Amph.: 4; Boulenger, 1882, Catal. Batrach. Salient. Ecaud. Coll. Brit. Mus., London, Ed. 2: 456; Boulenger, 1902, Proc. Zool. Soc. London, 1902: 15.

Dactylethera laevis - Blanford, 1870, Observ. Geol. Zool. Abyssinia: 459.

Xenopus laevis laevis - Parker, 1936, Ann. Mag. Nat. Hist., London, Ser. 10, 18: 597.

Xenopus (*Xenopus*) *laevis* - Kobel, Barandun *et* Thiebaud, 1998, Herpetol. J., 8: 13.

中文别名（Common name）：爪蛙

分布（Distribution）：全国各省（自治区、直辖市）的主要生物学实验室均有饲养或繁育

其他文献（Reference）：无

（3）热带爪蟾 *Xenopus tropicalis* (Gray, 1864)

Silurana tropicalis Gray, 1864, Ann. Mag. Nat. Hist., London, Ser. 3, 14: 316. **Type(s):** Not stated, but (BMNH) 1947.2.24.83-86 (formerly 1864.9.22.1-4) recorded as types in museum records. (BMNH) 1947.2.24.83, designated lectotype by Evans, Carter, Greenbaum, Gvoždík, Kelley, McLaughlin, Pauwels, Portik, Stanley, Tinsley, Tobias *et* Blackburn, 2015, PLoS One, 10 (12: e0142823): 21. **Type locality:** Nigeria (Lagos in Western Africa).

Xenopus tropicalis - Müller, 1910, Abh. Math. Physik. Cl. Bayer. Akad. Wiss., 24: 625; Pauly, Hillis *et* Cannatella, 2009, Herpetologica, Austin, 65: 126.

Silurana tropicalis - Cannatella *et* Trueb, 1988, Zool. J. Linn. Soc., 94: 1-38.

Xenopus (Silurana) tropicalis - Kobel, Loumont *et* Tinsley, 1996, *In*: Tinsley *et* Kobel, 1996, Biol. Xenopus: 21; Kobel, Barandun *et* Thiebaud, 1998, Herpetol. J., 8: 13.

中文别名（Common name）：热带爪蛙

分布（Distribution）：全国各省（自治区、直辖市）的主要生物学实验室均有饲养或繁育

其他文献（Reference）：无

（三）蛙科 Ranidae Batsch, 1796

3. 美洲水蛙属 *Lithobates* Fitzinger, 1843

Lithobates Fitzinger, 1843, Syst. Rept.: 31. **Type species:** *Rana palmipes* Fitzinger, 1843.

（4）牛蛙 *Lithobates catesbeianus* (Shaw, 1802)

Rana catesbeiana Shaw, 1802, Gen. Zool., 3 (1): 106. **Type(s):** Specimen illustrated by Shaw, 1802, Gen. Zool., 3 (1): 106, pl. 33; not known to exist. **Type locality:** USA (many parts of North America, Carolina, Virginia; restricted to South Carolina, by Kellogg, 1932, Bull. U. S. Natl. Mus., Washington, 160: 197; restricted to Charleston, Charleston County, South Carolina by Smith *et* Taylor, 1950, Univ. Kansas Sci. Bull., 33: 360; restricted to vicinity of Charleston, South Carolina, USA, by Schmidt, 1953, Check List N. Am. Amph. Rept., Ed. 6: 79). These restrictions invalid for reason of not being based on disclosed evidence according to Fouquette *et* Dubois, 2014, Checklist N. Am. Amph. Rept., Ed. 7, Vol. I, Amph.: 407.

Lithobates catesbeianus - Frost, Grant, Faivovich, Bain, Haas, Haddad, de Sá, Channing, Wilkinson, Donnellan, Raxworthy, Campbell, Blotto, Moler, Drewes, Nussbaum, Lynch, Green *et* Wheeler, 2006, Bull. Amer. Mus. Nat. Hist.,

New York, 297: 369.

Lithobates (Aquarana) catesbeianus - Dubois, 2006, C. R. Biol., Paris, 329: 829.

Rana (Aquarana) catesbeiana - Hillis, 2007, Mol. Phylogenet. Evol., 42: 335-336, by implication.

Rana (Lithobates) catesbeiana - Fouquette *et* Dubois, 2014, Check List N. Am. Amph. Rept.: 407.

中文别名（Common name）：美国青蛙

分布（Distribution）：全国各省（自治区、直辖市）均有饲养或繁育。野外也有较多自然种群

其他文献（Reference）：叶昌媛等，1993；费梁等，2010，2012

（5）猪蛙 *Lithobates grylio* (Stejneger, 1901)

Rana grylio Stejneger, 1901, Proc. U. S. Natl. Mus., Washington, 24: 212. **Holotype:** (USNM) 27443, by original designation. **Type locality:** USA [Bay St. Louis, (Hancock County) Mississippi].

Rana (Rana) grylio - Dubois, 1987 "1986", Alytes, Paris, 5 (1-2): 41-42, by implication.

Rana (Aquarana) grylio - Dubois, 1992, Bull. Mens. Soc. Linn., Lyon, 61 (10): 331.

Rana (Novirana, Aquarana) grylio - Hillis *et* Wilcox, 2005, Mol. Phylogenet. Evol., 34: 305.

Rana (Novirana) grylio - Hillis *et* Wilcox, 2005, Mol. Phylogenet. Evol., 34: 305.

Lithobates grylio - Frost, Grant, Faivovich, Bain, Haas, Haddad, de Sá, Channing, Wilkinson, Donnellan, Raxworthy, Campbell, Blotto, Moler, Drewes, Nussbaum, Lynch, Green *et* Wheeler, 2006, Bull. Amer. Mus. Nat. Hist., New York, 297: 369.

Lithobates (Aquarana) grylio - Dubois, 2006, C. R. Biol., Paris, 329: 829; Dubois, 2006, Mol. Phylogenet. Evol., 42: 325.

中文别名（Common name）：美国青蛙

分布（Distribution）：全国各省（自治区、直辖市）均有饲养或繁育。野外也有较多自然种群

其他文献（Reference）：叶昌媛等，1993；费梁等，2010，2012

（6）河蛙 *Lithobates heckscheri* (Wright, 1924)

Rana heckscheri Wright, 1924, Proc. Biol. Soc. Washington, 37: 143. **Holotype:** (CU) 1025; apparently lost, although Figs. 5 and 6 in Plate 38 of Wright, 1932, Life Hist. Frogs Okefinokee Swamp, 2, are of the holotype, according to Sanders, 1984, Cat. Am. Amph. Rept., 348: 2. **Type locality:** USA [Alligator Swamp, Callahan, (Nassau County) Florida].

Rana (Rana) heckscheri - Dubois, 1987 "1986", Alytes, Paris, 5 (1-2): 41-42, by implication.

Rana (Aquarana) heckscheri - Dubois, 1992, Bull. Mens. Soc. Linn., Lyon, 61 (10): 331.

Rana (Novirana, Aquarana) heckscheri - Hillis *et* Wilcox, 2005, Mol. Phylogenet. Evol., 34: 305. See Dubois, 2006, Mol. Phylogenet. Evol., 42: 317-330.

Rana (*Novirana*) *heckscheri* - Hillis *et* Wilcox, 2005, Mol. Phylogenet. Evol., 34: 305. Nomenclatural act of Hillis *et* Wilcox, 2005, as interpreted by Fouquette *et* Dubois, 2014, Checklist N. A. Amph. Rept.: 417.

Lithobates heckscheri - Frost, Grant, Faivovich, Bain, Haas, Haddad, de Sá, Channing, Wilkinson, Donnellan, Raxworthy, Campbell, Blotto, Moler, Drewes, Nussbaum, Lynch, Green *et* Wheeler, 2006, Bull. Amer. Mus. Nat. Hist., New York, 297: 369.

Lithobates (*Aquarana*) *heckscheri* - Dubois, 2006, C. R. Biol., Paris, 329: 829; Dubois, 2006, Mol. Phylogenet. Evol., 42: 325.

Rana (*Aquarana*) *heckscheri* - Hillis, 2007, Mol. Phylogenet. Evol., 42: 335-336, by implication and combination made only for discussion.

Rana (*Lithobates*) *heckscheri* - Fouquette *et* Dubois, 2014, Checklist N. A. Amph. Rept.: 417.

中文别名（Common name）：美国青蛙

分布（Distribution）：全国各省（自治区、直辖市）均有饲养或繁育。野外也有较多自然种群

其他文献（Reference）：叶昌媛等，1993；费梁等，2010, 2012

主要参考文献

陈壁辉. 1991. 安徽两栖爬行动物志. 合肥: 安徽科学技术出版社: 1-408.

陈兼善, 于名振. 1969. 台湾脊椎动物志 (中卷). 台北: 商务印书馆: 1-686.

樊龙锁, 郭萃文, 刘焕金. 1998. 山西两栖爬行类. 北京: 中国林业出版社: 1-206.

费梁. 1999. 中国两栖动物图鉴. 郑州: 河南科学技术出版社: 1-432.

费梁, 叶昌媛. 2001. 四川两栖类原色图鉴. 北京: 中国林业出版社: 1-263.

费梁, 叶昌媛, 胡淑琴, 黄永昭, 等. 2006. 中国动物志 两栖纲 (上卷) 总论 蚓螈目 有尾目. 北京: 科学出版社: 1-471, 图版Ⅰ-ⅩⅥ.

费梁, 叶昌媛, 胡淑琴, 黄永昭, 等. 2009a. 中国动物志 两栖纲 (中卷) 无尾目. 北京: 科学出版社: 1-957.

费梁, 叶昌媛, 胡淑琴, 黄永昭, 等. 2009b. 中国动物志 两栖纲 (下卷) 无尾目 蛙科. 北京: 科学出版社: 959-1847, 图版Ⅰ-ⅩⅥ.

费梁, 叶昌媛, 黄永昭, 江建平, 谢锋. 2005. 中国两栖动物检索及图解. 成都: 四川科学技术出版社: 1-340, 图版Ⅰ-ⅩⅡ.

费梁, 叶昌媛, 黄永昭. 1990. 中国两栖动物检索. 重庆: 科学技术文献出版社重庆分社: 1-364.

费梁, 叶昌媛, 江建平. 2010. 中国两栖动物彩色图鉴. 成都: 四川科学技术出版社: 1-520.

费梁, 叶昌媛, 江建平. 2012. 中国两栖动物及其分布彩色图鉴. 成都: 四川科学技术出版社: 1-600.

胡淑琴. 1987. 西藏两栖爬行动物. 北京: 科学出版社: 1-153.

胡淑琴, 叶昌媛, 费梁. 1977. 中国两栖动物系统检索. 北京: 科学出版社: 1-93, 图版Ⅰ-ⅩⅦ.

黄美华, 金贻郎, 蔡春抹. 1990. 浙江动物志: 两栖类及爬行类. 杭州: 浙江科学技术出版社: 1-306.

黄永昭. 1989. 两栖爬行篇//中国科学院西北高原生物研究所. 青海经济动物志. 西宁: 青海人民出版社: 173-227.

季达明, 刘明玉, 刘增运, 周玉峰, 黄康average, 温世生, 邹本忠. 1987. 辽宁动物志 两栖类 爬行类. 沈阳: 辽宁科学技术出版社: 1-170, 彩色图版 1-9.

江建平, 谢锋, 臧春鑫, 蔡蕾, 李成, 王斌, 李家堂, 王杰, 胡军华, 王燕, 刘炯宇. 2016. 中国两栖动物受威胁现状评估. 生物多样性, 24 (5): 588-597.

黎振昌, 肖智, 刘少容. 2011. 广东两栖动物和爬行动物. 广州: 广东科技出版社: 1-266.

李丕鹏, 廉静, 陆宇燕. 2011. 辽宁蝌蚪研究. 北京: 科学出版社: 1-101.

李丕鹏, 赵尔宓, 董丙君. 2010. 西藏两栖爬行动物多样性. 北京: 科学出版社: 1-249.

刘承钊, 胡淑琴. 1961. 中国无尾两栖类. 北京: 科学出版社: 1-364.

吕光洋, 陈世煌. 1982. 台湾的两栖类. 台北: 张正雄摄影和出版: 1-190.

吕光洋, 杜铭章, 向高世. 1999. 台湾两栖爬行动物图鉴. 台北: 大自然杂志出版社: 1-343.

莫运明, 韦振逸, 陈伟才. 2014. 广西两栖动物彩色图鉴. 南宁: 广西科学技术出版社: 1-282.

沈猷慧, 等. 2014. 湖南动物志 两栖纲. 长沙: 湖南科学技术出版社: 1-390.

时磊, 杨军, 侯美珠, 赵蕙, 董丙君, 熊建利, 王湘君, 王小荷, 张学文, 王秀玲, 原洪, 赵尔宓. 2007. 新疆两栖爬行动物考察报告. 四川动物, 26 (4): 812-818, 图版 1-4.

史海涛, 赵尔宓, 王力军. 2011. 海南两栖爬行动物志. 北京: 科学出版社: 1-285.

田婉淑, 胡淑琴. 1985. 横断山地区原始无尾两栖类动物的分类兼记一新亚科及铃蟾属的亚属划分. 两栖爬行动物学报, 4 (3): 219-224.

田婉淑, 江耀明. 1986. 中国两栖爬行动物鉴定手册. 北京: 科学出版社: 1-164.

王香亭. 1991. 甘肃脊椎动物志. 兰州: 甘肃科学技术出版社: 1-1362.

伍律, 董谦, 须润华. 1988. 贵州两栖类志. 贵阳: 贵州人民出版社: 1-192.

向高世, 李鹏翔, 杨懿如. 2009. 台湾两栖爬行类图鉴. 台北: 猫头鹰出版社: 1-336.

旭日干. 2001. 内蒙古动物志 第二卷 第一部 陆栖脊椎动物总论 第二部 两栖纲 爬行纲. 呼和浩特: 内蒙古大学出版社: 1-247.

杨大同. 1991. 云南两栖类志. 北京: 中国林业出版社: 1-259.

杨大同, 饶定齐. 2008. 云南两栖爬行动物. 昆明: 云南科技出版社: 1-411.

姚崇勇, 龚大洁. 2012. 甘肃两栖爬行动物. 兰州: 甘肃科学技术出版社: 1-164.

叶昌媛, 费梁, 胡淑琴. 1993. 中国珍稀及经济两栖动物. 成都: 四川科学技术出版社: 1-412.

张荣祖. 1999. 中国动物地理. 北京: 科学出版社: 1-502.

张玉霞, 温业棠. 2000. 广西两栖动物. 桂林: 广西师范大学出版社: 1-183.

赵尔宓, 胡其雄. 1984. 中国有尾两栖动物的研究. 成都: 四川科学技术出版社: 1-68.

赵尔宓, 杨大同. 1997. 横断山区两栖爬行动物. 北京: 科学出版社: 1-303.

赵尔宓, 张学文, 赵蕙, 鹰岩. 2000. 中国两栖纲和爬行纲动物校正名录. 四川动物, 19 (3): 196-207.

赵文阁, 等. 2008. 黑龙江省两栖爬行动物志. 北京: 科学出版社: 1-251, 图版Ⅰ-Ⅵ.

Borkin L J, Litvinchuk S N. 2013. Amphibians of the Palearctic: taxonomic composition. Trudy Zoologicheskogo Institute, 317 (4): 494-541.

Borkin L J, Matsui M. 1987 "1986". On systematics of two toad species of the *Bufo bufo* complex from eastern Tibet. Proceedings of the Zoological

Institute of the Academy of Science USSR, Leningrad, 157: 43-54.

Chang, Mangven L Y. 1936. Contribution à l'étude morphologique, biologique et systématique des amphibiens urodèles de la Chine. Paris: Librairie Picart: 1-156.

Fei L, Ye C Y. 2016. Amphibians of China, Volume 1. Beijing: Science Press: 1-1060.

Fu J Z, Zeng X M. 2008. How many species are in the genus *Batrachuperus*? A phylogeographical analysis of the stream salamanders (family Hynobiidae) from southwestern China. Molecular Ecology, 17 (6): 1469-1488.

Jiang J P, Xie F, Li C. 2014. Diversity and conservation status of Chinese Amphibians (Chapter 3)//Harold H, Indraneil D. Conservation biology of amphibians of Asia: status of conservation and declines of Amphibians: Eastern Hemisphere. Natural History Publications (Borneo) Sdn. Bhd.: 24-50.

Karsen S J, Lau M W N, Bogadek A. 1998. Hong Kong Amphibians and Reptiles. Hong Kong: Urban Council: 1-186.

Liu C C. 1950. Amphibians of western China. Fieldiana: Zool. Mem., Chicago, 2: 1-400.

Liu W Z, Lathrop A, Fu J Z, Yang D T, Murphy R W. 2000. Phylogeny of East Asian Bufonids inferred from mitochondrial DNA sequences (Anura: Amphibia). Molecular Phylogenetics and Evolution, 14 (3): 423-435.

Pope C H, Boring A M. 1940. A survey of Chinese Amphibia. Peking [= Beijing] Natural History Bulleting, 15 (1): 13-86, 1 folding map.

Turvey S T, Chen S, Tapley B, Wei G, Xie F, Yan F, Yang J, Liang Z Q, Tian H F, Wu M Y, Okada S, Wang J, Lü J C, Zhou F, Papworth S K, Redbond J, Brown T, Che J, Cunningham A A. 2018. Imminent extinction in the wild of the world's largest amphibian. Current Biology, 28 (10): 592-594.

Wang B, Nishikawa K, Matsui M, Nguyen T Q, Xie F, Li C, Khatiwada J R, Zhang B W, Gong D J, Mo Y M, Wei G, Chen X H, Shen Y H, Yang D D, Xiong R C, Jiang J P. 2018. Phylogenetic surveys on the newt genus *Tylototriton sensu lato* (Salamandridae, Caudata) reveal cryptic diversity and novel diversification promoted by historical climatic shifts. PeerJ, 6: e4384; DOI: 10.7717/peerj.4384.

Xiong R C, Li C, Jiang J P. 2015. Lineage divergence in *Odorrana graminea* complex (Anura: Ranidae: *Odorrana*). Zootaxa, 3963 (2): 201-229.

Yan F, Lü J C, Zhang B L, Yuan Z Y, Zhao H P, Huang S, Wei G, Mi X, Zou D H, Xu W, Chen S, Wang J, Xie F, Wu M Y, Xiao H B, Liang Z Q, Jin J Q, Wu S F, Che J. 2018. The Chinese giant salamander exemplifies the hidden extinction of cryptic species. Current Biology, 28 (10): 590-592.

Yu G H, Yang J X, Zhang M W, Rao D Q. 2007. Phylogenetic and systematic study of the genus *Bombina* (Amphibia: Anura: Bombinatoridae): new insights from molecular data. Journal of Herpetology, 41: 365-377.

Zhan A, Fu J Z. 2011. Past and present: phylogeography of the *Bufo gargarizans* species complex inferred from multi-loci allele sequence and frequency data. Molecular Phylogenetics and Evolution, 61: 136-148.

Zhao E M, Adler K. 1993. Herpetology of China. Oxford (Ohio): Society for the study of Amphibians and Reptiles: 1-522.

中文名索引

学 名 索 引

Q

Y